Contribution de la Géomatique à la Modélisation, Cartographie et Gestion du Risque d'Inondation

Approches Méthodologiques d'Aide à la Décision (Cas du Bassin Versant de Souss), Maroc

Brahim BOUAAKKAZ

Contribution de la Géomatique à la Modélisation, Cartographie et Gestion du Risque d'Inondation

Approches Méthodologiques d'Aide à la Décision (Cas du Bassin Versant de Souss), Maroc

ELIVA PRESS

ISBN: 978-99993-4-629-0

Cover Design: Eliva Press
Cover Image: www.ingimage.com
Email: info@elivapress.com
Website: www.elivapress.com

This Eliva Press imprint is published by the registered company Eliva Press Global Ltd. part of Eliva Press S.R.L. Publishing Group

The registered company address is: Pope Hennessy Street Level 2, Hennessy Tower Port Louis, Mauritius
Eliva Press S.R.L. Publishing Group legal address is: Bd. Cuza-Voda 1/4 of. 21, Chisinau, Moldova, Europe

Brahim BOUAAKKAZ

Contribution de la Géomatique à la Modélisation, Cartographie et Gestion du Risque d'Inondation

Approches Méthodologiques d'Aide à la Décision (Cas du Bassin Versant de Souss), Maroc

ELIVA PRESS

ISBN: 978-99993-4-629-0

Cover Design: Eliva Press
Cover Image: www.ingimage.com
Email: info@elivapress.com
Website: www.elivapress.com

This Eliva Press imprint is published by the registered company Eliva Press Global Ltd. part of Eliva Press S.R.L. Publishing Group

The registered company address is: Pope Hennessy Street Level 2, Hennessy Tower Port Louis, Mauritius
Eliva Press S.R.L. Publishing Group legal address is: Bd. Cuza-Voda 1/4 of. 21, Chisinau, Moldova, Europe

Avant-propos

Le présent livre s'inscrit dans le travail de thèse, encadré par le Prof. Zine El Abidine EL MORJANI, Vice Doyen chargé de la recherche scientifique et de la coopération à la Faculté Polydisciplinaire de Taroudant, Université Ibn Zohr. Qui rentre dans le cadre de la thématique du projet UEA-Université Ibn Zohr dont les partenaires sont l'Agence de l'Environnement d'Abu Dhabi, ABHSMD et le projet charisma avec l'assistance de l'Académie Hassan II des sciences et techniques. Mené au sein de la structure de recherche : Exploration et Gestion des Ressources Naturelles et Environnementales (EGERNE) à la Faculté Polydisciplinaire de Taroudant, en collaboration avec le Laboratoire de Géologie Appliquée et Géo-Environnement (LAGAGE) et l'Agence du Bassin Hydraulique du Souss Massa (ABHSM).

Le bassin de Souss constitue un environnement propice à l'aléa d'inondation pour devenir un risque. Dans cette recherche, nous avons développé une approche intégrée et globale, intégrant le Système d'information à référence spatiale, la télédétection couplés avec l'analyse multicritères. Ces outils d'aide à la décision permettront de modéliser le risque d'inondation en prenant en considération : L'aléa, la vulnérabilité globale et la capacité à faire face aux inondations.

Le but majeur de ce travail original était d'éclaircir toute prise de décision efficace en matière de gestion de risque d'inondation et d'aménagement de territoire, en ciblant les communes présentant un risque plus élevé aux inondations, pour réduire la vulnérabilité, améliorer la résilience et la capacité de la population vis-à-vis de ce risque.

Les résultats obtenus ont répondu aux besoins des acteurs concernés, notamment au niveau de leur validation (80%) et ultérieurement pour pouvoir être utiles en matière d'aide à la décision. Sachant que l'actualisation des cartes de risque d'inondation dans cette zone est souhaitable, suite aux interventions des services concernés pour diminuer la vulnérabilité et augmenter la capacité aux inondations.
Le lecteur excusera l'alternance du français et de l'anglais, puisque le rapport renferme des articles publiés dans des journaux internationaux indexés.

Je profite ici à témoigner toute ma reconnaissance à l'ensemble des personnes rencontrées et qui m'ont aidé chacune à sa façon.

Résumé

La fréquence de l'aléa d'inondation a augmenté partout dans le monde. Dans les pays en voie de développement, la croissance des dégâts aussi bien humains, matériels, économiques qu'environnementaux, impose comme défis sûrement de comprendre l'occurrence et la dynamique du risque d'inondation, mais surtout de réduire la vulnérabilité et d'augmenter la résilience et la capacité des sociétés face à ce risque.

Depuis les années quatre-vingt-dix, on note une augmentation considérable des catastrophes naturelles liées à l'inondation au Maroc. Le bassin versant de Souss à (climat semi-aride à aride), vulnérable aux inondations, n'échappe pas aux effets de cet évènement extrême. En effet, la susceptibilité de cette région à ce type d'aléa est accentuée par son évolution rapide en termes de démographie, d'occupation des sols non maîtrisées, actions anthropiques (empiétement de domaine publique hydraulique, défrichement et déforestation), ainsi que, le comportement physique du milieu (pente forte, roches imperméables, régime hydraulique torrentiel, etc.). Ces conditions offrent un environnement propice à l'aléa d'inondation pour devenir un risque qui peut se transformer en catastrophe. Les tendances aux changements climatiques ne font qu'augmenter le risque d'inondation.

Ainsi, cette problématique, nécessite des études et des recherches approfondies afin de la prise en compte de risque lié à l'inondation dans les politiques publiques d'aménagement de territoire, pour une meilleure protection. C'est dans ce contexte, que nous avons développé un plan stratégique d'action de gestion de risque d'inondation dans la zone d'étude. Après avoir modélisé ce risque, par le croisement de la vulnérabilité globale et l'aléa, toute en évaluant la capacité à faire face aux inondations.

A cet égard, l'aléa d'inondation est spatialisé en utilisant les systèmes d'Informations Géoréférées (S.I.G) couplée à la télédétection satellitaire (géomatique) et les techniques d'analyse multicritère, ainsi que l'historique d'importantes crues.

La vulnérabilité sociale est évaluée par le développement et modélisation de l'indice de vulnérabilité sociale (SoVI), avec une approche inductive d'analyse multivariée.

Afin d'obtenir une évaluation semi-quantitative des vulnérabilités : économique qualitative et environnementale, on a employé la méthode hiérarchique multicritères (MHM) couplée au S.I.G, ainsi que, la modélisation de la vulnérabilité globale vis à vis de l'aléa d'inondation.

À la lumière des résultats illustrés par la carte de risque d'inondation, on peut conclure que les communes territoriales du bassin haut atlasique et quelques communes de la plaine de Souss, présentent un risque élevé a très élevés. Par contre, l'intensité de risque aux niveaux de la plupart des communes de l'Anti Atlas est très faible à moyen.

Enfin, l'approche méthodologique développée pourrait être utilisée pour comprendre la variation spatiale de risque d'inondation actuel et pourrait être mise à jour au fil du temps. Elle permet aussi d'éclairer toute prise de décision efficace en matière de gestion de risque d'inondation et d'aménagement de territoire. Ainsi, elle servira de base aux plans d'évacuation, pour anticiper et prévenir le risque d'inondation. En outre, elle constitue un outil de décision pour identifier les communes où les décideurs peuvent intervenir pour réduire la vulnérabilité, améliorer la résilience et la capacité de la population soussienne vis-à-vis de ce risque.

Mots clés : *Inondation, Souss, Maroc, Catastrophe, Aléa, Vulnérabilité, Risque, Changements climatiques, S.I.G, Télédétection satellitaire, Géomatique, Plan d'action, Analyse multicritère.*

Abstract

The frequency of flood hazard has increased all over the world due to various phenomena such as climate change, patterns of urbanization, land use and waterproofing, etc.

Since the nineties, there has been a considerable increase in natural disasters linked to flooding in Morocco. The Souss basin (semi-arid to arid climate), vulnerable to floods, the intensity of which is increasingly alarming, is not immune to the effects of this extreme event. Indeed, the susceptibility of this region to this type of hazard is accentuated by its rapid evolution in terms of demography, uncontrolled land use, anthropogenic actions. As well as the physical behavior of the environment (steep slope, impermeable rocks, etc.) which have consequences on both hazard and vulnerability. These conditions provide an environment conducive to the development of severe flooding. Climate change trends only increase the risk of flooding. Thus, the pluviohydrological regime of this region has known Spatio-temporal irregularities throughout its history. Consequently, the hazard of flooding is a risk that can turn into a disaster, as has been demonstrated several times and is a challenge for sustainable development.

This problematic is acute and requires in depth studies and research in order to take risks associated with flooding into account in public planning policies for better protection.

In this context that we have developed a strategic action plan to manage this risk in the Souss basin in order to reduce human, economic and environmental losses. After the generation of the flood risk map with a spatial resolution of 30m (with ~ 80% validation), by combining global vulnerability and hazard, while assessing the capacity to cope with flooding.

To this end, the flood hazard is spatialized using Georeferenced Information Systems (G.I.S), satellite remote sensing (geomatics), and multicriteria analysis techniques, as well as the history of major floods.

Social vulnerability is assessed by the development and spatialization of the Social Vulnerability Index (SoVI), with an inductive approach of multivariate analysis. In fact, 26 socioeconomic variables from the last General Population and Habitat Census of 2014 database, were explored for this study.

In order to obtain a semi-quantitative assessment of qualitative economic and environmental vulnerabilities, the multi-criteria hierarchical method (MHM) coupled with the geographic information system was used, as well as the modeling of the global vulnerability of the population to the flood hazard.

In the light of the results illustrated by the flood risk map, it can be concluded that the territorial municipalities of the High Atlas basin and some municipalities of the Souss plain, present a high to very high risk. On the other hand, the risk intensity at the levels of most of the communes of the Anti-Atlas is very low to medium.

Finally, the developed methodological approach could be used to understand the spatial variation of current social vulnerability and could be updated over time. It also informs effective decision-making on flood risk management and land use planning. It allows determining the areas that require the installation of an early alarm system. Consequently, it will serve as a basis for evacuation plans, to anticipate and prevent the risk of flooding and is a decision-making tool to identify municipalities where actors can intervene to reduce vulnerability, improve the resilience and capacity of the population to this risk.

Keywords: *Flood, Disaster, Hazard, Vulnerability, Risk, Climate change, geomatics, Action plan, Multicriteria analysis, Souss basin, Morocco.*

ملخص

لقد تم ازدياد توتر مخاطر الفيضانات في جميع أنحاء العالم بسبب ظواهر مختلفة مثل التغيرات المناخية، أنماط التحضر، استعمال الأراضي، والتقليل من نفاذيتها، إلى غير ذلك.

وفي البلدان السائرة في النمو، يلاحظ ازدياد الأضرار البشرية، المادية، الاقتصادية والبيئية، مما يحتم علينا معرفة وفهم حدوث وديناميات خطر الفيضانات، خاصة الحد والتخفيف من الهشاشة المتعلقة بالفيضانات وزيادة مرونة وقدرة المجتمعات على التكيف ومقاومة هذا الخطر.

ومنذ التسعينات، حدثت زيادة كبيرة في عدد الكوارث الطبيعية المتصلة بالفيضانات في المغرب. وحوض سوس المتميز بالمناخ شبه الجاف والجاف، معرض لخطر الفيضانات، والتي تنذر شدتها على نحو متزايد. والواقع أن قابلية هذه المنطقة للتعرض لهذا النوع من المخاطر يتفاقم بفعل تطورها السريع من حيث الديموغرافيا، واستعمالات الأراضي الغير المنظمة (التعمير داخل مناطق الخطر مثل السهل الفيضي، وداخل مجاري الاودية)، والتدخلات البشرية عبر التوسع الحضري غير الخاضع لمساطير التعمير، والترامي على الملك العام المائي، (وفقاً للدراسة الميدانية)، واجتثاث الغابات مما يسبب في تراجع مساحة وكثافة الغطاء الغابوي.

وكذلك طبيعة المكونات الصخرية ونوعية التربة لحوض سوس الذي يتميز بالانحدار الشديد والصخور غير النفاذية، والنظام الهيدروليكي الغزير والجارف، وما إلى ذلك، لهم عواقب على حدة الفيضانات وكدا الهشاشة المجالية. هذه الحيثيات تساعد على ايجاد بيئة مواتية لترعرع الامتطاحات الناتجة عن الفيضانات المهولة في هذا المجال. خاصة مع ازدياد حذة التغيرات المناخية نظرا للموقع الجغرافي لهذا الحوض، على خطوط العرض شبه الاستوائية الجافة. وبالتالي، فإن النظام الهيدرولوجي (تساقطات وصبيب) في هذه المنطقة يتميز بغير الانتظام في الزمان والمكان خلال تاريخه، نتيجة لتمظهرا ت هذه التغيرات. مما يؤدي الى حدوث فيضانات ينتج عنها اضرار مادية اقتصادية، بشرية وبيئية وتعد عائقا للتنمية المستدامة.

وخير دليل على هده، الفيضانات الأخيرة التي عرفتها نفوذ بعض الجماعات الترابية خلال السنوات الأخيرة المنصرمة 2010، 2014 و2019 والتي تتطلب منا القيام بدراسات معمقة، مندمجة وشمولية لمعرفة جميع الابعاد ومكونات هذا الخطر من هشاشة والخطر المحتمل (*Aléa*) وكدا القدرة على التكيف والاستجابة السريعة (*capacité à faire face*) لتخفيف هذا الخطر. حتى يتسنى اخده بعين الاعتبار في صياغة وإنجاز تصاميم التعمير من لدن الفاعلين المعنيين قصد تنمية مستدامة في هذا الحوض.

وفي هذا السياق، قمنا بوضع خطة عمل استراتيجية لإدارة هذه المخاطر في منطقة الدراسة، بغية الحد من الخسائر البشرية والاقتصادية والبيئية. بعد القيام بنمدجة خريطة مخاطر الفيضانات بدقة مكانية تبلغ 30 مترًا (مع تحقق من الصحة بنسبة 80%)، وذلك من خلال الجمع بين الهشاشة الاجتماعية، الاقتصادية النوعية والبيئية وكدا الخطر، مع تقييم القدرة على مواجهة حدوث الفيضانات.

ولتحقيق هذه الغاية، تم نمد جة خطر محتمل (*Aléa*) باستخدام نظم المعلومات الجغرافية واليات الاستشعار عن بعد (الجيوماتيكا) وتقنيات التحليل المتعددة المعايير، فضلاً عن تاريخ الفيضانات المهمة التي عرفها مجال الدراسة.

وقمنا ايضا بتقييم مدى الهشاشة الاجتماعية من خلال وضع خريطة مؤشر الهشاشة الاجتماعية (*SoVI*)، مع اتباع نهج استقرائي للتحليل المتعدد المتغيرات. ولهدا الغرض تم انتقاء واستغلال 26 متغيرًا اجتماعياً واقتصاديًا من قاعدة بيانات الإحصاء العام للسكان والسكنى لسنة 2014.

ومن أجل الحصول على تقييم شبه كمي للهشاشات الاقتصادية النوعية والبيئية، استخدمت الطريقة الهرمية متعددة المعايير المقترنة بنظام المعلومات الجغرافية. كما استعملت نفس المنهجية أيضا لنمذجة الهشاشة العامة للسكان في مواجهة خطر الفيضانات بهذا المجال.

وفيما يتعلق بالقدرة على مواجهة الفيضانات، تم تقييمها عن طريق حصر وانتقاء المؤشرات التي تؤثر على هذه القدرة وترتيبها بالتنقيط عبر درجات بمقياس من 1 إلى 10.

وعلى ضوء النتائج التي توضحها خريطة مخاطر(risques) الفيضانات التي تم الحصول عليها من خلال التقاطع بين، الهشاشة وخطر محتمل، يمكن استنتاج أن الجماعات الترابية لحوض الاطلس الكبير (الضفة اليمنى لوادي سوس) وبعض الجماعات المتواجدة بسهل سوس، تنطوي على مخاطر مرتفعة إلى جد مرتفعة. بينما معظم الجماعات الترابية الكائنة بحوض الأطلس الصغير (الضفة اليسرى)، تعرف مستويات منخفضة جدا إلى متوسطة لهذه الظاهرة القصوى.

وأخيرا، يمكن استخدام النهج المنهجي المعتمد لفهم التباين المكاني الحالي للهشاشة الاجتماعية ويمكن تحديثه بمرور الوقت. كما أنه يوجه عملية اتخاذ القرارات الفعالة بشأن إدارة مخاطر الفيضانات وتخطيط استخدام الأراضي. وبالتالي، فإن هذا سيكون بمثابة أساس لخطط الإجلاء، ولتوقع مخاطر الفيضانات ومنعها من خلال وضع اليات ونظم الانذار المبكر، كما أنه أداة لاتخاذ القرارات لتحديد الجماعات ذات الاولوية، التي يمكن فيها لجميع الفاعلين التدخل للوقاية والتخفيف من حدة التعرض لهذا للخطر، وتحسين مرونة وقدرة الساكنة الهشة على مواجهة خطرا لفيضانات.

الكلمات المفاتيح: فيضان، الكوارث الطبيعية، خطر محتمل، الهشاشة، خطر، التغيرات المناخية، الجيوماتيكا، خطة العمل، تحليل متعدد المعايير، حوض سوس، المغرب.

Table des matières

Table des matières détaillée

Table des matières détaillée

Liste des figures

Introduction générale

Chapitre n°1

Chapitre n°2

Chapitre n°3

Chapitre n°5

Chapitre n°6

Chapitre n°7

Chapitre n°8

Chapitre n°9

Liste des tableaux

Chapitre n°2

Chapitre n°3

Chapitre n°5

Chapitre n°7

Chapitre n°8

Chapitre n°9

Liste des photos

Liste des abréviations

Abréviations	**Définition du terme**
ABHSM	Agence du Bassin Hydraulique de Souss-Massa
ACP	Analyse en Composante Principale

AFD	Agence Française de Développement
CCRM	Cour des Comptes du Royaume du Maroc
CP	Composante Principale
CPRI	Centre européen de prévention du risque d'inondation
CRED	Centre de recherche sur l'épidémiologie des catastrophes (Centre for Research on the Epidemiology of Disasters)
DPTP	Direction Provinciale des Travaux Publics
EEA	European Environment Agency (Agence européenne pour l'environnement)
EM-DAT	Emergency Events Database (Base de données des événements d'urgence)
ESA	European Space Agency (Agence Spatiale Européenne)
FAO	L'Organisation des Nations Unies pour l'alimentation et l'agriculture
FHI	Flood Hazard index (Indice d'Aléa d'Inondation)
FHRC	Centre de recherche sur les risques d'inondation (Flood Hazard Research Centre)
FLCN	Fonds de Lutte contre les effets des Catastrophes Naturelles
GIEC (IPCC)	Le groupe d'experts intergouvernemental sur l'évolution du climat (Intergouvernemental panel on climate change)
HEC-RAS	Hydrologic Engineering Center's River Analysis System
HIRA	Hazard Identification and Risk Analysis (Identification des Aléa et d'Analyse des Risques)
HWSD	Harmonized World Soil Database (Base de données mondiale harmonisée sur les sols)
IDW	Inverse Distance Weighted (Fonction Pondérée Inverse de Distance)
INDH	Initiative Nationale pour le Développement Humain (Maroc)
LiDAR	Light Detection and Ranging (détection et télémétrie par ondes lumineuses)
MDA	Mean Decrease Accuracy
MDMEMEE	Ministère délégué auprès du Ministre de l'Energie, des Mines, de l'Eau et de l'Environnement, chargée de l'Eau
MNA	Modèle Numérique d'Altitude
MNT	Modèle numérique de terrain
NDVI	Indice de Végétation par Différence Normalisée
ONG	Organisations Non- Gouvernementales
ONU	Organisation des Nations unies
OSM	OpenStreetMap
OTB	Orfeo ToolBox
PCA	Plan de Continuité des Activités

PNAR	Programme National d'Assainissement en milieu Rural
RFR	Random Forest Regressor (Régression aléatoire des forêts)
RGPH	Recensement Général de la Population et de l'Habitat
RMSE	Root Mean Square Error (Erreur Quadratique Moyenne)
RRC	Réduction des risques de catastrophes
S2A	Sentinel-2A
SIG	Système d'Information Géographique
SoVI	Social Vulnerability Index (Indice de Vulnérabilité Sociale)
SPSS	Statistical Package for Social Sciences
SRTM	Shuttle Radar Topography Mission
SVM	Support Vector Machine
UNISDR	United Nations International Strategy for Disaster Reduction (Stratégie Internationale des Nations Unies pour la Réduction des Catastrophes)
WHO	Organisation Mondiale de la Santé (World Health Organization)

Liste des annexes (Cf rapport annexe)

Annexe n° 1 : Concepts et définitions utilisées dans le recensement général de la population et de l'habitat 2014.

Annexe n° 2 : Caractéristiques physiographiques du bassin de Souss, réseau hydrographique et typologie des inondations.

Annexe n°3 : Élaboration des plans d'information, pour l'évaluation de la vulnérabilité globale et prétraitement des images satellitaires prises par SENTINEL 2A.

Annexe 4 : Évaluation de la vulnérabilité sociale aux inondations dans la zone d'étude

Annexe n° 5 : Évaluation de la vulnérabilité environnementale et description de quelques enjeux des vulnérabilités physique et environnementale.

Annexe n° 6 : Évaluation de la Capacité à faire face aux inondations et exemple type de système d'alerte précoce face aux crues (cas de la vallée de l'ourika)

Glossaire : (Définitions des termes principaux utilisés dans le présent livre).

D'après la Contribution du Groupe de travail II au cinquième rapport d'évaluation du Groupe d'experts intergouvernemental sur l'évolution du climat (GIEC,2014), (UNISDR, 2004 et 2009) et d'autres consultations bibliographiques.

Changement climatique

Variation de l'état du climat, qu'on peut déceler (par exemple au moyen de tests statistiques) par des modifications de la moyenne et/ou de la variabilité de ses propriétés et qui persiste pendant une longue période, généralement pendant des décennies ou plus. Les changements climatiques peuvent être dus à des processus internes naturels ou à des forçages externes, notamment les modulations des cycles solaires, les éruptions volcaniques ou des changements anthropiques persistants dans la composition de l'atmosphère ou dans l'utilisation des terres. On notera que la Convention-cadre des Nations Unies sur les changements climatiques (CCNUCC), dans son article premier, définit les changements climatiques comme des « changements qui sont attribués directement ou indirectement à une activité humaine altérant la composition de l'atmosphère mondiale et qui viennent s'ajouter à la variabilité naturelle du climat observée au cours de périodes comparables ». La CCNUCC établit ainsi une distinction entre les changements climatiques attribuables aux activités humaines altérant la composition de l'atmosphère et la variabilité du climat imputable à des causes naturelles.

Catastrophe (disaster)

Toute perturbation importante du fonctionnement d'une communauté ou d'une société impliquant des impacts et des pertes majeurs sur les plans humains, matériels, économiques et environnementaux, ceux-ci entrainant un dépassement des capacités propres à ces communautés ou sociétés à faire face. Les catastrophes sont souvent décrites comme la résultante de la combinaison d'une exposition à un aléa, des conditions de vulnérabilité en place, et d'une incapacité à faire face ou à réduire les conséquences négatives potentielles (UNISDR, Terminology, 2009)

Aléa

Événement d'origine anthropique ou naturelle pouvant survenir. Cet événement n'est pas forcément d'une intensité extrême. Nous ne considérons pas la notion de probabilité de survenue de l'aléa.

Éventualité d'un phénomène ou d'une tendance physique, naturel ou anthropique, ou d'une incidence physique, susceptible d'entraîner des pertes en vies humaines, des blessures ou autres effets sur la santé, ainsi que des dégâts et des pertes matérielles touchant les biens, les infrastructures, les moyens de subsistance, la fourniture des services, les écosystèmes et les ressources environnementales.

Dans le présent rapport, ce terme se rapporte en général aux phénomènes météorologique et dangereux associés au climat ou à leurs impacts physiques.

Télédétection

Elle est définie comme une technique d'observation à distance basée sur la mesure et le traitement du rayonnement électromagnétique émis ou réfléchi par l'objet étudié dans le but d'en tirer des informations concernant sa nature, ses propriétés et son état (El morjani, 2002).

SIG (Système d'information géographique)

Système de gestion de base de données conçu pour saisir, stocker, manipuler, analyser et afficher les données à référence spatiale afin de résoudre des problèmes complexe de gestion et de planification (Serre, D.2005).

Pixel

Le pixel est le plus petit élément d'une image. Il est normalement carré et représente une partie de l'image la divisant en petits morceaux de taille et de forme égales (Centre canadien de télédétection).

Le pixel est souvent abrégé p ou px. Il est l'unité de base permettant de mesurer la définition d'une image numérique matricielle. Son nom provient de la locution anglaise picture element, qui signifie « élément d'image » (https://fr.wikipedia.org). Comme, il est défini aussi comme le plus petit élément constitutif d'une image produite ou traitée électroniquement, définie par sa couleur et sa luminosité. (https://www.larousse.fr)

Exposition

Présence de personnes, de moyens de subsistance, d'espèces ou d'écosystèmes, de fonctions, ressources ou services environnementaux, d'éléments d'infrastructure ou de biens économiques, sociaux ou culturels dans un lieu ou dans un contexte susceptible de subir des dommages.

Conséquence

Impact sur l'environnement, pris dans son sens large (biophysique, économique et social), de l'effet de la dysfonction d'un système. Il existe deux niveaux de conséquences. Les conséquences internes dont les effets se font sentir à l'intérieur du système et les conséquences externes qui affectent l'environnement du système.

Défaillance

Cessation de l'aptitude d'un système à accomplir sa ou ses missions requises avec les performances spécifiées.

Dysfonction

Altération, dégradation ou cessation de l'aptitude d'un système à accomplir sa ou ses missions requises avec les performances spécifiées.

Environnement

Contexte, ensemble des éléments naturels, humains et techniques dans lequel s'intègre le système et avec lequel il est en interaction. L'environnement du système est évolutif dans le temps.

Système

Ensemble cohérent d'éléments (ou de processus) liés par des objectifs, des responsabilités ou des missions communs et fixés.

État du système

Caractérisation de la capacité de fonctionnement des composantes d'un système. Condition d'un système. L'état du système est évolutif dans le temps.

Marge de manœuvre

Délai disponible pour mettre en œuvre les mesures de continuité opérationnelle ou de mesures d'urgence avant la défaillance du système.

Vulnérabilité

La vulnérabilité est un ensemble des conditions et des processus résultant des facteurs matériels, sociaux, économiques et environnementaux qui accentuent la sensibilité d'une communauté à l'impact des aléas (UNISDR, 2004 et

2009). C'est la propension ou prédisposition à subir des dommages. La vulnérabilité englobe divers concepts ou éléments, notamment les notions de sensibilité ou de fragilité et l'incapacité de faire face et de s'adapter. Aussi, potentiel d'un système à être affecté par des aléas internes et/ou externes. La vulnérabilité comporte trois composantes (amont, interne et aval). La vulnérabilité d'un système est évolutive dans le temps.

Incidences ou conséquence

Effets sur les systèmes naturels et humains. Dans le présent rapport, le terme est employé principalement pour désigner les effets, sur les systèmes naturels et humains, des phénomènes météorologiques et climatiques extrêmes (inondation) et des changements climatiques.

Il s'agit en général des effets sur la vie des personnes, les modes de subsistance, la santé, les écosystèmes, le patrimoine économique, social et culturel, les services et les infrastructures, découlant de leurs interactions avec les changements climatiques ou les phénomènes climatiques dangereux qui se produisent au cours d'une période donnée, et de la vulnérabilité de la société ou du système exposé.

Dans ce sens, on emploie aussi les termes conséquences (https://dictionnaire.reverso.net/francais) ou impacts. Les incidences des changements climatiques sur les systèmes géophysiques, notamment les inondations, les sécheresses et l'élévation du niveau de la mer, constituent un sous-ensemble d'incidences appelées impacts physiques.

Risque

Conséquences éventuelles et incertaines d'un événement sur quelque chose ayant une valeur, compte dûment tenu de la diversité des valeurs. Le risque est souvent représenté comme la probabilité d'occurrence de tendances ou d'événements dangereux que viennent amplifier les conséquences de tels phénomènes lorsqu'ils se produisent. Le risque découle des interactions de la vulnérabilité, de l'exposition, des aléas et de la capacité. Dans le présent rapport, le terme risque sert principalement à désigner les risques liés aux désastres notamment les inondations. Le risque est aussi la combinaison de l'état d'un système et de sa sensibilité face à des aléas susceptibles d'engendrer des conséquences. IL est donc constitué du triplet Aléas/État du système/Conséquences.

Adaptation

Démarche d'ajustement au climat actuel ou attendu, ainsi qu'à ses conséquences. Dans les systèmes humains, il s'agit d'atténuer ou d'éviter les effets dommageables et d'exploiter les effets bénéfiques. Dans certains systèmes naturels, l'intervention humaine peut faciliter l'adaptation au climat attendu ainsi qu'à ses conséquences.

Transformation

Changement des attributs fondamentaux des systèmes naturels ou humains. Dans le présent résumé, la transformation peut refléter le renforcement, la modification ou l'ajustement de paradigmes, d'objectifs ou de valeurs en vue de promouvoir une adaptation propice au développement durable, y compris la lutte contre la pauvreté.

Résilience

Capacité des systèmes sociaux, économiques ou écologiques à faire face aux événements dangereux, tendances ou perturbations, à y réagir et à se réaménager de façon à conserver leurs fonctions essentielles, leur identité et leur structure, tout en maintenant leurs facultés d'adaptation, d'apprentissage et de transformation. Autrement dit c'est l'aptitude d'un système, d'une collectivité ou d'une société potentiellement exposée à des aléas à s'adapter, en opposant une résistance ou en se modifiant, afin de parvenir ou de continuer à fonctionner convenablement, avec des structures acceptables » (UNISDR, 2005). Donc la résilience se distingue en deux situations :

En continuité opérationnelle : Potentiel d'un système à remplir sa mission en mode défaillant.

En mesures d'urgence : Potentiel d'un système à revenir à un fonctionnement normal après une défaillance (se rebondir).

Enjeux

Ensemble des personnes, des biens et des infrastructures localisés dans des zones inondables et qui sont ainsi soumis à des pertes potentielles (UNISDR, 2009)

Territoire

Un territoire désigne une étendue de la surface terrestre dont on supposera connaître les limites.

Inondation d'un territoire (flood)

Désigne un phénomène non instantané, ayant un début et une fin (Frédéric et al, 2004). Il peut être considéré comme une succession non interrompue d'états de submersion du territoire considéré. Une inondation est clairement un événement évolutif. Le début de l'inondation correspond donc au premier instant où le territoire est submergé, la fin au dernier instant où le territoire est submergé. La durée de l'inondation se déduisant de ces deux définitions.

Désigne aussi, submersion par l'eau débordant du lit normal d'un cours d'eau ou d'autres masses d'eau, ou accumulation d'eau sur des zones qui ne sont pas normalement submergées. On englobe sous ce terme les crues fluviales, les crues éclairs, les crues en milieu urbain, les inondations pluviales, les débordements d'égouts, les inondations côtières et les crues de rupture de lacs glaciaires.

Crue

La crue n'est pas à confondre avec l'inondation. La crue correspond à un état particulier d'un cours d'eau où le débit dépasse un seuil critique. Le début, la fin et la durée sont des grandeurs définies relativement ce seuil critique. Le début d'une crue correspond au moment où le débit dépasse le seuil, la fin d'une crue au moment où le débit repasse en dessous de la valeur critique

Embâcle

Agrégat de débris transportés par les eaux lors d'une crue jusqu'à former un obstacle obstruant l'écoulement de l'eau (MEDDE, 2004)

Sol (Soil)

Zone délimitée de la surface terrestre, qui englobe tous les attributs de la biosphère situés immédiatement au-dessus ou en dessous, y compris le climat près de la surface, le relief, l'hydrologie avec les lacs peu profonds, les rivières, les marécages et les marais, les couches sédimentaires de surface, les nappes d'eau souterraines et les réserves hydrogéologiques associées, la flore et la faune, l'habitat humain et les marques physiques de l'activité humaine présente et passée (aménagement de terrasses, réserves d'eau ou structures de drainage, routes, bâtiments, etc.). (Groupe de travail interdépartemental sur l'aménagement du territoire (IDWG-LUP) à la FAO, 1994)

Écosystèmes (Ecosystem)

Système formé par un environnement (biotope) et par l'ensemble des espèces (biocénose) qui y vivent, s'y nourrissent et s'y reproduisent. (https://www.larousse.fr/dictionnaires/francais)

En écologie, un écosystème est un ensemble formé par une communauté d'êtres vivants en interrelation (biocénose) avec son environnement (biotope). Les composants de l'écosystème développent un dense réseau de dépendances, d'échanges d'énergie, d'information et de matière permettant le maintien et le développement de la vie (https://fr.wikipedia.org/wiki/ consultée le 04/10/2019). La notion d'écosystème regroupe toutes les échelles : de la Terre au simple caillou en passant par la flaque d'eau, la prairie, la forêt, ou même les organismes vivants. Chacun constitue un écosystème à part entière.

Pauvreté (poverty)

La notion complexe de pauvreté reçoit plusieurs définitions émanant d'écoles de pensée différentes. Les diverses conceptions font référence aux conditions matérielles (besoin, structure de la privation, restriction de ressources, etc.), aux conditions économiques (niveau de vie, inégalités, position économique, etc.) et/ou aux relations sociales (classe sociale, dépendance, exclusion, manque de sécurité, privation de droits, etc.).

Institutions (institutions)

Règles et normes communes aux acteurs sociaux qui orientent et structurent les interactions humaines et en établissent les limites. Les institutions peuvent être officielles, notamment les lois ou les politiques, ou pas, notamment les normes ou les conventions. Les organisations, parlements, organes de réglementation, sociétés privées et organismes communautaires sont créées et agissent en fonction des cadres institutionnels et des dispositifs d'incitation qui en découlent. Pour orienter et structurer les interactions humaines et en établir les limites, les institutions agissent par l'intermédiaire de contrôles directs, de mesures d'incitation et de processus de socialisation.

Indice de vulnérabilité (vulnerability index)

Métrique qui établit les caractéristiques de la vulnérabilité d'un système. Pour obtenir un indice de vulnérabilité au changement climatique, on combine en règle générale, avec ou sans pondération, plusieurs indicateurs censés représentés la vulnérabilité.

Gestion des risques (risk management)

Plans, mesures ou politiques mis en œuvre pour réduire la probabilité et/ou les conséquences des risques ou pour répondre aux conséquences.

Gestion des risques de catastrophes (disaster risk management (DRM))

Action d'élaborer, de mettre en oeuvre et d'évaluer des stratégies, politiques et mesures destinées à mieux comprendre les risques de catastrophes, à favoriser la réduction et le transfert de ces risques et à promouvoir l'amélioration constante de la préparation à une catastrophe, des réponses à y apporter et du rétablissement postérieur, dans le but explicite de renforcer la protection des personnes, leur bien-être, la qualité de vie et le développement durable

Introduction générale

En 1992, la Convention Cadre des Nations Unies sur les Changements Climatiques (CCNUCC) a déclaré le réchauffement de la terre comme un problème majeur pour la communauté internationale. En effet, la fusion des glaciers, les évolutions dans les régimes de précipitation, les fluctuations climatiques induites, les catastrophes liées à l'eau telles que les inondations et sécheresses ; les bouleversements et même parfois la disparition de modes de vie sont également d'impacts que peuvent avoir les changements climatiques (Dovonou-Vinagbe, 2017).

Au cours des dernières décennies, l'impact des catastrophes naturelles a augmenté en raison de l'accroissement de la densité de population et son activité dans les zones dangereuses. Cela est associé à la mauvaise planification du territoire et à l'augmentation de la fréquence et de l'intensité des événements climatiques extrêmes, suite aux changements climatiques. En effet, les tendances de ces dernières, combinées à l'accroissement de la population vivant de plus en plus sur les terres inondables, le mode d'occupation et d'utilisation des sols, l'urbanisation anarchique et à la déforestation, ainsi que la vulnérabilité des populations ne font qu'augmenter le risque d'inondation (IPCC, 2012). Ainsi, par exemple la période de 1996 à 2005, environ 80 % des catastrophes naturelles mondiales étaient d'origine météorologique ou hydrologique[1].

Effectivement d'après une étude de l'European Environment Agency (EEA)[2], les coûts induits par les risques d'inondation vont augmenter de manière significative. En effet, le coût économique de ces risques devrait atteindre dans le monde la valeur de 100 milliards d'euros par an à la fin du siècle, dont environ 75 % de ces dommages seraient recensés en milieu urbain (Lhomme et al., 2010). Cette hypothèse est

1 https://fr.wikipedia.org/wiki/Inondation
2 https://www.eea.europa.eu/fr/highlights/

également appuyée par le groupe d'experts intergouvernemental sur le climat et le changement climatique (IPCC, 2014), selon lequel, à la suite de ces dernières, on aura une élévation de la fréquence et de la gravité des catastrophes naturelles, y compris les inondations, dans le futur proche. Dans les pays en développement, notamment en Asie, près de 95% des décès et près de 60% des pertes économiques sont occasionnées par les inondations (Tanguy, 2016). Ainsi, les inondations constituent l'un des principaux risques naturels dans le monde et sont des phénomènes de plus en plus fréquents au fil des années. En effet, les statistiques publiés par E. Moyou, le 6 févr. 2020[3] sur le nombre de catastrophes naturelles survenues dans le monde en 2018, montrent que la valeur maximale s'est produite cette année est 127 inondations. Nous pouvons dire par exemple, qu'en 2002 le nombre de catastrophes naturelles est de 100 fois plus important qu'en 1950[4]. Ces catastrophes ont entre autres un impact sur la population l'environnement et les activités socioéconomiques des zones affectées. Selon les analyses du centre de recherche sur l'épidémiologie des catastrophes (CRED, 2015), les catastrophes hydrologiques (catastrophes naturelles causées par les inondations fluviales, côtières, flash inondations, et tempêtes de pluie) sont les phénomènes naturels les plus fréquemment survenues dans le monde entier au cours des deux dernières décennies (Carisi et al., 2018). En effet, la fréquence des inondations a augmenté partout dans le globe terrestre en raison de divers phénomènes tels que le changement climatique, modalités de l'urbanisation (étendue et anarchique) (Miranda, 2019, Xie et al., 2017), etc. Il a ainsi été estimé qu'à l'horizon 2080, 20% de la population mondiale sera exposée à un risque d'inondation accru (Tanguy, 2016 ; G.E.I sur l'évolution du climat, 2013).

3 https://fr.statista.com/statistiques/659830/catastrophes-naturelles
4 http://sebastienbc1.e-monsite.com/pages/morts-et-catastrophes-naturelles.html)

En outre, selon le Centre de recherche sur l'épidémiologie des désastres (CRED), qui travaille avec l'Organisation mondiale de la santé, les dernières années ont vu le nombre de catastrophes naturelles augmenter nettement (Figure 1).

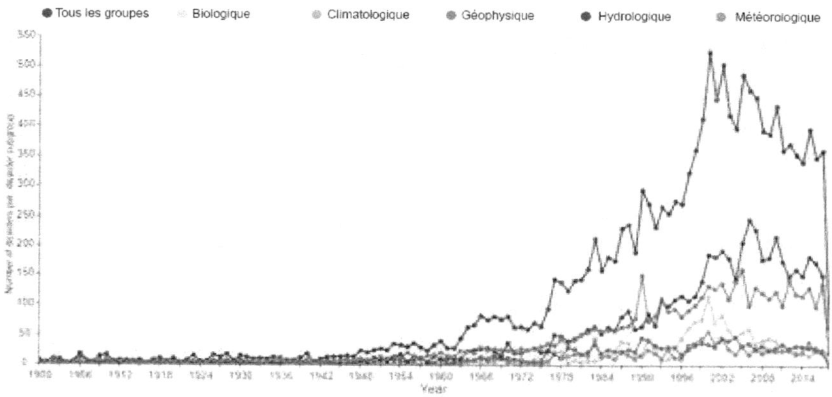

Figure 1. Nombre des catastrophes naturelles dans le monde de 1900 à 2018 (EM-DAT, 2018)

En effet le nombre de catastrophe au niveau mondiale a augmenté de 141/ans en 1980 à 361/ans en 2017, selon la base de données mondiale Emergency Events Database (EM-DAT). Notamment, les catastrophes liées aux aléas hydrologiques et météorologiques (y compris les inondations) qui ont connues une augmentation nette sur la planète depuis 1964 (Figure 1)

Au Maroc également, à partir des années 1990, on note une augmentation considérable des catastrophes naturelles liées à l'inondation. Plus de 232 896 personnes ont été affectées, plus de 1165 décès, ainsi qu'une perte économique de plus 295 millions $ d'US selon le centre de recherche sur l'épidémiologie des désastres (CRED, 2015). Entre 1900 et 2018, le Maroc a connu 56 catastrophes naturelles avec 14 692 morts, plus de 3 millions personnes touchées et un coût économique de plus de 2 milliards de dollars (EM-DAT, 2018). En outre, le Maroc est susceptible de subir environ 5 milliards de dirhams de dommages directs à la suite d'inondations, de tremblements de terre et de tsunamis (Michel-Kerjan, et al., 2013).

Le bassin versant de Souss (région semi-aride à aride), vulnérable aux inondations, dont l'intensité est de plus en plus alarmante n'échappe pas aux effets de cet évènement extrême.

En effet, son milieu physique (pentes fortes, roches imperméables, réseaux hydrographiques dendritiques, etc.) ainsi que les facteurs anthropiques, offrent un environnement propice au développement de fortes crues. Les tendances aux changements climatiques combinées à l'accroissement de la population vivant de plus en plus sur les terres inondables et à la déforestation ne font qu'accroître le risque d'inondation. C'est ainsi que des phénomènes extrêmes en matière d'écoulement et de précipitation sont devenues fréquents et causent des dégâts et dangers sur les riverains en mettant en péril la sécurité des personnes, leurs biens et l'environnement, suite aux modules des précipitations dépassant, dans une courte durée, les totaux typiques de ces régions au cours d'une année normale. Par conséquent l'aléa inondation constitue un risque[5] qui peut se transformer en catastrophe comme il a été démontré à plusieurs reprises (inondations survenues en 2010, 2014, 2016 et 2019) et constitue un défi pour le développement durable.

Ainsi, les débordements fréquents de l'oued Souss (collecteur principal du bassin) et ses affluents ont provoqué, à plusieurs reprises, des dommages matériels, environnementaux, sociaux et économiques importants, qui ont causés des inondations dévastatrices rurale, périurbaine et urbaine. Un nombre important d'individus devrait donc être exposés à ce phénomène, ce qui rend la question de la gestion du risque d'inondation de plus en plus importante pour la région et les communes territoriales du bassin du Souss. Cette gestion représente un sujet de préoccupation important pour les habitants de cette zone et également pour les décideurs et tous les acteurs impliqués dans la gestion du risque d'inondation. Ceci

[5] Un aléa naturel devient un risque lorsqu'il affecte une population humaine ou des éléments vulnérables à valeurs économique ou environnementale (Uitto 1998).

pour une meilleure compréhension de risque et ces composantes principales (vulnérabilité, capacité et aléa), afin de réduire la vulnérabilité, améliorer la résilience et la capacité à faire face de la population vis-à-vis de ce risque.

Problématique

La fréquence de risque d'inondation a augmenté partout dans le monde à cause de divers phénomènes tels que le changement climatique, modalités de l'urbanisation, et l'utilisation et l'imperméabilisation des sols, etc. Dans les pays en voie de développement, la croissance des dégâts aussi bien humains, matériels, économiques qu'environnementaux, impose comme défis sûrement de comprendre l'occurrence et la dynamique du risque d'inondation mais surtout de réduire la composante vulnérabilité et d'augmenter la résilience et la capacité des sociétés face à ce risque.

La région du bassin de Souss se trouve aussi régulièrement en proie à ce type de phénomène extrême. Cette problématique nécessite des études et des recherches approfondies afin de bien comprendre les mécanismes responsables de la genèse des crues et des inondations pour une meilleure protection et un aménagement de territoire adéquat.

En effet, de nombreuses inondations qualifiées de catastrophiques ont été recensées entre 1960 et 2019, à Aït Iazza (1978), Aït Melloul (1987, 2010, 2014), Sidi Moussa El Hamri (1992, 1995, 1996 et 1997), Machraa El Ain (1996), Taroudant (2005), Agadir Ida Outanane (2007), Issen (2010) , Agadir (2010), CT Ait Makhlouf et Hmar Laglalcha, (2010)Douar Idarguane (CT Ouziwa 2010), Dr d'Agadir N'Abou (CT Oueled Aissa 2010-2012), Tagadirt N'oudiz (CT Sidi ouaziz :2010-2014), Aoulouz (Souss Moyen : 2014), Douar Aghri (CT Tizi N'test 2016), Ahl Tifnout (2016), Tobkal (2016), Dr Tizert, 2019, CT Imi N'Tyert, en sont des illustrations marquantes et devraient servir de rappel que l'impact des inondations est considérable en termes de dommages aussi bien pour les infrastructures publiques ou privées que pour l'agriculture, l'environnement et en termes de pertes en vies humaines et constituent un défi à relever. L'exemple type de ces inondations dévastatrices est celle qu'a connue le village Tizert, relevant de la commune d'Imi N'Tayart le 29 aout 2019. Dont neuf personnes ont trouvé la mort lors de ces inondations.

Il est nécessaire de souligner que la préparation à ces catastrophes et la réduction de ses impacts néfastes par la cartographie du risque ne peuvent se réaliser que par la disposition des informations fiables et précises comme (la connaissance des phénomènes, leurs manifestations, leurs comportements, les facteurs sociaux, économiques et environnementaux les composantes de risque à savoir les vulnérables, aléa et capacités). Alors cette problématique est posée de gravité et nécessite des études et des recherches approfondies, intégrées et globales afin de la prise en compte des risques lié à l'inondation dans les politiques publiques pour une meilleure protection et un aménagement de territoire adéquat.

C'est dans ce contexte, qu'on a proposé cette thématique de thèse pour mettre en place des actions de gestion du risque d'inondation dans une région semi-aride a aride et afin de développer un outil d'aide à la décision dans le but de réduire les pertes humaines, économiques et environnementales et déterminer les zones (communes) où il faut intervenir pour protéger la population vulnérable, contre les inondations. Ceci en combinant les systèmes d'information géoréférée, la télédétection spatiale (géomatique) et les techniques d'analyse multicritères. Sachant qu'à notre connaissance le concept de vulnérabilité n'est pas étudié dans cette zone et les études de risque d'inondation se limitent sur la vision classique de l'aléa d'inondation. Donc les composantes sociale, économique et environnementales sont négligées auparavant ou rarement prise en compte vis-à-vis des risques naturels.

Bien que notre pays ait présenté à chaque fois des progrès dans le dispositif des actions de prévention des catastrophes naturelles (Stratégie nationale de protection de l'environnement et du développement durable, stratégie de gestion des ressources en eau…), ces progrès ont été jugés très modestes, notamment par le cadre d'action de Hyogo (Quenault, 2015), et représentent des limites concernant les approches adoptées pour la cartographie des zones inondables.

Ainsi, il a été noté que le Maroc ne dispose pas d'une plateforme nationale opérationnelle lui permettant d'initier les orientations politiques nécessaires en la matière et de coordonner les activités des différents intervenants dans la gestion des risques.

Dans ce cadre, nous avons développé une approche méthodologique de l'évaluation de la vulnérabilité globale (sociale, environnementale et économique qualitative) aux inondations, dans la zone d'étude, pour mieux incorporer l'information sur la vulnérabilité dans les prises de décision en matière d'urgence et de gestion des risques. Et étudier ce dernier en tenant compte de toutes ces dimensions.

Objectifs de la recherche

Parmi les objectifs visés par cette thèse on cite :

- ✓ Concevoir un prototype de SIG couplé à la télédétection et l'analyse multicritère, comme outil efficace d'aide à la décision dans le domaine de la gestion des risques liée à l'inondation, outil qui devrait permettre aussi aux gestionnaires de gérer et d'analyser les informations nécessaires pour la cartographie de ce risque dans le bassin de Souss ;
- ✓ Prise en compte du milieu physique dans les schémas d'aménagement du bassin en question pour ne pas exposer les sociétés humaines, les enjeux économiques et environnementales au risque d'inondation et assurer un développement durable de la région ;

- ✓ Étudier le risque d'inondation d'une façon intégré et globale en prenant en considération le concept de la vulnérabilité globale (sociale, environnementale et économique qualitative) et évidement l'aléa d'inondation à l'échelle de la commune ;
- ✓ Renforcement des connaissances et des capacités d'action des communautés face aux risques naturels, en vue d'améliorer les dispositifs de prévention et la protection en situation de gestion de crise ;
- ✓ Définir les communes territoriales très vulnérables au risque d'inondation pour permettre aux acteurs concernés de programmer les travaux de protection, selon des études techniques détaillées ;
- ✓ Proposer un plan d'action dans le bassin de Souss, afin de réduire le risque en améliorant la capacité à faire face aux inondations et la résilience de la population ;
- ✓ Appliquer l'approche méthodologique développée dans d'autres bassin à l'échelle nationale du Maroc en utilisant leurs données fiables.

Structure et organisation de livre

Ce livre englobe une introduction générale et neuf chapitres comme suit :

L'introduction générale aborde la problématique et l'objectif de ce bouquin.

Le premier chapitre s'intitule, les notions de risque d'inondation, ainsi que les notions de la géomatique ;

Le deuxième chapitre est consacré à la présentation de la zone d'étude d'après une synthèse bibliographique ;

Le troisième chapitre traite et les outils et méthodologie utilisés pour mener à bien cette étude ;

Le quatrième chapitre est un article (chapitre dans un ouvrage) traduisant la modélisation et cartographie de l'aléa d'inondation dans le bassin de Souss par la géomatique. Publié dans un journal indexé scopus sous le titre : Flood Hazard Mapping and Modeling Using GIS Applied to the Souss River Watershed sous forme de chapitre de livre The Handbook of Environmental Chemistry book series (HEC, volume 53). Springer, année 2019 et lien : https://link.springer.com/chapter/10.1007/698_2016_69;

Le cinquième chapitre traite l'élaboration des plans d'information nécessaire, pour l'évaluation de la vulnérabilité globale aux inondations dans le bassin de Souss à savoir : les méthodologies de création de la carte d'occupation du sol dans la zone d'étude et la génération de la distribution spatiale réelle de la population soussienne sous forme raster. Les résultats de la génération de la carte d'occupation de sol est publié sous forme d'article scientifique indexé scopus, sous forme de chapitre dans un ouvrage : Advances in Intelligent Systems and Computing, Springer, volume1104, année 2019, sous le titre, Mapping Land Cover from Sentinel-2A Using Support Vector Classifier and Random Forest Regressor in the Souss Basin Morocco. Lien : https://link.springer.com/chapter/10.1007/978-3-030-36671-1_32;

Le sixième chapitre décrit l'évaluation de la vulnérabilité sociale aux inondations dans la zone d'étude. Ce chapitre relate le contexte théorique et méthodologique et la polysémie du concept de vulnérabilité. La relation entre la vulnérabilité, la capacité et la résilience et les méthodes d'évaluation de la vulnérabilité ailleurs selon la synthèse bibliographique ;

Le septième chapitre vise à apprécier l'évaluation des vulnérabilités environnementale et économique qualitative (physique) dans le bassin de Souss, par les méthodes d'aide à la décision de saaty 1980. Cette étude vise à classer les différents enjeux en fonction de leur sensibilité à l'endommagement face à l'aléa inondation. Enfin, ce chapitre se termine par la détermination de la fonction de vulnérabilité globale ;

Le huitième chapitre s'intitule la méthodologie et les principaux résultats d'évaluation et spatialisation de la capacité à faire face au risque d'inondation. En outre, il propose des recommandations pour améliorer cette capacité et rendre le bassin résilient aux inondations en dressant un plan d'action dans ce sens ;

Le neuvième (dernier) chapitre c'est un article publié dans un journal indexé scopus sous le titre : Flood risk management in the Souss watershed, In E3S Web of Conferences (Vol. 37, p. 04005). EDP Sciences DOI : https://doi.org/10.1051/e3sconf/20183704005 ;

Ce chapitre montre et expose l'application de l'équation adoptée (Risque = Aléa x Vulnérabilité globale) pour spatialiser le risque d'inondation dans la zone d'étude. Comme il relate la gestion de risque d'inondation, dans leurs dimensions les plus larges par la prévision, la prévention et le processus d'alerte, afin d'assurer une meilleure anticipation et gestion du ce risque. En montrant l'ensemble de l'autorité publique et semi-public qui intervient en la matière pour améliorer la capacité et diminuer la vulnérabilité des riverains.

Finalement, nous exposons les conclusions et recommandations essentielles qui résultent des résultats des travaux de cette thèse, d'un point de vue scientifique et opérationnel, et évoquons quelques limites et perspectives de cette recherche.

Chapitre 1 : Notions de risque, d'aléa, de vulnérabilité, de résilience et de capacité aux inondations et notions de géomatique

Cette partie a pour but de reconnaître les différentes polysémies et synonymes des concepts utilisés dans cette thèse (le lecteur intéressé pourra se référer au glossaire ci-dessus). Sachant qu'il est utile de leurs attribués des définitions claires et conviennent à notre thématique.

Le risque est actuellement un concept familier, largement utilisé dans la littérature et dans les médias. Néanmoins, on remarque que le « risque* » et « l'aléa *», qui sont des concepts étroitement liés mais pourtant différents, sont souvent confondus ou interchangés (Metzger et al., 2011). Actuellement les études traitant le risque d'inondation, prennent en considération la vulnérabilité et la capacité à faire à face aux inondations. Cependant les études effectuées dans le bassin de Souss, n'intègrent pas un des facteurs déterminants du risque humain lié aux inondations, à savoir la vulnérabilité socio-économique de la population et de l'environnement.

Donc, trois composantes seront nécessaires pour étudier le risque dans le bassin du Souss : Aléa, vulnérabilité et capacité.

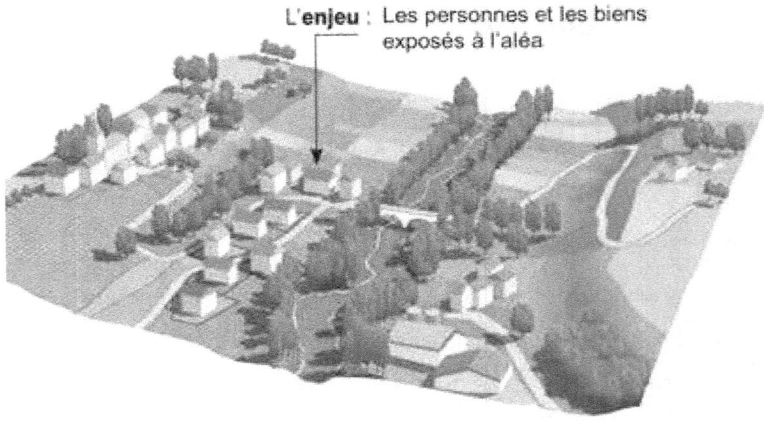

Figure 2 .Représentation des enjeux (Tanguy, 2016).

L'exposition qualifie la susceptibilité ou non d'une population ou d'une infrastructure à subir un endommagement éventuel en lien avec un aléa. Cette population, ces bâtiments, ces infrastructures ou ces activités exposés constituent des enjeux (Ngo., 2014) (Figure 2).

À cet effet, on retient la définition des enjeux évoquée par la Direction Départementale des Territoires et de la Mer Nord, 2011, p.40 et celle adoptée par l'UNISDR en 2009 : Les enjeux sont constitués de « l'ensemble des personnes, des biens, activités, éléments du patrimoine culturel ou environnemental, menacés par un aléa ou susceptibles d'être affecté par des inondations »

La stratégie internationale de prévention des catastrophes des Nations Unies (UNISDR, 2009, 2016) définie :

8.1.1.1.1 L'aléa

L'aléa est défini comme « un événement matériel, phénomène physique et/ou activité humaine potentiellement dangereux et destructif et susceptible de provoquer des pertes de vies humaines, des blessures ou d'autres effets sur la santé, associé à des dommages aux biens, des pertes de moyens de subsistance et des services, des perturbations socio-économiques, ou des dommages à l'environnement ». L'aléa est caractérisé par son intensité, sa durée et sa fréquence probable d'apparition. C'est un phénomène physique, naturel, non maîtrisable, d'occurrence et d'intensités » aléatoire (pluies, typhon, inondation…) (MEDD, 2004a ; MEEDDAT, 2008 et Ngo, 2014).

8.1.1.1.2 La vulnérabilité

La vulnérabilité est un ensemble des conditions et des processus résultant des facteurs matériels, sociaux, économiques et environnementaux qui accentuent la sensibilité d'une communauté à l'impact des aléas. Comme elle a été définie par la stratégie internationale de prévention des catastrophes des Nations Unies en 2004 et 2009 "Vulnerability is the conditions determined by physical, social, economic and environmental factors or processes, which increase the susceptibility of a community to the impact of hazards.". Elle désigne tout à la fois le dommage et la propension à subir le dommage, c'est un terme très polysémique. Selon le contexte et l'auteur le même mot peut donc avoir des significations différentes. En analysant les origines scientifiques du terme et de ses emplois, deux approches peuvent être distinguées : la vulnérabilité dite « physique », qui recouvre à la fois l'endommagement et le degré d'exposition de l'enjeu (Werren,. 2013), et la vulnérabilité dite « sociale », qui renvoie à la capacité à faire face et à la résilience (Reghezza,. 2006). Il est impossible et surtout non bénéfique d'unifier les définitions du terme « vulnérabilité », car il existe des concepts, des natures et des objectifs intégrés dans chaque définition (Rezaee et al., 2018).

Dans cette étude, nous avons opté la définition de la vulnérabilité en tant que concept consistant à examiner la combinaison de composantes physiques, sociales, et économiques qui influent sur la mesure dans laquelle un individu, une communauté ou un système est menacé par un événement dangereux, ainsi que leur capacité à atténuer ces menaces et à se rétablir de cet évènement (Mileti 1999, Cutter, Mitchell et al., 2000, Cutter, 2002, Cutter and al., 2003, UN/ISDR, 2004, p. 16 et 2009, W. N. Adger et al, 2009, Blaikie,Cannon et al. 2014 ; Hewitt, 2014).

8.1.1.1.3 La capacité

La capacité est une combinaison de toutes les forces et de tous les moyens disponibles au sein d'une communauté, d'une société ou d'une organisation qui peuvent être utilisés pour atteindre des objectifs fixés. Elle peut comprendre les infrastructures, les moyens matériels, les institutions, les capacités de la société à faire face, ainsi que la connaissance humaine, les compétences et les attributs tels que les relations sociales, le leadership et le management pour réduire le risque (UN/ISDR, 2017).

Selon le Centre National de Ressources Textuelles et Lexicales (CNRTL), la capacité se définit comme une « aptitude à faire quelque chose », l'aptitude étant elle même définie comme « une qualité rendant possibles certaines performances ».

Enfin, la notion de capacité sera ici définie selon le GIEC et l'UNISDR, 2007 comme l'habilité des personnes, des institutions, des organisations et du système utilisant les outils disponibles, les valeurs, les croyances et les opportunités pour corriger, gérer et surmonter les conditions négatives dans une période de court à moyen terme (UNISDR, 2007, GIEC, 2014 et Tanguay., 2017). Elle peut comprendre évidement les infrastructures, les moyens matériels… pour réduire le risque.

8.1.1.1.4 Le risque

Le risque est la combinaison de la probabilité d'un événement et de ses conséquences négatives pouvant en résulter sur les éléments vulnérables d'un milieu donné. On dit ainsi qu'il y a "risque" lorsqu' un "aléa" peut provoquer des pertes sur un milieu vulnérable (Figure 3 et Photo n° 1). Le risque est « lié à un aléa d'origine naturelle ou anthropique (Ngo, 2014). Autrement dit c'est la possibilité qu'un événement éventuellement dangereux puisse survenir dans une zone où des enjeux humains, économiques ou environnementaux sont présents.

Photo n° 1 .Submersion de la berge rive droite (terres cultivés) de l'oued Ouziwa juste à l'aval du barrage Med Mokhtar Soussi en Fèvier 2010 (Débit de l'oued ~ 925 m³/s) Maroc : Souss amont

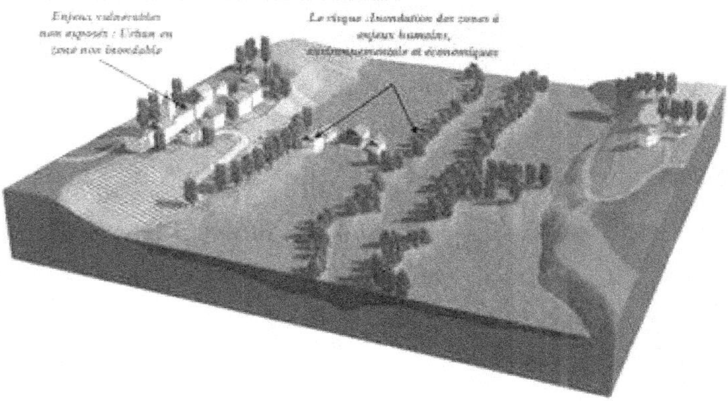

Figure 3 .Représentation du risque : Inondation par débordement des espaces enjeux (socioéconomiques, urbains et environnementaux) (in Ministère de l'Environnement de l'Énergie et de la Mer, 2015)

À cet effet on parle de risque d'inondation lorsque on a la présence des enjeux humaines et/ou environnementales et/ou économique dans la zone inondée.

8.1.1.1.5 La résilience

Bien que les définitions et les applications du terme « vulnérabilité » varient (Cutter 1996, Weichselgartner,2001), les notions de résistance et de résilience sont les plus communes (Dow, 1992, Turner, Kasperson et al., 2003, Cutter et Emrich, 2006 ; Hewitt, 2014). La résistance (sensibilité) renvoie à la capacité d'un individu ou d'une communauté à se protéger des événements terribles (Cutter et Emrich, 2006), tandis que la résilience traite des capacités d'adaptation d'un individu ou d'un système durant et après une catastrophe (Tobin, 1999, Turner, Kasperson et al., 2003 ; Adger, Arnell et al. 2005, Buchheit, P. et al, 2016, Dutozia, J., & Voiron-Canicio, C., 2019, Cariolet, et al., 2019). Ainsi, un système, pour être considéré comme résilient, doit maintenir une certaine structure qualitative, qui lui permettra la continuité de son fonctionnement ou la réponse à une partie de ces fonctions en cas de survenue d'un aléa. Donc, la résilience a la tendance d'être synonyme d'adaptation, vision beaucoup plus large que les visions précédentes (Lhomme et al., 2010).

Dans le domaine de la gestion du risque d'inondation, la résilience se place pour l'instant dans un continuum avec les travaux sur l'évaluation et la réduction de la vulnérabilité. Ainsi certaines recherches placent la résilience comme l'antinomique de la vulnérabilité (Fuchs, 2012).

8.1.1.1.6 Notion de géomatique (Télédétection et SIG)

La géomatique est définie comme la discipline moderne qui intègre la collecte, le stockage, le traitement, la modélisation, l'analyse et la diffusion de données spatiales et d'information de localisation. Elle englobe l'arpentage, l'hydrographie, la cartographie, la télédétection (souvent appelée observation de la Terre) et le traitement de l'information géographique à l'aide de système d'information géographique (souvent appelé SIG)[6]. C'est un terme apparu au Canada dans les années 1960, afin de désigner l'utilisation des technologies numériques pour acquérir, traiter, visualiser et communiquer l'information géographique. La géomatique tend aujourd'hui à s'ouvrir aux sciences humaines et sociales (Genevois, 2008). Elle débouche sur un grand nombre d'applications, qui dépassent le champ de la géographie, dans le domaine de l'aménagement, de l'urbanisme, du géomarketing, de l'histoire, de l'archéologie, etc.

[6] (Source : https://www.rncan.gc.ca/, consulté le 22/01/2016)

La géomatique comprend un arsenal d'outils, dont les SIG, mais également les bases de données à références spatiales, les systèmes de télédétection et de modélisation numérique, les outils de localisation et de navigation en deux ou trois dimensions, les environnements virtuels (globes virtuels) … (Genevois, 2008).

Cette discipline comprend de très nombreux domaines d'application dans le monde professionnel[7], permettant l'édition, la visualisation et le traitement de l'information géographique, connaît un essor important dans de nombreux domaines d'activité.

En effet, les nouveautés actuelles sont plus certainement liées à la propagation rapide des outils géomatiques dans la vie quotidienne, qu'il s'agisse des systèmes de navigation (du type GPS), des outils de géolocalisation et de calcul d'itinéraire ou encore du développement de la cartographie en trois dimensions sur Internet (Google Earth ou Géoportail…). (Genevois, 2008). Grâce aux progrès réalisés dans les domaines de la télédétection*, de la cartographie numérique et des outils de géolocalisation, l'information géographique devient plus riche et plus abondante.

8.1.1.1.7 Télédétection : Principes fondamentaux

La télédétection* est la technique qui, par l'acquisition d'images, permet d'obtenir de l'information sur la surface de la terre sans contact direct avec celle-ci (CCT, 2016). C'est un ensemble des connaissances et techniques utilisées pour déterminer, au moyen de mesures effectuées à distance, les caractéristiques physiques et biologiques des phénomènes (Genevois, 2008). Les images satellitales et les images aériennes font partie de la télédétection. La télédétection englobe tout le processus qui consiste à capter et à enregistrer l'énergie d'un rayonnement électromagnétique émis ou réfléchi, à traiter et à analyser l'information, pour ensuite mettre en

[7] Observatoire des Pratiques Géomatiques (INRP) : http://eductice.inrp.fr/EducTice/projets/geomatique (consulté le 07/04/2021)

application cette information. Notre œil représente un excellent exemple d'un dispositif de télédétection, en effet, nous sommes capables d'estimer la quantité et la nature de l'énergie de la lumière visible réfléchie parvenant dans notre champ visuel et d'en déduire des informations à propos de notre environnement.

Dans la plupart des cas, la télédétection implique une interaction entre l'énergie incidente et les cibles (CCT, 2016). Le processus de la télédétection (Figure 4) au moyen de systèmes imageurs comporte les sept étapes suivantes :

(1) Source d'énergie ou d'illumination : À l'origine de tout processus de télédétection se trouve nécessairement une source d'énergie pour illuminer la cible.

(2) Rayonnement et atmosphère : Durant son parcours entre la source d'énergie et la cible, le rayonnement interagit avec l'atmosphère. Une seconde interaction se produit lors du trajet entre la cible et le capteur.

(3) Interaction avec la cible : Une fois parvenue à la cible, l'énergie interagit avec la surface de celle-ci. La nature de cette interaction dépend des caractéristiques du rayonnement et des propriétés de la surface.

(4) Enregistrement de l'énergie par le capteur - Une fois l'énergie diffusée ou émise par la cible, elle doit être captée à distance (par un capteur qui n'est pas en contact avec la cible) pour être enfin enregistrée.

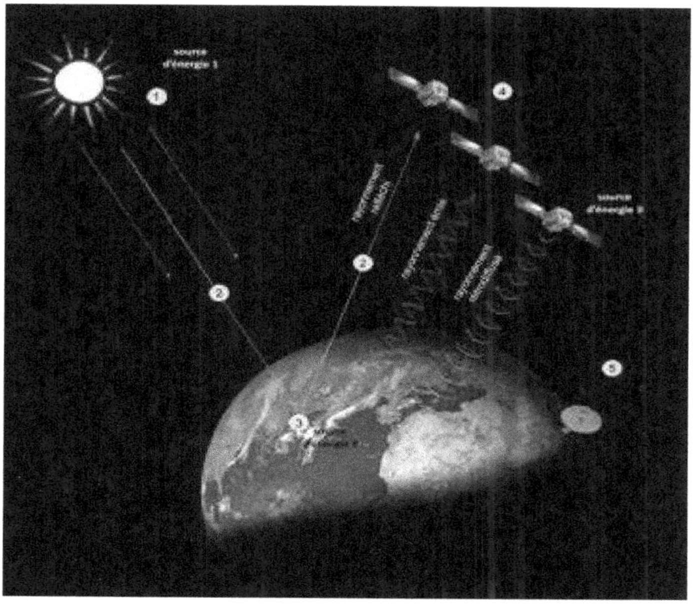

Figure 4. Processus de télédétection[8]

(5) Transmission, réception et traitement : L'énergie enregistrée par le capteur est transmise, souvent par des moyens électroniques, à une station de réception où l'information est transformée en images (numériques ou photographiques).

(F) Interprétation et analyse : Une interprétation visuelle et/ou numérique de l'image traitée est ensuite nécessaire pour extraire l'information que l'on désire obtenir sur la cible.

(G) Application : La dernière étape du processus consiste à utiliser l'information extraite de l'image pour mieux comprendre la cible, pour nous en faire découvrir de nouveaux aspects ou pour aider à résoudre un problème particulier.

[8] https://e-cours.univ-paris1.fr/modules/uved/envcal/html/rayonnement/index.html

La télédétection spatiale satellitaire constitue actuellement un outil incontournable pour l'observation de la Terre et l'information spatiale. Elle permet d'atténuer le sous-équipement cartographique dont souffrent la moitié des pays du globe. Une autre raison du succès de cet outil est liée d'une part à sa vocation de surveillance des ressources naturelles (déforestation, évolution d'une inondation, développement du milieu urbain, etc.), grâce à sa capacité d'observer périodiquement la même région de la terre et d'autre part à l'émergence de problèmes d'environnement et les catastrophes naturelles à grande échelle.

8.1.1.1.8 Système d'information géographique (SIG)

L'introduction des Systèmes d'Information Géographique a été précédée par les logiciels de cartographie thématique, dont la facilité de prise en main et le moindre coût ont assuré le développement des pratiques cartographiques instrumentées dès le début des années 1990 (Genevois, 2008).

Un SIG permet la saisie, le stockage, le traitement, la visualisation et la diffusion de l'information géographique. Par rapport aux autres outils géomatiques, le SIG se caractérise par son approche multicouche et multiscalaire permettant le croisement d'informations géographiques. Un SIG ne se réduit pas à un environnement informatique. Il merge des ressources de nature différente : une base de données, des outils matériels et logiciels pour organiser ces données en système d'information (Genevois, 2008), un ensemble de compétences, de procédures et de méthodes pour traiter ces informations. Au delà de la simple gestion, le SIG permet de répondre à un problème posé sur un territoire et de mettre en évidence le fonctionnement de systèmes spatiaux. Il permet le traitement d'informations très diverses (cartes, images, statistiques, textes), l'analyse spatiale, la modélisation et la simulation en testant des hypothèses.

8.1.1.1.9 Typologie des inondations

Différents types d'inondations peuvent être observés et sont multiples (DE Réalisation, E. Q. U. I. P. E., 2018). Nous présentons brièvement six types d'inondation définit par :

- La stagnation d'eaux pluviales ;
- Le débordement de cours d'eau ;
- La rupture d'ouvrages ou d'embâcles ;
- Le ruissellement en secteur urbain ;
- Les crues torrentielles ;
- La submersion des zones littorales ou lacustres.

8.1.1.1.10 Stagnation des eaux pluviales

(Le lecteur intéressé pourra se référer à l'annexe n°2, paragraphe 2.6)

8.1.1.1.11 Débordement des cours d'eau

Suite à des pluies diluviennes ou durables, l'augmentation du débit des cours d'eau peut être telle que ceux-ci peuvent gonfler au point de déborder de leur lit, pour envahir des zones généralement de faible altitude et de faible pente (cours aval des rivières) (MEDD, 2004). Les dégâts peuvent être très élevés et surtout le risque de noyade existe (en particulier, lors de franchissements de gués lors de l'arrivée de l'onde de crue).

Les débordements peuvent être de deux types :

- Inondation par débordement direct ;
- Inondation par débordement indirect.

Le cas le plus habituel est l'inondation par débordement direct. En effet, le cours d'eau sort de son lit mineur pour occuper son lit majeur (Photo n° 2) par submersion de berge ou par contournement d'un système d'endiguement limité.

Ces catégories sont très générales dont les temps de propagation, les difficultés de prévision et d'alerte, la violence des phénomènes ne sont pas toujours identiques pour chaque catégorie (MEDD, 2004). Ces crues se répartissent dans le bassin de Souss en zone montagneuse pendant l'été. L'exemple type de ces inondations dévastatrices est celle qu'a connue le village Tizert, relevant de la commune d'Imi N'Tayart (Province de Taroudant) le 29 aout 2019. Dont neuf personnes ont trouvé la mort et un blessé, sur un terrain de football situé dans le lit d'un oued, après un violent orage (Photo n° 2). Cette crue à cinétique rapide, dévastatrice a causé aussi des dégâts matériels et environnementaux importants.

Photo n° 2 : Trace (laisse) de la crue dévastatrice au niveau de village de Tizert relevant de la CT Imin Tayart (Cliché journal électronique hespress, 2019).

- Inondation par débordement indirect

Il peut se produire par remontée de l'eau dans les réseaux d'assainissement ou eaux pluviales, par remontée de nappes souterraines (Figure 5 et Photo n° 3). Il s'agit de phénomènes difficiles à prévoir, surtout lorsqu'ils découlent du mauvais fonctionnement du réseau en période de crue : dysfonctionnement ou dimensionnement insuffisant des moyens de relevage des eaux usées vers la rivière de crue, absence ou fonctionnement défectueux des ouvrages empêchant l'intrusion des crues dans le réseau, etc. (MEDD, 2004).

Photo n° 3 : Inondation par refoulement de réseaux d'assainissement et pluviales : Agadir en Février 2010 (cliché, ABHSM, 2010)

Figure 5 .Inondation indirect par remontée de la nappe (MEDD, 2004)

8.1.1.1.12 Rupture d'ouvrages ou d'embâcles : (Le lecteur intéressé pourra se référer à l'annexe n°2, paragraphe 2.6) ;

8.1.1.1.13 Ruissellement en secteur urbain (cf annexe n°2) ;

8.1.1.1.14 Crues Torrentielles

Lorsque des pluies abondantes et brutales se produisent dans le bassin versant d'un cours d'eau (qui n'est pas toujours un torrent), son débit augmente d'une façon importante. En raison de la forte pente, l'eau se charge en matériaux solides tels que sables et cailloux de tailles variées que le cours d'eau transporte vers l'aval (MEDD 2004).

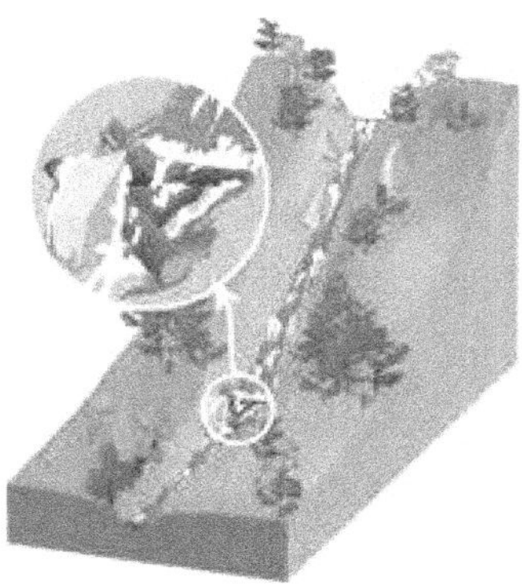

Figure 6. Exemple type d'embâcle sur un torrent (MATEE, 2005)

Fréquemment, par suite de la forme du lit (rétrécissements dus à la présence d'ouvrages tels que ponts, buses...) ou par suite de la présence d'obstacles tels que des troncs d'arbres (Figure 6 et Photo n° 4) les ordures ménagères dans certains cas, le lit s'obstrue et le torrent déborde en causant des dégâts dans le voisinage, en détruisant les habitations et les installations occupant le lit majeur. La montée des eaux est rapide et brutale suite à la rupture de ces obstacles naturels (débâcle). Plus le relief sur lequel l'orage éclate est marqué, plus la concentration des eaux est soudaine et importante, ce qui confère au cours d'eau la capacité de transporter toutes sortes de matériaux, rendant les torrents encore plus redoutables. On parle alors de crues éclairs qui constituent le risque humain le plus grand (MEDD 2004).

Photo n° 4. Exemple d'embacle suite à l'inondation survenue en Mai 2016 dans le bassin haut atlasique, Douar Aghri CT Tizi N'Test, avec des dégâts humaines (décès de 4 personnes), économique et environnemental (cliché Bouaakkaz, 2016)

8.1.1.1.15 Submersion des zones littorales ou lacustres (cf annexe n°2)

8.1.1.1.16 Paramètres d'une inondation

1.1.1 Débit

Le débit est un des paramètres caractéristiques d'une crue. C'est la quantité d'eau qui s'écoule en un point donné du cours d'eau. Il s'exprime généralement en m^3/s. Le débit d'un cours d'eau varie en fonction de la hauteur d'eau, de la surface transversale à une section donnée de ce cours d'eau et de la vitesse d'écoulement. Ainsi, l'augmentation de débit d'un cours d'eau entraîne l'augmentation de la vitesse d'écoulement et de la hauteur du plan d'eau au point considéré. La courbe des débits en un point, en fonction du temps, est appelée hydrogramme de crue (MEDD, 2004).

1.1.2 Vitesse d'écoulement

La vitesse d'écoulement est mesurée, en un point donné, pour une inondation, au paroxysme du phénomène. Le courant peut atteindre des vitesses telles qu'il peut entraîner des objets d'une certaine taille, voire des personnes. (MEDD, 2004). Cette vitesse peut être mesurée par des micro moulinets, moulinets ou saumon, par jaugeage d'une section de contrôle d'un cours d'eau.

1.1.3 Hauteur de submersion

La hauteur de submersion est mesurée, pour une crue donnée, lors du maximum de cette crue. Elle est représentative des risques pour les personnes (noyades) et pour les biens, par endommagement direct (action de l'eau) ou indirect (par mise en pression statique). La courbe des cotes (hauteurs d'eau) en fonction du temps est appelée limnigramme (MEDD, 2004).

La laisse d'inondation est la trace laissée par le niveau des eaux les plus hautes : les dégradations sont fonction de la durée, de la hauteur de submersion et de la vitesse d'écoulement.

1.1.4 Durée de submersion

La durée de submersion représente la durée approximative pendant laquelle une surface donnée de terrain reste inondée. Cette durée peut varier de quelques heures à plusieurs mois (MEDD, 2004).

1.1.5 Fréquence et la période de retour

Grâce à l'analyse des crues historiques (dates, secteurs concernés, débits, trace…), on procède à une classification des crues en fonction de leur fréquence (probabilité qu'un événement a apparaître chaque année ou nombre moyen d'événements similaires se produisant pendant une période donnée à un endroit donné) (MEDD, 2004).

A l'inverse, la période de retour est l'intervalle moyen de temps séparant des événements similaires (crues d'intensité comparable, en débits ou hauteurs, ou en couple débit-hauteur), lorsqu'on observe les événements à l'échelle de plusieurs siècles (MEDD, 2004). Ainsi, la crue centennale est une crue de forte amplitude qui, chaque année, a une probabilité sur cent de se produire. La crue trentennale est une crue qui a une probabilité sur trente de se produire.

Chapitre 2 : Cadre générale de l'étude

2.1 Présentation géographique du bassin de Souss et son cadre administratif

2.1.1 Cadre géographique

Le bassin versant du Souss s'inscrit à la fois dans le versant sud du Haut Atlas et le versant nord de l'Anti Atlas occidentaux. Ainsi, il se situe dans le Maroc centre occidentale et ouvert à la fois sur les influences sahariennes et océaniques (Figure 7).

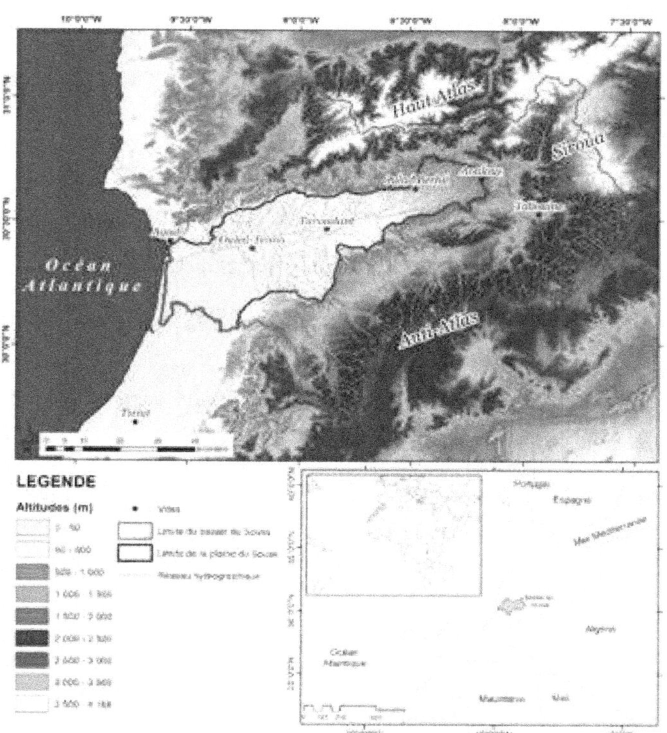

Figure 7. Situation géographique de la zone d'étude (Bouaakkaz, 2017).

Cette position lui confère un climat semi-aride à aride, très bien marqué dans la dépression du Souss et s'estompe presque entièrement sur les hauts reliefs du Haut Atlas où l'altitude impose un autre type de climat sub-humide caractérisé par la présence de la neige en hiver. Il occupe une surface totale de 17 489 km2 soit l'équivalent de 2.5% du territoire national. L'océan atlantique à l'ouest, le massif éruptif de Siroua à l'est, la chaîne alpine du Haut Atlas au nord et le bombement anticlinal de l'Anti-Atlas occidental au sud, constituent les limites naturelles du bassin du Souss (Figure 7). Les altitudes dans le bassin varient de 0 m (océan Atlantique) à 4167 m (Toubkalt dans les montagnes du Haut Atlas).

La plaine du Souss ouvert sur l'Océan Atlantique constitue un bassin subsident de forme triangulaire s'étend entre 0 et 700 m d'altitude, de 140 km de long et 38 km de plus grande largeur, soit une superficie de 3530 km2.

2.1.2 Cadre administratif

Sur le plan administratif, la zone du Souss couvre entièrement la préfecture d'Agadir Ida Outanane, la préfecture d'Inezgane Ait Melloul, la province de Taroudant ainsi qu'une part de la province de Tiznit (Figure 8). Elle déborde légèrement sur les provinces d'Essaouira et de Chichaoua au Nord. La zone d'étude comprend 128 communes territoriales. La population des communes regroupées au sein du bassin versant de la zone d'étude est de 2.186789 habitants (RGPH, 2014), soit une densité de 67 habitants / km².

Remarque : Pour plus de détail des données démographique et leurs rôles dans la genèse des inondations le lecteur peut consulter le chapitre n°3 s'intitulant l'élaboration des plans d'information, pour l'évaluation de la vulnérabilité globale aux inondations dans le bassin de Souss.

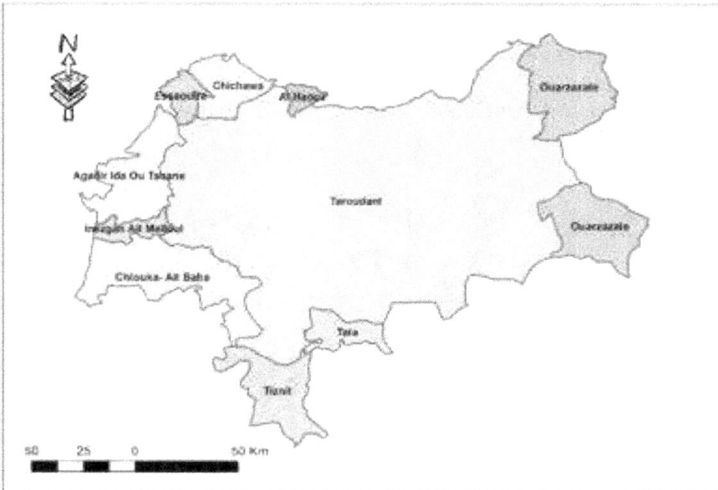

Figure 8. Provinces inclues dans la zone d'étude (Bouaakkaz, 2018).

2.2 Caractéristiques géographiques physiographiques et lithologiques de bassin versant de Souss et leurs rôles dans la genèse des inondations

Plusieurs études, sommaires ou détaillées, ont été entreprises dans le Souss au niveau géomorphologique, géologique, hydrologique, etc.

Toute approche du milieu naturel doit s'efforcer dans un premier temps à fournir des indications chiffrées permettant de caractériser la zone d'étude. C'est pourquoi, nous allons analyser dans cette section les principales caractéristiques morphométriques et hydrographiques du bassin de souss et ces sous bassins.

Ces informations, essentiellement descriptives, nous paraissent indispensables pour l'étude du fonctionnement de ceux-ci. L'étude de la répartition des altitudes a été effectuée à partir de modèle numérique du terrain (MNT) de la zone d'étude téléchargé depuis Shuttle Radar Topography Mission (SRTM), sur leur site web http://dds.cr.usgs.gov/srtm/version2_1. ou http://earthexplorer.usgs.gov./ en format Géoréférencée Tagged Image File Format (GeoTIFF).

Hydrogéographiquement, on peut subdiviser le bassin du souss en trois parties successives (Figure 9)

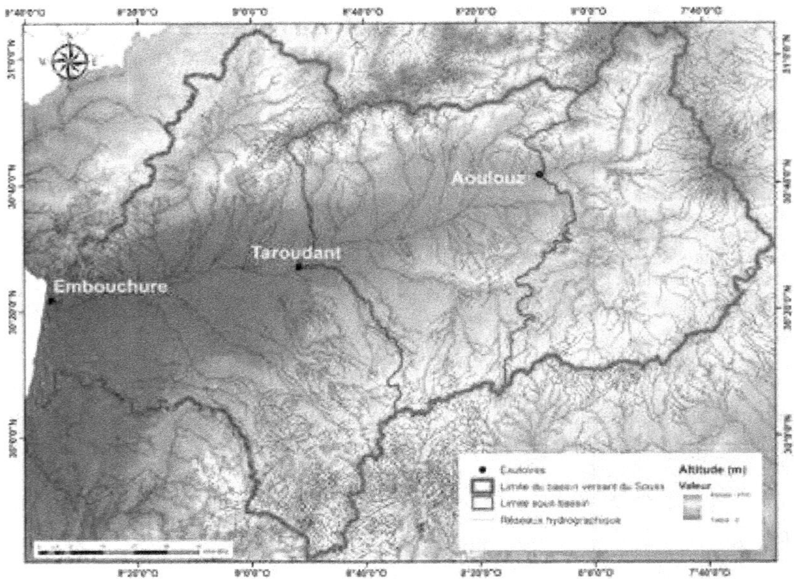

Figure 9 : Subdivisions du bassin versant du Souss (Bouaakkaz,2017)

a- Le bassin de l'oued Souss à Aoulouz

La carte hypsométrique (Figure 10), montre un relief important avec une pente très raide dans la zone où l'altitude est supérieure à 2500 m. (Figure 11)

b- Le bassin du Souss moyen à Taroudant

Le bassin du Souss moyen à Taroudant est vaste de 9400 km². Les altitudes y varient de 209 à 4167 m. Ce bassin, qui inclut aussi celui du Souss à Aoulouz, à un périmètre de 430 km.

c- Le bassin du Souss à l'embouchure

La surface de réception du Souss à Aït Melloul (l'embouchure) est vaste de 17 859 km².

d- Carte hypsométrique

À partir du modèle numérique de terrain (MNT) de la zone d'étude, nous avons représenté les surfaces comprises entres les courbes de niveau de la carte dite hypsométrique dont les tranches d'altitudes sont équidistantes de 500 m (Figure 2 en annexe 2).

e- La courbe hypsométrique

La courbe hypsométrique fournit une vue synthétique de la pente du bassin, donc du relief. Cette courbe représente la répartition de la surface du bassin versant en fonction de son altitude (Figure 3 et Tableau n°2, en annexe 2).

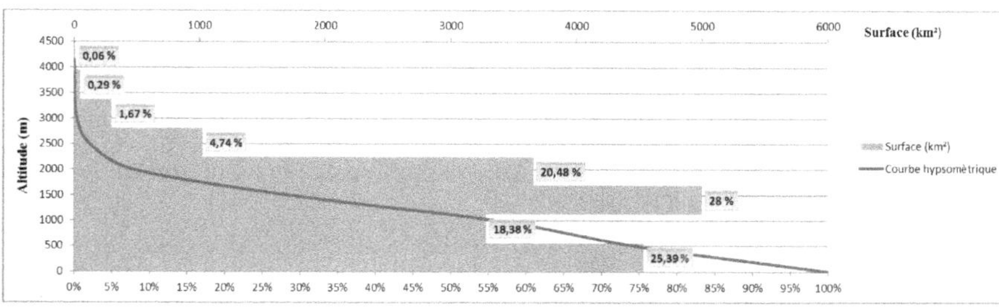

Figure 10. Courbe hypsométrique du bassin versant de Souss à son embouchure (Bouaakkaz, 2016)

A partir de ces données, on a calculé les superficies cumulées et leurs pourcentages à une altitude donnée pour représenter la courbe hypsométrique (Figure 10).

De l'ensemble du bassin du Souss à son embouchure (Tableau 2 en annexe 2), se confirment les hauteurs très élevées des pics montagneux (généralement du Haut-Atlas), bien que les reliefs dépassant 2500 m n'occupent que presque 2 % de la superficie totale du bassin versant ; par contre la moitié de la surface du bassin est comprise entre 1000 et 2000 m d'altitude.

Les reliefs dont l'altitude inférieure à 500 m (y compris les reliefs bas en dessous de 250 m) sont peu fréquents : 25 % seulement du bassin. La courbe hypsométrique alterne donc en général des fortes élévations avec des pentes importantes et des étendues planes avec des altitudes modérées.

Enfin, les crêtes du cadre montagneux sont assez élevées pour recevoir des neiges. Ces dernières font bénéficier l'écoulement vernal d'une part des précipitations d'hiver reçues par les massifs, elles contribuent légèrement à la régularisation des débits saisonniers, secondant ainsi la fonction exercée principalement par les plateaux calcaires de l'Anti-Atlas (Dijon, 1969 et Saidi, 1995).

f- La pente

La pente joue un rôle incontournable dans le cycle hydrologique (Figure 11). Puisqu'elle influe directement sur l'infiltration et le ruissellement. Ainsi pour une même averse et à perméabilité équivalente, la dualité des partages entre écoulement superficiel et infiltration sur le bassin sera essentiellement en fonction de la pente (Musy et Higy, 1998).

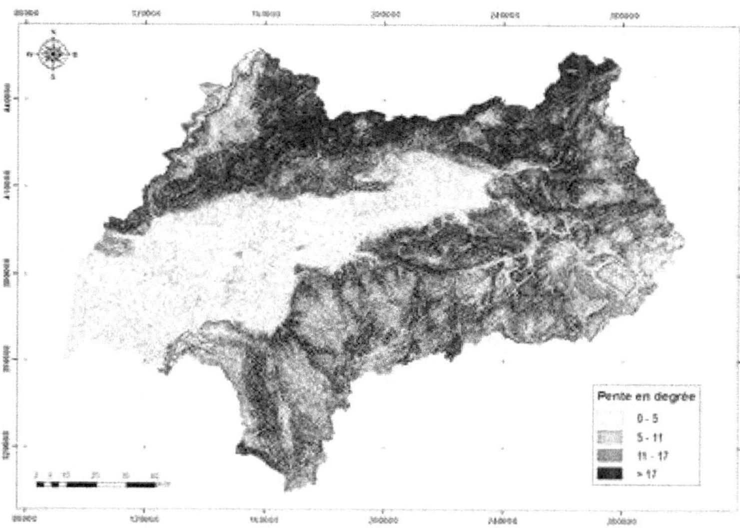

Figure 11 : Cartes des pentes du bassin versant de l'oued Souss (Bouaakkaz, 2016)

Les principales caractéristiques physiques du bassin de Souss sont résumées sur le Tableau n°1 suivant :

Tableau n°1. Caractéristiques physiques du bassin versant de Souss (Bouaakkaz, 2017)

uperficie ı bassin m²)	Périmètre du bassin (km)	Indice de forme Gravelius (K_G)	Altitude moyenne (m)	Altitude médiane (m)	Altitude minimale (m)	Altitude maximale (m)	Longueur de l'oued principal (km)	Pente moyenne de l'oued principal %	Indice pente global %	Dénivelé spécifique (Ds) (m)
7 859,04	866	1.8	1123	1630	0	4167	215	0.02	0.009	1140.89

En comparaison avec le bassin de souss a son embouchure, on constate une augmentation dans l'indice de compacité au niveau du bassin rive gauche Anti Atlasique, (avec un indice le plus élevé qui est de 2.50) (ABHSM, 2006). Par conséquent la majorité des sous bassins rive gauche sont plutôt allongés, d'où le risque lié aux inondations est atténué. Par ailleurs, quant aux sous bassins rive droite leurs indice de compacité de Gravelius est plus grand que celui de Souss avec un relief plus haut que ceux des sous bassins rive gauche. À cet effet, ce domaine est plus confronté au risque des inondations.

2.2.1 Caractéristiques lithologiques et morphostructures

La limite entre le domaine atlasique et le domaine anti-atlasique est marquée par un sillon sud atlasique dont la partie occidentale constitue la vallée du Souss (pour plus de détail voir l'annexe n °2). Le domaine de l'Anti-Atlas occidental correspond aux plateaux marqués par de puissantes séries calcaréodolomitiques infracambriennes et géorgiennes, qui atteignent localement 5000 m d'épaisseur.

La plaine du Souss est un synclinal crétacé (E-W), comblée par des alluvions plio-quaternaires. Le flanc nord de ce synclinal apparait en bordure du Haut-Atlas et marque une faille verticale connue sous le nom de l'accident sud atlasique (Hssaisoune et al., 2017). Par contre, le flanc sud est représenté par les collines crétacées, en bordure de l'oued Souss. Ce synclinal est jonché par des failles de direction diverses (Figure 12 et Figure 13).

2.2.2 Cadre géomorphologique du bassin versant de Souss

La plaine est alluviale avec des reliefs généralement bas. L'oued souss est dirigé et partagé dans la partie amont entre Aoulouz et Taroudant et ainsi qu'il est relativement encaissé ou focalisé dans la partie aval.

Vers le piémont, la plaine de Souss se raccorde aux massifs montagneux du Haut-Atlas et de l'Anti-Atlas par des cônes de déjection quaternaires, principalement aux débouchés des affluents de l'oued Souss dans la plaine. La plaine n'a pas de reliefs significatifs à l'exception de quelques restes d'une cuesta crétacée sous la forme de collines et de buttes érigées dans les formations pliocène-quaternaires qui remplissent cette plaine (Hssaisoune, Boutaleb et al., 2017).

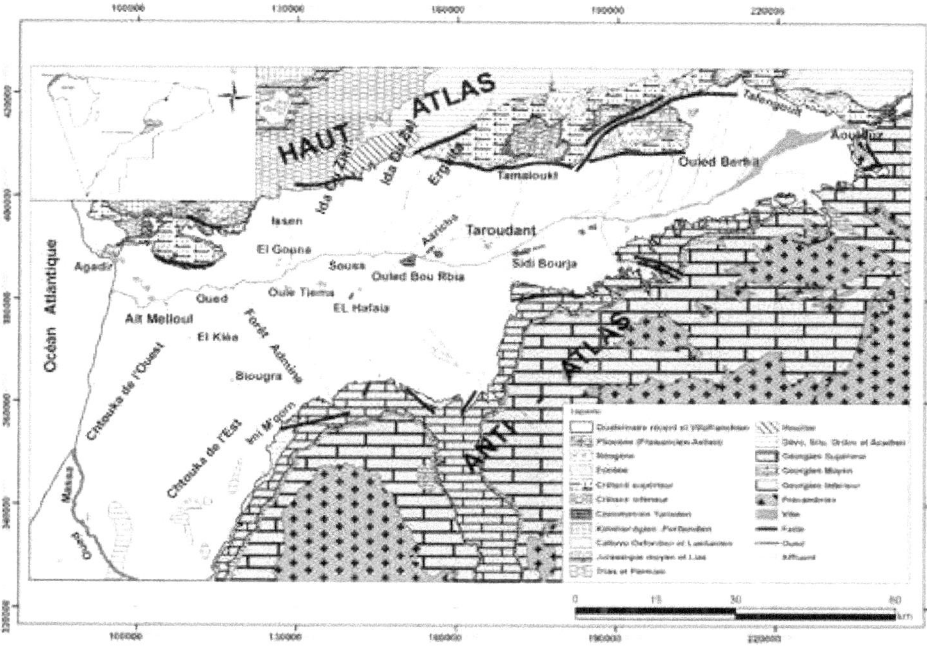

Figure 12. Lithologie du bassin versant de l'oued Souss (Choubert, 1957 in Hssaisoune et al., 2012)

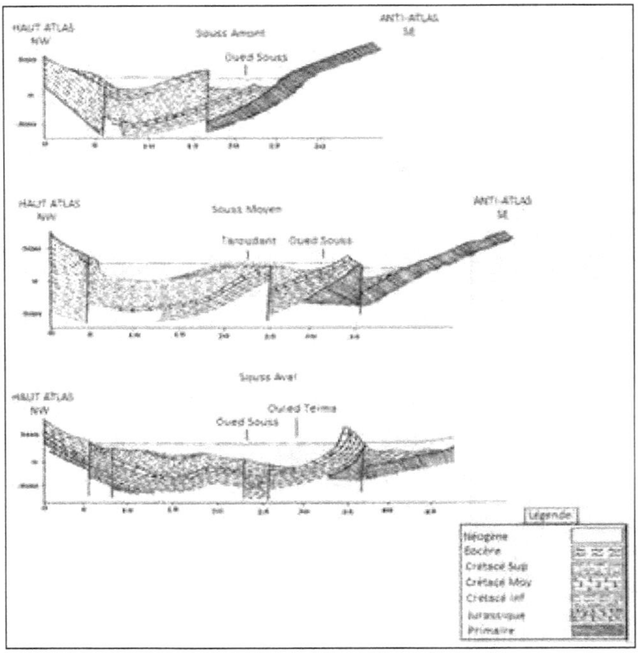

Figure 13. Coupes géologiques schématiques à travers la plaine de Souss et ses bordures, d'après géophysiques et forages (Dijon, 1969)

2.2.3 Caractéristiques climatiques et végétales

Le climat du Souss est complexe car il résulte de l'interférence de trois facteurs très différents : un cadre montagneux élevé et fermé sauf à l'ouest ; la proximité de l'océan sur lequel la vallée s'ouvre largement et une latitude « saharienne » (Saidi, 1995).

Le résultat de calcul de Quotient pluviométrique d'Emberger des stations pluviométriques principales d'Agadir, Taroudant et Aoulouz (Figure 14), montre que les trois stations se placent dans l'étage aride à hiver chaud et confirme les résultats des indices d'aridité. Ce quotient croit évidemment avec les hauteurs des pluies, mais aussi en fonction des amplitudes thermiques :

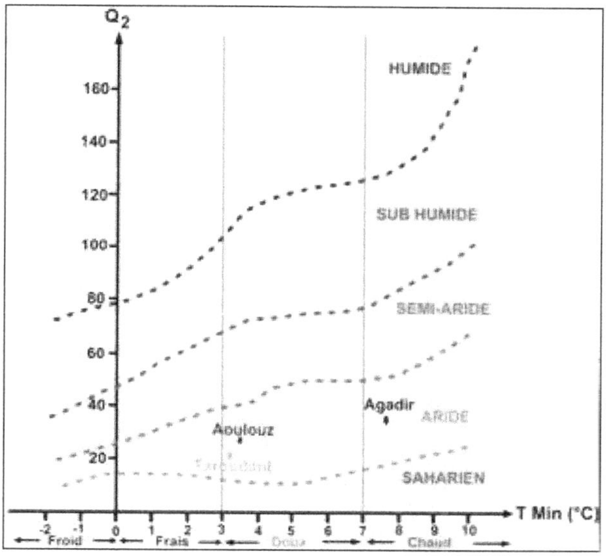

Figure 14. Position climatique des trois stations principales (Agadir, Taroudant et Aoulouz) dans le Climagramme d'Emberger (Bouaakkaz, 2015)

- Précipitation

Notre étude fera l'objet de commentaire de la carte des précipitations (Figure 15), et étude statistique et l'analyse et le traitement des données pluviométriques qui proviennent des fichiers de l'ABHSMD. En effet, le régime pluviohydrologique de cette région connaît des irrégularités spatio-temporelles. Ainsi les précipitations se modifient localement en fonction de la latitude et de l'altitude. Dans la vallée, la pluviométrie moyenne annuelle est de 280mm/an, d'après les postes pluviométriques principaux. Le nombre de jours de pluie est de l'ordre de 25 par an. Le Haut Atlas possède le gradient pluviométrique le plus élevé (entre 307 et

457 mm/an comme valeur maximale). Des effets d'abri existent dans toutes les vallées très encaissées orientées N- S (oued Issen, etc.). Deux régions sont totalement marginales et ont un gradient pluviométrique faible (150 à 200mm/an). Il s'agit du sud de la plaine du Souss et de l'Anti- Atlas saharien (ABHSMD, 2004).

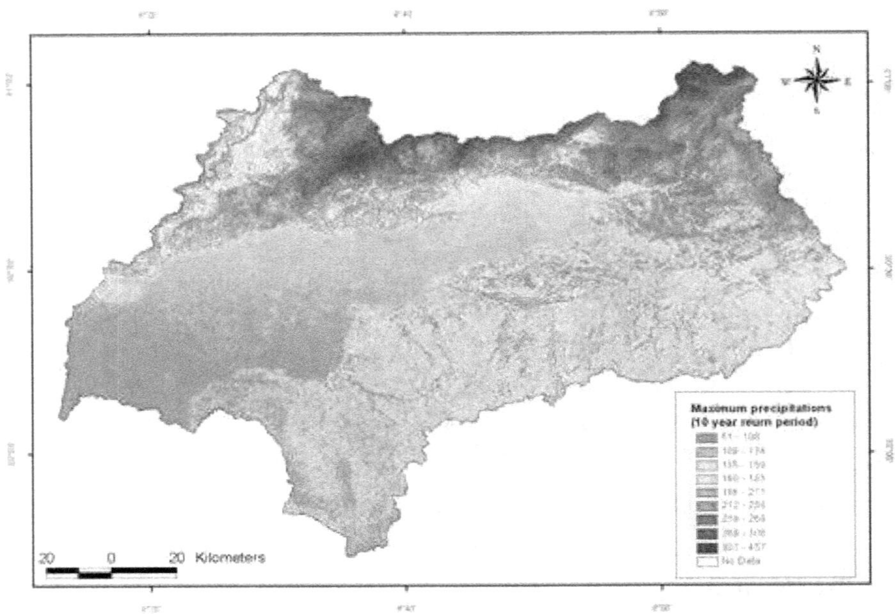

Figure 15: Carte des précipitations maximales dans le bassin versant de Souss (El Morjani, 2016)

La variation des pluies moyennes mensuelles est représentée dans la Figure 15 ci-dessous. Ce diagramme montre que pour l'ensemble des stations, plus de 95 % de la pluviométrie annuelle est concentrée durant la période pluvieuse qui s'étale entre les mois d'octobre et avril avec un maximum entre novembre et mars. En général, on peut distinguer une saison pluvieuse qui s'étend d'octobre à avril et qui reçoit presque 96 % du volume total des précipitations et une saison sèche qui s'étale de

Mai à Septembre où les précipitations se produisent essentiellement sous formes d'orages qui génèrent souvent des inondations dévastatrices (comme celles survenues en 2019 au niveau de la commune territoriale d'Imi Ntyart)

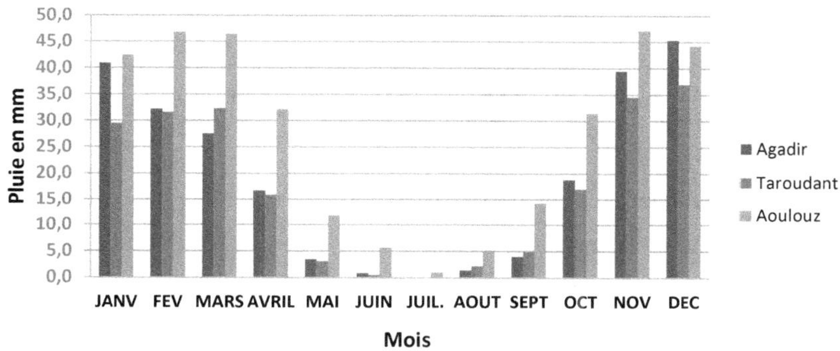

Figure 16. Variation des précipitations mensuelles dans le bassin de Souss entre 1966 et 2014 (Bouaakkaz,2016)

- Température

Les températures moyennes annuelles varient de 14°C sur le Haut Atlas au Nord à 20°C sur l'Anti-Atlas au Sud. La température maximale journalière atteint 49°C et la température minimale descend jusqu'à 3°C au-dessous de zéro sur les hauts reliefs (ABHSM, 2004).

- Vent

De l'Ouest, une brise de mer souffle vers la vallée ; son influence est surtout ressentie dans la zone côtière qui jouit ainsi d'un climat relativement doux et régulier. Sur une profondeur de 20 à 30 km, L'influence saharienne se manifeste dans la vallée surtout vers le Sud et l'Est (Combe et El hebil, 1977).

En général la région est relativement ventée, le « Chergui » vent d'Est chaud, peut souffler en été et en automne. La vitesse moyenne annuelle du vent est de l'ordre de 3 km/h en montagne et 5 km/h en plaine (Combe et El Hebil, 1977).

- Evaporation

Les vents et les températures provoquent une évaporation moyenne annuelle de 1400 mm en montagne et près de la côte atlantique et 2000 mm en plaine (ABHSM, 2010). Les moyennes mensuelles minimales sont enregistrées au mois de janvier (35 mm en montagne, 100 mm en plaine), tandis que les moyennes maximales sont enregistrées en juillet (240 mm en montagne, 270 mm en plaine).

- Forêt et couvert végétal

Le Souss est connu par la réputation de son arbre endémique l'arganier qui pousse partout sauf sur les sables mobiles. Sa limite altitudinale s'arrête à 1500m.

Au-dessus vient l'oléastre et les euphorbes, puis le thuya, suivi du chêne vert. Les forêts de l'arganier sont très clairsemées et ne jouent pas un grand rôle dans la protection des sols. Leur situation s'est dégradée à cause des sècheresses et du surpompage des eaux souterraines. Outre leurs rôles socioéconomiques capitaux pour les populations riveraines, les forêts de la région constituent une véritable barrière contre la désertification, l'érosion hydrique et éolienne et protège plus ou moins efficacement le sol contre l'insolation donc l'évaporation. Ainsi que ce couvert végétal atténue le risque d'inondation par endroit dans le bassin de Souss, en régularisant le régime des cours d'eau, jouant un rôle écrêteur et régulateur des crues et agit beaucoup sur les quantités d'eau disponibles pour l'écoulement de surface.

Etant donné l'importance du rôle joué par la forêt, on traduit parfois sa présence par un indice de couverture forestière K (Laborde, 2000) :

$$K = \frac{\textit{Surface des forêts}}{\textit{Surface totale du bassin}} \cdot 100 \qquad (3)$$

Cet indice pour le cas du bassin de Souss est très faible de l'ordre de 0.02%. Par contre la superficie occupée par les sols nus est de 164865 ha, soit 67% de la superficie totale du bassin de Souss.

Les statistiques des différentes catégories de la couverture du sol sont illustrées dans le chapitre n° 3. Il ressort que la proportion la plus élevée est occupée par les sols nus (33%) donc, généralement le ruissèlement de surface l'emporte sur l'écoulement souterraine, ainsi le risque lié aux inondations est à prévoir dans la zone d'étude.

2.3 Réseau hydrographique et ses caractéristiques

Saidi (1995) a procédé à une classification du réseau réel (chevelu hydrographique) composant le bassin versant (Figure 17). Son étude se résume dans le commentaire suivant :

- Le cours principal du Souss est d'ordre 6 à l'exutoire selon la classification de Strahler ;
- La plaine du Souss, qui s'étend aussi vers le sud-ouest du bassin, est très mal drainée ;
- On note une forte ramification dans le bassin de l'Immerguène, ce qui a entraîné un ordre élevé (5) à la confluence avec oued Ouzioua, lui-même d'ordre 5 grâce également (Saidi, 1995).
- Les principaux affluents du Souss sont au moins d'ordre 4 à leur confluence avec celui-ci.

En conclusion, on peut dire que l'aspect du réseau hydrographique est dans l'ensemble de forme arborescente et dendritique sur les reliefs (Saidi, 1995). Ceci pourrait accentuer la brutalité des crues sur le cours principal, surtout en cas de pluies homogènes arrosant une grande partie du bassin versant.

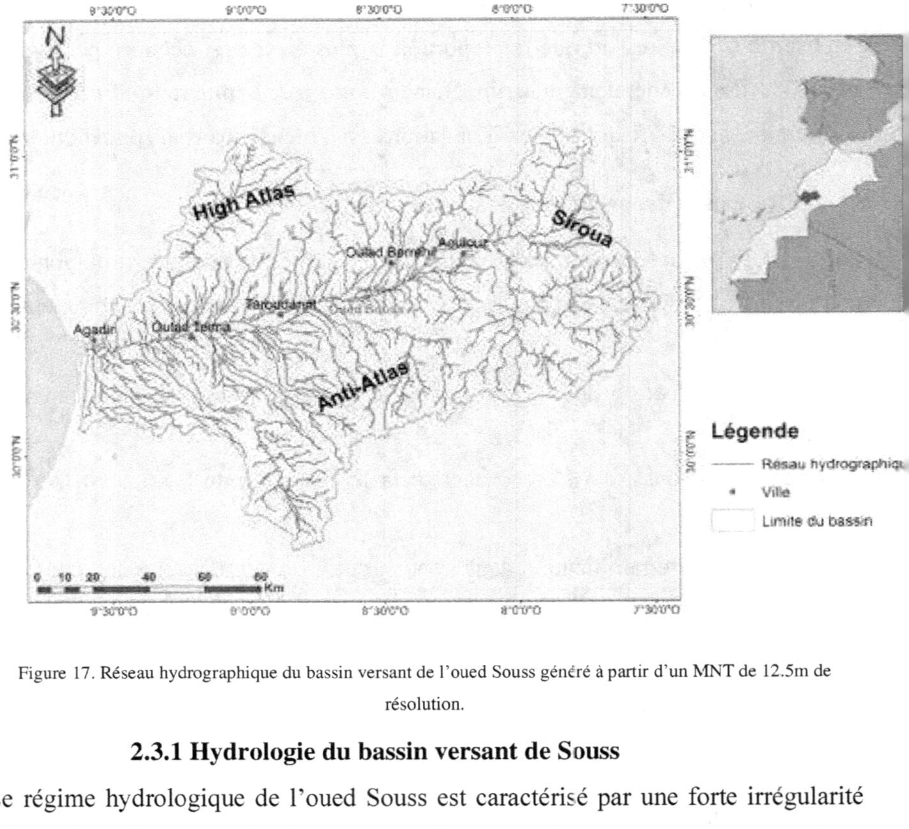

Figure 17. Réseau hydrographique du bassin versant de l'oued Souss généré à partir d'un MNT de 12.5m de résolution.

2.3.1 Hydrologie du bassin versant de Souss

Le régime hydrologique de l'oued Souss est caractérisé par une forte irrégularité saisonnière et interannuelle. Le maximum des apports intervient pendant les mois de Janvier, Février et Mars et le minimum est observé en Août, Les crues constituent l'essentiel des apports.

L'apport moyen du bassin du Souss est évalué à 394 Mm^3/an. Au niveau du barrage Aoulouz, il est de 170 Mm^3/an, selon l'hydraulicité de l'année hydrologique (PDAIRE, 2007).

Les débits à l'image des pluies qui les produisent présentent une forte irrégularité interannuelle (Figure 18) et mettent en relief une succession de périodes humides et de plusieurs périodes sèches au sein du bassin de Souss. Au barrage Aoulouz, à l'entrée en plaine de l'oued Souss, le débit moyen annuel est de 4,87m^3/s avec un maximum de 28.05 m^3/s et un minimum de 0 m^3/s (Bouaakkaz, 2014).

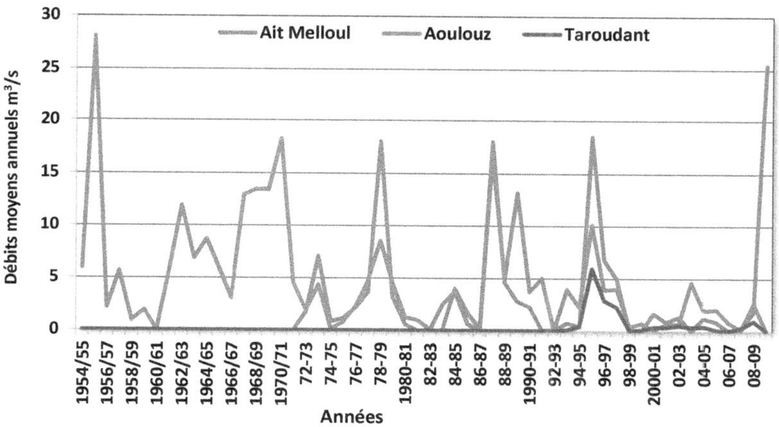

Figure 18. Débits moyens interannuels de l'oued Souss dans les trois stations hydromètriques principales (entre 1954 et 2010. (Bouaakkaz, 2016)

2.3.2 Historique des crues de l'oued Souss

- Chronologie des crues de l'oued Souss

Trois grandes classes génétiques de crues se dégagent (Saidi,1995) :

- Crues du versant haut atlasique occidental ;
- Crue du Souss amont (liaison entre le Haut -Atlas et l'Anti-Atlas) ;
- Crue mixte, généralisée lorsque la crue est engendrée par l'arrosage dans tout le bassin versant de Souss.

(Le lecteur intéressé pourra se référer à l'annexe n°2, paragraphe 2.5).

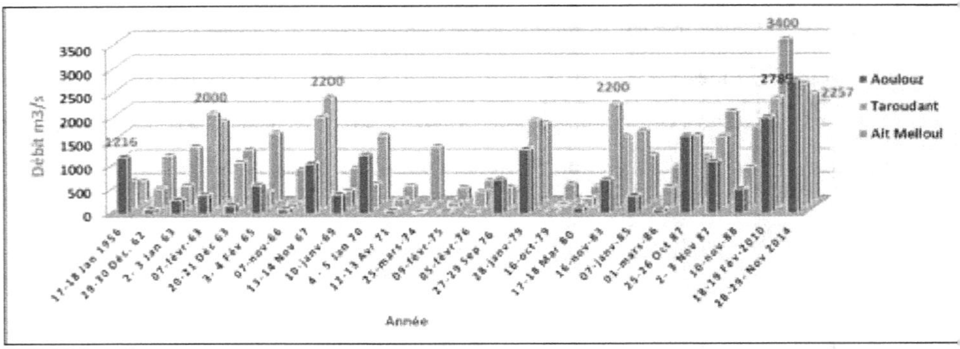

Figure 19: Historique des crues de l'oued Souss

La Figure 19 montre que le débit de pointe des crues de l'oued Souss a connu une augmentation remarquable, notamment en février 2010 et novembre 2014. Les débits de l'oued Souss varient entre des valeurs nulles et des débits de l'ordre de 1000 m^3/s, et peuvent exceptionnellement atteindre 3400 m^3/s. De cette étude des crues du Souss, nous retiendrons, en conclusion, les trois caractères essentiels suivants : leur fréquence relativement importante, la faible diversité de leur origine, et leur puissance phénoménale par rapport au module moyen annuel.

- Débits de pointe : Exemple des inondations de 2010

a. La crue du 18 et 19 février 2010 à la station d'Ait Melloul

L'oued Souss a connu le 18 et 19 Février 2010 une crue qui s'est produite suite à un fort épisode pluvieux concentré sur le bassin versant de l'oued Souss. Le débit de pointe de cette crue a atteint 3400 m^3/s (Figure20 et Figure 21) avec un volume d'eau mobilisé de 435, 11 millions de m^3, ce qui qualifie cette crue d'exceptionnelle.

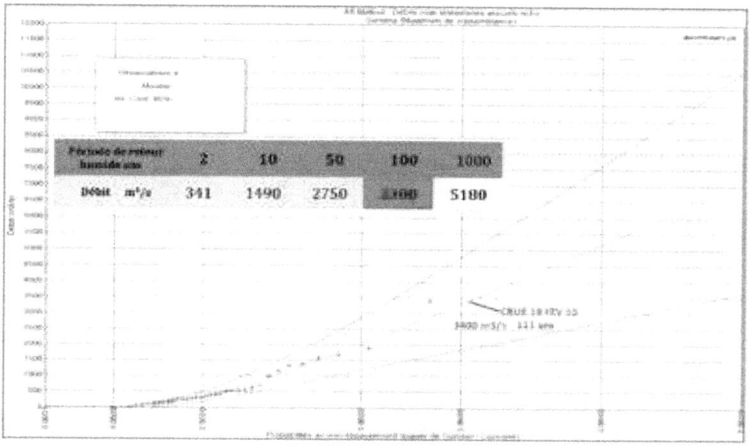

Figure20. Ajustement de la loi de Gumbel aux crues de l'oued Souss à Aït Mellcul

La courbe de l'hydrogramme de la crue du 19/2/2010 à Ait Melloul montre une allure irrégulière avec trois pics. La crue principale est précédée par deux crues séparées par une décrue. Leurs débits n'ont pas excédé 1580 m3/s. Ensuite, la décrue a pris un temps étalé sur presque 14 heures, avant que le débit de la grande crue monte violemment pour dépasser 3000 m^3/s. L'hydrogramme de la crue principale montre une courbe symétrique et très pentue, ce qui traduit sa violence et le temps rapide de sa montée. Cette crue est restée forte même en période de sa décrue, avec un temps de base qui est de 60 heures. C'est pour cela qu'on remarque que le pic de cette crue exceptionnelle est atteint brutalement, par le passage du débit de 132,00 m^3/s au débit max qui est de 3400 m^3/s au bout de 18 heures (temps de montée).

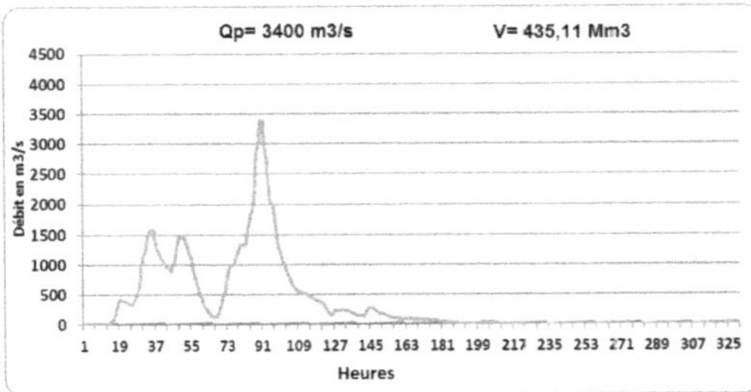

Figure 21 : Hydrogramme de la crue de février 2010 du 15/02/ au 29/02/2010 (Source : ABHSM, 2010)

Cette crue a causé des inondations catastrophiques qui ont engendrées l'isolement de plusieurs douars et des dégâts importants dans le secteur agricole, l'infrastructure hydraulique de réseau routier et l'environnement et (Photo n° 5 et Photo n° 6).

Photo n° 5 Crue du 19 Février 2010 au matin à l'amont du nouveau pont, traces de passage de la forte crue durant la nuit à droite (cliché, ABHSM, 2010)	Photo n° 6. Emportement de la chaussée coté aval de l'accès au pont Taroudant (cliché, Bouaakkaz 2014)

b. La crue du 28 et 29 novembre 2014.

A la station d'Aoulouz, le débit maximal de la crue du 28/11/2014 est de 2789 m^3/s, atteint à 18h00 au niveau du barrage Aoulouz situé à 150 km à l'Est d'Agadir. Ces crues exceptionnelles ont provoqué des inondations avec des dégâts matériels, environnementales, etc. dans le bassin de Souss (Tableau n°2 et Photo n° 7)

Photo n° 7. Dégradation partielle de la conduite alimentant la ville d'Ouled Teima en eau potable (cliché, ONEE, 2014)

Tableau n°2. Evaluation des dégâts des crues de novembre 2014 au niveau de la province de Taroudannt (Source : Enquête de terrain)

Pachlik/ Cercle	*Communes*	*Localité*	*Longueur*	*Largeur (M)*	*Types des dégâts*	*Natures d'intervention*	*Cout Estimatif en (Dhs)*
Cercle Taliouine	**Ouzioun**	Douar Taghrat	500 ML		Terres agricole emportés par oued ouzioun et risque d'inondation du douar	Mise en place d'un mûr en gabion dont la section est de 13 m2	2 275 000,00
		Douar Idergane	200 ML		Emportement et dégradation des gabions existants et terres agricoles	Mise en place d'un mûr de protection en gabion	700 000,00
Cercle Taroudannt	**Zaouit Sidi Taher**	Nouaji el fokanine et tahtanière et autres douars	Varie		Emportement des terres agricoles et risque d' inondation de quelques douars	Prévoir une protection des douars contre les inondations par des murs en gabions et digue en alveoles	7 000 000,00
	Tiout	Douar El Kasba			Risque d'inondation de la source et point d'eau potable et douar El kasba, emportement du mûr en gabion par l'oued sur 100 ml et 2 m de hauteur	Curage de la retenue de seuil déjà existant (15500 m3)	675 000,00
						Mise en place du mûr en gabion (200 m3)	80 000,00
		Taranboujt			emportement du mûr de protection du douar en gabion sur 30 ml et 2 m de hauteur	Construction d'un mûr en gabion	30 000,00
	Ait Igass	Douars zaouit Imaader - agadir Nthounit - Tizounte - Anzad - Tamounte	varie		Démolition des douars zaouit Imaader et agadir nthounit	Prévoir mûr en maçonnerie, gabion, digue en remblai et curage de l'oued	6 000 000,00
Cercle Taroudannt	**Ida Oumoumen**	Douars relevant CR	200 ML	Varie	Innondations des douars	Curage de l'oued et prévoir un mûr en gabion	500 000,00
	Imoulass	Douars relevant CR	Varie		Effodrement de quelques logement, chariage de l'oued et châabas, inondation de quelques logements	Prévoir des mûrs en maçonnerie, gabion et curage de l'oued	4 000 000,00
	Tamaloukte	Douars relevant CR	Varie				
	Tafraouten	Douars relevant CR	Varie				
	Ait Makhlouf	Piste reliant douar Ait Bouhmida et douar Tagnite	20 ML	4	Dégradation de la piste en parties discontinues	Rechargement de la piste en tout venant de l'oued sur 6,2 km	210 000,00
	Ait Makhlouf / **Ahmer Laglalcha**	Cimétiare Ait Makhlouf, douars Dhane et Gaba			Inondation des douars, enclavement des habitants et dégradations des terres agricoles	Prévoir digue en enrochement, gabions et mûr en maçonnerie	6 000 000,00
	Ahmer Laglalcha	Douar Talaa			Risque d'emportement du douar et la mosquée	Prévoir mûr et digue en alévoles y compris terrassement (étude existante)	5 000 000,00
Cercle Ouled Berhil	**Sidi Ouaziz**	Douar tagadirt Noudiz	1100ml	varie	Démolition des logements de douar	Protection par mur en gabion sur 700ml et mur en maconnerie sur 400ml	2 600 000,00
Pachalik Aoulouz	**CU Aoulouz**	Douars tahala, nid bouho et autres douars situés dans la rive gauche de l'Oued Souss	1300	varie selon etude	Risque d'emportement des douars en question et emportement des terres agricoles et démolition d'un logement	Prévoir des mûrs latéraux et epis en gabion, curage et recalibrage de l'oued	4 000 000,00
Pachalik Ouled Berhil	**CU Ouled Berhil**	centre ville	1 km	varie	Submerssion et inondation du centre urbain	curage du lit de l'oued, prévoir une protection en gabion	3 000 000,00
		centre ville	1,5 km	varie	Submerssion et inondation du centre urbain	curage du lit de l'oued, prévoir un canal en béton couvert sur 0,8km	1 230 000,00
Pachalik El Guerdane	**CU El Guerdane**	Châabas prevenant des oueds assads et Ibied au niveau des quartiers Ben Khiyi, Ouled Ali, Smara et Dakhla 2	1000 ML	6	Inondations des quartiers et leur enclavement	Curage des châabas et construction d'un mûr en maçonnerie pour protection des quartiers	400 000,00
						Total	**43 700 000,00**

2.4 Hydrogéologie

- Unités hydrogéologiques

Le bassin du Souss comprend deux principales unités hydrogéologiques : la nappe du souss et les nappes localisées dans le Haut-Atlas et l'Anti-Atlas (Hssaisoune et al, 2012).

- La nappe superficielle étendue, liée à la principale plaine de la zone, (plaine de souss). Son bassin hydrogéologique s'étend sur une superficie de 4.150 km²
- Les nappes localisées dans le Haut-Atlas et l'Anti-Atlas :

Dans le Haut-Atlas, les principaux aquifères sont liés aux formations de la couverture mésozoïque qui sont représentées principalement par les calcaires jurassiques et crétacés ;

Dans l'Anti-Atlas ce sont généralement des nappes d'extension limitée et de productivité très variable. Les nappes profondes : ce sont des nappes en charge, exploitables, localisées sous les nappes superficielles (Hssaisoune et al, 2012).

L'analyse des bilans de la nappe a montré que le déstockage des ressources non renouvelables varie entre 100 et 370 Mm^3 /an, selon l'hydraulicité de l'année. Ce déstockage évalué depuis 1968 serait de l'ordre de 7 Milliards de m^3 (Tableau n°3). La baisse moyenne du niveau piézométrique engendrée varie entre 0.5 m/an et 3 m/an.

Tableau n°3. Evolution du bilan hydraulique de la nappe de Souss en Mm^3 (PDAIRE, 2006)

Nappe de Souss	1976	1979	1985	1994	1996	1998	2003	2007
Recharge de la nappe								
Total entrées	220	337	163	108	870	256	323	268
Sorties de la nappe								
Total sorties	405	442	408	478	637	614	551	555
Bilan	-185	-105	-246	-370	233	-358	-228	**-283**

L'analyse de ces bilans permet de tirer les constats suivants :

- Un déficit hydraulique très précoce et accru de la nappe ;
- L'année exceptionnellement humide de 1996 a occasionné une recharge importante de la nappe au niveau de tous les termes d'entrées ;
- La non aggravation des eaux de cette nappe par remontées naturelles aux inondations, en cas de survenue des crues exceptionnelles à l'instar de celle de 2010 et 2014, puisqu'elle est très déficitaire et les conditions favorisant le déclenchement du phénomène d'inondation ne sont pas atteintes.

2.5 Activités économiques

L'agriculture constitue l'activité économique principale de la région. La superficie irriguée, située principalement dans le bassin du Souss, s'étend sur 134.300 ha dont près de 60 % est irriguée de manière moderne (ABHSMD, 2006). Ces terres se situent essentiellement dans la plaine du Souss, où les primeurs et les agrumes constituent les principales productions.

La production minière de la zone est très faible et les industries de transformation ne représentent que 4% de l'industrie nationale. Elles sont essentiellement constituées d'unités agro-industrielles pour le conditionnement des fruits et légumes.

Le tourisme constitue la deuxième activité économique de la région. Avec une capacité d'hébergement de l'ordre de 26.400 lits classés, la région dispose de près de 30 % de la capacité d'hébergement nationale.

2.6 Conclusion

Au terme de ce chapitre on retient que le contexte hydrologique du bassin-versant de l'oued Souss, est caractérisé par la densité élevée de réseau hydrographique (bassin plus arrosé), dont les oueds prennent naissance à des altitudes très élevées (pentes des oueds fortes), ainsi que la faible couverture végétale, engendrent des crues violentes et exceptionnelles caractérisées par des inondations par débordements en cas des pluies intenses. C'est à Aoulouz que le bassin de Souss reçoit les plus importants et les plus utiles apports d'eau. En outre, l'aspect du réseau hydrographique est dans l'ensemble de forme arborescente et dendritique sur les reliefs. Ceci pourrait accentuer la brutalité des crues sur le cours principal, surtout en cas de pluies homogènes arrosant une grande partie du bassin versant et cause des inondations dévastatrices. Puisque le milieu est soumis à la dégradation dû à la pression foncière et touristique et le défrichement du couvert végétal, ainsi qu'au surpâturage au dépend de l'urbanisme.

La moitié de la surface du bassin est comprise entre 1000 et 2000 m d'altitude, et d'après la valeur du dénivelé spécifique, ainsi que celui de l'indice de pente globale, le bassin de Souss a un relief très fort, qui est l'un des facteurs clés contrôlant la réponse hydrologique de ce bassin, en agissant sur la cinématique des écoulements (vitesse, puissance, temps de réponse). Ceci offre un environnement propice aux pulsations brutales des cours d'eau et des inondations par débordement, puisque les formations géologiques (Rhyolite, Marnes, Quartzites, etc) de ces zones sont plus ou moins imperméables. À cet effet le bassin de Souss est caractérisé par sa vulnérabilité aux inondations.

Chapitre 3 : Matériels et méthodes

3.1 Méthodologie générale

Plusieurs méthodes d'évaluation du risque et d'aléa d'inondation ont déjà été développées et sont utilisées nationalement qu'internationalement comme outils d'évaluation des dommages potentiels causés par les inondations.

Les études déjà réalisées dans le bassin de Souss, ont concentrées uniquement sur l'aléa. Tandis que, les mesures et évaluations de vulnérabilité sont plus récentes et n'ont pas été réalisée à notre connaissance dans la zone d'étude.

Cependant, Il apparait que la méconnaissance et le non prise en compte des vulnérabilités engendrent de mauvais choix d'aménagement territorial du bassin de Souss. Les retours d'expérience et les missions de terrain insistent que, la prise en compte des risques dans sa globalité s'avère nécessaire.

Par conséquent, il convient donc de développer des outils d'aide à la décision en matière de connaissance des vulnérabilités au niveau du territoire pour la spatialisation et prévention des risques d'une façon globale. Étant donné que la dynamique du risque n'est donc pas uniquement contenue dans l'aléa (Benmessaoud, 2009), on doit orienter progressivement vers des politiques de réduction des vulnérabilités aux risques et d'amélioration de la résilience et la capacité des populations vis avis du risque d'inondation. Puisque les études de vulnérabilité sont plus récentes et plus rares ; et celles combinant l'aléa et la vulnérabilité le sont encore davantage.

Dans cette étude, nous proposons ainsi d'utiliser une nouvelle approche pour cartographier le risque dans le bassin versant du Souss en utilisant l'équation ci-dessous, car nous pensons que le risque n'est pas seulement une fonction combinant l'aléa et la vulnérabilité, fonction utilisée par la plupart des méthodes actuelles d'analyse du risque mais elle pourrait être modifiée par sa capacité à résister et à s'adapter à cet aléa (notion appelée aussi résilience). Néanmoins, le risque est le résultat de l'interaction entre un aléa et la vulnérabilité des éléments exposés à son égard. Il correspond ainsi à la combinaison de la probabilité d'occurrence d'un aléa et des conséquences pouvant en résulter sur les éléments vulnérables (enjeux) d'un milieu donné (Morin, 2008).

$$\text{Risque}\ \alpha\ \frac{\text{Aléa} \times \text{Vulnérabilité}}{\text{Capacité}} \qquad \textbf{(1)}$$

À cet effet, dans le cadre de la bonne gestion du risque d'inondation, cette étude vise le développement d'outils et de méthodes permettant de mieux apprécier les différents aspects de la vulnérabilité globale dans l'approche du risque inondations selon l'équation suivante (au lieu de l'équation n°1) :

$$\boldsymbol{Risque = Aléa\ x\ Vulnérabilité\ globale} \qquad (2)$$

Sachant que, la vulnérabilité inclut l'exposition (vulnérabilité externe) et la capacité à faire face (vulnérabilité interne) (Alou, 2018). (Le lecteur intéressé pourra se référer au chapitre n°8). Toute en évaluant la capacité à faire face aux inondations qui est limitée et relative dans la zone d'étude.

Actuellement, la vision classique du risque restreint à l'aléa est de plus en plus délaissée pour une vision combinant aléa et vulnérabilité, mais cette deuxième composante fondamentale du risque est moins facilement cernée que la première (Bernstein, 1998 ; Mileti, 1999 ; Cutter et al., 2000 ; Borga., et al 2011 ; Guigo et al., 2002, Blaikie et al., 2014, Cutter et al., 2003 ; Dabelko et al., 2012). Ainsi, l'évaluation du risque d'inondation dans une région donnée nécessite l'analyse des caractéristiques socio-économiques et des impacts environnementaux (Luong, 2012).

Pour cela nous avons employé une approche composite qui intègre différentes méthodes en vue de développer une méthodologie intégrée de spatialisation de risque d'inondation dans la zone d'étude. La méthodologie adoptée dans ce travail associe une triple approche de géomatique et d'enquête de terrain, ainsi que le traitement statistique des données collectées de l'ABHSMD des précipitations des stations hydrologiques et l'analyse fréquentielle des débits de pointe de l'oued Souss.

Nous commençant tout d'abord à décrire brièvement la méthodologie de création de la carte d'aléa, suivie de celle de l'évaluation des vulnérabilités sociale, environnementale et économique qualitative aux inondations, ainsi que l'approche d'évaluation de la vulnérabilité globale. Suivie de la description de la méthodologie adoptée pour évaluer la capacité aux inondations dans la zone d'étude et la spatialisation de risque d'inondation. Toutefois le lecteur peut consulter les chapitres correspondants n°4,5,6,7 et 8 pour plus de détail de chaque méthodologie. En effet, chaque chapitre de ce rapport expose de façon détaillée les approches méthodologiques adoptées. L'organigramme de la Figure 22 illustre la méthodologie générale adoptée et suivie pour la modélisation de risque d'inondation dans la zone d'étude.

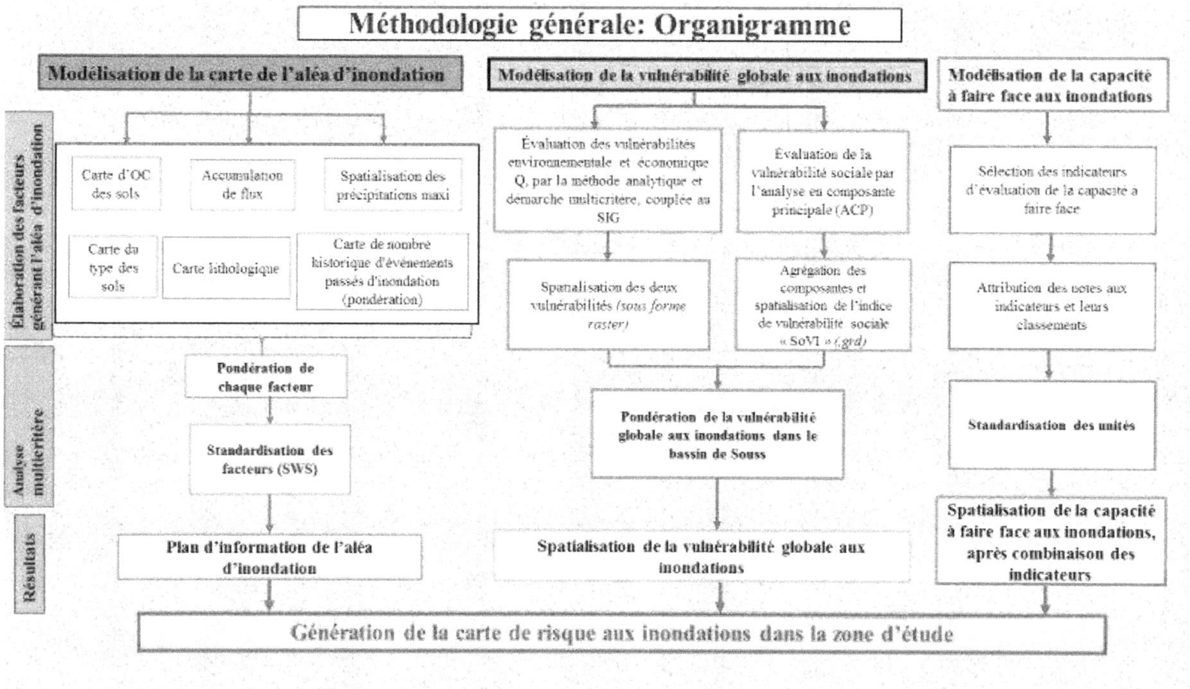

Figure 22. Méthodologie générale adoptée pour la génération de la carte de risque dans le bassin de Souss (Bouaakkaz, 2020)

3.1.1 Modélisation de la carte d'aléa d'inondation

La géomatique et les techniques d'analyse multicritère ont été utilisé dans cette étude comme des moyens efficaces pour gérer, organiser, créer et modéliser ce type d'information. Ce processus méthodologie de traitement numérique a permis la compilation et la création de documents spatiaux de base, le modèle numérique d'altitude à moyenne résolution (30m) et ses dérivés (facteurs influençant l'aléa de l'inondation) (El Morjani et al., 2016).

En outre, la méthode décrite en article (chapitre 4), englobe, le traitement statistique et analyse des données collectées de l'ABHSMD des précipitations des stations hydrologiques implantées sur le bassin, ainsi que les débits des crues, enregistrés au niveau des stations qui jalonnent l'oued Souss.

Nous n'exposons pas ici la description détaillée de cette méthode, le lecteur pourra se référer aux publications d'El Morjani, 2011a, El Morjani, 2011b, El Morjani et al., 2016, ainsi que les références bibliographiques énumérées en bibliographie.

Ainsi, l'approche proposée pour la spatialisation de la carte d'aléa d'inondation combine l'ampleur des événements d'inondation passés avec la distribution spatiale des facteurs générant cet aléa. Cette combinaison des plans d'information a été réalisé par des méthodes d'analyse multicritère pour produire une information synthétique sur l'aléa de l'inondation dans le bassin du Souss.

3.1.2 Évaluation de la vulnérabilité aux inondations

La vulnérabilité est aujourd'hui un concept central de l'analyse des risques « naturels » en particulier en lien avec le changement climatique et la problématique du développement durable (Quenault, 2015). Ainsi Il est considéré comme un élément clé des catastrophes, selon plusieurs recherches antérieures.

Dans ce contexte, les caractéristiques socio-économiques de la population qui influencent sa capacité à préparer, réagir et rétablir lors d'une catastrophe naturelle sont décrites par la vulnérabilité sociale (Blaikie, Cannon et al., 2014).

À cet effet, l'évaluation de la vulnérabilité globale dans le bassin du Souss peut être examinée à partir de diverses perspectives (économiques, sociales, sanitaires, communications, environnementales). Dans ce travail, nous avons accordée l'attention à l'élaboration de deux plans d'informations primordiales pour la génération de la première carte de vulnérabilité, aussi bien sociale, environnementale qu'économique qualitative (matérielle) dans la zone en question. La carte d'occupation du sol et celle de la distribution réelle de la population au sein de cet environnement. Sont deux documents de base pour mener à bien cette étude de vulnérabilité globale aux désastres en générale et en particulier aux inondations.

3.1.2.1 Méthodes d'évaluation de la vulnérabilité : Etat de l'art

a. Méthodes anglo-saxonnes

Aujourd'hui, les recherches américaines constituent toujours d'importantes références comme l'approuvent des nombreux articles traitant des méthodologies d'évaluation des vulnérabilités publiés dans le Natural Hazard Review (Barroca et al., 2005). L'essentiel des recherches est mené par le Flood Hazard Research Centre (FHRC) en Angleterre, qui est un des premiers centres traitant ces problématiques d'évaluation du risque (depuis les années 60), autour d'une équipe interdisciplinaire qui étudie plus spécialement les relations entre les inondations et la société (Barroca et al., 2005).

b. Exemples des méthodes d'évaluation qualitatives :

La méthode inondabilité du cemagref consiste en une modélisation et un croisement des variables « aléa » et « vulnérabilité » permettant d'exprimer sur une carte synthétique « un risque maximal acceptable », c'est-à-dire d'accepter de prendre certains risques en échange de certains bénéfices (Dauphine, 2001). Cette méthode traduit, les vulnérabilités par des données de nature hydrologique, mais a l'inconvénient de définir la vulnérabilité indépendamment de tout aspect économique.

Les techniques hiérarchiques multicritères : la plus connue a pour objectif de caractériser la vulnérabilité des zones urbaines et des projets d'aménagement exposés à un risque à partir de la pratique d'occupation du sol (Guigo et al., 2002). Chaque critère de vulnérabilité est standardisé, puis pondéré en fonction de son importance supposée. Au final un indice d'évaluation unique définit la valeur de l'occupation du sol en termes d'enjeux économiques et humains.

Une différence générale peut être faite entre les évaluations de déduction plutôt déductives qui visent à identifier, comparer et quantifier la vulnérabilité de zones, groupes ou secteurs en utilisant différents indicateurs et indices (acquis empiriquement) basées sur des approches statistiques. Et des évaluations de vulnérabilité inductive (Tanguy, 2016) visant à une meilleure compréhension des perceptions de vulnérabilités des acteurs et de leurs capacités afin de développer des stratégies d'adaptation intégrées au niveau local (Fushs, 2012). Pour l'approche inductive, les indicateurs identifiés par l'analyse en composante principale (ACP), qui auront été normalisées, sont ensuite agrégées pour construire l'indice de vulnérabilité.

3.1.2.2 Vulnérabilité sociale

Dans cette étude, nous avons spatialisé la vulnérabilité sociale en appliquant la méthode inductive, où les mesures de vulnérabilité sont basées sur plusieurs concepts (le statut socio-économiques, genre, âge, niveau d'éducation, pauvreté, etc.) en utilisant des indicateurs qui caractérisent la vulnérabilité et influencent la capacité de la population du bassin de Souss à préparer, répondre et rebondir en cas de manifestation d'une inondation. L'outil employé pour évaluer la vulnérabilité sociale est l'indice de vulnérabilité sociale (Social Vulnerability Index (SoVI)). Il est devenu l'un des approches les plus communs pour identifier quantitativement la vulnérabilité sociale aux risques naturels, tels que les ouragans, les tempêtes, les inondations et l'érosion côtière (cutter et al, 2003). Ainsi on peut considérer la vulnérabilité sociale comme un facteur indispensable pouvant modérer le risque d'inondation (Dovonou-Vinagbe., 2017). Dans le domaine de la gestion des catastrophes, le terme « évaluation de la vulnérabilité » a pour objectif la localisation des zones (communes territoriales) plus vulnérables afin de réduire les impacts des catastrophes sur les communautés.

Les données ont été extraites de la base de dernier recensement générale de la population et de l'habitat (RGPH, 2014) à l'échelle de l'individu et du ménage au format Excel sur le site de Haut Commissariat au Plan (https://www.hcp.ma).

La méthode présentée ci-après consiste en approche inductif, pour mener à bien une évaluation plus approfondie de la vulnérabilité sociale dans le bassin du Souss. Le cadre méthodologique pour l'élaboration de l'indice de vulnérabilité sociale (SoVI) évoqué est divisé en trois étapes :

- Sélection et génération des principales variables indiquant les aspects de la vulnérabilité sociale dans la zone d'étude ;

Cette approche de collection statistique des variables de vulnérabilité a pour intérêt d'offrir une grande malléabilité en ce qui concerne le choix des variables utilisées input et le nombre de ces variables, et permet ainsi d'apprécier la vulnérabilité à l'aide d'un ensemble théoriquement plus puissant et plus cohérent de variables (Tanguy, 2016).

- Réalisation d'une analyse statistique multivariée sur les variables sélectionnées en utilisant l'ACP pour identifier les composantes sous-jacentes ;

L'analyse en composante principale (ACP) est une technique d'analyse statistique multivariée utilisée pour la réduction des données en structurant de nombreuses variables en un nombre limité de composants (Tu, 2015). Cette technique est particulièrement utile pour éliminer la redondance de l'information et découvrir les corrélations latentes. Les applications de cette méthode sont largement vues dans les études socio-économiques (Tu, 2015) et notamment dans les études de vulnérabilité sociale pour la construction de l'indice SoVI (Cutter, Boruff et al. 2003, Rygel, O'sullivan et al., 2006, Wood et al., 2010, Yoon 2012, Frigerio et Amicis, 2016 ; Frigerio et al., 2016, Dovonou-Vinagbe, 2017, Mavhura et al., 2017, Dintwa, et al, 2019).

- Agrégation des composantes et spatialisation de l'indice SoVI, après sa reclassification.

3.1.2.3 Évaluation des vulnérabilité environnementale et économique qualitative.

Les inondations s'accompagnent fréquemment de pertes en vies humaines et se traduisent par une interruption temporaire de tous les systèmes vitaux vulnérables en place, des pertes matérielles et des difficultés considérables pour les activités sociales et économiques. Elles, peuvent aussi, provoquer des pénuries alimentaires ou des défaillances des services essentiels avec des dommages directs et indirects. Parmi les méthodes d'évaluation de la vulnérabilité environnementale et économique qualitative aux inondations on cite la méthode ci-après :

- Les méthodes d'aide à la décision et l'évaluation de la vulnérabilité (Méthode analytique et démarche multicritère)

Il existe plusieurs méthodes de caractérisation et d'évaluation des vulnérabilités environnementale et économique qualitative vis avis des risques naturels, (en

particulier les inondations), expérimentées au cours des 20 dernières années en France et à l'étranger (essentiellement en Angleterre) (Barroca et al., 2005).
L'évaluation de ces vulnérabilités aux inondations est réalisée afin de comprendre l'exposition d'un territoire (localisation des biens et leurs caractéristiques structurelles) et la susceptibilité des enjeux présents dans ce territoire à subir des dommages.

Les techniques hiérarchiques multicritères ont pour objectif de caractériser la vulnérabilité des zones urbaines et des projets d'aménagement exposés à un risque à partir du mode d'occupation du sol (Barroca et al., 2005). La vulnérabilité est appréhendée de manière chiffrée à partir de données qualitatives variées. Chaque critère et enjeux de vulnérabilité est standardisé, puis pondéré en fonction de sa sensibilité supposée en cas de survenue d'inondation.
En effet, plusieurs méthodes d'aide à la décision existent, telles que la comparaison par critères, la méthode ordinale ou encore la méthode multicritère d'aide à la décision (Renard et al., 2010). Cette dernière, à laquelle nous nous sommes spécifiquement intéressés, consiste à ordonner les solutions sur la base soit d'un critère unique, soit de différents critères appréhendés dans leur pluralité.
Les méthodes les plus représentatives de cette approche sont le processus d'analyse hiérarchique ou l'analyse hiérarchique des procédés (AHP), (Analytic Hierarchy Process de Saaty, 1980, Saaty, 1994, Saaty, 2007 et Laforest et al., 2013), et la théorie de l'utilité multi-attribut (Multi Attribute Utility Theory de Keeney, Raïffa, 1993, tiré de Renard et al., 2010). En effet, l'AHP est une méthode de mesure de critères d'une situation donnée, fondée sur la dérivation de priorités relatives à partir de comparaisons par paires partageant un attribut commun

L'objectif finale est d'affiner le processus de décision en examinant la cohérence et la logique des préférences du décideur (panel d'expert) et de hiérarchiser différents critères en fonction de leur vulnérabilité face à l'aléa d'inondation.
À cet effet, la vulnérabilité, qui se mesure donc en termes de dommages, dépend de l'intensité de l'inondation et de la nature des biens exposés, qui eux-mêmes dépendent des modes d'occupation et d'utilisation des sols.

La Figure 38 du chapitre n°7, illustre la décomposition hiérarchique adaptée pour évaluer ces vulnérabilités dans la zone d'étude.

3.1.2.4 Évaluation de la vulnérabilité globale aux inondations

De la même manière on a évalué la vulnérabilité globale aux inondations dans la zone d'étude en suivant la même approche méthodologique décrit ci-dessus (méthodes d'agrégation complète). Ceci en renseignant la matrice des différentes vulnérabilités par le jugement des experts.

Après, les vecteurs propres des matrices de jugement ont été calculés pour fournir les fonctions de vulnérabilité qui déterminent les priorités.

3.1.3 Évaluation et modélisation de la capacité à faire face aux inondations

3.1.3.1 Sélection des indicateurs d'évaluation de la capacité à faire face aux inondations dans la zone d'étude

Malgré des recherches approfondies sur l'adaptation aux inondations, il n'y a pas de consensus sur les moyens d'évaluer la capacité d'adaptation aux inondations (Thanvisitthpon et al., 2020). La capacité de s'adapter et répondre est en grande partie fonction de la communauté locale statut socio-démographique lié à leur vulnérabilité sociale (Bevacqua et al., 2018). C'est ainsi que la capacité de faire face diffère d'une famille à l'autre, mais aussi d'un individu à l'autre. (Becerra, 2012). La capacité d'adaptation aux inondations implique la sensibilisation et la participation de ceux qui résident dans les zones sujettes aux inondations

(Thanvisitthpon et al., 2020). Selon Anggraeni et al., (2014) et De Brito et al. (2017), il existe six composantes de la capacité d'adaptation et à faire face aux inondations : (1). Les ressources économiques, (2). Le capital social, (3). La sensibilisation (4). La formation, (5). La technologie, (6). Les infrastructures et les institutions. (Cf annexe n°6)

En vue de cela, un tri préliminaire a été réalisé pour sélectionner les indicateurs qui pourraient s'appliquer au contexte du bassin de Souss. Ainsi, parmi 28 indicateurs inventoriés et mentionnés dans le tableau n° 1 du chapitre n°8, on a sélectionné 6 variables recensées en raison de leurs utilités dans l'amélioration de la capacité à faire face et de leurs pertinences dans cette étude, ainsi que la disponibilité de leurs donnée (Tableau n°4). Ceci afin de spatialiser la capacité à faire face aux inondations.

Tableau n°4 .Indicateurs explorés pour l'évaluation de la capacité à faire face aux inondations dans la zone d'étude (Bouaakkaz, 2020)

Dimension	Indicateur	N°
Capacité institutionnelle en matière de ressources financières, humaines et matérielles	Présence d'un coordonnateur provincial pour gérer les mesures de capacité à faire face et d'adaptation	**1**
	Infrastructure de protection contre les inondations (digue, mur de protection, canal de déviation des eaux, etc.)	**2**
	Présence des barrages	**3**
	Infrastructure sanitaire (soins de santé) et leurs accessibilités (leurs proximités aux sinistrés)	**4**
Sécurité civile (Mesures d'urgence)	Présence d'un programme provincial de préparation et réponse aux aléas et service d'urgence	**5**

	Planification des évacuations et mise en œuvre des exercices d'évacuation aux centres de santé (proximité aux services de type pompier)	**6**

3.1.3.2 Attribution des notes aux indicateurs et leurs classements

La méthode d'attribution de notes (score) aux indicateurs explorés dans cette étude est intéressante dans l'évaluation de la capacité à faire face aux inondations. Sur une échelle allant de 1 à 10 on a proposé une note qui permet aisément de donner une idée sur les indicateurs possédant les plus fort et les plus faibles impacts sur la capacité à faire face à cet évènement extrême. Ensuite on les a combinés en calculant leur moyenne arithmétique. Après normalisation (standardisation) des unités en transformant les cartes d'accessibilités aux centres de santés et casernes de la protection civile en notes aussi comprise entre 1 et 10.

3.2Matériels utilisés

Pour mener à bien cette étude de thèse, le risque d'inondation a été spatialisé en combinant la vulnérabilité et l'aléa en appliquant l'équation n°2, grâce aux outils de SIG et données ci-après (Tableau 5)

Tableau 5. Logiciels et applications utilisés pour la modélisation de risque d'inondation dans la zone d'étude

Logiciels et applications	Descriptions	Utilisations et données
AutoCAD v.2011	Logiciel de conception assistée par ordinateur (CAO) qui permet aux architectes, aux ingénieurs et aux professionnels de la construction de créer des dessins 2D et 3D précis.	Traçage de rectangle équivalent du bassin versant de Souss, Données : Modèle numérique du terrain (MNT) de la zone d'étude téléchargé depuis Shuttle Radar Topography Mission (SRTM), sur leur site web http://dds.cr.usgs.gov/srtm/version2_1. Ou http://earthexplorer.usgs.gov./- en format Géoréférencée Tagged Image File Format (GeoTIFF).

ArcGIS 10.4	C'est un système complet qui permet de collecter, organiser, gérer, analyser, communiquer et diffuser des informations géographiques. Il est développé par le fournisseur international de logiciels de systèmes d'information géographique (ESRI). Le logiciel intègre une suite d'applications dont les principales sont : ArcCatalog, ArcMap, ArcToolbox, etc. - ArcMap représente les informations géographiques sous forme d'un ensemble de couches et les autres éléments sous forme d'une vue de carte. Il y a deux vues cartographiques principales dans ArcMap : le mode Données et le mode Mise en page. - ArcCatalog vous aide en fournissant une "vue d'arborescence du catalogue" intégrée et unifiée de ces différentes sources d'informations. - ArcMap, ArcGlobe et ArcScene comprennent une fenêtre Catalogue utilisée pour classer et gérer différents types d'informations géographiques sous forme d'ensembles logiques : données, cartes et résultats de vos projets SIG actuels avec lesquels vous travaillez dans ArcGIS, par exemple.	GlobeLand30 http://www.globallandcover.com/GLC30Download/index.aspx. Lithologie, type de sols, réseaux hydrographique dérivé à partir de (http://dds.cr.usgs.gov/srtm/version2_1 ou http://earthexplorer.usgs.gov/-in Georeferenced Tagged Image File Format (GeoTIFF). (Modèle Numérique de Terrain). - Types d'inondations importante (1985-2016) : http://floodobservatory.colorado.edu/Archives/index.html - Sites réellement inondables (x,y) fournies par l'ABHSM, Service l'Eau a la DPETL de Taroudant et visite de terrain, pour validation. - Génération de la distribution spatiale réelle de la population (donnée de RGPH (HCP), 2014) - Reclassification de la vulnérabilité sociale en 4 niveaux - Spatialisation de la capacité à faire face aux inondations (Source des données coordonnées des centres de santé de la délégation régionale de la santé et x, y des casernes de la protection civile) - Création des sites d'entrainements pour générer la carte d'occupation des sols, etc.
Matlab 6.0	Développé par MathWorks. Matlab pour exécuter l'application EatlasClimMod 1.0	Spatialisation des précipitations fournies par l'ABHSM, dans la zone d'étude.
Erdas Imagine Intergraph, 2013	Erdas Imagine de LEICA est un logiciel dédié au traitement de données graphiques et à l'extraction d'informations à partir d'images. Il vous permettra de manipuler et interpréter les photos aériennes et images satellitaires.	- Classification non supervisée ; - Mosaïque des scènes, etc. Données : Image composite Sentinel-2A niveau 2A (cf annexe n° 3 pour plus de détail), etc.
Algorithme Support Vector Machine (SVM)	Orfeo ToolBox (OTB) est un programme open source de télédétection. Lien : https ://www.orfeo toolbox.org/	Classification supervisée après mosaïque des scènes S2A dans une seule image couvrant la zone d'étude dégagement de l'indice kappa, pour l'estimation de la fiabilité globale de la classification.
Application SNAP (Sen2Cor)	Sen2Cor est un prototype de prétraitement des images Sentinel-2. Cet outil permet d'effectuer une correction radiométrique des images de niveau 1C en nouvelles images de niveau 2A soit Bottom	Prétraitement : Correction radiométrique

	Of Atmosphere -BOA (images corrigées). http ://step.esa.int/main/third-party-plugins-2/sen2cor/.	
Algorithme de régression : Rondom Forest Regressor (RFR).	Est un algorithme de classification qui réduit la variance des prévisions d'un arbre de décision seul, améliorant ainsi leurs performances. Dans sa formule la plus classique, il effectue un apprentissage en parallèle sur de multiples arbres de décision construits aléatoirement et entraînés sur des sous-ensembles de données différents. https ://dataanalyticspost.com/Lexique/random-forest/	Génération et modélisation du plan de densité des bâtiments
OpenStreetMap (OSM)		Téléchargement de réseau routier, les localités et les surfaces résidentielles.
Google Earths professionnel et Google Maps	Est un logiciel ouvert qui, bien qu'il ne soit pas un « vrai » SIG, permet la visualisation, l'évaluation, la superposition et la création de données géospatiales.	Validation de la carte d'occupation des sols et création de modèle pour la spatialisation de la population dans la zone d'étude. Détermination des coordonnées de quelques centres de santé et casernes de la protection civile.
ArcGIS Earth	Une application de bureau optimisée pour présenter des données en 2D et en 3D du monde entier. Vous allez ajouter des couches cartographiques depuis les fichiers et ArcGIS Living Atlas of the World, puis effectuer un déplacement, un zoom et une inclinaison pour les visualiser. https ://learn.arcgis.com/fr/projects/get-started-with-arcgis-earth/	Validation de la carte d'occupation des sols et création des sites d'entrainement avec une haute résolution.
SPSS, Version 20	Logiciel statistique pour les sciences sociales	Données de recensement général de la population et de l'habitat (RGPH) de 2014) pour modéliser la vulnérabilité sociale.
Tableur Excel	Version 2016	Comparaison par paire pour évaluer les vulnérabilités environnementale, physique et globale aux inondations (données : jugement d'experts)
Application AccessMod	Version.5 Est une boîte à outils développée pour aider les pays à examiner les aspects géographiques de leur système de santé. AccessMod utilise les possibilités d'intégration des données géographiques, ainsi que les	Spatialisation de l'accessibilité aux centres de santé et casernes de la protection civile (Sources de données : Délégation régionale de la santé, Administration de la protection civile et google maps.

	capacités visuelles et analytiques des systèmes d'information géographique (SIG) pour : - Évaluer dans quelle mesure les services de santé existants sont physiquement accessibles à la population cible – Analyse de l'accessibilité physique ; - Estimer la proportion de la population cible qui aurait un accès physique aux installations existantes, etc. Pour plus de détail : (https ://doc.accessmod.org/display/EN) ou (https ://doc.accessmod.org/display/FR) ou le site web de l'OMS https://accessmod.org	
Hyfran-Plus V2	HYFRAN-PLUS permet d'ajuster un nombre important de distributions statistiques à une série de données qui vérifient les hypothèses d'indépendance, d'homogénéité et de stationnarité. Il a été conçu pour l'analyse fréquentielle en hydrologie particulièrement pour les valeurs extrêmes. Lien : https://docplayer.fr/63285474-Analyse-frequentielle-hydrologique-logiciel-hyfran-plus-version-v2-1.html.	Analyse fréquentielle des débits des crues remarquables dans le bassin de Sous, fournies par l'ABHSM. Afin d'estimer des périodes de retour des valeurs extrêmes des crues exceptionnelles, qui causent des inondations.

Aussi plusieurs missions de terrains ont été effectuée pour valider la carte d'occupation des sols, visité les sites inondables (vulnérables) réellement et les travaux de génie civil réalisés pour le renforcement de la capacité à faire face aux inondations.

Chapitre 4 : Modélisation et cartographie de l'aléa d'inondation dans le bassin de Souss

4.1Généralités

La prévention des risques naturels requiert en premier lieu d'avoir une connaissance précise de l'aléa naturel auquel le territoire est exposé. L'aléa est dit naturel quand un phénomène naturel (cyclone, tempête, inondation, glissement de terrain, etc.) constitue un facteur de danger pour les sociétés humaines (Ngo, 2014).

L'aléa hydrologique se caractérise donc soit par des situations d'étiage exceptionnelles, soit par des situations de crues exceptionnellement abondantes (phénomènes extrêmes).

Les inondations peuvent être l'un des facteurs limitant le développement des capacités de la société humaine, en particulier dans les pays pauvres et en développement tel que le Maroc où la capacité d'alerte et l'expérience de gestion du risque sont encore limitées. De plus, la pression économique et démographique ainsi qu'une surexploitation inappropriée des ressources naturelles et le changement climatique peuvent aggraver l'amplitude et la fréquence des inondations (MEDD, 2004).

4.2Définitions

Une crue corresponde à l'augmentation du débit d'un cours d'eau dépassant plusieurs fois le débit moyen, elle se traduit par une augmentation de la hauteur d'eau (MEDD, 2004).

Une inondation correspond au débordement des eaux hors du lit mineur (espace habituelle d'écoulement d'un cours d'eau) à la suite d'une crue. Une inondation correspond à la submersion d'une zone par de l'eau d'origine autre que le réseau d'eau potable ou que les eaux d'assainissement dans le cadre d'un fonctionnement normal du réseau (MEDD, 2004).

4.3Facteurs aggravants l'aléa d'inondation

Le déroulement de l'inondation peut être perturbé par des phénomènes plus ou moins artificiels et souvent aléatoires, qui sont d'autant plus gênants qu'ils viendront aggraver l'aléa, en augmentant les hauteurs et durée de submersion ou les vitesses (MEDD, 2004).

Les phénomènes évoqués ci-dessous sont des exemples de facteurs aggravants, et ne constituent pas une liste exhaustive. Il convient donc de s'interroger sur les particularités du site étudié et de son environnement pour évaluer la potentialité de tels phénomènes aggravants (MEDD, 2004).

A. Défaillance des dispositifs de protection ;

B. Transport et dépôt de produits indésirables ;

C. Phénomènes d'embâcles et de débâcles ;

D. Surélévation de l'eau en amont des obstacles

Pour plus de détails des facteurs aggravant l'aléa d'inondation, le lecteur pourra consulter le chapitre n° 2 et 7 de ce rapport de thèse.

4.4 Création de la carte de l'aléa de l'inondation

L'approche adoptée pour générer la carte de l'aléa de l'inondation a nécessité une compilation des plusieurs données géographiques relatives à plusieurs disciplines comme la géomorphologie, la géologie, l'hydrologie, la climatologie, la télédétection, la pédologie et la botanique. Dans chacune des disciplines, nous avons utilisé des techniques variées de spatialisation pour la création de documents spatiaux de base (Figure 2,3,4,5,6 et 14 de cet article).

Ces plans d'information ont été par la suite combinés par des méthodes d'analyse multicritère pour produire une information synthétique sur l'aléa de l'inondation dans le bassin du Souss (figure 15). Le lecteur pourra se référer à l'article ci-dessous (El Morjani, et al., 2016).

4.5Résultat et discussion

L'examen de la carte d'aléa d'inondation générée (fig.15 ci-dessous) montre que les territoires des communes territoriales situées dans le Haut Atlas et le Siroua, présentent des intensités de cet aléa faible et moyenne avec des proportions plus importante. Comme elle renferme aussi des pixels à aléa élevée à très élevée non négligeable.

Cependant les communes Anti Atlasique contiennent dans leurs majorités des zones avec l'intensité de cet aléa très faible et rarement moyenne. Ceci est expliqué par les raisons suivantes :
Les affluents du Haut-Atlas atteignent tous le Souss au moment des crues, alors que les affluents de l'Anti-Atlas ne l'atteignent que rarement, à cause de :

- ✓ Pluviométrie plus élevée sur le Haut-Atlas que sur l'Anti-Atlas ;
- ✓ Relief du Haut-Atlas plus marqué que le relief de l'Anti-Atlas ;
- ✓ Prédominance des terrains schisteux ou marneux relativement imperméables dans le Haut-Atlas et de terrains calcaires très perméables dans l'Anti-Atlas (perte par infiltration), d'où différence de ruissellement et ce qui peut offrir des temps de réponse aux averses assez courtes au niveau de Haut Atlas ;
- ✓ Trajet en plaine, c'est à dire dans des terrains perméables plus courts sur la rive droite que sur la rive gauche.

Par conséquent, le bassin anti-atlasique n'est pas sujette d'avantage aux risques d'inondation au contraire le bassin rive droite est vulnérable aux risques des débordements.

En outre, si on compare les deux bassins atlasiques de point de vue l'indice de compacité, on constate une augmentation dans cet indice au niveau du bassin rive gauche Anti Atlasique, (avec un indice le plus élevé qui est de 2,5). Par conséquent la majorité de ces sous bassins (rive gauche) sont plutôt allongés, d'où l'aléa lié aux inondations est atténué. Par ailleurs, quant aux sous bassins rive droite leurs indice de compacité de Gravelius est plus grand que celui de Souss avec un relief plus haut que ceux des sous bassins rive gauche. À cet effet, ce domaine est plus confronté d'avantage à l'aléa de l'inondation.

Article: Flood Hazard Mapping and Modeling using GIS applied to the Souss River watershed

El Morjani, Z.E.A.[1*], Seif Ennasr, M.[2], Elmouden, A.[2], Idbraim, S.[2], Bouaakaz, B.[3], Saad, A.[1]
[1]Taroudant poly-disciplinary faculty, Ibn Zohr University of Agadir, Morocco
[2]Faculty of Science, Ibn Zohr University of Agadir, Morocco
[3] Souss Massa Draa Hydraulic Basin Agency (Phd student), Agadir, Morocco

(*Corresponding author: elmorjaniz@gmail.com)

Abstract

This study describes a simple and cost effective methodology and process to accurately delineate the flood hazard areas in Souss River Basin from the available data base, using Geographic Information System (GIS).

The approach proposed to spatially distribute flood hazard combines the extent of past flood events with the spatial distribution of causal factors. This combination enables the calculation of a weighted score for each individual causal factor. The spatial distribution of the weighted scores are then aggregated to derive the distribution of the flood hazard index (FHI) before being reclassified to obtain the spatial distribution of the intensity level of flood hazard.

The high resolution 30m map resulting from this methodology has been assessed by Souss Massa Draa Hydraulic Basin Agency (ABHSMD) flooding sites information. The cross-validation indicates that the accuracy of the Flood hazard distribution map is 85%.

In this context, this map provides actionable information to decision making process on development planning, emergency preparedness, and mitigation measures by helping to identify and prioritize areas with high probability of hazard occurrence or intensity, in order to ovoid any dramatic disaster.

In addition, this work should also be seen as a first step aiming at improving information management in the study area. An important amount of data and information have been compiled, homogenized, updated, and generated.

Finally, this process could be transferred and implemented in others basins or regions of the Morocco, by using their own accurate and reliable information.

Keywords Flood hazard, Inundation, Disaster, Mapping, Modeling, GIS, Geostatistics, Gumbel frequebcy analysis, Stepwise regression, Souss River, Morocco.

1. Introduction

In the last two decades, there have been a number of significant natural disaster in Morocco and in the rest of the world resulted in many lives lost, livelihoods destroyed and disability among the affected populations. In Morocco, flood is one of the most devastating natural hazards caused more than 1'165 deaths, more than 232'896 affected population and more than US $ 295 million in damage, from 1995 - 2005 (CRED, 2015).

Douben, 2006 defined a flood as a temporary condition of surface water (river, lake, sea), in which the water level and/or discharge exceeds a certain value, thereby escaping from its normal confines. Souss River is not immune to this natural disaster. Indeed, its area is characterized by very rugged terrain, steep slopes, high relief, variable climates and a relatively degraded vegetation cover, which are favorable factors to the genesis of floods (Chakir et al., 2015).

Although small floods are beneficial to the functioning of river Souss, extreme floods with short term could jeopardize agricultural land, existing infrastructure (housing, roads, tracks, etc.) and sometimes people's lives in addition to the isolation of some villages. Many floods occurred between 1960 and 2014 at Taroudante (2005), Aït Iazza (1978), Sidi Moussa El Hamri (1992, 1995, 1996 and 1997), Machraa El Ain (1996), Agadir Ida Outanane (2007), Aït Melloul (1987, 2010.2014), should serve as a reminder that floods are a serious risk to those living and working in the area. Thereby, the Souss River Basin is now calling for better disaster preparedness and mitigation programs to avert the adverse effects of flood.

In addition, the ability to determine flood risk for a Souss River Basin and its resident populations will strengthen its flood management capacity by providing the information necessary to decision makers to: advocate for resources to improve emergency preparedness; supporting emergency response; help to identify, plan and prioritize areas for mitigation activities to minimize the effects of flood hazard.

Three components are needed to determine flood risk: flood hazard, vulnerability and capacity:

In this context, the United Nations International Strategy for Disaster Reduction (UNISDR) defines a hazard as "a potentially damaging physical event, phenomenon or human activity that may cause the loss of life or injury, property damage, social and economic disruption or environmental degradation" each hazard being characterized by its location, intensity, frequency and probability.

It then defines vulnerability as "the conditions determined by physical, social, economic, and environmental factors or processes, which increase the susceptibility of a community to the impact of hazards."

Whereas Capacity is "the combination of all the strengths, attributes and resources available within a community, society or organization that can be used to achieve agreed goals". **It may** include infrastructure and physical means, institutions, societal coping abilities, as well as human knowledge, skills and collective attributes such as social relationships, leadership and management"

And finally, risk as being "the probability of harmful consequences, or expected losses (deaths, injuries, property, livelihoods, economic activity disrupted or environment damaged) resulting from interactions between natural or human-induced hazards and vulnerable conditions".

Based on mathematical calculations, risk as presented in the below formula is a function of the hazards to which a community is exposed and the vulnerability of that community, both from a population and infrastructures/services perspective, modified by its capacity to resist to that hazard (notion also referred to as resilience).

$$\text{Risk } \alpha \frac{\text{Hazard} \times \text{Vulnerabil ity}}{\text{Capac ity}}$$

For this study, with the objective of reducing flood risk in the Souss River Bassin, we have concentrated especially on studying the first component flood hazard. The vulnerability, capacity and indirectly flood risk will be treated in the future research.

In this context, this work attempts to produce flood hazard map of high resolution in the Souss River basin, 30 meters, using Geographic Information System (GIS) to improve disaster preparedness; aid emergency response measures; and assist in identifying, planning and prioritizing areas for mitigation activities. GIS provided in this research, an ideal platform for the integration of the different spatial and temporal thematic data and information coming from disparate sources, their analysis and, ultimately, the development of flood hazard model.

The methodology proposed to spatially distribute flood hazard is based on two key documents that we have developed in the context of the 2nd version of the WHO e-atlas of disaster risks (El Morjani, 2011a, El Morjani, 2011b). This approach combines the extent of past flood events with the spatial distribution of causal factors. This combination enables the calculation of a weighted score for each individual causal factor. The spatial distribution of the weighted scores are then aggregated to derive the distribution of the flood hazard index (FHI) before being reclassified to obtain the spatial distribution of the intensity level of flood hazard.

The method and process presented in this study could be applied to other geographic areas provided that the analyses use geospatial data of similar or better quality and resolution.

2. Required software and hardware

The implementation of the methods and processes described in this study requires the following software under Windows NT 4 (Service Pack 5, or 6a), Windows 2000 (Service Pack 3 or 4) and Windows XP (all versions) and all newer Windows version:

- ➢ ArcGIS 10.0 and corresponding Spatial Analyst extension (Esri) for all the GIS data preparation work as well as the application of flood hazard model
- ➢ The flood hazard toolbox developed to apply the flood hazard modeling protocol [El Morjani 2011b];
- ➢ Matlab 6.0 (or higher), developed by MathWorks. Matlab to run the EatlasClimMod 1.0 application
- ➢ The EatlasClimMod 1.0 application developed under Matlab 6.0 to calculate and estimate different climatic variables for selected return period. The codes of this application and the instruction file are all available in a zip file named EatlasClimMod.zip located in the tools section of the WHO e-atlas of disaster risk [WHO, 2011];
- ➢ S-Plus 6.0, developed by Insightful Corporation, to explore and identify statistically significant parameters and their relative contribution to the spatialization of the precipitations using a stepwise multiple regression.

The minimum and recommended hardware requirements for running all the above software are as follows:

- Processor: Intel Pentium 3 and above
- 256 MB of RAM (512 MB or more is recommended)
- 600 MB of free hard drive space (1 GB is recommended)
- A colour graphics card and monitor (SVGA is recommended)

3. Methodology

Over the past 30 years, a large amount of research has been conducted in order to identify techniques for the generation of flood hazard maps. These techniques, presented in this section, include hydrological frequency analysis, hydraulic modelling, hydrological modelling and statistical methods.

1. Hydrologic frequency analysis uses historical flood data to calculate the probability and extent of future flood events for different intervals (10, 50, 100, and 500 years) [McKerchar and Pearson, 1990; Gabriele and Arnell, 1991; Pearson, 1991; Sarma, 1999; Kjeldsen et al., 2002; Kroll and Vogel, 2002].

This procedure requires adequate historical meteorological and stream flow data to allow statistical analysis to an accepted confidence level. Additionally, changes in stream and flood flows, caused by reservoir regulation, channel improvements (levees) or land use changes, limit the usefulness of historical data because the physical parameters that existed when the floods occurred no longer exist. Due to these two disadvantages, flood frequency analysis is not used in this protocol.

2. Hydraulic models convert discharge flow values into stream or flood depths. The Hydrologic Engineering Center's river analysis system (HEC-RAS) model developed by the Hydrologic Engineering Center (HEC) of the US Army Corps of Engineers (USACE) calculates and estimates the duration and extent of inundation, changes in water depth and velocity through time at any location based on measurements of unsteady flows through a river network [USACE, 2001a; USACE, 2001b].

The following data are needed to calculate viable inundation estimates using the HEC-RAS model: a high-resolution digital elevation model (DEM), a stream network model, detailed cross-sectional geometries of channels and adjacent flood plains, and flow length parameters. Although this model yields accurate and actionable results for small catchment areas, it is very difficult to apply this model to a large geographic area such as a Souss River watershed because of the robust input data requirements.

3. Hydrological models use mathematical calculations with known or assumed values for various components of the hydrologic cycle to analyse the behaviour of stream-flows and floods in a specific watershed. Hydrological models can be divided into deterministic models that are based on specific physical parameters and processes and stochastic models that allow for probabilistic variability in both parameters and processes [Storm, 1989; Meijerink et al., 1994; Mannaerts, 1996; Viessman and Lewis, 1996; Venkatesh and Jain, 1997; Seth, 1999; Al-Rawas et al., 2001; Nyarko, 2002].

These models require careful and accurate calibration to yield accurate estimates of flood prone areas. Calibration of a hydrological model for this basin would take enormously time-consuming and therefore hydrologic modelling was not used for this study.

4. Statistical methods combine historical flood frequency and distribution of flood causal factors in order to predict areas with a probability of floods across a geographic area. This method allows for the calculation of a flood hazard index (FHI) based on the weighted scores of the causal factors and the historical flood distributions [Islam and Sado, 2000, El Morjani et al., 2007, 2011b].

The first three methods described here require resources and data far beyond the frame of the present study; therefore it has been decided to use a statistical method for spatializing the distribution of the intensity level of flood hazard over the Souss River bassin.

Among the statistical methods already developed, the one used by Islam and Sado [2000] in Bangladesh and the WHO e-atlas of disaster risk covered 100 countries [El Morjani, 2011] has several advantages. First the method yields realistic estimates without using an empirical model; second the model requires historical flood distributions and causal factor data, which are readily available for the Souss River basin. The third advantage is that the method can be readily applied with the GIS technologies used throughout the spatatialisation of the flood hazard. The final advantage, it considers both the susceptibility of each area to inundation and the factors related to flood emergency management.

The implementation of this method goes through the application of the following steps (Figure 1):

1. Identification of the causal factors
2. Creation and classification of the past flood frequency distribution map
3. Estimation of the weighted score for each causal factor by crossing them with the reclassified flood frequency layer
4. Standardization of the weighted scores
5. Classification of the resulting map to obtain the spatial distribution of the intensity level of flood hazard.

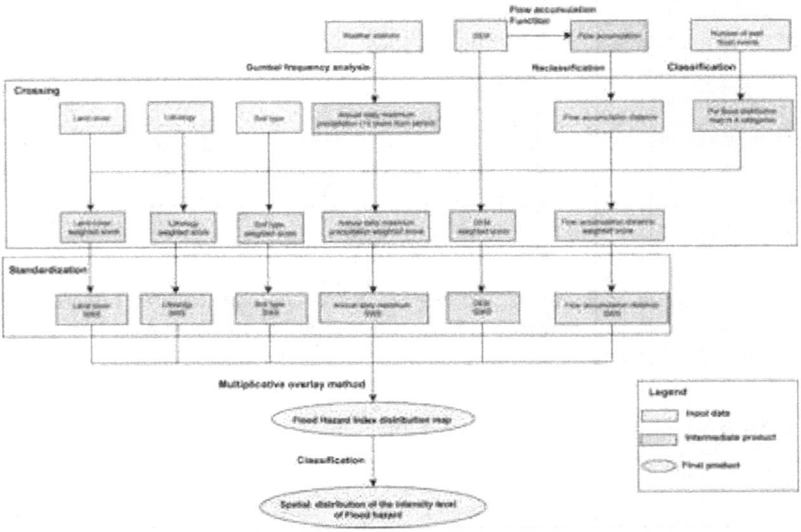

Figure 1. Methodology for generating the spatial distribution of the intensity levels of flood hazard

3.1 Identification of the causal factors

The methodology described in this study uses a composite flood hazard index based on six causal factors (elevation, land cover, soil type, lithology, flow accumulation volume and precipitation). These factors, which are listed here, have been selected based on review of different case studies reported in the literature and their relevance to Souss River bassin.

Before description of the causal factors, it was decided at the first to mention the following dataset specifications in order to ensure compatibility among the different sources of GIS data.

Projections:

- For data collection and representation, including maps in this study (unprojected):
  - Geographic Coordinate System: WGS 1984
  - Angular Unit: Degree (0,0174532925199433299)
  - Prime Meridian: Greenwich (0,000000000000000000)
  - Datum: D_WGS_1984

  - Spheroid: WGS 1984
  - Semimajor Axis: 6378137,000000000000000000
  - Semiminor Axis: 6356752,314245179300000000
  - Inverse Flattening: 298,257223563000030000

- For analysis when a metric system was required
  - Projection: Lambert Conformal Conic
  - False_Easting: 500000
  - False_Northing: 300000
  - Central_Meridian: -5,4
  - Standard_Parallel_1: 28,1063
  - Standard_Parallel_2: 31,2933
  - Scale_Factor: 1,00
  - Latitude_Of_Origin: 29,7
  - Linear Unit: Meter (1,00)
  - Geographic Coordinate System: GCS_Merchich_Degree
  - Angular Unit: Degree (0,017453292519943299)
  - Prime Meridian: Greenwich (0,000000000000000000)
  - Datum: D_Merchich
    - Spheroid: Clarke_1880_IGN
    - Semimajor Axis: 6378249,200000000200000000
    - Semiminor Axis: 6356514,999904193900000000
    - Inverse Flattening: 293,466020000000010000

Extent of the study area (decimal degrees)

The Souss River Basin has been considered as the study area, derived from the Digital Elevation Model (see section 3.1.1)

- min long: -9.6321
- max long: -7.4666
- min lat: 29.6860
- max lat: 31.0903

Spatial resolution and scale of work:

- Scale of work : 1:100,000
- Spatial resolution (cell size for raster layers): 30 meters to respect the scale of work.

3.1.1 Digital Elevation Model (DEM), slope, aspect and watershed

The likelihood of a flood increases as the elevation of a location decreases, making it a reliable indicator for flood susceptibility [Islam and Sado, 2000; Al-Rawas at al. 2001; Nyarko, 2002; Sanyal and Xi Lu, 2003; Shrestha, 2004; Todini et al. 2004; UNDP, 2004; Bapalu and Sinha, 2005; Peduzzi et al. 2005].

The Elevation parameter used in this study is derived from the Shuttle Radar Topography Mission (SRTM) global elevation data. The SRTM flown in February 2000, is a joint project between the United States National Aeronautics and Space Administration (NASA) and the Department of Defense's National Geospatial-Intelligence Agency (NGAin, previously known as the National Imagery and Mapping Agency, or NIMA), as well as the participation of the German and Italian space agencies, to generate a near-global digital elevation model (DEM) of the Earth using radar interferometry. There are three levels of SRTM DEM:

1) SRTM30 with 30 arc seconds spatial resolution (approx. 1000 meters on equator),

2) SRTM3 with 3 arc seconds spatial resolution (approx. 90 meters on equator), and

3) SRTM1 with 1 arc-second spatial resolution (approx. 30 meters on equator), released since September 24, 2014, previously the SRTM1 data at this high resolution have only been available for the US and its territories.

This 1 arc-second resolution data has been used in the context of this study because it provides a major advance in the accessibility of high quality elevation data. The SRTM1 is distributed by the United States Geological Survey and downloaded from their web site http://dds.cr.usgs.gov/srtm/version2_1 or http://earthexplorer.usgs.gov/ in Georeferenced Tagged Image File Format (GeoTIFF).

Starting from this DEM, the processes described in section 3.3.1.7 of the El Morjani, 2003 publication has been used for automatically defining a River Souss watershed delineation (Figure 2.) through ArcGIS hydrology tools. This boundary has been considered as the study area.

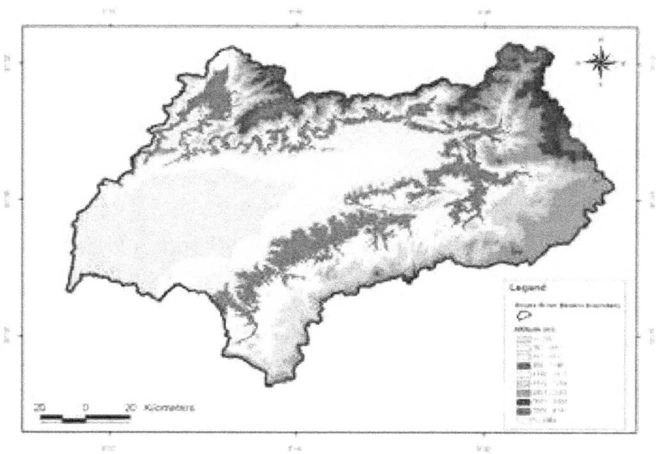

Figure 2. Digital Elevation Model (DEM) Souss River watershed delineation

Subsequently the downloaded unprojected DEM is extracted using the polygon delineating the study area created in the above, to cover the Souss river watershed (Figure 2). It is freely redistributable.

Finally, the slope and aspect distribution layers (figure 3) were derived from the resulting DEM for the Souss River Basin, using sections 4.2 and 4.3 of the protocol for the preparation of the datasets for the second version of the WHO e-atlas of disaster risk [El Morjani, 2011a]. These two layers freely redistributable have been employed to be used in the spatial interpolation of the precipitation (see section 3.1.6.4).

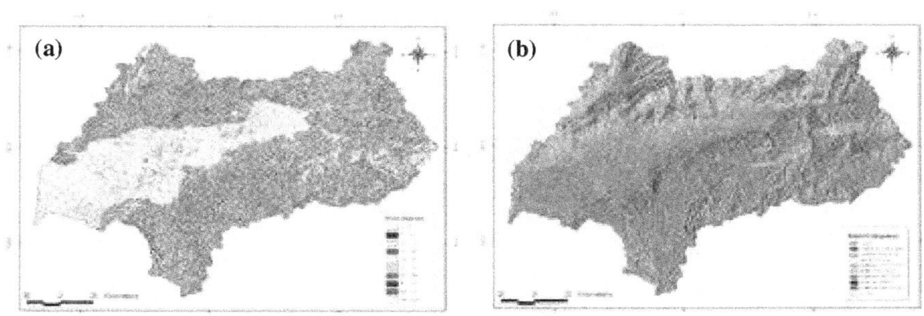

***Figure 3.** Slope in degree(a) and aspect (b) derived from DEM for River Souss Watershed*

3.1.2 Land cover

This factor describes the appearance of the landscape and is generally classified by the amount and type of vegetation, which is a reflection of its use, environment, cultivation and seasonal phenology. Land cover has a direct influence on a number of parameters in the hydrologic cycle including interception, infiltration, concentration and runoff behaviour, and therefore indirectly on flooding. Together these characteristics yield information about the hydrological response and the degree of flood hazard [Sarma, 1999; Islam and Sado, 2000; Nyarko, 2002; Todini et al., 2004; Bapalu and Sinha, 2005; El Morjani, 2011]

The land cover data used in this study is called GlobeLand30 with a high spatial resolution of 30m for the year 2010, produced by National Geomatics Center of China (Chen et al., 2014).

The images utilized for GlobeLand30 classification are multispectral images, including the TM5 and ETM+ of America Land Resources Satellite (Landsat) and the multispectral images of China Environmental Disaster Alleviation Satellite (HJ-1). Besides multispectral images, many Auxiliary data are also used such as the existing land cover data (global and regional), MODIS NDVI, global geographic information, global DEM, thematic data (global mangrove forest, wetland and glacier, etc.) and also online resources (Google Earth, Bing Map, OpenStreetMap and Map World). For more information please refer to the GlobeLand30 web site at http://www.globallandcover.com/GLC30Download/index.aspx.

This data sets include ten types of major land cove classes, namely: cultivated land, forest, grassland, shrubland, wetland , water bodies, tundra, artificial surfaces, bareland, permanent snow and ice. Table 1 show the illustration of each land cover type.

Table1. *Classification of GlobeLand30*

Code	Type	Content
10	Cultivated Land	Lands used for agriculture, horticulture and gardens, including paddy fields, irrigated and dry farmland, vegetation and fruit gardens
20	Forest	Lands covered with trees, with vegetation cover over 30%, including deciduous and coniferous forests, and sparse woodland with cover 10 - 30%, etc
30	Grassland	Grassland. Lands covered by natural grass with cover over 10%, etc
40	Shrubland	Lands covered with shrubs with cover over 30%, including deciduous and evergreen shrubs, and desert steppe with cover over 10%, etc.
50	Wetland	Lands covered with wetland plants and water bodies, including inland marsh, lake marsh, river floodplain wetland, forest/shrub wetland, peat bogs, mangrove and salt marsh, etc
60	Water bodies	Water bodies in the land area, including river, lake, reservoir, fish pond, etc.
70	Tundra	Lands covered by lichen, moss, hardy perennial herb and shrubs in the polar regions, including shrub tundra, herbaceous tundra, wet tundra and barren tundra, etc

80	Artificial surfaces	Lands modified by human activities, including all kinds of habitation, industrial and mining area, transportation facilities, and interior urban green zones and water bodies, etc.
90	Bareland	Lands with vegetation cover lower than 10%, including desert, sandy fields, Gobi, bare rocks, saline and alkaline lands, etc.
100	Permanent snow and ice	Lands covered by permanent snow, glacier and icecap

This raster data format set with GeoTIFF format has been downloaded from web site : http://www.globallandcover.com, extracted for the Souss River Basin and projected by ArcGis from UTM projection to the Lambert conformal conic, and to Geographic Coordinate System, in order to ensure compatibility projection among the different sources of GIS data:

The resulting land cover distribution layer for the Souss River Basin is reported in Figure 4

This layer is free of charge for scientific research and the public welfare undertakings.

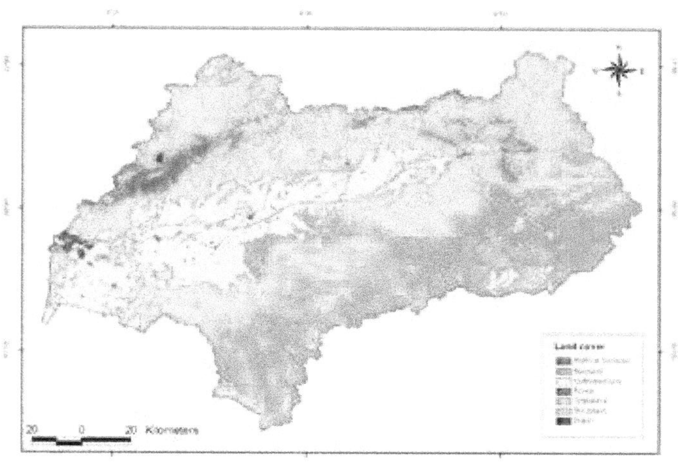

Figure 4. *Land cover distribution in River Souss Watershed*

3.1.3 Lithology

The macroscopic nature of an area can influence its susceptibility to floods. Areas that consist of largely impermeable surface geology are more susceptible to flooding [Islam and Sado, 2000; Bayrak, 2013].

The lithology distribution layer for this study area was manually digitized from an assembly of several geological maps of different authors Neltner (1938), Choubert (1952, 1953, 1963), Koning (1957), Ambroggi (1963), Dijon (1969). An attribute database associated to each formation unit provides information on the lithology, stratigraphic age and an indication of the shallow permeability (El Morjani, 2003).

The resulting layer has been converted into grid by choosing 3 arc-seconds resolution (30 meters) through the polygon to Raster function of ArcGIS, to correspond to the characteristics of the study area; The lithology Souss River Basin is freely redistributable, and is reported in Figure 5.

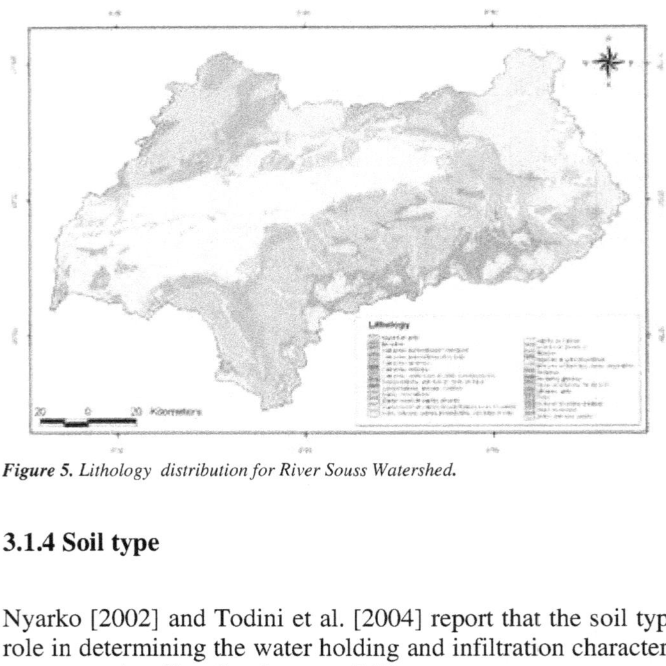

Figure 5. *Lithology distribution for River Souss Watershed.*

3.1.4 Soil type

Nyarko [2002] and Todini et al. [2004] report that the soil type and texture play a role in determining the water holding and infiltration characteristics of an area and consequently affect flood susceptibility.

The soil type layer for the study area has been compiled from two separate sources: Harmonized World Soil Database (HWSD) version 1.2 and Souss Plain Soil

The Harmonized World Soil Database (HWSD) version 1.2 at 30 arc-second resolution, produced in 2012 (FAO/IIASA/ISRIC/ISSCAS/JRC, 2012) by the International Institute for Applied System Analysis (IIASA) in partnership with ISRIC–World Soil Information, the Food and Agriculture Organization of the

United Nations (FAO), the European Soil Bureau Network and the Institute of Soil Science, Chinese Academy of Sciences. The HWSD is composed of a GIS image file that can be linked to an attribute database in Microsoft Access format. These two components are separate data files that can be linked through ArcGis

The Souss Plain Soil (SPS) generated by Watteeuw, in 1964 at a scale of 1: 200 000, within the framework of Morocco soil mapping conducted by the National Agricultural Research Institute. This map was digitized using ArcGis, covers only the Souss valley (el morjani, 2003).

In order to obtain the distribution of the soil type in Esri grid format, the following procedure was followed.

1. Download the **HWSD** containing a raster soil map in **.bil** file format, the file containing the soil attribute database in Microsoft Access format from the International Institute for Applied Systems Analysis (IIASA) web site: http://www.iiasa.ac.at/Research/LUC/External-World-soil-database/HTML/HWSD_Data.html?sb=4 [Accessed September 30, 2015], and link these two components through ArcGis.
2. Clip the resulting grid to cover the Souss River Basin
3. Resample this map into 3 arc-seconds (30 meters) resolution using ArcGIS Resample function, to correspond to the characteristics of the study area.
4. Digitize manually a SPS map using ArcGis to create a vector layer covering only the Souss valley
5. Convert the resulting vector into grid by choosing 3 arc-seconds resolution (30 meters) through the polygon to Raster function
6. Aggregate the **HWSD** and **SPS grids** into one grid by using Mosaic function, to generate a soil type layer covering the study area, reported in Figure 6.This data set is licensed and is not redistributed through this work.

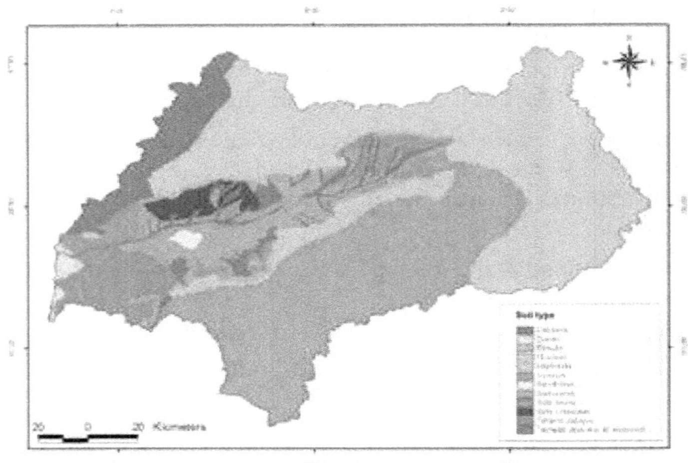

Figure 6. Soil type distribution for River Souss Watershed

3.1.5 Flow accumulation volume and distance from the flow accumulation path

Areas located close to the flow accumulation path and in particular when a large volume has accumulated upstream are more likely to get flooded [Islam and Sado, 2000; Al-Rawas at al., 2001; Nyarko, 2002; Todini et al., 2004; Bapalu and Sinha, 2005]. These two factors have been combined into one in the context of the present work.

Flow accumulation in this work is derived from the 1 arc-second (30 meters) resolution Shuttle Radar Topography Mission (SRTM) digital elevation model (DEM), by using ArcGIS flow accumulation function. This layer is calculated for each cell by determining the number of upstream cells that drain into it. Grid cells with high flow accumulation values are areas of concentrated flow and are identified as stream channels according to the specified flow accumulation threshold. Grid cells with flow accumulation values of zero are topographic highs or ridges.

In order to estimate a stream network from a flow accumulation layer a flow accumulation threshold must be chosen. The threshold is the minimum number of cells that must drain into a cell for it to be determined to be part of a stream network. The use a of lower flow accumulation threshold results in a more detailed (and computationally intensive) stream network.

In the literature there is no agreement on the ideal threshold value for reproducing actual stream networks. In practice the determination of the threshold is an interactive process in which several values are used until the desired resolution of the stream network is achieved. In this study, after testing numerous thresholds, a threshold value of 10 000 cells (equating to a drainage area of 9 km^2) was used.

Once the threshold is set, cells with flow accumulations greater than the threshold are designated as "stream channel" cells and will comprise the estimated stream network (Figure 7). Ultimately, the stream network is buffered to determine the distance of a location from the nearest stream channel.

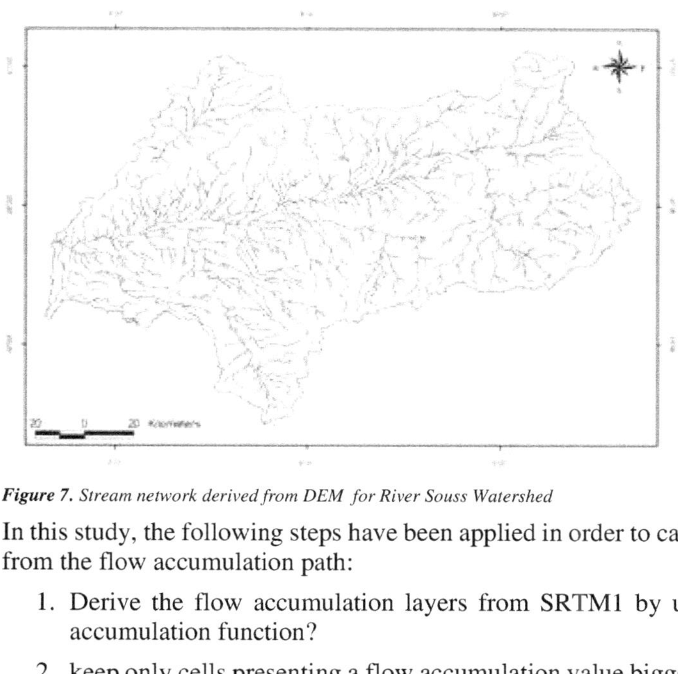

***Figure 7.** Stream network derived from DEM for River Souss Watershed*

In this study, the following steps have been applied in order to calculate the distance from the flow accumulation path:

1. Derive the flow accumulation layers from SRTM1 by using ArcGIS flow accumulation function?
2. keep only cells presenting a flow accumulation value bigger than 10 000 cells 9 (km^2) representing a drainage area of 9 km^2, using the Reclassify function
3. Reclassify the resulting grid into four ordinal classes corresponding to the surface that each cell is draining using the Reclassify function and the information reported in Table 2.

Table 2. Table used for the reclassification of the active flow accumulation path distribution grid

Accumulated volume range	Ordinal classes after reclassification	Corresponding level of accumulation
10 001–100 000	1	Very low

100 001–1 000 000	2	Low
1 000 001–10 000 000	3	Medium
>10 000 000	4	High

4. Compute the distance from these four classes separately by using the Euclidean distance function.

From there, the spatial distribution of the distance depending on the accumulated volume of water, created in step 4, has been reclassified according to four flood likelihood classes as reported in Table 3. in order to account at the same time for the distance to the flow accumulation path and the accumulated volume of water along it. In this regards, a high level of flow accumulation will potentially have an impact further away from the flow accumulation path than a low flow accumulation.

The literature does not provide indications about the optimum ranges to be used; the values reported in Table 3 are therefore reflecting choices that yield rationalized behavior in the modeling process as well as the distribution and extension of past flood events over the Souss River Basin.

Table3. *Table used for the reclassification of the grids containing the distance to the flow accumulation path for the four classes of flow accumulation*

Flow accumulation class	Proximity to flow accumulation (m)	Flood likelihood class
4: High	Intervals 0 – 480	3
	Intervals 480 – 750	2
	Intervals 750 –900	1
	Intervals >900	0
3: Medium	Intervals 0 – 300	3
	Intervals 300 – 480	2
	Intervals 480 – 690	1
	Intervals >690	0
2: Low	Intervals 0 – 210	3
	Intervals 210 – 300	2
	Intervals 300 – 390	1
	Intervals >390	0
1: Very low	Intervals 0 – 120	3
	Intervals 120 – 210	2
	Intervals 210 – 300	1
	Intervals >300	0

3.1.6 Precipitations

Precipitation is an important parameter that contributes to an area's flood susceptibility. The likelihood of a flood increases as the amount of rain and snow at a location increases [Nyarko, 2002; Todini et al. 2004].

In this study, this parameter is represented by the annual maximum total precipitations over 3 consecutive days with a return period of 10 years map in order to better assess the flood hazard.

The process used to generate the annual maximum total precipitations over 3 consecutive days distribution maps for a ten years return periods goes through the following steps:

1. Preparation and pre-processing of the daily precipitation data;
2. Calculating the total daily precipitations for a given period of 3 consecutive days and year of observation (1978-2010);
3. Applying the Gumbel frequency analysis on the measures from point 2 to obtain the annual maximum precipitations for different return period (two, five and then years);

   The steps from 1 to 3 have been performed by the EatlasClimMod 1.0 application used in the context of the second version of the WHO e-atlas of disaster risk (El Morjani, 2011a);
4. Identifying the relevant parameters and selection of the regression model to spatialize the annual maximum precipitations using a stepwise regression analysis under S-Plus software;
5. Performing the spatial interpolation of the annual maximum total precipitations over 3 consecutive days map using the selected regression models to cover the Souss River Basin, through ArcGIS.

3.1.6.1 Preparation and pre-processing of the daily precipitation data

The daily precipitations for the 1978-2010 period were mined for 24 weather stations located within and around of the study area (figure 8), from the Souss Massa Draa Hydraulic Basin Agency (ABHSMD).

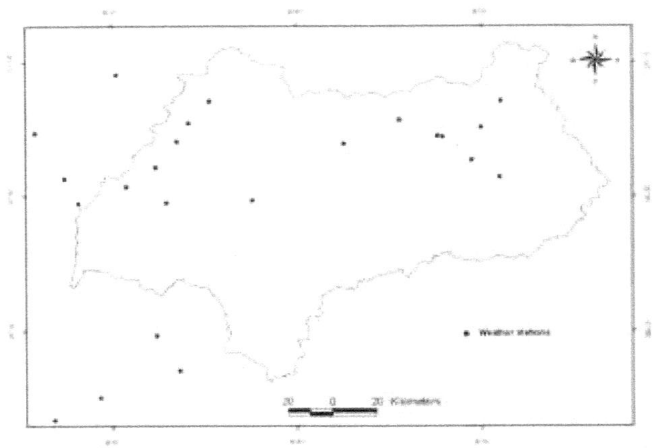

Figure 8. *Location of the weather stations within and around of River Souss Watershed*

The preparation of the daily precipitation data consisted to create a files for each year of observation (1978…2010), these files are needed for the pre-processing in order to remove the records with no data for precipitations (lines with a value of 9999.9), then to sort the records by station and by date. The pre-processing step is done using the EatlasClimMod 1.0 application that we have developed with the World Health Organisation (WHO) collaboration in the context of the WHO e-atlas of disaster risk (El Morjani, 2011a).

We present in this section a summary description of the EatlasClimMod 1.0, for more detail please refer to the El Morjani, 2011a publication.

The EatlasClimMod © 1.0 application has been developed under Matlab software, to calculate and estimate the several climatic parameters needed for spatially distributing the natural hazards. Figure 9 show the start up screen of this application. It gives access to two menus: **Operation** and **About**.

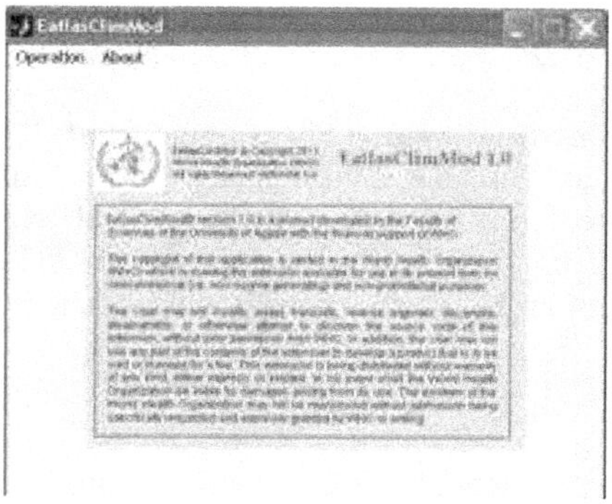

Figure 9. *EatlasClimMod 1.0 application startup screen*

The **About** menu give the user has access to the Help file or to the summary screen window (Figure 9)

The **Operation** menu gives access to five options:

- **Preprocessing**: used for data pre-processing;
- **Heat index**: used for the calculation of the daily heat index;
- **Wave modelling:** used to calculate the annual maximum wave for any climatic variable over a given number of consecutive days
- **Unique stations files**: used to save the data of each weather station in a separated file;
- **Gumbel analysis**: used to predict the climatic data for different return periods; this options contains two sub-options:
  - **All stations**: used to apply the Gumbel method on all weather stations
  - **One station**: used to apply the Gumbel method on a single weather station
- **Exit**: used to close the application.

3.1.6.2 Calculation of the total precipitations for a given period of consecutive days and annual maximum total precipitation for each weather station and year of observation

EatlasClimMod 1.0 has been programmed in such a way that it can directly calculate the total precipitations for a given period of consecutive days and the annual maximum precipitations for each period of observation and weather station. The user specifies the number of consecutive days to be considered for measuring the total precipitations. In the context of this study, a period of 3 consecutive days has been used

Here is an example of the resulting file **"final_*year*.txt"** (example **final_2004.txt**) produced by wave modelling the **EatlasClimMod 1.0** for each year containing for each station the annual maximum precipitations wave and the annual frequency computing for each year of observation using the following formula**: =**n/365**,** where n is the total number of days of observations per year. Figure 10 present one example of such file.

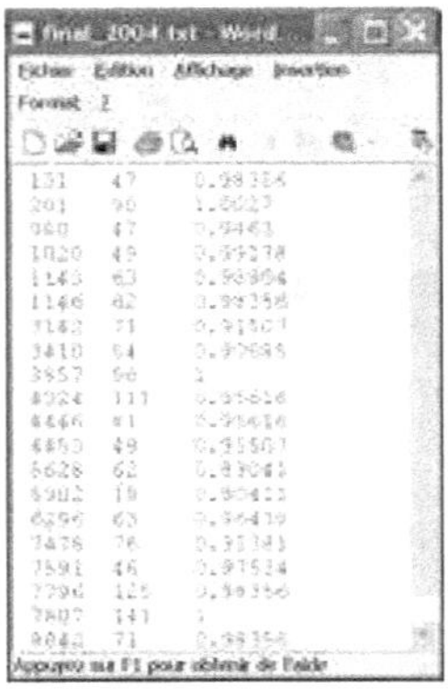

***Figure 10**. Example of file resulting from the wave modelling operation in EatlasClimMod 1.0 (final_2004.txt) (with column 1: Station, column 2: annual maximum total precipitations over 3 consecutive days, column 3: annual frequency)*

3.1.6.3 Calculation of the annual maximum total precipitations over 3 days for a two, five, height and ten years return period using Gumbel frequency analysis

In our study, It has been decided to apply the frequency approach on past trends observed to estimate future meteorological trends at the weather station level. This estimation is based on the use of a probability distribution function as directed by several authors (Fuller, 1914; Foster, 1935; Gumbel, 1941; Gumbel, 1942; Kite, 1977; Stolte and Dumontier, 1977; Gerard and Karpuk, 1979; Condie and Lee, 1982; Moin and Shaw, 1985; Stedinger et al., 1992; USACE, 1993; and Jones et al., 2005). A probability distribution function yields expected meteorological conditions over various time periods (return periods) in the future.

This approach does not require a comprehensive understanding of meteorology or meteorological phenomena but examines the relationship between the past magnitude and frequency of occurrence of the phenomena in order to identify some statistical regularity between them. In effect, the past is extrapolated into the future.

Frequently used probability distribution functions include Gumbel, lognormal, Pearson type 3, log Pearson type 3 and gamma. Despite the extensive literature on the topic, there is no preferred distribution function for the frequency analysis of meteorological data because each function has a unique set of advantages and disadvantages. The problem is complicated by the necessity to evaluate meteorological data for return periods that exceed the length of the observed record.

In our context, the Gumbel extreme value distribution function (Gumbel, 1941; Gumbel, 1954; Gumbel, 1960; Landwehr et al., 1979; Vogel, 1986; Sarma, 1999; El Morjani, 2003; Koutsoyiannis, 2004, He et al., 2006, El Morjani et al;, 2007) was the most appropriate function because it seeks to identify the temporal distribution of extreme values for various return periods.

Additionally, this probability distribution function (Equation 1) is one of the most widely used for extreme value prediction when analysing hydrological and meteorological data (Meylan and Musy, 1998):

$$F(x) = e^{-e^{-\frac{x-a}{b}}} \qquad \textbf{\textit{Equation 1}}$$

with: $F(x)$ = cumulative distribution function

a and b = adjustment parameters; a is a location parameter and b is a scale parameter.

Replacing $\frac{x-a}{b}$ with the reduced variate u, the cumulative distribution function becomes:

$$F(x) = e^{-e^{-u}} \rightarrow u = -\ln[-\ln F(x)] = -\ln\left[-\ln\left(1-\frac{1}{T}\right)\right] \qquad \textbf{\textit{Equation 2}}$$

with $F(X) = 1-\frac{1}{T}$ and T = the return period.

The Gumbel frequency analysis technique has been programmed and included in the EatlasClimMod 1.0 application in order to calculate the annual maximum total precipitations over 3 consecutive days for any given climatic station and return period.

The use of this application requires the introduction of two thresholds and which are used as filters to remove any weather station from the calculation in case these are not respected. These two thresholds are: annual frequency and minimum number of years of observation.

While the user can specify these thresholds in EatlasClimMod 1.0, a weather station would not be taken into account if:

- the dataset for that given station does not contain a daily observation for at least 70% of the days in the year (255 days),
- the number of year of observation for that station, after applying the first filter, is lower than 10 years.

The threshold at ten years will give a good prediction of the annual maximum total precipitations over 3 consecutive days for return periods that do not exceed ten years.

After application of the EatlasClimMod 1.0, a graph is produced, plotting the annual maximum total precipitations over 3 consecutive days versus the Gumbel reduced variate, for each of the station and stored this graph as an image file, named ***numSTN*.jpg** (with *numSTN* = the station number, for example 131.jpg, 201.jpg, 7807.jpg). Figure 11 present one example of such graph.

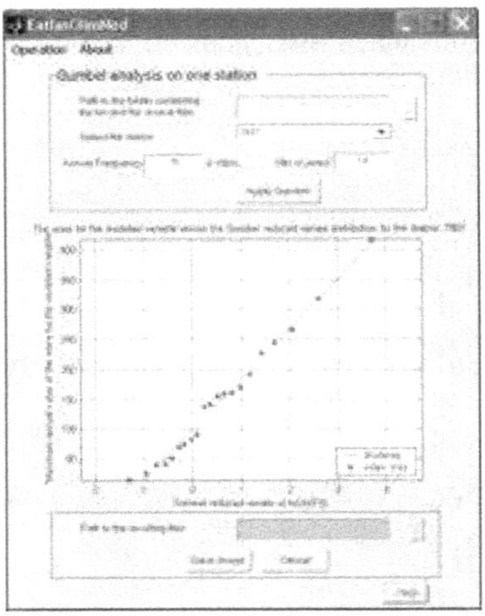

Figure 11. *Example of window appearing as the gumbel analysis is completed on each weather station. The annual maximum total precipitations over 3 consecutive days versus the Gumbel reduced variate distribution for weather station 7807 with the annual frequency threshold 70% and ten year return period*

In addition to these graphs, the application also generates a summary file **WaveModelledVariable_allSTN_return_2-5-8-10_Fq-0.7_NbrY-10.txt**. This file contains, for each station, the annual maximum total precipitations over 3 consecutive days for two, five, eight and ten year return periods as well as the correlation value between the annual maximum precipitations and a gumbel reduced variable. Figure 12 presents an example of such a file.

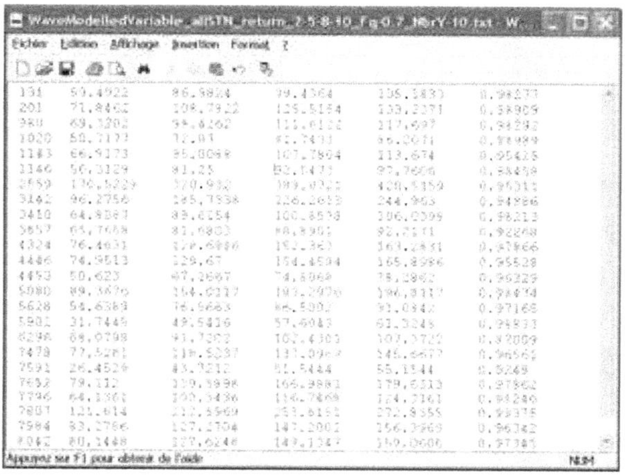

***Figure 12**. Example of summary file resulting from the application of Gumbel analysis on all the stations in a given region*

On the basis of the graph and summary file, the user is then identifying any potential errors (figure 13) in the original datasets, potential outliers (points far from the regression line on the graph) and/or correlation value lower than 0.80 for example, and correcting in the original dataset in order to improve the correlation in the analysis and therefore reduce the error on the final values for the annual maximum total precipitations over 3 consecutive days for these stations.

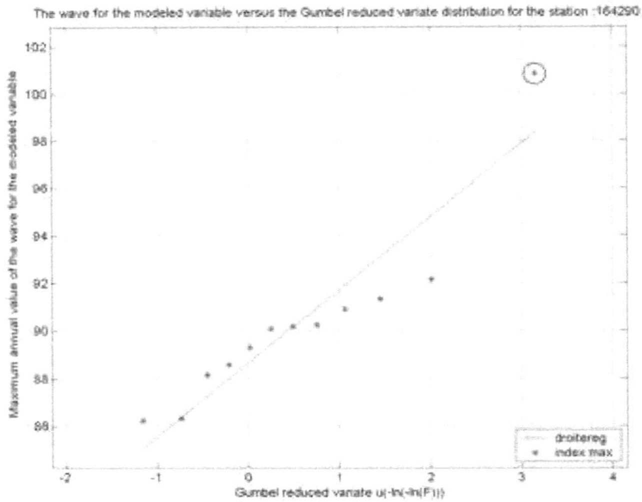

Figure 13*. Graph resulting from the Gumbel frequency analysis for weather station 164290 with the isolated point indicated by the red circle*

3.1.6.4 Identification of the relevant parameters and selection of the regression model used in the spatial interpolation

Spatial interpolation is widely used for translating irregular scattered meteorological data (data collected at discrete locations [i.e. at points]) into continuous data surfaces (rasters).

The choice of interpolation method is especially important in the Souss River Basin where meteorological data are sparse, and there are large value changes over short spatial distances. Additionally, the spatial density, distribution and spatial variability of sampling stations influence the choice of interpolation technique (MacEachren and Davidson, 1987).

Given a set of meteorological data, researchers are confronted with a variety of stochastic and deterministic spatial interpolation methods to estimate meteorological data values at unsampled locations:

deterministic estimation methods including *inverse distance weighting* (Legates and Willmont, 1990; Eischeid et al., 1995; Lennon and Turner, 1995; Willmott and Matsuura, 1995; Collins and Bolstad, 1996; Ashraf et al., 1997; Dodson and Marks, 1997) and *spline methods* (Eckstein, 1989; Hutchinson and Gessler, 1994; Hulme et al., 1995; Lennon and Turner, 1995; Collins and Bolstad, 1996)

stochastic techniques including the *kriging* and *cokriging* techniques (Matheron, 1963; Hudson and Wackernagel, 1994; Collins and Bolstad, 1996; Hammond and Yarie, 1996; Holdaway, 1996; Ashraf et al., 1997, El Morjani, 2003) and *polynomial regression* (Myers, 1990; Collins and Bolstad, 1996; Benzi et al., 1997; Chessa and Delitala, 1997; Hargy, 1997; Vogt et al., 1997; Agnew and Palutikof, 2000; El Morjani, 2003; Li et al., 2006).

For a summary description of these methods, refer to Collins and Bolstad (1996) and El Morjani (2003).

The characteristics of the data Souss River Basin (low spatial data density and a high spatial variability) resulted in implausible outputs when applying the inverse distance weighted and kriging interpolation methods, more specifically as follows.

The application of the inverse distance weighting method generated specking or "birds eye" effects around the station locations, which was not plausible as the spatial variation for climatic variables was not following a regular trend.

The application of the kriging technique produced results that were inconsistent with the original data. Whatever the model used (spherical, exponential or Gaussian) the statistical cross-validation was not able to fit the theoretical spatial semivariogram. This might be because the density of weather stations is too low to use of the kriging interpolation method.

It has therefore been necessary to find another model that produces results of good quality.

A literature review was carried out to first identify a set of variables that are significantly correlated to the precipitations, namely:

Elevation (Z), is known to be a dominant factor in the small scale of the precipitations variations (Barry, 1992; Guan et al. , 2005),

Mean elevation within a 3×3 pixel window of each cell (Z9) to measure the wider influence of elevation on precipitations at any one location (He et al., 2006),

Aspect (Asp) as a measure of the local climate effect (microclimate) that can be generated by the orientation of the slope,

***Slope* (Slp)** as a factor determining the amount of could have an impact in increasing precipitations (Agnew et al., 2000),

Distance from the relative longitude(d_X) and latitude (d_Y) to account for large-scale gradients of the precipitations,

Distance to the nearest coastline (d_Coast) to account for maritime influences on the precipitations.

The process used has been implemented in three steps, as follows:

1. Preparation of the GIS layers containing the spatial distribution of the causal factors reported in above, and integration of the annual maximum total precipitations over 3 consecutive days calculated for ten year return period, resulted from EatlasClimMod 1.0 into the weather stations location GIS layer. This step was carried out using sections 4.8.4.1 of the protocol for the preparation of the datasets for the second version of the WHO e-atlas of disaster risk [El Morjani, 2011a].
2. Preparation a table of the stepwise regression analysis, which contained, for each weather station, the annual maximum total precipitations over 3 consecutive days for ten year return period as well as the variables extracted from each GIS layers generated in point 1, by using the ArcGis Extract Values to Points function
3. Application of the stepwise regression analysis: Once the stepwise regression table ready, the stepwise regression analysis was performed using S-Plus software. The validation of each regression was carried out using R^2 variance analysis as well as a detailed probability and residual analysis in order to identify the significant variables and therefore select the best regression model possible

The stepwise regression analysis for a 10 year return period applied on the 24 weather stations gives the results shown in Table 4.

Table 4. *Regression model for the annual maximum heat wave index over zone 2 for a two year return period*

Variable	Regression coefficient	Standard error	*t*-value	Probability Pr(>|*t*|)
Z9	0.027359713342	0.01104	–0.06915	0.94498
Slp	3.533228831728	0.00707	5.86524	0.00000
d_Y	0.000824835748	0.00078	–20.03714	0.00000
d_coast	-0.001083837055	0.00050	–5.01369	0.00000
d_X	0.001017035205	0.00027	–6.38177	0.00000

Residual standard error	6.36629
Degrees of freedom	18
Multiple *R*-squared	0.83
F statistic	17.67142
Probability (*F* statistic)	0.0000

Four of the five independent variables explain most of the variation of the annual maximum total precipitations over 3 consecutive days for the ten year return period (PRC_10): The variables (longitude [d_X], latitude [d_Y] and the coastline [d_coast] expressed in meters, mean elevation [Z9] in metres and slope in degree were used to derive the following regression equation 3 for a 10 year return period:

PRC_10 = (0.027359713342 * z9 + 3.533228831728 * slp + 0.000824835748 * d_Y - 0.001083837055 * d_coast + 0.001017035205 * d_X

Equation 3

This equation shows a positive correlation between d_X, Z9, slp, d_Y and the annual maximum total precipitations, and an inverse correlation with d_coast. This means that the annual maximum total precipitations increases with elevation, slope, longitude and latitude, and decreases with distance from the coast.

The aspect does not appear in the regression equation because it does not significantly explain the variation of the maximum precipitation.

Eighty-three percent of the variance in annual maximum total precipitations are explained by the four variables retained in the regression equation ($R^2 = 0.83$). The model is considered valid and reliable because of the strong correlation ($R = 0.91$) and the high degree of confidence that exists in the selected variables (very small probability [*F* statistic]). This is clearly statistically significant, so the true slope of the regression line is probably not zero.

3.1.6.5 Spatialization of the predicted annual maximum total precipitations over 3 consecutive days

Once the regression model had been found, it was applied to generate the annual maximum total precipitations over 3 consecutive days distribution map for a ten year return period, covering the Souss River basin (Figure 14). This layer is freely redistributable.

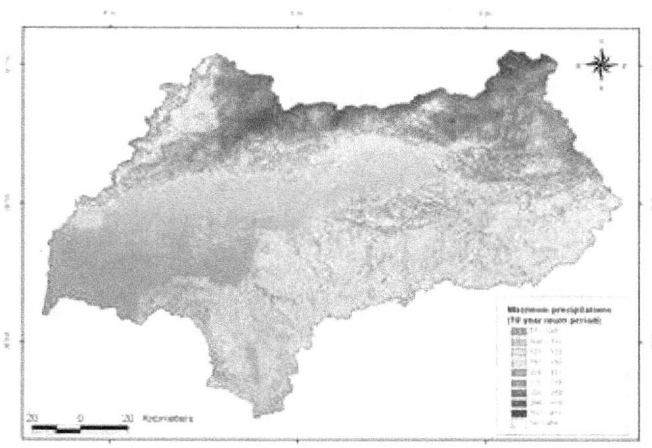

Figure 14. *Annual maximum total precipitations over a 3 days period distribution for a ten year return period for River Souss Watershed*

3.2 Creation and classification of the number of past flood events distribution map

The distribution of the number of previous flood events, which can be considered as a measure of the flood frequency, was extracted from the flood polygons compiled by the Dartmouth Flood Observatory between 1985 and 2015 in its Global Active Archive of Large Flood Events.

This archive is derived from a wide variety of news, government and direct and remote sensing sources and can be freely downloaded in Esri Shape file format from: http://floodobservatory.colorado.edu/Archives/index.html [Accessed September 30, 2015].

The flood frequency layer for the study area has been generated by the frequency script applying in ArcGis to sum and convert the overlapping polygons to grid. The resulting grid was classified into four specific levels of historical hazard through Reclassify Function (Table 5).

Table 5*. Correspondence between the number of past floods events and the historical flood hazard level*

Number of past flood events 1985–2015	**Historical flood hazard level**
0	Non hazardous: **1**
1–3	Low: **2**
4–7	Medium: **3**
>7	High: **4**

3.3 Estimation of the weighted scores

The causal factors described in the section 3.1 are weighted based on their spatial correlation with the distribution of the historical flood hazards. When value ranges for a factor occur largely in areas where floods have occurred in the past, the weighted score for the value range is high. Consequently the value range for the factor is significant in predicting the susceptibility of the area to future floods.

In this study area, the following steps have been used to estimate the weighted score for each causal factor:

1. Crossing the reclassified flood frequency distribution map with each causal factor distribution grid by Tabulate Area Function to obtain the area distribution of each class/category according to the historical flood hazard classification (table 5). For the continuous causal factors (elevation and annual daily maximum precipitation), the distribution maps first need to be reclassified into appropriate value ranges, nine classes using the natural breaks (Jenks) approach before proceeding with the weighting.

Table 6 and table 7 show respectively an example the area of each type of the discrete factor (land cover) and continuous factor (elevation) in each class of historical flood hazard (flood frequency) in square kilometres.

Table 6. *Area distribution measured in square kilometres for the different historical flood hazard levels for the different land cover categories observed in the study area*

Land cover category	**Historical flood hazard level**				**Sum**
	None	Low	Medium	High	
Cultivated Land	12,11	723,27	836,87	1507,44	3079,68
Forest	3,60	17,83	8,53	804,58	834,53
Grassland	300,19	1526,88	1672,68	5754,95	9254,70
Shrubland	0,00	0,00	0,67	36,31	36,98
Water bodies	0,00	0,72	0,22	15,92	16,86
Artificial surfaces	0,00	17,86	56,15	21,26	95,27
Bareland	441,18	1318,44	1658,05	439,42	3857,08

Table7. *Area distribution measured in square kilometres for the different historical flood hazard levels for the different elevation classes observed in the study area*

Elevation	**Historical flood hazard level**				**Sum**
	None	Low	Medium	High	
4 - 282	10,16	1005,26	987,11	932,58	2935,12
283 – 556	0,00	283,84	239,07	1244,37	1767,29
557 - 857	0,00	216,88	221,33	1268,06	1706,28
858 - 1145	37,20	280,46	816,05	1339,52	2473,23
1146 - 1417	306,53	351,08	1034,75	1021,62	2713,99
1418 - 1696	280,98	527,40	736,70	756,70	2301,78
1697 – 2060	117,93	927,26	168,86	895,32	2109,37
2061 - 2565	3,88	11,37	28,92	847,38	891,55
2566 - 4160	0,00	0,00	0,00	276,06	276,06

2. Calculating the percentage area distribution of each class/category causal factor by historical flood hazard level by dividing the area observed in each level by the summed area observed for the each class/category causal factor. For example the percentage area for the land cover category cultivated land located in the no hazard historical flood level gives: $(12.11/3079.68) \times 100 = 0.39$. The results of this operation for the land cover categories reported in Table 6 are shown in Table 8.

3. The weighted score for each category was then calculated as the sum of the products between the area percentage of the category for each historical flood hazard level and the associated damage coefficient using equation 4 [Islam, 2000]:

$$\text{weighted score} = (0\times A)+(1\times B)+(3\times C)+(5\times D) \quad \textbf{\textit{Equation 4}}$$

with: A = area percentage of the category in areas with no historical flood hazard

B = area percentage of the category in areas with low historical flood hazard

C = area percentage of the category in areas with medium historical flood hazard

D = area percentage of the category in areas with high historical flood hazard

0, 1, 3, 5 = corresponding damage coefficients attached to each specific historical flood hazard class to express the severity of each level of historical flood hazard.

As an example, Table 8 shows the resulting weighted score obtained for each land cover class observed in the Souss River Basin. Basically, the more frequently a category is found in areas with high historical flood hazard, the higher the weighted score.

3.4 Standardization of the weighted scores

Once the weighted scores for all of a factor's categories had been calculated they were standardized using the linear interpolation technique to allow them to be comparable across factors. In this process all the causal factors are standardized into ordinal classes according to a scale going from 1 to 3, where 1 indicating categories with the lowest likelihood for a flood to occur in a given area and 3 the categories with the highest. Table 8 shows an example of calculation of the standardized weighted scores (SWS) for the land cover categories.

Table 8. *Example of calculation of the weighted scores and the standardized weighted scores (SWS) for each land cover categories.*

Land cover category	**Historical flood hazard level**				**Weighted score**	**SWS**
	None (%) **A**	Low (%) **B**	Medium (%) **C**	High (%) **D**		
Cultivated Land	0,39	23,49	27,17	48,95	349,75	1,94
Forest	0,43	2,14	1,02	96,41	487,25	2,93
Grassland	3,24	16,50	18,07	62,18	381,64	2,17
Shrubland	0,00	0,00	1,81	98,19	496,38	3,00
Water bodies	0,00	4,24	1,31	94,45	480,41	2,88
Artificial surfaces	0,00	18,74	58,94	22,32	307,15	1,63
Bareland	11,44	34,18	42,99	11,39	220,11	1,00

3.5 Creation of the intensity level of flood hazard distribution map

Each causal factor distribution map was reclassified by using Reclassify Function to contain the distribution of the corresponding standardized weighted score, before being combined using the multiplicative overlay method through the Raster Calculator Function. For each cell, this method multiplies the score of all the causal factors together to produce the distribution of the flood hazard index (FHI).

Finally, the flood hazard index distribution map was reclassified into five intensity levels (very low, low, medium, high and very high) using Reclassify Function and a natural breaks method (also referred to as the optimal breaks method and Jenks method). This classification technique identifies break points between classes based on the natural patterns in which the data are clustered. Class boundaries are set where there are relatively big jumps in the data values. The map resulting from the application of this approach for the Souss River Basin is presented in Figure 15.

It is important to remember that the result obtained in this map is more qualitative than quantitative. This means that this maps shows the spatial distribution of the relative probability for floods to occur in River Souss Basin at least once every 10 years if the climatic conditions are presenting the worst combination possible.

Areas in red on this map are therefore representing areas where the probability for a flood to occur is higher than in areas presenting another colour.

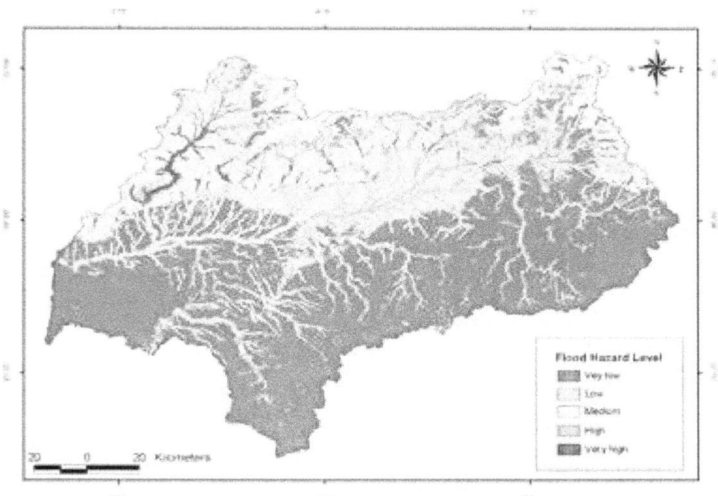

Figure 15. *Flood hazard distribution map for Souss River Basin*

4. Validation of the Flood hazard distribution map

The five classes of the Flood susceptibility map classified were covering 52 % (very low susceptibility), 27 % (low susceptibility), 14% (medium susceptibility), 6 % (high susceptibility) and 1 % (very high susceptibility) of the total study area (Figure 15). In general, 21% of the total watershed area is under very high, high and medium hazard.

This map has been assessed by field inspection information coming from the Souss Massa Draa Hydraulic Basin Agency (ABHSMD), providing the relevant information concerning 123 flooding sites (Figure 16). The cross-validation between the model result and the ABHSMD data indicates that the accuracy of the Flood hazard distribution map is 85% (85% of the ABHSMD flood sites fall into very high, high and medium classes).

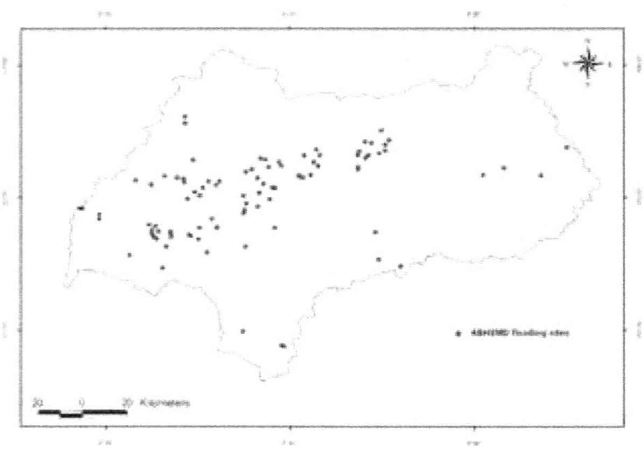

Figure 16. ABHSMD flooding sites distribution map for Souss River Basin

5. Conclusions and recommendations

This study shows a simple and cost effective methodology to accurately delineate the flood hazard areas in Souss River Basin from the available data base, using geographical information system.

The methodology used to spatially distribute flood hazard combines the extent of past flood events with the spatial distribution of causal factors. This combination enables the calculation of a weighted score for each individual causal factor. The spatial distribution of the weighted scores are then aggregated to derive the distribution of the flood hazard index (FHI) before being reclassified to obtain the spatial distribution of the relative intensity level of flood hazard.

This map with a high resolution 30m is designed to provide actionable information to decision making process on development planning, emergency preparedness, and mitigation measures by helping to identify and prioritize areas with high probability of hazard occurrence or intensity, in order to ovoid any dramatic disaster.

It is important to remember that the GIS applications in this work played a central role in integrating, organizing, compiling, homogenizing, processing, modeling and visualizing the spatial data from multiple sources. Its application in addition to the EatlasClimMod is fundamental to create a spatial distribution flood hazard, and to update and improve the spatial information in future research.

At the same time, this work should also be seen as a first step aiming at improving information management in the study area. An important amount of data and information have been compiled, homogenized, updated, and generated.

Nevertheless some recommendations need to be addressed as the following:

1. The model developed to spatially distribute flood hazard is semi-quantitative and should therefore not been seen as a potential replacement to any hydraulic based model

2. The causal factors and the resulting map should be validated by specialists before using for decision making. The current result map has been assessed by ABHSMD flooding sites information, indicating that the accuracy of the Flood hazard distribution map is 85%

3. The 1 km resolution of the soil used in this study could have direct impact on the occurrence or intensity of the flood hazard. Access to more complete, more accurate soil data from other sources could increase the quality of the results obtained through the application of the proposed model.

4. This process could be transferred and implemented in others basins or regions of the Morocco, by creating their own accurate and reliable information. Indeed, any change on the list of indicators or the method used to spatially distribute flood hazard would of course modify the results.

5. The next step of this study will be to further develop the health component and produce additional maps as such the distribution of population and vulnerabilities, in order to target a flood risk map and therefore to support emergency preparedness, response and recovery programs and also development planning.

References and further reading

Al-Rawas G, Koch M, El-Baz F, 2001. Using GIS for flash flood hazard mapping in Oman. *Earth observation magazine*, 10(8):18–20.

Bapalu GV, Sinha R, 2005. GIS in flood hazard mapping: a case study of Kosi River Basin, India. At http://www.gisdevelopment.net/application/natural_hazards/floods/floods001pf.htm; [Accessed September 30, 2015]

Barry RG, 1992. Mountain Weather and Climate (2nd edn). Methuen: London.

Bayrak GR, 2013. Application of GIS to visualize the flood dangerous areas, taking into account morphology and lithology river valley (on the example of valleys of prybeskydskoho precarpathian) (p. 43-48). Academic Journal and conferences, Vol 78, N°2013

Centre for Research on the Epidemiology of Disasters (CRED), 2015. EM-DAT. The International Disaster Database. http://www.emdat.be/ [Accessed September 30, 2015]

Chakir L, Aït hssaïne A et Bouaakkaz B., 2015. Les crues de l'oued souss et le risque de l'inondation dans le tronçon aval de la vallée (Maroc) , Laboratoire : Géo environnement et développement des zones arides et semi-arides (GEDEZA), Département de géographie, Université Ibn Zohr, B.P. 29/S, Agadir, Maroc.

Chen J, Chen J, Liao A, Cao X, Chen L, Chen X, He C, Han G, Peng S, Lu M, Zhang W, Tong X, Mills J, 2014. Global land cover mapping at 30m resolution: A POK-based operational approach. *ISPRS Journal of Photogrammetry and Remote Sensing*, doi:10.1016/j.isprsjprs

Douben, N, 2006, Characteristics of river floods and flooding: a global overview, 1985 – 2003, Irrigation and Drainage 55, S9 –S21, published online in Wiley InterScience

El Morjani ZEA, 2003. Conception of a Geographic Information System for Environmental Management : application to the selection of domestic and industrial waste disposal sites in a semi-arid region (Souss, Morocco). University of Geneva. *Terre & Environnement*, Vol. 42, 300p

El Morjani ZEA., Ebener S., Boos J., Abdel Ghaffar E., Musani A, 2007. Modelling the spatial distribution of five natural hazards in the context of the WHO/EMRO Atlas of Disaster Risk as a step towards the reduction of the health impact related to disasters, *International journal of Health geographics*, 6:8

El Morjani ZEA, 2011a. Preparation of the dataset. Methodology document for the WHO e-atlas of disaster risk. Volume 1. Exposure to natural hazards. Version 2.0. Taroudant poly-disciplinary faculty of the Ibn Zohr University of Agadir, Morocco. ISBN: 978-9954-0-5397-3.

El Morjani ZEA, 2011b. Methodology document for the WHO e-atlas of disaster risk. Volume 1. Exposure to natural hazards Version 2.0: Flood hazard modeling. Taroudant poly-disciplinary faculty of the Ibn Zohr University of Agadir, Morocco. ISBN: 978-9954-0-5393-5

FAO/IIASA/ISRIC/ISSCAS/JRC, 2012. *Harmonized World Soil Database (version 1.2)*. FAO, Rome, Italy and IIASA, Laxenburg, Austria

Gabriele S, Arnell N, 1991. A hierarchical approach to regional flood frequency analysis. *Water resources research*, 27(6):1281–9.

Guan, H., J. L. Wilson, and O. Makhnin, 2005: Geostatistical mapping of mountain precipitation incorporating autosearched effects of terrain and climatic characteristics. J. Hydromet., 6, 1018-1031.

Eastman JR, 2003. IDRISI Kilimanjaro: guide to GIS and image processing version 14.00. Worcester, Massachusetts, Clark University.

Islam MM, Sado K, 2000a. Flood hazard map and land development priority map developed using NOAA AVHRR and GIS data. At http://a-a-r-s.org/aars/proceeding/ACRS2000/Papers/PS300-13.htm ; [Accessed September 30, 2015]

Islam MM, Sado K, 2000b. Flood hazard assessment in Bangladesh using NOAA AVHRR data with geographical information system. *Hydrological processes*, 14(3):605–20.

Loveland TJ, Merchant DO, Brown J, 1991. Development of a land-cover characteristics database for the conterminous US. *Photogrammetric engineering & remote sensing*, 57(11):1453–63.

McKerchar AI, Pearson CP, 1990. Maps of flood statistics for regional flood frequency analysis in New Zealand. *Hydrological sciences journal*, 35(6):609–21.

Pearson CP, 1991. Regional flood frequency analysis for small New Zealand basins. *Journal of hydrology (NZ)*, 30(2):77–9.

Kjeldsen TR, Smithers JC, Schulze RE, 2002. Regional flood frequency analysis in the KwaZulu-Natal province, South Africa, using the index flood method. *Journal of hydrology*, 255:194–211.

Kroll CN, Vogel RM, 2002. Probability distribution of low streamflow series in the United States. *Journal of hydrologic engineering*, 7:137–46.

Mannaerts CM, 1996. Watershed hydrological methods. ITC postgraduate course in water resources survey lecture notes (MOR46). Enschede, The Netherlands, Faculty of Geo-Information Science and Earth Observation (ITC), University of Twente.

Meijerink AMJ, De Brouwer HAM, Mannaerts CM, Valenzuela CR, 1994. Introduction to the use of geographic information system for practical hydrology. *International Hydrological Programme*, UNESCO and ITC. Enschede, The Netherlands, Faculty of Geo-Information Science and Earth Observation (ITC), University of Twente.

Nyarko BK, 2002. Application of a rational model in GIS for flood risk assessment in Accra. *Journal of spatial hydrology*, 2(1):1–14.

Peduzzi P, Dao H, Herold C, 2005. Mapping disastrous natural hazards using global datasets. *Natural hazards*, 35:265–89.

Sanyal J, Xi Lu X, 2003. Application of GIS in flood hazard mapping: a case study of Gangetic West Bengal, India. At http://www.gisdevelopment.net/application/natural_hazards/floods/ma03138.htm; [Accessed September 30, 2015].

Sarma P, 1999. Flood risk zone mapping of Dikrong sub basin in Assam. At http://www.gisdevelopment.net/application/natural_hazards/floods/nhcy0006pf.htm; [Accessed September 30, 2015]

Seth SM, 1999. Role of remote sensing and GIS inputs in physically based hydrological modelling. At http://www.gisdevelopment.net/application/nrm/water/overview/wato0006pf.htm; [Accessed September 30, 2015]

Shrestha M, 2004. Flood risk and vulnerability mapping using GIS: a Nepal case study. In *Proceedings of the Second APHW Conference, 5–8 July 2004, 1:180–90.* Singapore, Asia Pacific Association of Hydrology and Water Resources.

Storm B, 1989. Introduction to hydrological modelling. Proceedings, workshop on application of SHE model to sub-basins of River Narmada, Bhopal: 4–15.

Todini F, De Filippis T, De Chiara G, Maracchi G, Martina MLV, Todini E, 2004. Using a GIS approach to asses flood hazard at national scale. Presentation presented in European Geosciences Union, 1st General Assembly, Nice, France, 25–30 April 2004.

UNDP, 2004. Reducing disaster risk. A challenge for development. New York, UNDP, Bureau for Crisis Prevention and Recovery. At http://www.undp.org/content/dam/undp/library/crisis%20prevention/disaster/asia_pacific/Reducing%20Disaster%20risk%20a%20Challenge%20for%20development.pdf [Accessed September 30, 2015].

United Nations International Strategy for Disaster Reduction (ISDR), Basic terms of disaster risk reduction at http://www.unisdr.org/eng/library/lib-terminology-eng%20home.htm [Accessed September 30, 2015].

USACE, 2001a. HEC-RAS river analysis system. Hydraulic reference manual. Davis, California, US Army Corps of Engineers (USACE), *Hydrological Engineering Center.*

USACE, 2001b. HEC-RAS river analysis system. *User's manual.* Davis, California, US Army Corps of Engineers (USACE), *Hydrological Engineering Center.*

Venkatesh B, Jain MK, 1997. Application of TOPMODEL to Malaprabha catchment. NIH report CS/AR-3/97-98. Roorkee, India, National Institute of Hydrology.

Viessman W Jr, Lewis GL, 1996. Introduction to hydrology. New York, *Harper Collins College Publishers*.

Watteeuw R, 1964. Les sols de la plaine du Sous et leur répartition schématique au 1/500.000. *Al Awamia n°10*, Rabat, pp. 141-185.

WHO 2011. The WHO e-atlas of disaster risk for the European Region. volume 1: exposure to natural hazards. Version 2.0. World Health Organization Regional Office for Europe. Online version. ISBN: 978 92 890 0243. http://data.euro.who.int/e-atlas/europe/ [Accessed September 30, 2015].

Chapitre 5 : Élaboration des plans d'information, pour l'évaluation de la vulnérabilité globale aux inondations dans le bassin de Souss

L'évaluation de la vulnérabilité dans le bassin du Souss peut être examinée à partir de diverses perspectives (économiques, sociales, sanitaires, communications, environnementales). Dans ce travail, nous avons accordée l'attention à l'élaboration de deux plans d'informations primordiales pour la génération de la première carte de vulnérabilité, aussi bien sociale, environnementale qu'économique qualitative (matérielle) dans la zone en question. La carte d'occupation du sol et celle de la distribution réelle de la population au sein de cet environnement, sont deux documents de base pour mener à bien cette étude de vulnérabilité globale aux désastres en générale et en particulier aux inondations. En effet, la carte d'occupation des sols a un double rôle, tout d'abord pour la création et l'ajustement de la répartition de la population et afin d'évaluer les vulnérabilités environnementales et économiques aux inondations.

Dans l'absence des nouvelles informations numériques d'occupation du sol et de la distribution de population par pixel de 30m de résolution, nous avons employé plusieurs techniques pour élaborer ces deux documents numériques en format raster. Ainsi, les deux plans d'information générés pourraient être utilisées comme document de base dans les études de gestion d'environnement, les études socio-économiques, la gestion des ressources naturelles, l'aménagement du territoire et dans notre cas la cartographie du risque d'inondation.

5.1 La couverture du sol dans l'aire d'étude

5.1.1 Introduction

La carte d'occupation du sol est un paramètre déterminant de l'utilisation du territoire, c'est l'un des plus importants plans d'information en matière de gestion et d'aménagement du territoire. L'occupation du sol désigne pour la FAO (1998) [9]« la couverture (bio-) physique de la surface des terres émergées » et donc le type d'usage (ou de non-usage) fait des terres par l'Homme. C'est une description physique de l'espace – l'occupation (bio) physique observée de la surface terrestre (Di Gregorio & Jansen, 1997), c'est-à-dire ce qui recouvre le sol. Elle distingue plusieurs catégories biophysiques – les zones de végétation (arbres, buissons, champs, pelouses), les sols nus (même s'il s'agit d'un manque de couverture), les surfaces dures (roches, bâtiments), les surfaces humides et les plans d'eau (nappes et cours d'eau, zones inondables). Cette description a des répercussions sur les systèmes de classification, de collecte des données et les systèmes d'information en général. La mosaïque paysagère est cartographiée en identifiant les types homogènes de milieux (ex : zones artificialisées, zones agraires, forêts ou landes, zones humides, surfaces en eaux, etc.). Elle représente un facteur déterminant de la spatialisation de la vulnérabilité (Abdollahian et al., 2016, Etkin, 2016), notamment dans le bassin versant du Souss. Elle permet d'élaborer les grandes orientations en matière de développement régional. Ainsi que la réalisation d'une analyse des tendances d'utilisation du sol et proposition des scénarios d'évolution et mesure des changements du territoire.

A la base des travaux déjà réalisés et en vue de la disponibilité des nouvelles images satellite Sentinel-2, les deux approches de classification par pixel et de régression sont utilisées pour définir une nouvelle démarche méthodologique de génération du plan de couverture du sol dans le bassin versant du Souss.

5.1.2 Classification non supervisée

La classification non supervisée se base sur le degré de ressemblance spectrale des pixels. Cette approche consiste à classifier les pixels dans les groupes spectraux les

[9] https://fr.wikipedia.org/wiki/Occupation_des_sols#

plus dominants, sans aucune information a priori sur la nature des objets à classer. Après avoir fixé un nombre de groupe donné pour la classification, l'analyste intervient pour relier ces groupes résultants à des classes d'information utile (catégories de couverture du sol) à l'aide des données du terrain (Thomas et al. ,2004). Dans ce sens, nous avons utilisés l'algorithme de classification non supervisée Isodata (classification à partir des centres mobiles) (Intergraph, 2013 et Bouffier et al., 2015). Cette méthode permet de repérer les pixels radiométriquement similaire et les groupés en classes homogènes. Sous Erdas Imagine, plusieurs classifications non supervisées ont été effectuées sur l'image composite Sentinel-2A niveau 2A (S2A) de la zone test de la région d'Agadir.

Nous avons effectué plusieurs traitements en spécifiant différents nombres de classes qui seront formés avec les données. De plus, les paramètres Maximum Iteration et Convergence Threshold ont été prédéfinis (Figure 23)

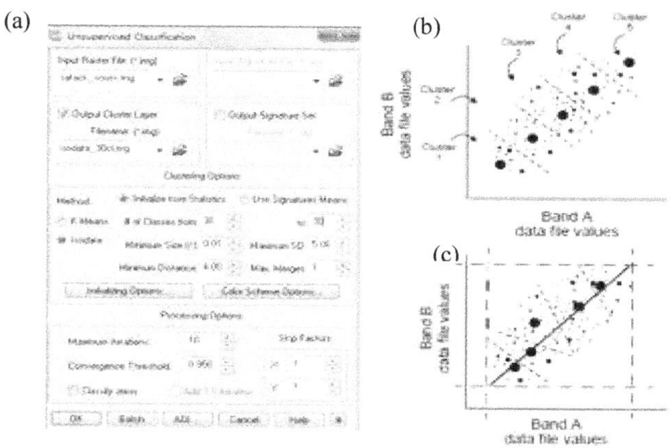

Figure 23: (a) : Classification non supervisée par Imagine d'Erdas (module isodata), (b) et (c) : Exemple de la première et deuxième itération respectivement d'algorithme Isodata.

Trois cartes ont été générées de 10, 20 et 30 classes (annexe n°3, paragraphe n°3.1.2). Ces résultats sont très modestes : des confusions entre les surfaces construites, sol nu et les graviers des cours d'eaux (oueds) d'une part et entre les agrumes, fourrage, maraichage et l'oliveraie, entre l'arganier et les autres types de forêts d'autres part. Ces classes mixtes sont la conséquence des similitudes spectrales entres les différents thèmes, que l'algorithme de classification Isodata n'arrivent pas à les différencier.

Les résultats de la classification non supervisée ont constitué une aide précieuse dans la construction des sites d'entraînement pour la classification supervisée.

5.1.3 Démarche méthodologique

Dans le but de spatialiser la vulnérabilité dans le bassin versant du Souss, les images Sentinel-2A (S2A) sont utilisées pour couverture du sol. La démarche méthodologique (Figure 24) adoptée pour générer la couverture l'élaboration et la définition de l'extension spatiale de chaque thème de du sol comporte les étapes principales suivantes :

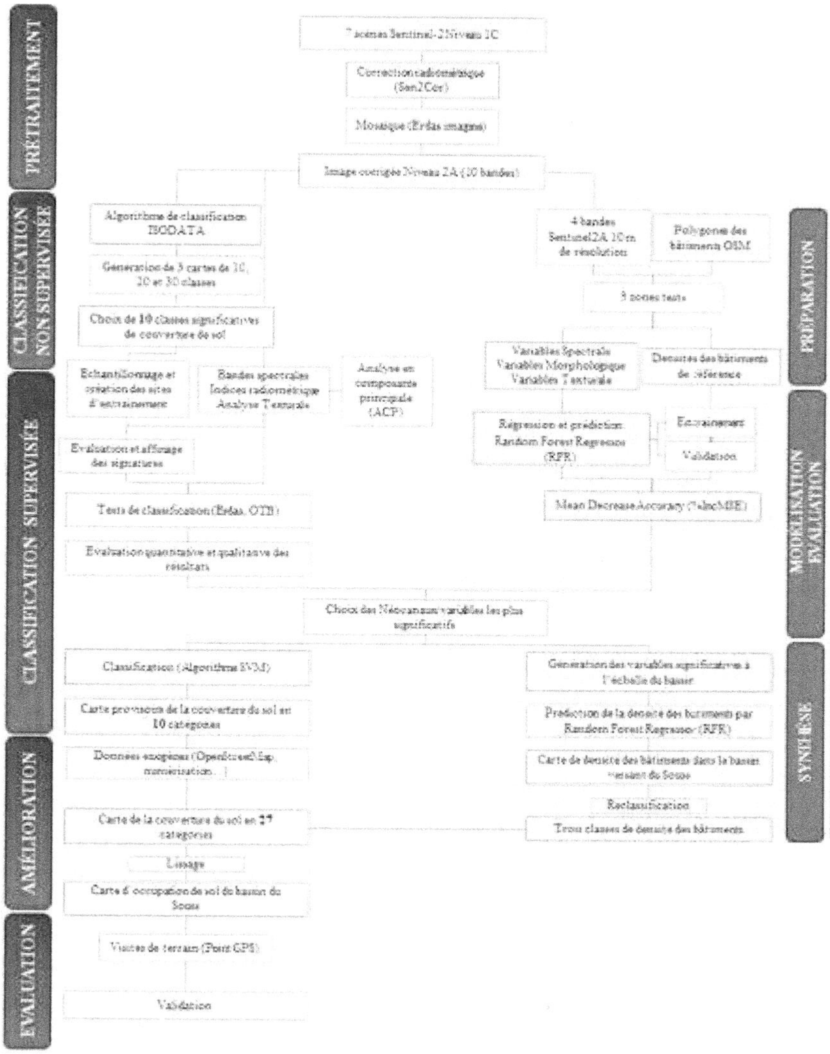

Figure 24.Organigramme de la méthodologie adoptée pour la création de la carte d'occupation du sol dans le bassin versant du Souss (Bouaakkaz, 2017)

- Une étape de prétraitement : Correction radiométrique et mosaïque des scènes S2A dans une seule image couvrant la zone d'étude ;
- Une étape de classification, permettant d'élaborer plusieurs cartes de couverture du sol en utilisant la classification non supervisée et celle supervisée (Centre canadien de télédétection, 1999) des logiciels Erdas Imagine, l'Orfeo ToolBox (OTB) et l'algorithme Support Vector Machine (SVM) ;
- Une étape d'amélioration visant l'enrichissement du résultat de classification par la génération du plan de densité des bâtiments. Cette étape est divisée en trois sous-étapes ;
- Une étape de préparation des données, permettant d'élaborer les variables nécessaires dans la régression à l'échelle de trois zones tests. Ces variables sont de deux types : dépendante (densité des bâtiments de références) et celles indépendantes (les caractéristiques spectrales, morphologiques et texturales) ;
- Une étape de modélisation et évaluation vise à quantifier la relation entre la densité des bâtiments et les autres variables par l'algorithme de régression (RFR). Ensuite un choix des variables les plus significatives dans la régression est effectué par la mesure MDA (Mean Decrease Accuracy) ;
- Une étape de synthèse permettant d'appliquer l'algorithme de régression (RFR) sur l'échelle du bassin et d'élaborer la carte de densité des bâtiments. Ce résultat a été classé en trois catégories et intégrée dans la carte de couverture du sol.
- Une étape d'enrichissement par des données exogènes et de lissage de la carte d'occupation du sol pour éliminer les pixels déconnectés ;

- Finalement une étape de validation de la carte de couverture du sol précédemment obtenue en se basant sur des critères statistiques, après avoir effectués les missions du terrain.

(Le lecteur intéressé pourra se référer à l'annexe n°3 pour plus de détail)

5.1.4 Sélection des néocanaux les plus significatifs

Afin de choisir la combinaison la plus pertinente des néocanaux, un examen visuel d'évaluation de la qualité de classification a été effectué après chaque test de classification en se basant sur les connaissances de terrain (Figure 25). A titre d'exemple, la classification a été améliorée après l'ajout des indices texturales et l'application de l'analyse en composante principale (ACP).

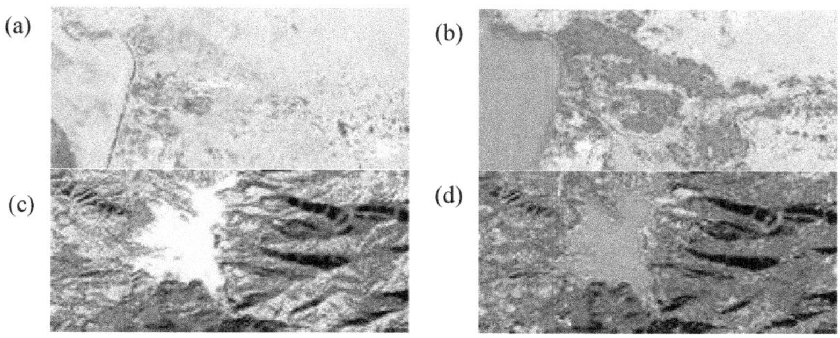

Figure 25. Exemple d'amélioration de la classification. (a) confusion entre les surfaces construire, sol nu et océan, (b) discrimination entre ces catégories après ajoute de la texture. (c) confusion entre les surfaces en eaux et fourrage et maraichage, (d) différenciation entre ces deux classes, après analyse en composante principale (ACP).

5.1.5 Validation

Dans le but de fournir aux utilisateurs une idée sur la précision de la carte de couverture du sol, la confrontation des catégories de la couverture du sol avec la vérité de terrain a été réalisée pour déterminer la justesse globale de la carte. Dans ce sens plusieurs enquêtes de reconnaissance sur terrain ont été effectuées dans la région du Souss (Figure 26). Ces enquêtes étaient primordiales pour estimer la précision globale que l'utilisateur pourra accorder au résultat de ce travail. Pour ce faire, nous avons relevé 287 sites représentant 14 types de couverture du sol. Ces sites ont été choisis de manière la plus objective possible ; des sites représentatifs de l'hétérogénéité des paysages et distribués aléatoirement dans la zone d'étude de façon que leurs positions ne coïncident pas avec celles des sites d'entraînement. Dans cette évaluation 13 classes n'ont pas été inclus, car elles sont déterminées manuellement à partir de l'image S2A.

Figure 26. Exemple des sites de validation lors des enquêtes de reconnaissance sur terrain. (a) cours d'eaux et route. (b) parcelle d'agrume. (c) forêts. (d) sol nu. (e) serre. (f) surfaces construites

La précision globale de la carte de couverture du sol est de l'ordre de 91.6% avec un coefficient de Kappa de 89%, ce qui atteste une qualité très satisfaisante de la classification de l'image S2A par la méthodologie adoptée. En effet, l'estimation de la fiabilité globale de la classification a été mesurée par l'indicateur Kappa. Cet indice d'évaluation représente la qualité de la classification par rapport à la qualité d'une classification « aléatoire ». Il évolue entre -1, pour les classifications extrêmement de faible qualité, et 1, pour les classifications parfaites par rapport aux échantillons de validation (John, 1996 ; El Morjani 2002).

5.1.6 Résultats

La surface de de chaque catégorie d'occupation du sol et leur pourcentage de la surface totale du bassin sont présentés dans les Figure 27, Figure 28 et Tableau n°6 et figure n°5 de l'article ci-dessous.

67% de la superficie de la zone cartographiée est occupée par la classe du sol nu. Ceci témoigne de l'aridité, du surpâturage et de la déforestation dont souffre la région du Souss. Ce phénomène est lié directement à l'activité anthropique et aux conditions climatologiques.

24% de la surface est répartie entre trois types de catégorie de forêts : "Forêts de densité moyenne" (10.21%), "Forêts densité élevée" (7%) et "Forêts densité faible" (7%). Ces trois classes se trouvent aussi bien dans la plaine du Souss que dans la montagne. L'arganier est réparti essentiellement dans la plaine au-dessous d'environ 500m d'altitude. Cette superficie non négligeable est à mettre en relation avec les efforts de reboisement entrepris par les services des Eaux et Forêts et par les textes législatifs généraux et spéciaux relatifs à la forêt et à l'arganier.

3.5% environ (59 765.26 ha) de la carte de couverture du sol est occupée par les agrumes, Fourrage, maraichage, gazon, herbacée et les serres. Ceci confirme la réputation de la région du Souss comme la première zone agricole du Maroc avec un développement très important de secteurs d'agrume dans cette région.

Les surfaces construites et le réseau routier n'occupent que 1% de la surface cartographiée. De plus seulement 0.07% de la zone d'étude est couvert par les surfaces en eaux. Ce dernier est justifié par le climat de la région de type aride dont les précipitations moyennes sont de l'ordre de 245mm/an (Bouaakkaz, 2015). Enfin 2.49% est occupé par les cours d'eaux montrant la densité élevée du réseau hydrographique dans le bassin.

Tableau n°6. Superficie des classes de couverture du sol dans le bassin versant du Souss (Bouaakkaz, 2017)

Catégories de la couverture du sol	**Superficie (ha)**	**Proportion (%)**
Sol nu	1 164 865.19	67.81
Forêt à faible densité	175 329.77	10.21
Forêt de densité moyenne	120 265.15	7.00
Forêt à forte densité	120 187.89	7.00
Cours d'eau	42 762.13	2.49
Agrumes	31 376.66	1.83
Serres	15 466.87	0.90
Fourrage, maraichage, gazon et herbacée	12 921.73	0.75
Surface construite (trois classes)	11 373.73	0.66
Réseaux routiers (six classes)	7 779.27	0.45
Surface en eau (deux classes)	1 257.62	0.07

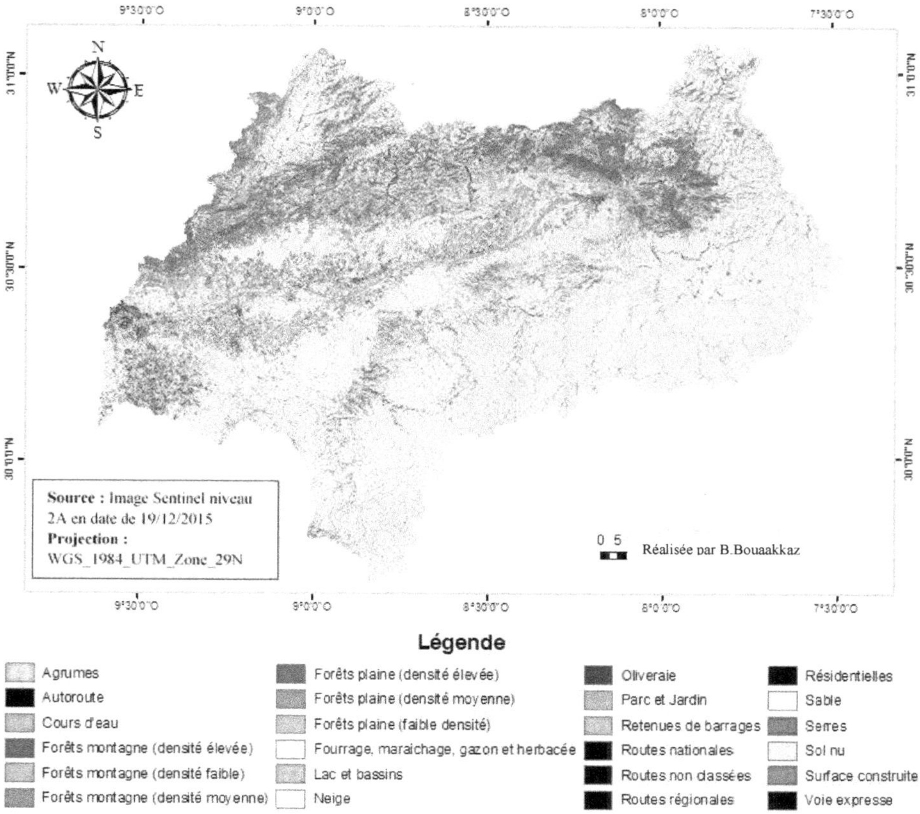

Figure 27: carte de l'occupation des sols dans le bassin de Souss (Bouaakkaz,2017)

Ainsi, la carte de couverture du sol en 27 catégories détaillée est présentée dans l'annexe n° 3 ainsi que la Figure 28 ci-après.

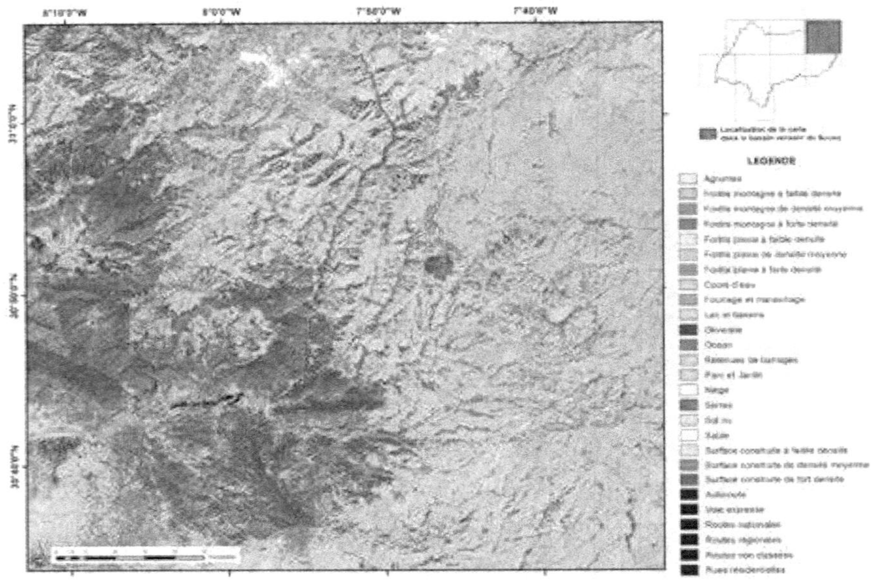

Figure 28. Zoom sur la carte d'occupation du sol de la région du Sous (Haut Atlas et Siroua)

L'article ci-dessous publié sous forme de chapitre du lèvre Advances in Intelligent Systems and Computing, Springer, volume1104, année 2020, sous le titre, Mapping Land Cover from Sentinel-2A Using Support Vector Classifier and Random Forest Regressor in the Souss Basin Morocco. Lien : https://link.springer.com/chapter/10.1007/978-3-030-36671-1_32, montre les résultats et la méthodologie de la génération de la carte d'occupation de sol dans la zone d'étude, ainsi que sa validation.

Article: Mapping Land Cover from Sentinel-2A Using Support Vector Classifier and Random Forest Regressor in the Souss Basin Morocco.

Mapping Land Cover from Sentinel-2A Using Support Vector Classifier and Random Forest Regressor in the Souss Basin Morocco

Brahim Bouaakkaz[1*], Zine El Abidine El Morjani[1], Ahmed Elkouk[1], and Lhoussaine Bouchaou[2]

[1] Polydisciplinary Faculty Taroudant, Exploration and Management of Natural and Environmental Resources Team (EGERNE) Taroudant, Ibn Zohr University,
Agadir, Morocco
bouaakkaz2012@gmail.com
[2] Faculty of Science, Applied Geology and Geo-Environment Laboratory, Ibn Zohr University, Agadir, Morocco

Abstract. The semi-arid to arid area of the Souss basin is vulnerable to flood. This natural phenomenon whose intensity is becoming increasingly alarming. Indeed, the susceptibility of the basin to floods disasters is accentuated by its rapid demographic evolution, uncontrolled land cover, anthropogenic actions and other physical factors. The land cover map represents crucial information for assessing the hydro-meteorological flood hazard as the physical and environmental vulnerabilities to this phenomenon in the Souss region. Therefore, seven optical Sentinel-2A images have been used for this purpose. After a preprocessing operation, different features were extracted from the images, including spectral, morphological, and textural variables to be analyzed using the classification and regression techniques based on the Support Vector Classifier (SVC) and Random Forest Regressor (RFR) algorithms. This operation resulted in the generation of a 10 Land cover classes map and the building density estimation. The two results were merged and enhanced by introducing additional classes from exogenous data to produce a land cover map with 27 classes at 10 m resolution. After field inspection missions, the overall accuracy of this map is 91.6% with a Kappa coefficient of 89% which indicates a very good quality. This map is of great importance for many research projects and for many operational applications. Therefore, the approach developed in this study could be used to understand the current land cover and may update this information over time as an accurate means of monitoring change, which is a vital dimension for land management decision making in the region. This map was also produced under an environmental project on modeling and mapping of flood risk, to develop an integrated management action plan for the Souss basin.

Keywords: Floods disaster, Souss, Vulnerabilities, Land cover, Remote sensing, Sentinel-2A, Support vector classifier, Random forest regressor, Kappa coefficient, Risk.

1 Introduction

Land cover mapping has been recognized as a fundamental task for deriving information for scientific, environmental management and policy purposes at global, regional and local scales. The land cover map is a key parameter as it is one of the most important providers of information for land management and planning. In addition, It is essential for the assessment of flood risk [1, 2], particularly in the Souss basin.

This kind of information can be generated using several techniques, namely field surveys, manual digitizing or satellite image analysis [3]. Due to the large area of the Souss basin (17000 km2), the first two approaches are very expensive. Therefore, satellite image processing was chosen due to its effectiveness in identifying and extracting land cover information [4, 5] in addition to its numerous advantages of presenting the information in a practical, economic and multi-temporal manner over large areas, and in a practicable digital format [6-10]. Classification and regression method is used for transforming the satellite image into a land cover layer [5, 11-13].

Satellite image classification is a complex process that can be affected by many factors, and requires experience and experimentation [5]. The analyst must choose a classification method that best suits a specific task. In general, satellite image classification methods can be grouped into three categories: per pixel, subpixel, and object-oriented [14-16]. On the other hand, regression is another method of transforming the satellite image into a continuous variable. This approach is used to spatialize a continuous land cover variable such as building density using satellite imagery characteristics [12, 17-20]. Like the classification method, regression can also be used to derive interesting information about land cover.

A number of land cover mapping studies were carried out in the region. We present here only two: one in the Souss basin [3] and another in the Souss-Massa plain [21]. The first study was based on three stages. 1) Analysis of two Spot images in 1992 and 1997 at 20 m resolution. Both images were processed by unsupervised and supervised classification methods. 2) Improving the classification results by other exogenous data. 3) validation of the results using field data. Unlike the first, the second study was based on manual digitizing of a 2013 series of multispectral Spot images at 2.5 m resolution 20.

Since the availability of the new Sentinel-2 satellite images, the classification and regression techniques were used in this study to develop a new methodological approach for generating the land cover map of the Souss basin area. This new framework simultaneously considers the spectral, morphological, and textural variables to identify and extract land cover classes present in the basin by the use of the Support Vector Classifier (SVC) and the Random Forest Regressor (RFR) algorithms respectively in the classification and regression stages.

2 Study Area

The Souss river basin is located in south-west of Morocco (Fig. 1), approximately between a longitude of 9.6 and 7.47 degrees west and a latitude of 29.70 and 31.11 degrees north. It covers approximately 17000 km2 the equivalent of 2.5% of the national territory. The Atlantic Ocean to the west, the massif of Siroua to the east, the High Atlas Mountains to the north and the Anti-Atlas Mountains to the south, are the natural limits of the Souss basin.

The economic activity is mainly based on fishing, tourism, and farming. This area is selected for its importance in the context of the regional economy and for the presence of a rapid urbanization and land cover conversion dynamics; such land changes make the territory more vulnerable to flooding induced by climate change. The study area has different landscape characteristics and contains a diversity of the land cover categories such as, forests, agricultural areas, urban, water surface, greenhouses, citrus, olive trees, bare lands etc.

3 Dataset

Sentinel-2 is a series of Earth Observation satellites from the European Space Agency (ESA) developed as part of the Copernicus program. Sentinel-2 provides medium-resolution optical imagery for soil observation (land use, vegetation, coastal zones, rivers, etc.) and the assessment of emergency situations (natural disasters, etc.).

The seven satellite images used in this study come from the Sentinel-2 system. They have been downloaded from the website https://scihub.copernicus.eu/dhus/#/home. These images were chosen to meet the following criteria:

- To be taken during the fall to winter corresponding to the periods of floods in the Souss basin;
- To cover the entire study area;
- To have a very low cloud cover.

Descriptive information for the seven images is summarized in Table 1. These images are Level 1C corresponding to the raw reflectance values, named Top of Atmosphere -TOA and require a radiometric correction. Each scene consists of 13 bands, whose spatial resolutions vary between 10, 20 and 60 m:

Four 10 m bands: Band 2, Band 3, Band 4 and Band 8;

Six at 20 m: Band 5, Band 6, Band 7, Band 8a, Band 11 and Band 12;

Three at 60 m: Band 1, Band 9 and Band 10.

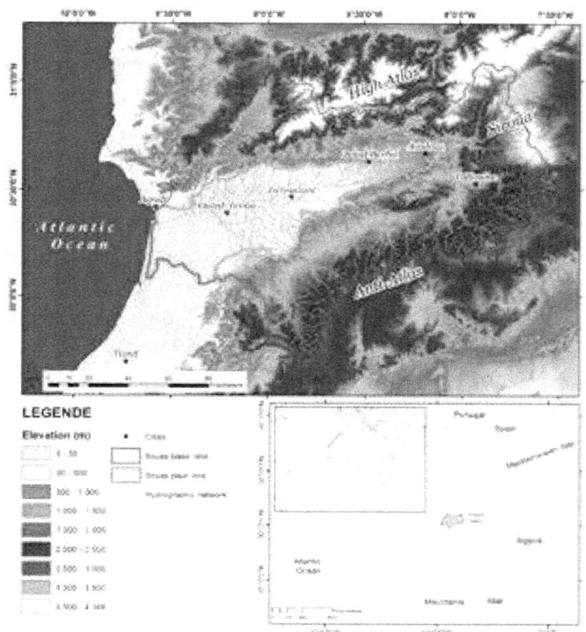

Fig 1. Geographical situation of the Souss River Basin

Table.1. Characteristics of the seven sentinel-2a images used in to generate the land cover map in the souss basin.

Designation	**Description**
Date	2015-12-19T 11:30:12.000Z
Satellite	Sentinel-2A
Instrument	MSI
Instrument name	Multi-Spectral Instrument
Product type	S2MSI1C
Processing level	Level-1C
Folder format	SAFE
Image format	JPEG2000
Size	4.22 GB
Cloud cover	0.6 - 0.07 %
Resolution	10, 20, 60 m

4. Methodology

The overall framework of the proposed method for the land cover mapping is illustrated in the Fig. 2. The following steps summarize the flow of this study, and each step is detailed in the upcoming sections:

1) Pre-processing step: to perform a radiometric correction using Sen2Cor application for the images Sentinel2A.

2) Selection and the generation of three categories of variables, including spectral, morphological and textural from the Sentinel2A images.
3) Classification step using the supervised classification technique with the three categories variables to produce a land cover map with 10 classes.
4) Regression and prediction step: aim to quantify the relationship between the reference building density and the three categories variables to estimate the building density in the basin.
5) Enhancing the results using auxiliary data produced by manually digitizing or by their acquisition form the open source database OpenStreetMap (OSM).
6) Aggregation of the results into a 27 classes land cover map and it validation (accuracy assessment) based on the field inspection missions.

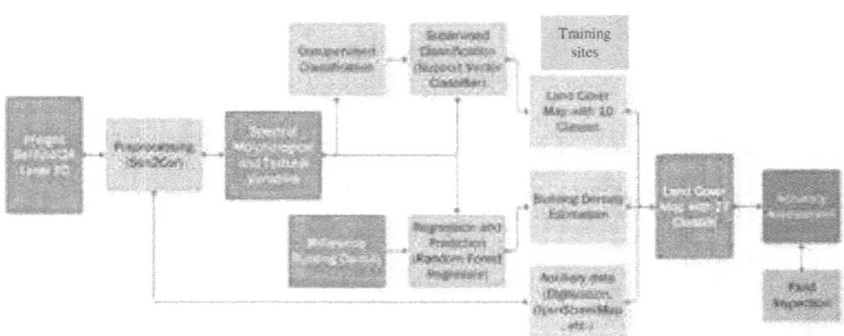

Fig.2. Methodology for generating the Souss basin land cover map.

4.1 Preprocessing

Procedures for rectifying and restoring satellite images are often referred to as preprocessing operations, as they typically precede subsequent manipulation and analysis of the images to extract specific information. These operations aimed at correcting deformed or degraded satellite images to create a more faithful representation of the original information. This initial processing is divided into three categories: geometric correction, radiometric correction, and noise illumination [5]. In this study, Sentinel-2A Level 1C images are geometrically reliable and only require a radiometric correction to correct the atmospheric and the angle of view effects on reflectance.

Sen2Cor is a prototype for preprocessing Sentinel-2 images. This tool allows radiometric correction of Level 1C images into the new Level 2A images Bottom Of Atmosphere -BOA reflectance. Comprehensive information on the installation, use and technical specifications of this application is available on the website: http://step.esa.int/main/third-party-plugins-2/sen2cor/. In this work, we have used the Sen2Cor application to radiometrically correct the seven Sentinel-2 Level 1C images. The results included four 10m and the six 20m spatial resolutions bands, where the three 60m resolution bands were used in the correction operation. Finally, we used the Mosaic Express tool in Erdas Imagine [22] to mosaic the resulting images into a single one.

4.2 Input Variables for Land Cover Mapping

The preprocessed Sentinel2A image is composed of ten radiometric bands. The classification of each pixel of the image to a class of land cover depends on the values of each of these bands. This basic information can be enhanced by stacking to the image additional information to improve the outcome of the classification [4]. This information can be derived from the raw image (texture, indexes, etc.) or can come from other sources (images of the same area at other dates, pre-existing land cover layers, DEM, etc.).

In this study, we investigated three categories of variables (Table 2), including spectral, morphological and textural features [4-10, 23].

Table.2. Different variables explored for the creation of the Souss basin land cover map.

Variables Categories	Variables	Variables Descriptions
	Blue	B2
Spectral	Green	B3
	Red	B4

NIR	B8
Red Edge1	B5
Red Edge2	B6
Red Edge3	B7
NIR2	B8a
SWIR1	B11
SWIR2	B12
n(NIR-R)	$n(NIR - R) = \frac{B8 - B4}{B8 + B4}$
n(NIR-G)	$n(NIR - G) = \frac{B8 - B3}{B8 + B3}$
n(NIR-B)	$n(NIR - B) = \frac{B8 - B2}{B8 + B2}$
n(R-G)	$n(R - G) = \frac{B4 - B3}{B4 + B3}$
n(R-B)	$n(R - B) = \frac{B4 - B2}{B4 + B2}$
n(G-B)	$n(G - B) = \frac{B3 - B2}{B3 + B2}$
Normalized Difference Infrared Index (NDII)	$NDII = \frac{B8 - B11}{B8 + B11}$
Red Edge Normalized Difference Vegetation Index (NDVI705)	$NDVI705 = \frac{B6 - B5}{B6 + B5}$
Photochemical Reflectance Index (PRI)	$PRI = \frac{B2 - B3}{B2 + B3}$
Renormalized Difference Vegetation Index (RDVI)	$RDVI = \frac{B8 - B4}{\sqrt{B8 + B4}}$
Ratio Vegetation Index (RVI)	$RVI = \frac{B4}{B8}$
Transformed Normalized Difference Vegetation Index (TDVI)	$TNDVI = \sqrt{\frac{B8 - B4}{B8 + B4 + 0.5}}$
Improved Modified Triangular Vegetation Index (MSAVI1)	$MSAVI = \frac{(B8 - B4)(1 + L)}{B8 + B4 + L}$ $L = 1 - \frac{2s(B8 - B4)(B8 - sB4)}{(B8 + B4)}$
Improved Modified Triangular Vegetation Index (MSAVI2)	$MSAVI2 = \frac{1.5[1.2(B8 - B3) - 2.5(B4 - B3)]}{\sqrt{(2B8 + 1)^2 - (6B8 - 5\sqrt{B4}) - 0.5}}$
WorldView Water Index (WV-WI)	$WV - WI = \frac{B2 - B8}{B2 + B8}$
WorldView Soil Index (WV-SI)	$WV - SI = \frac{B2 - B4}{B2 + B4}$

	WorldView Built-Up Index (WV-BI)	$WV - BI = \frac{B2 - B5}{B2 + B5}$
Morphological	DMP_{wth}	$DMP_{WTH} = \{DMP_{WTH}(s, dir): s_{min} \leq s \leq s_{max}, dir \in D\}$ $DMP_{WTH}(s, dir) = \lvert WTH(s + \Delta s, dir) - WTH)s, dir)\rvert$
	DMP_{bth}	$DMP_{BTH}(s, dir) = \lvert BTH(s + \Delta s, dir) - BTH)s, dir)\rvert$ $DMP_{BTH} = \{DMP_{BTH}(s, dir): s_{min} \leq s \leq s_{max}, dir \in D\}$
	Mean	$Mean = \sum_{i,j} ig(i,j)$
	Variance	$Variance = \sum_{i,j} (i - \mu)^2 g(i,j)$
	Homogeneity	$Homogeneity = \sum_{i,j} \frac{g(i,j)}{1 + (i - j)^2}$
	Contrast	$Contrast = \sum_{i,j} g(i,j) - (i - j)^2$
Textural	Entropy	$Entropy = \sum_{i,j} g(i,j) \log(g(i,j))$
	Second moment	$Secondmoment = \sum_{i,j} g(i,j)^2$
	Correlation	$Correlation = \sum_{i,j} \frac{ijg(i,j) - \mu_i\mu_j}{\sigma_i\sigma_j}$
	Euclidean Distance	$Eulidean\ distance = \frac{\sum[\sum_\lambda(x_{c\lambda} - x_{ij\lambda})^2]^{\frac{1}{2}}}{n-1}$
	Skewness	$Skewness = \frac{\lvert \sum(x_{c\lambda} - M)^3 \rvert}{(n-1)(V)^{\frac{3}{2}}}$

The spectral variables include 17 radiometric indices obtained from the nonlinear combinations of the ten S2A generated using the python interface of the Ofero ToolBox (OTB) application [24]. These layers helped to introduce new spectral information to identify different land cover classes of natural vegetation, agriculture, water and building and nonbuilding surface areas.

Spectral variables alone are not sufficient for the identification of all land cover classes in the Souss basin. For this reason, we have integrated in addition seven morphological and textural variables to identify the density of built up areas, which present a great variability to their environment [3-6, 23]. We generated these features based on the blue band (B02) S2A under the OTB application.

4.3 Supervised Classification

Satellite image classification is a complex process that can be affected by many factors. It requires experience and experimentation [5]. The analyst must choose a classification method that best suits a specific task. In general, satellite image classification methods can be grouped into three categories: per pixel, subpixel, and object-oriented [14-16]. In this study, we chose the per pixel approach for its simplicity using the supervised classifications techniques to identify the land cover classes presents in the Souss region.

The supervised classification method consists of identifying homogeneous and representative samples of different types of land cover in the image. In this study, these samples also named learning samples were chosen based on the knowledge of the analyst and his familiarization with the types of land cover in the image. Therefore, the analyst supervises the classification of a specific set of land cover classes [5]. The digital information in each variable for each pixel of the training sites is used under a classification algorithm to define the classes of land cover and then to recognize pixels similar to each class throughout the image.

The approach used to classify the S2A image is divided to the following steps:

(1) Sampling and creation of training sites.

(2) Evaluation and refinement of the spectral signatures corresponding to each site.

(3) Selection of the most significant variables.

(4) Application of a classification algorithm:

Sampling and Creation of Training Sites

The training information must be as exhaustive as possible of all the spectral, morphological and textural variations of each land cover class. For a good statistical significance of each signature, Eastman (1993) suggests that the number of pixels characterizing each of the training classes should not be less than ten times the number of spectral bands of the image. Where in this study, each class of training sites consists of 100n pixels (n: number of bands) or more according to authors recommendations [4, 5].

The digitization of the training sites was carried out under the Erdas Imagine [22]. After several trials, we chose 1113 training sites, representing 10 classes, distributed in the basin.

Evaluation and Refinement of the Spectral Signatures Corresponding to Each Site

The evaluation of the training sites is an essential factor for a better quality of the supervised classification result [3, 5]. Erdas Imagine offers multiple tools to judge the quality a training site [22]:

Visualize histograms: Evaluate the distribution of values of the training pixels in each variables (bands). A bimodal or multimodal distribution indicate heterogeneity of the sampled training site. Therefore, the site present two or more types of land cover and must

be corrected or eliminated [3-5];

Contingency Matrix: Compares the classified pixels signatures to those of the training sites. The results of this confrontation are in the form of a table showing the frequencies of the pixels belonging to each of the possible combinations. Where the diagonal elements of each matrix show the count of training sites the pixels correctly classified [3-5];

Separability of signatures: Allows to compare all signatures in pairs, by calculating the minimum and average distance between each pair of classes, a small distance indicates that the distributions are identical for the two spectral classes and therefore not separable [3-5];

Bivariate diagrams: an efficient technique for visually comparing the ellipses of different values in each variable pair based on the main and standard deviation of each variable [3-5];

These tools allowed us to evaluate the signatures of each class to avoid any confusions information.

Selection of the Most Significant Variables

The selection of the most explanatory variables from the spectral, morphological and textural categories allowed grouping most of the significant information with a much smaller number of features. This saves computing time and storage volume in subsequent steps (John R. 1996). Therefore, in order to choose the most significant variables, we conducted a statistical and visual analyzes under Erdas Imagine and OTB [22, 24], to study the evolution of supervised classification quality according to different variables choices. In this step, we used the Maximum Likelihood Classifier (MLC) and the Support Vector Classifier (SVC) algorithms to perform a multiple classification based on the training sites information. Then we evaluate each classification result based on contingency matrixes, separability of signatures, bivariate diagrams and field visits. We also used the Principal Component Analysis (PCA) to reorganize variables in such a way that they are no longer correlated. Finally, the performed quantitative and qualitative analysis helped to identify the most significant variables in the classification. From 34 variables, only 20 were chosen as significant for the classification. They were first divided into three categories, then for each we performed a principal component analysis and selected the first three component. Finally, in one image, we stacked the nine components to be classified using the SVC algorithm under the OTB application.

Classification Algorithm

It is now a question of comparing each pixel of the image with each training sites signatures. There are different procedures for assigning the pixel to the nearest signature category. Among the most commonly used classification algorithms, we found the parallelepiped method, the Minimum Distance, the Maximum Likelihood, Artificial Neural Networks, Decision Trees, and Support Vectors [3-10, 23, 25].

Support Vector Classifier, or SVCs are supervised learning classification methods, that deal with nonlinear discrimination issues to transform the representation space of the input data into a space of greater dimensions in which a linear separator exists (straight, plane or hyperplane) between classes through a kernel function [25].

The visual examination of the resulting classified image (not shown) using the SVC algorithm shows a good discrimination between citrus, olive trees, greenhouses, water surfaces, shadows, horticultures, herbaceous and grass classes. However, significant confusion remained between built-up areas and wadi gravel due to their similarity. In order to reduce these confusions, we developed regression model based on S2A image to quantitively estimate the building density as an effective dimension for assessing flood risk in the Souss basin.

4.4 Regression

The characteristics of built-up areas, such as urban surface and building density, have become essential for urban planning and environmental management [17, 18, 26]. Building density indicates the proportion of surface occupied by buildings in an area of interest [19, 27]. It is a crucial environmental parameter, allowing a highly effective assessment of flood risk rather than the only information about built up and non-built up areas [19, 20].

In this study, building density was needed to enhance the information produced in the classification steps. Based on the work of Zhang et al. [12], we proposed a method for the quantitative estimation of building density using a regression model. This approach involves establishing a relationship between building density and S2A image characteristics, including spectral, morphological, and textural variables.

The building density estimation approach is subdivided into three stages: data preparation, modeling-evaluation and synthesis. Firstly, in three test zones, three categories of spectral, morphological and textural characteristics were derived from the 10m resolution S2A bands. Where the combination of these variables has been expected to indicate the density of the building. Secondly a regression model was constructed by measuring the relationship between the different types of variables and the reference buildings density values. Then the most significant variables in the regression were defined in the evaluation step. Finally, based on the evaluation results, the regression model was used to predict building density at the Souss basin scale.

Data Preparation

We investigated 19 variables at 10 m resolution from the spectral, morphological and textural categories (Table 3) in three test areas of Agadir, Taroudannt and Taliouine coomunes. They defined the independent variables used to construct a regression model to estimate the density of buildings: 1) the spectral variables were used to differentiate between building reflectance and undeveloped areas; 2) the morphological variables were used to delimit the buildings structures; and 3) textural variables are considered to describe the variations of gray scale in buildings.

Table 3. Different variables explored for building density estimation.

Variables Categories	Variables
Spectral	Bleu Green Red NIR n(NIR-R) n(NIR-G) n(NIR-B) n(R-G) n(R-B) n(G-B)
Morphological	DMP_{wth} DMP_{bth}
Textural	Mean Variance Homogeneity Contrast Entropy Second moment Correlation

The dependent variable needed to build the regression model was defined by the reference building density. Therefore, we used the OpenStreetMap data of buildings surfaces [12]. It consists of building polygons in the three test areas. First, the reference density was defined by digitizing 500 polygons of different surface areas S_land ranging from 100 à 16000 m2. Then for each polygon, a reference building density value was calculated as [37]:

$$BuildingDensity = \frac{S_{coverage}}{S_{land}} \quad (1)$$

where $S_{coverage}$The total area covered by buildings for a considered area S_{land}.

The values of the pixels overlapping the 500 polygons were extracted for each independent variable (spectral, morphological and textural). The results were recorded in .csv format, whose columns represent the values of the spectral, morphological, textural and reference density variables in each pixel. These data were used in the training and the validation of the regression model.

Modeling and Evaluation

Regression models are commonly applied to predict continuous variables in environmental studies [28]. In general, a regression model can be written as:

$$y = f(\boldsymbol{x}) \quad (2)$$

Where x and y respectively indicate the independent variable and the dependent variable; and f (.) is the regression model constructed by measuring the relationship between the two types of variables. In this study, the regression relationship was established between reference building density (dependent variable) and the spectral, morphological and textural variables (independent variables).

As one of the most effective machine learning models for predictive analysis in classification and regression problems. The Random Forest (RF) is widely used in environmental studies [29-34]. Therefore, we used the Random Forest Regressor (RFR) to predict building density. The RFR is one of the most precise learning algorithms with simple parameterization and a short training and prediction time.

The tabular (.csv) data of the independent and dependent variables were randomly divided into training samples and validation samples. 0.7 of the original data was used in the training of the RFR regression model. Where the remaining 0.3 were used to evaluate the accuracy of the regression. All these operations were performed under the python programming language.

The large number of independent variables (19) can lead to redundancy of information. Therefore, the selection of the most significant variables must be taken into account during modeling. In this context, the importance of each variable was evaluated based on the Mean Decrease Accuracy (MDA) [35, 36]. MDA is a measure of the impact of each variable on the overall accuracy of the RFR regression model. The general idea is to randomly swap the values of a variable at a time, and then measure in which permutation the precision of the model decreases. For less important variables, the permutation should have little or no effect on the accuracy of the regression model, while the permutation of important variables should significantly decrease the regression accuracy.

The importance of each of 19 independent variables in estimating building density was measured by the MDA approach. The impact of each variable on the overall model accuracy is shown in Fig. 3. The MDA values define the importance of each variable in the regression; a large value implies the relevance of the variable in the estimation building density.

The five most important variables in each test area come from different categories, indicating the need to introduce the three types of spectral, morphological and textural characteristics into the regression model. The overall result of the variables importance (maximum, minimum and average values of the Decrease Accuracy-DA) is shown in Fig. 3d for all test areas.

The MDA importance of the variables varies in the different test areas, but some variables remain relatively stable, such as DMPWTH and DMPBTH. Visible bands and two textural features (Homogeneity, Second Moment) have the smallest contribution to estimating building density. Probably due to the presence of other similar features, such as the spectral difference between the visible bands and the infrared band. The spectral variables, NIR-Blue, NIR-Red and NIR, have contributed greatly to the estimation of building density, as they can characterize the reflectance of building and non-building surfaces. The first-order textual variables, Mean and Variance, also contributed to the regression model because of their ability to characterize the heterogeneity of building clusters. The morphological variables, DMPWTH and DMPBTH, were also important in density measure because of their ability to directly describe the structures of buildings.

According to the feature ranking sequence using the MDA values for all test areas (Fig. 4), the calculated RMSE values tend to decrease sharply at first, and then become stable after a number of variables are involved in the regression. The results showed redundancy of information in the regression model. Therefore, a satisfactory accuracy for estimating the buildings density could be achieved with less but significant variables.

The number of significant variables (Table 4) represents only about one-third of the original 19 features. Therefore, the performance of the regression model keeping only the first seven variables was very close to that based on all the initial variables. These results showed the effectiveness of selecting the relevant variables in the regression using the MDA method.

Synthesis

The seven relevant variables were generated at scale of the study area. Then they were used to predict building density using the RFR regression model trained by the same variables. This approach allowed the generation of the 10m resolution building density map for the Souss basin (not shown). They showed almost the same estimated building density values either using all the variables or using the seven selected variables.

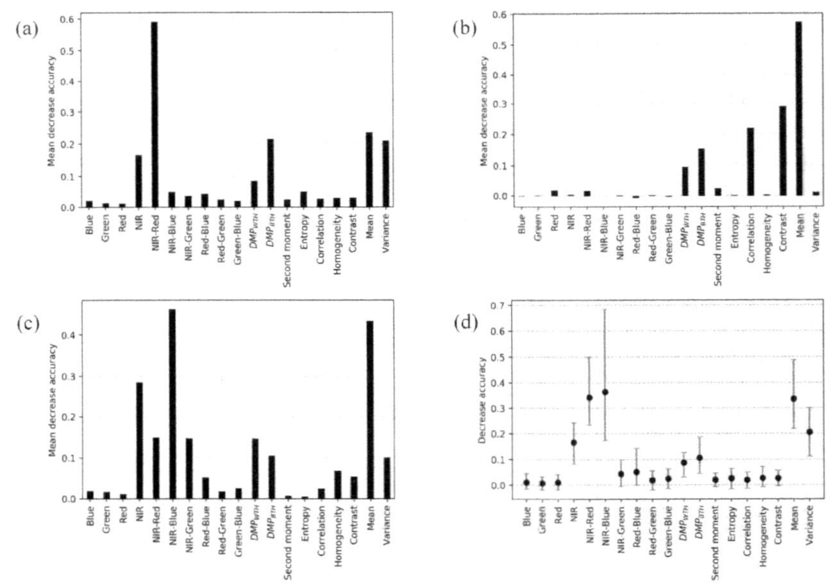

Fig.3. Independent variables importance measure by the MDA algorithm. Test areas of (a) Agadir, (b) Taroudannt, and (c) Taliouine. (d) Overall importance for the three test areas: where the upper line indicates the maximum, the lower line indicates the minimum and the black point corresponds to the average decrease accuracy (importance) for each variable.

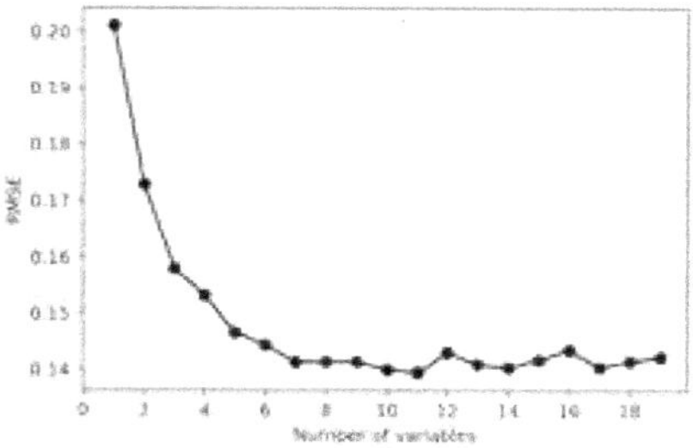

Fig.4. Accuracy of the estimated building density using subsets composed of different numbers of variables in the descending order of their importance measure based on the MDA results.

Table.4. Selected most significant variables for building density estimation.

Variables Categories	Variables
Spectral	NIR-Bleu
	NIR-Red
	NIR
Morphological	DMPbth
	DMPwth
Textural	Mean
	Variance

The building density map was classified into three categories: low-density built-up area (values less than 0.2), built-up area of average density (values between 0.2 and 0.4), and built-up area of high density (values greater than 0.4). These thresholds were defined based on the S2A image. Finally, the building density categories were combined with the land cover map resulting in from classification process.

4.5 Enhancements

Although the combination between classification and regression methods had significant results, confusions remained, in one hand between forests and Argan trees, in the other hand between the three classes of built-up areas, wadi gravel and bear mountain peak formations. In order to enhance the land cover map, we manually corrected these confusions.

First, The Argan trees and the forest were merged in a single class named "Forest". Then, the "Forest" class was subdivided into three subcategories according to density. This was done based on the normalized difference vegetation index (NDVI) and field visits.

Built-up areas, the gravel of the wadis and bare formations of the top mountains remain non-discriminable. This is probably related to the resolution of the S2A image (10 to 20 m). Discrimination between these classes is essential for flood risk mapping. For this reason, we manually corrected the confusion.

In order to further enhance the results, we integrated auxiliary data providing valuable information to improve the spatial or thematic accuracy of the results. Several classes were added to the land cover map namely:

Road and hydrographic networks from the OpenStreetMap Database (OSM). After their overlays with the image S2A, the quality of these features was considered reliable and coherent (temporally and geometrically). Six categories of roads have been chosen based on their widths, which must exceed the resolution of the S2A image (greater than 10 m). Around the road network, we defined buffer zones based on the width of each road category. The result has been rasterized and integrated into the land cover map. Like the road, around the hydrography network we have also defined buffer zones based on the order of each segment of the network. The result was rasterized and integrated into the land cover map.

In order to remove most of the isolated pixels and recognize the borders between two different classes, the land cover resulting map was smoothed by applying a 4 × 4 pixels Majority Voting filter.

4.6 Accuracy Assessment

In order to estimate the overall accuracy of land cover map, seven field inspection surveys were carried out in the Souss region. 287 sites representing 14 types of land cover were chosen as objectively as possible; sites representative of the heterogeneity of the landscapes and distributed randomly in the study area. 13 classes were not included because they were manually produced based on the S2A image.

The confusion matrix was calculated based on the control sites and the land cover map (Table 5). It statistically quantifies the confusion between classes. In addition, the estimation of the overall quality of the map was also measured by the Kappa coefficient [3-5].

The overall accuracy of the land cover map was of 91.6% with a Kappa coefficient of 89% indicating a very good quality. The high accuracy was achieved due to the use of auxiliary data and manually correct the confusion between class

1 **Table.5.** Confusion matrix for assessing the thematic quality of the Souss basin land cover map.

Field Inspection	Citrus	Low density forest	Medium density forest	High density forest	Stream	Horticultures, herbaceous and grass	Water surface	Olive trees	Park and Gardens	Snow	Greenhouses	Bare land	Sand	Built-up areas (three classes)	Total	User accuracy (%)
Citrus	4878	0	0	34	0	5	0	1	0	0	0	0	0	0	4918	99
Low density forest	0	376	42	1	0	0	0	0	0	0	0	2	0	0	421	89
Medium density forest	0	0	867	0	0	0	0	0	0	0	0	0	0	0	867	100
High density forest	4	0	0	682	0	0	0	0	0	0	0	0	0	0	686	99
Stream	0	2	10	0	36846	0	0	0	0	0	0	3136	0	256	40250	92
Horticultures, herbaceous and grass	1038	0	0	16	0	705	0	0	0	0	0	2	0	0	1761	40
Water surface	0	6	8	110	1951	0	18871	0	0	0	0	9	0	29	20984	90
Olive trees	0	0	1	107	0	0	0	716	0	0	0	1	0	0	825	87
Park and Gardens	0	0	0	5	0	0	0	0	409	0	0	0	0	0	414	99
Snow	0	0	0	0	0	0	0	0	0	3760	0	235	0	0	3995	94
Greenhouses	0	0	0	0	0	0	7	0	0	0	4092	49	0	500	4648	88
Bare land	0	0	0	0	1	0	0	0	0	0	0	3810	0	3	3814	100
Sand	0	0	0	0	0	0	339	0	0	0	0	0	3795	0	4134	92
Built-up areas (three	0	0	4	0	0	0	0	0	0	0	0	155	0	8495	865	98

classes)															4
Total	5920	384	932	955	38798	710	19217	717	409	3760	4092	7399	3795	9283	96371
Producer accuracy (%)	82	98	93	71	95	99	98	100	100	100	100	51	100	92	
Overall accuracy (%)	91.6														
Kappa coefficient	0.89														

2

5. Results

The area percentage of each land coverclass in the Souss basin is presented in Fig. 5. The land cover map with 27 classes is presented in Fig. 6.

Land cover map analysis resulted in the following information:

67% of the mapped area is occupied by the bare land; due to the aridity and deforestation the Souss region suffer from. Those phenomena were directly related to anthropogenic activity and climatological conditions.

24% of the area is divided into three types of forest density: high density forests (7%), medium density forests (10.21%) and low-density forests (7%). These classes are located both in the Souss plain as in the mountains.

About 3.5% (59,765.26 ha) of land is occupied by citrus, horticultures, herbaceous, grass and greenhouses. This confirms the reputation of the Souss region as the first agricultural zone of Morocco with a very important development of citrus sectors in this region.

The Built-up areas and road network classes occupy only 1% of the basin.

Only 0.07% of the study area is covered by water surfaces due to the arid climate, where the average rainfall is of 245 mm/year.

Finally, 2.49% is occupied by the streams indicating the high hydrographic network density in the basin.

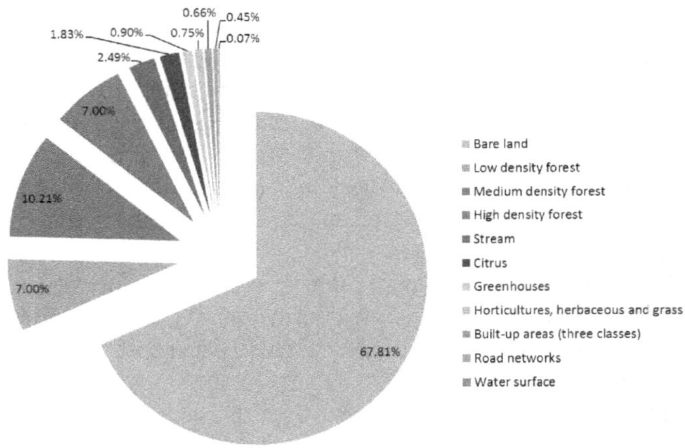

Fig.5. Area percentage of different land cover classes in the Souss basin.

Conclusion

In this work, we proposed a simple and cost-effective methodology based on the Sentinel-2A images to create the land cover map in the Souss basin. Therefore, the combination of classification, regression techniques and the use of several image processing tools were the best approach for mapping the land cover in the region. In the absence of a well-defined methodology for the generation of the land cover, several tests and attempts were essential for the production of rigorous results. Consequently, after the classification, regression and enhancement steps, an overall accuracy of 91.6% was attained for the resulting Souss basin land cover map.

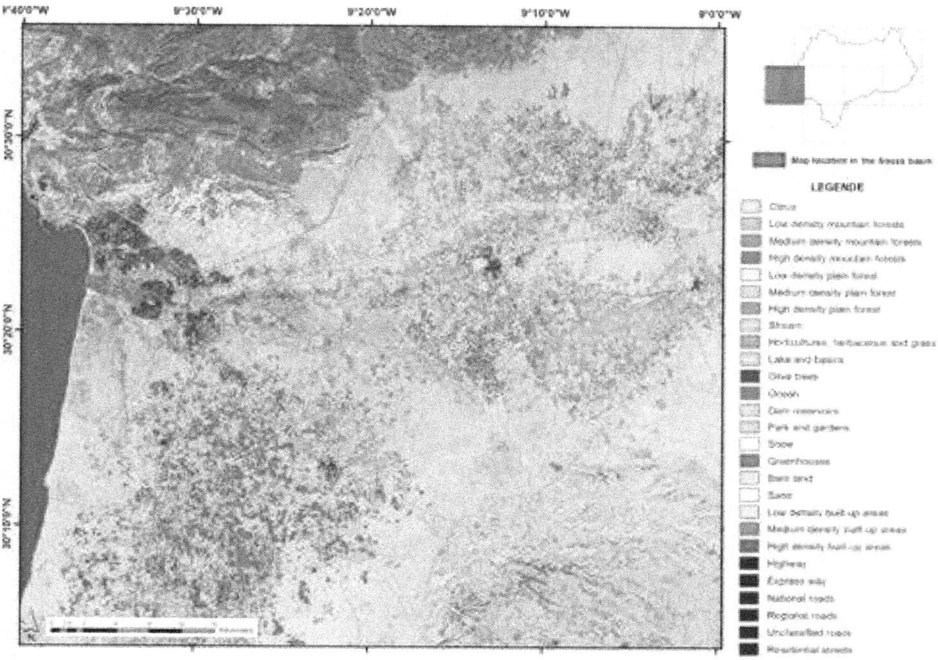

Fig.6. Subset of the Souss basin land cover map at 10 m resolution.

Precise knowledge of the land cover in the Souss region is a crucial issue for many research projects and for many operational applications, particularly flood risk management [37]. This information requires a frequent updating that allows going back in time to analyze trends and propose evolution scenarios in this region. Therefore, the proposed methodology could be applied in other basins. Where the next step of this study will be using the land cover map to spatially assess the physical and environmental vulnerabilities to floods in the Souss river basin.

Acknowledgments

This work has been carried out with in part within charisma project financed by Academy Hassan II. The authors would also like to thank the three anonymous reviewers for their insights and suggestions for improving this manuscript.

References

1. Abdollahian, N., J.L. Ratliff, and N.J. Wood, Community exposure to potential climate-driven changes to coastal-inundation hazards for six communities in Essex County, Massachusetts, in *Open-File Report.Reston, VA (2016).*
2. Etkin, D., 4 - Hazard, Vulnerability, and Resilience, in Disaster Theory, Butterworth-Heinemann: Boston. p. 103-150 (2016).
3. El Morjani, Z.E.A., Conception d'un système d'information à référence spatiale pour la gestion environnementale : application à la sélection de sites potentiels de stockage de déchets ménagers et industriels en région semi-aride (Souss, Maroc), University of Geneva (2002).
4. John R., J., Introductory Digital Image Processing: A Remote Sensing Perspective (2nd Edition). Vol. 07458. *Prentice Hall, New Jersy* (1996).
5. Thomas M., L., K. Ralph W., and C. Jonathan W., Remote sensing and image interpretation *(Fifth Edition): John Wiley & Sons, Inc* (2004).
6. Alexandre, F., Détection et classification de changements sur des scènes urbaines en télédétection, Institut Supérieur de l'Aéronautique et de l'Espace (2008).
7. Peña-Barragán, J. M., Ngugi, M. K., Plant, R. E., & Six, J. Object-based crop identification using multiple vegetation indices, textural features and crop phenology. *Remote Sensing of Environment*, *115*(6), 1301-1316. (2011).
8. Peña, J. M., Gutiérrez, P. A., Hervás-Martínez, C., Six, J., Plant, R. E., & López-Granados, F. Object-based image classification of summer crops with machine learning methods. *Remote Sensing*, *6*(6), 5019-5041. (2014).
9. Immitzer, M., Vuolo, F., & Atzberger, C. First experience with Sentinel-2 data for crop and tree species classifications in central Europe. *Remote sensing, 8(3), 166.Marshall, N. A.* (2016),
10. Monica, H. USGS-NPS National Vegetation Mapping Program: Sunset Crater Volcano National Monument, Arizona, Vegetation Classification and Distribution, U.S. Geological Survey, *Southwest Biological Science Center* (2004).
11. Huang, X., Guan, X., Benediktsson, J. A., Zhang, L., Li, J., Plaza, A., & Dalla Mura, M.., Multiple morphological profiles from multicomponent-base images for hyperspectral image classification. IEEE *Journal of Selected Topics in Applied Earth Observations and Remote Sensing. 7(12)*: p. 4653-4669 (2014).

12. Zhang, T., Huang, X., Wen, D., & Li, J. Urban Building Density Estimation From High-Resolution Imagery Using Multiple Features and Support Vector Regression. IEEE Journal of Selected Topics in *Applied Earth Observations and Remote Sensing.* ***10****(7):* p. 3265-3280 (2017).

13. Huang, X., & Zhang, L. Morphological building/shadow index for building extraction from high-resolution imagery over urban areas. *IEEE Journal of Selected Topics in Applied Earth Observations and Remote Sensing*, *5*(1), 161-172. (2011).

14. Bhaskaran, S., S. Paramananda, and M. Ramnarayan, Per-pixel and object-oriented classification methods for mapping urban features using Ikonos satellite data. *Applied Geography.* ***30****(4):* p. 650-665 (2010).

15. Myint, S.W., Gober, P., Brazel, A., Grossman-Clarke, S., & Weng, Q. Per-pixel vs. object-based classification of urban land cover extraction using high spatial resolution imagery. *Remote sensing of environment.* ***115****(5)*: p. 1145-1161 (2011).

16. Yan, G., Mas, J. F., Maathuis, B. H. P., Xiangmin, Z., & Van Dijk, P. M.., Comparison of pixel-based and object-oriented image classification approaches—a case study in a coal fire area, Wuda, Inner Mongolia, China. *International Journal of Remote Sensing.* ***27****(18)*: p. 4039-4055 (2006).

17. Susaki, J., M. Kajimoto, and M. Kishimoto, Urban density mapping of global megacities from polarimetric SAR images. Remote sensing of environment. **155**: p. 334-348 (2014).

18. Krehl, A., Siedentop, S., Taubenböck, H., & Wurm, M. A comprehensive view on urban spatial structure: Urban density patterns of German city regions. *ISPRS International Journal of Geo-Information.* ***5****(6):* p. 76 (2016).

19. Kajimoto, M. and J. Susaki, Urban density estimation from polarimetric SAR images based on a POA correction method. IEEE Journal of Selected Topics in *Applied Earth Observations and Remote Sensing.* ***6****(3):* p. 1418-1429 (2013).

20. Pesaresi, M., M. Halkia, and G.K. Ouzounis. Quantitative estimation of settlement density and limits based on textural measurements. in *Urban Remote Sensing Event (JURSE), 2011 Joint*. IEEE (2011).

21. CRTS, Élaboration de la carte d'occupation du sol, suivi de l'extension des zones irriguées et estimation de l'évapotranspiration dans la plaine de Souss-Massa, Centre royal de télédétection spatiale et Gesellschaft für *internationale zusammenarbeit. p.* ***38*** (2015).

22. Intergraph, ERDAS Field Guide™, Intergraph Corporation. (2013)

23. Florent, L., D. Xavier, and Z. Josiane, Noyaux texturaux pour les problèmes

de classification par SVM en télédétection, *INRIA. p.* ***39*** (2004).

24. OTBTeam, OTB CookBook Documentation Release 6.4.0, in orfeo-toolbox.org. (2018).

25. El Kharki, O., et al., Panorama sur les méthodes de classification des images satellites et techniques d'amélioration de la precision de classification. *Revue Française de Photogrammétrie et de Télédétection*, (2015).

26. Taubenbock, H., et al., Pattern-based accuracy assessment of an urban footprint classification using TerraSAR-X data. IEEE *Geoscience and Remote Sensing Letters.* ***8****(2):* p. 278-282 (2011).

27. Taubenböck, H., et al., Delineation of central business districts in mega city regions using remotely sensed data. *Remote sensing of Environment.* ***136****: p.* 386-401 (2013).

28. Ho, H.C., et al., Mapping maximum urban air temperature on hot summer days. *Remote Sensing of Environment.* ***154****:* p. 38-45 (2014).

29. Abdel-Rahman, E.M., F.B. Ahmed, and R. Ismail, Random forest regression and spectral band selection for estimating sugarcane leaf nitrogen concentration using EO-1 Hyperion hyperspectral data. *International Journal of Remote Sensing.* ***34****(2):* p. 712-728 (2013).

30. Brokamp, C., Jandarov, R., Rao, M. B., LeMasters, G., & Ryan, P. Exposure assessment models for elemental components of particulate matter in an urban environment: A comparison of regression and random forest approaches. *Atmospheric Environment*, **151**, 1-11. (2017).

31. Hu, X., Belle, J. H., Meng, X., Wildani, A., Waller, L. A., Strickland, M. J., & Liu, Y. Estimating PM2. 5 concentrations in the conterminous United States using the random forest approach. *Environmental science & technology*, **51**(12), 6936-6944. (2017).

32. Mutanga, O., E. Adam, and M.A. Cho, High density biomass estimation for wetland vegetation using WorldView-2 imagery and random forest regression algorithm. *International Journal of Applied Earth Observation and Geoinformation.* ***18****: p.* 399-406 (2012).

33. Prasad, A.M., L.R. Iverson, and A. Liaw, Newer classification and regression tree techniques: bagging and random forests for ecological prediction. *Ecosystems.* ***9****(2):* p. 181-199 (2006).

34. Svetnik, V., Liaw, A., Tong, C., Culberson, J. C., Sheridan, R. P., & Feuston, B. P. Random forest: a classification and regression tool for compound classification and QSAR modeling. *Journal of chemical information and computer sciences,* **43**(6), 1947-1958. (2003).

35. Hong, H., G. Xiaoling, and Y. Hua. Variable selection using Mean

Decrease Accuracy and Mean Decrease Gini based on Random Forest. in 2016 7th IEEE *International Conference on Software Engineering and Service Science (ICSESS).* (2016).

36. Archer, K.J. and R.V. Kimes, Empirical characterization of random forest variable importance measures. *Computational Statistics & Data Analysis.* ***52****(4):* p. 2249-2260 (2008).

37. Bouaakkaz, B., El Morjani, Z. E. A., Bouchaou, L., & Elhimri, H. (2018). Flood risk management in the Souss watershed. In *E3S Web of Conferences* (Vol. 37, p. 04005). EDP Sciences.

5.2 Génération de la distribution spatiale réelle de la population

5.2.1 Introduction

La connaissance de la taille et de la distribution spatiale de la population est essentielle pour spatialiser les indicateurs et variables de la vulnérabilité sociale (pauvreté, âge, sexe, etc.) dans le bassin du Souss. Les données du dernier Recensement Général de la Population et de l'Habitat (RGPH) datant de 2014 constituent la principale source d'information sur la répartition de la population au Maroc. Ces données tabulaires sont présentées sous forme d'agrégats spatiaux, dont des communes qui présentent l'unité politique de base de recensement.

Les données de recensement RGPH de 2014 sont constituées par 26 variables démographiques pour les deux sexes (féminine et masculine). Par conséquent, à partir d'une carte de population de la zone d'étude, les indicateurs de vulnérabilité peuvent être spatialisés aisément en utilisant les données démographiques (en pourcentages). Cependant, la grande échelle (territoire des communes) des données de recensement de 2014 ne permet pas de repérer de façon très précise la localisation spatiale de la population à une résolution acceptable. Dans ce paragraphe, nous avons développés une démarche méthodologique pour répartir les données de population à l'échelle du pixel. Autrement dit, spatialiser exactement la densité de la population sous forme raster (surface vraiment occupée par les habitants).

5.2.2 Données démographique et leurs rôles dans la genèse des inondations

A. Évolution de la population dans le bassin de Souss.

La population de la zone d'étude est de 2 186 789 habitants (selon le RGPH de 2014)[10], en majorité urbaine (1 506 000 hab.) soit 68,87% de la population totale, contre 680 789 hab (HCP, 2014a), qui vit en milieu rurale soit 31,13 %,

[10] On a pris en considération les communes inclues dans le bassin de Souss, dépendant d'autres provinces limitrophes de la région de Souss Massa à savoir : Provinces de Ouarzazatze, Chichawa et Essaouira pour le recensement exacte de la population soit en total 114 communes.

avec un taux d'accroissement globale de 2,62 % contre 1,2 % au niveau national. A l'instar de l'accroissement notable de l'urbanisation avec 67 % de la population mondiale vivant en ville en 2050, suite aux projections démographiques des Nations Unies[11]. Les Tableau n°7, Tableau n°8 et le graphique de la Figure 29, montrent l'évolution de la population entre les trois décennies de 1994 à 2014.

Tableau n°7. Population de la zone d'étude (RGPH 1994, 2004 et 2014).

Année	**Population**	**Taux Accroissement régional**	**Taux Accroissement national**
1994	1.338 568	2,8 %	2,1%
2004	1.688 229	2,35 %	1,4%
2014	2.186789	2,62 %	1,2%

Tableau n°8. Population, superficie et densité selon les provinces et préfectures (RGPH 2014)

Préfecture et province	**Population en milliers**						**Densité (vecteur) (Hab. / km²)**
	Urbain	%	Rural	%	Total	%	
Agadir Ida Outanane	508	33,7	92	7,9	601	22,4	261
Inezgane Ait Melloul	514	34,1	27	2,3	541	20,2	1847
Chtouka Ait Baha	114	7,5	258	22,0	3714	13,9	105
Taroudannt	249	16,5	590	50,4	839	31,3	51
Tiznit	81	5,4	126	10,8	207	7,7	48
Tata	41	2,7	77	6,6	118	4,4	5
Total	1. 506	100,0	.1171	100,0	2.677	100,0	50

11 http://esa.un.org/unpd/wup/unup/ et https://rgph2014.hcp.ma/

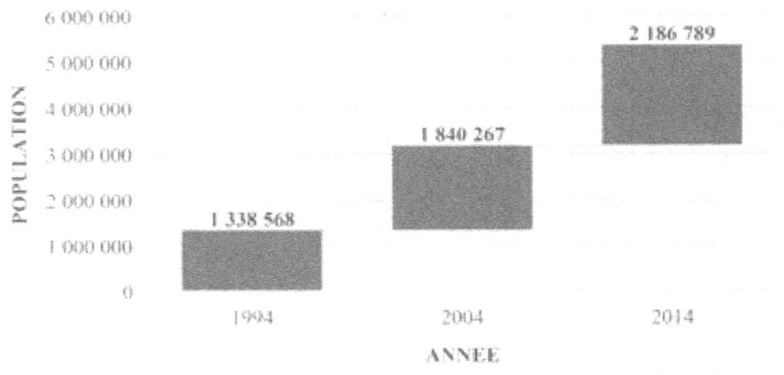

Figure 29 . Evolution de la population du bassin de Souss pendant les périodes décennales 1994, 2004 et 2014

Même si la région reste marquée par une prédominance rurale, elle connaît cependant une forte urbanisation concrétisée par un taux d'accroissement en milieu urbain qui est de 3,2% contre une diminution de - 0,5% en milieu rural (RGPH, 2014). La

Figure 30 montrent l'évolution des projections de la population de quelques communes et centres urbaines entre 2014 et 2030.

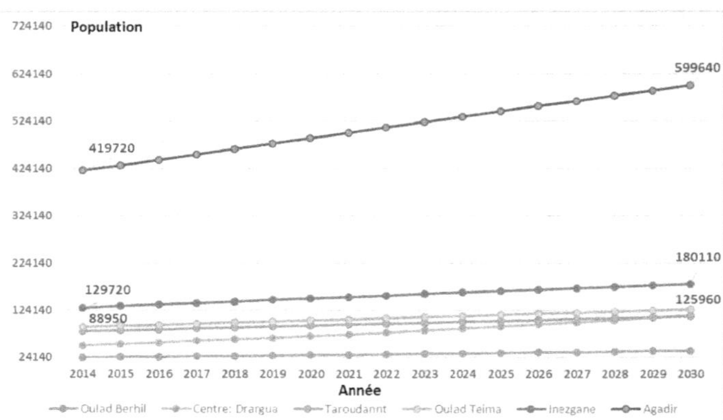

Figure 30. Projections de la population de quelques communes et centres urbains entre 2014 et 2030 (Bouaakkaz, 2018).

La répartition spatiale de la population dans la zone d'étude se caractérise par la concentration de près de 68% de la population urbaine dans les deux préfectures d'Agadir-Ida Outanane et Inezgane-Ait Melloul. Ceci s'explique notamment par la dynamique économique et urbaine de ces préfectures. En revanche, les autres provinces restent marquées par une prédominance du milieu rural, notamment la province de Taroudannt qui abrite à elle seule la moitié (50,4%) de la population rurale régionale (RGPH, 2014).

La densité (sous forme vecteur) de la population, se met à 50 habitants au km^2, soit un niveau dépassant légèrement la moyenne nationale (47 habitants/km^2). Ce qui influence positivement sur la vulnérabilité sociale aux inondations. Cet indicateur (variable) connaît toutefois de grandes variations selon les provinces et préfectures. En effet la préfecture d'Inezgane - Ait Melloul supporte une importante population, soit 1847 personnes par km^2. Dans les autres provinces l'intensité de l'occupation de l'espace reste moins forte, elle atteinte son minimum dans la province de Tata (5 habitants au km^2). Il y'a lieu de noter pareillement que la zone urbaine de la préfecture d'Agadir-Idaoutanane qui s'étend sur 124 km^2, enregistre une très forte densité de population évaluée à 4250 habitants au km2.

B. Le rôle de la population dans la genèse des inondations : un facteur amplificateur

L'évolution surprenante de la population est à l'origine d'un étalement urbain grandissant qui justifie la destruction des forêts et les prairies qui régularisent l'écoulement, l'invasion des zones inondables et l'augmentation des inondations. En effet, la régression des forêts d'arganiers est estimée à un minimum de 600 hectares/an (FAO, 2011) et le taux d'urbanisation de la région atteint ainsi près de 56,3% en 2014 contre 48,1% en 2004 et 39,5% en 1994. Cette urbanisation augmente l'intensité du risque d'inondation dans ce milieu à cause de l'imperméabilisation des sols. Cette dernière provoque un ruissellement dès les premières précipitations et élimine l'infiltration. Par conséquent elle augmente le débit de pointe et réduit le temps de concentration, ainsi que la montée des eaux sera très rapide (Figure 31). Ce qui constitue un facteur aggravant le risque d'inondation.

D'après les visites effectuées dans la zone d'étude, la forte progression démographique a engendré des effets négatifs sur le cycle de l'eau dans la région, par plusieurs facteurs aggravant l'importance des crues et inondations (l'imperméabilisation des sols, modification de l'écoulement des eaux, occupation et empiètement du domaine public hydraulique, Déforestation du bassin, par le défrichement, le surpâturage, ainsi que le déboisement, etc).

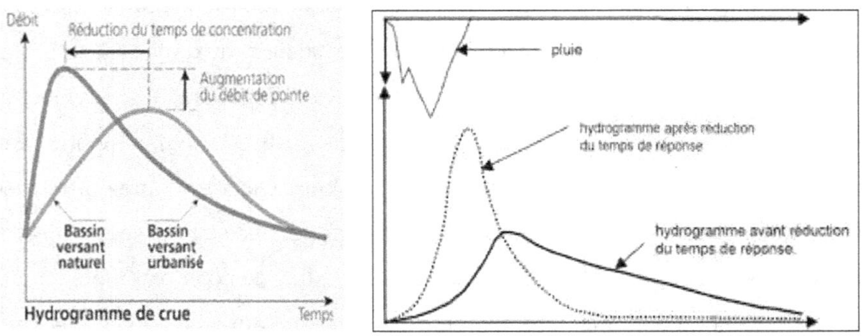

Figure 31. Effet de l'urbanisation (par imperméabilisation) sur un hydrogramme de crue (volume et débit de ruissellement (kovacs, y.et al., 2017 et GRAIE, 2007)).

Comme nous avons pu le relever (annexe n°3, paragraphe n°3.2), les inondations dans le bassin de Souss sont la résultante d'une conjonction de facteurs naturels (Aléa) et anthropiques qu'il faut prendre en compte pour une bonne gestion du risque.

5.2.3 Cartographie de la population

Nombreuses méthodes ont été développées et décrites dans la littérature pour répartir les données de recensement. Wu et Qiu (2005) ont regroupés ces approches en deux catégories : ***Areal Interpolation*** et ***Statistical Modeling***. La première approche est basée sur des techniques d'interpolation ou de désagrégation des données du recensement de la population à une échelle raffinée. Alors que la deuxième exploite la relation entre la distribution de la population et les variables socio-économiques pour l'estimation des habitants dans une région donnée. Bien qu'un autre type d'approche de modélisation d'accessibilité et leur relation avec la distribution de population a été développée par (Deichmann et Eklundh, 1991 ; Deichmann 1997 ; El Morjani, 2002 ; Nelson et Deichmann, 2004 ; Balk et al., 2006). Dans les sections suivantes, nous discutons brièvement les trois méthodes.

1. Méthodes d'Interpolation Spatiale (Areal Interpolation)

Areal Interpolation est le processus de convertir les données d'une unité spatiale (appelé unité source, généralement les unités de recensement) à une autre unité spatiale plus fine (appelé unité cible, par exemple, les cellules d'une grille raster) (Sridharan et Qiu, 2013 ; Bakillah et al., 2014).

2. Méthodes de Modélisation Statistiques (Statistical Modeling)

L'estimation de la population a été aussi effectuée par diverses méthodes de *Statistical Modeling* à différentes échelles. En général, ces approches sont basées sur la relation entre la distribution de la population et des variables tels que les zones urbaines, l'occupation du sol, les unités d'habitation (dwelling units), les caractéristiques spectrales et texturales des images satellitaires et les caractéristiques socio-économiques.

3. Méthode de modélisation d'accessibilité

Dans le bassin du Souss, d'après les missions de terrains effectuées, les personnes ont tendance à se concentrer à proximité des centres urbains et ruraux existants, ainsi que le long des réseaux routiers.

Cette distribution des personnes à travers l'espace est expliquée par le concept d'accessibilité. Ce dernier est une mesure de la facilité avec laquelle des destinations telles que les centres d'agglomération (villes) peuvent être atteints à partir d'un emplacement donné.

5.2.4 Démarche Méthodologique

Ce travail a pour objectif d'élaborer un plan de distribution spatiale de la population issu du recensement de 2014. Cette information est essentielle pour spatialiser les indicateurs de vulnérabilité sociale et fournir une information sur les zones à risques d'inondation dans le bassin versant du Souss.

L'approche méthodologique développée dans ce travail (Figure 32) comporte les étapes suivantes :

- Collection et préparation des données : le réseau routier, les localités et les surfaces résidentielles de OpenStreetMap (OSM) ont été téléchargés, évalués, et découpés à l'échelle de la zone d'étude. Ensuite nous avons converti les données tabulaires de recensement de 2014 du Haut-Commissariat au Plan en coordonnées géographiques en utilisant les localités OSM et le service Google Maps Geocoding API ;

- Calcule et modélisation de l'indice d'accessibilité : les plans concernant les routes et les centres d'agglomération (ville et village) ont été utilisés pour calculer un indice d'accessibilité pour chaque nœuds et centroïde résidentielle (données OSM). Cette opération est effectuée par la somme de population des quatre plus proches centres d'agglomérations normalisée par une fonction exponentielle du temps ;

- Interpolation et ajustement d'accessibilité : nous avons créé un plan d'indice d'accessibilité pour une résolution de 30m, ce résultat a été ajusté par six plans d'information supplémentaires ;

- Distribution de la population : le découpage administratif des communes a été utilisé pour distribuer la population totale de chaque unité à l'indice d'accessibilité calculé pour chaque cellule de 30m. Ainsi, le nombre d'habitant dans chaque cellule a été converti en densité (habitant/km2).

5.2.4.1 Préparation des données

La modélisation d'accessibilité est basée sur trois plans informations soit la localisation spatiale des centres d'agglomération (villes et villages), leurs populations et le réseau de transport.

A. Centres d'Agglomération (Villes et Villages) « Destinations »

La localisation géographique des centres d'agglomérations est une variable essentielle pour calculer l'indice d'accessibilité, pour cette raison Google Maps Geocoding API et le plan des localités d'OSM ont été employés pour trouver les coordonnés géographiques des villes et villages localisés dans la zone d'étude. Le langage python a été servi pour automatiser cette opération.

B. Réseau routier

Le réseau routier OSM a été vérifié sur l'image satellitaire sentinel 2A, montrant une qualité très satisfaisante.

C. Nœuds et surfaces résidentielles « Origines »

L'approche développée par (Deichmann et al., 1991, Deichmann, 1997 ; El Morjani, 2002 ; Nelson et Deichmann 2004 ; Balk et al. 2006) permet de calculer l'indice d'accessibilité pour chaque point d'intersection (nœud) du réseau routier. La même méthode est utilisée dans le cadre de ce travail, mais en plus des nœuds nous avons introduits le plan des surfaces résidentielles OSM.

Dans la section suivante les plans d'information destination.shp, origine.shp et roads.shp ont été utilisés pour calculer l'indice d'accessibilité dans la zone du bassin versant du Souss.

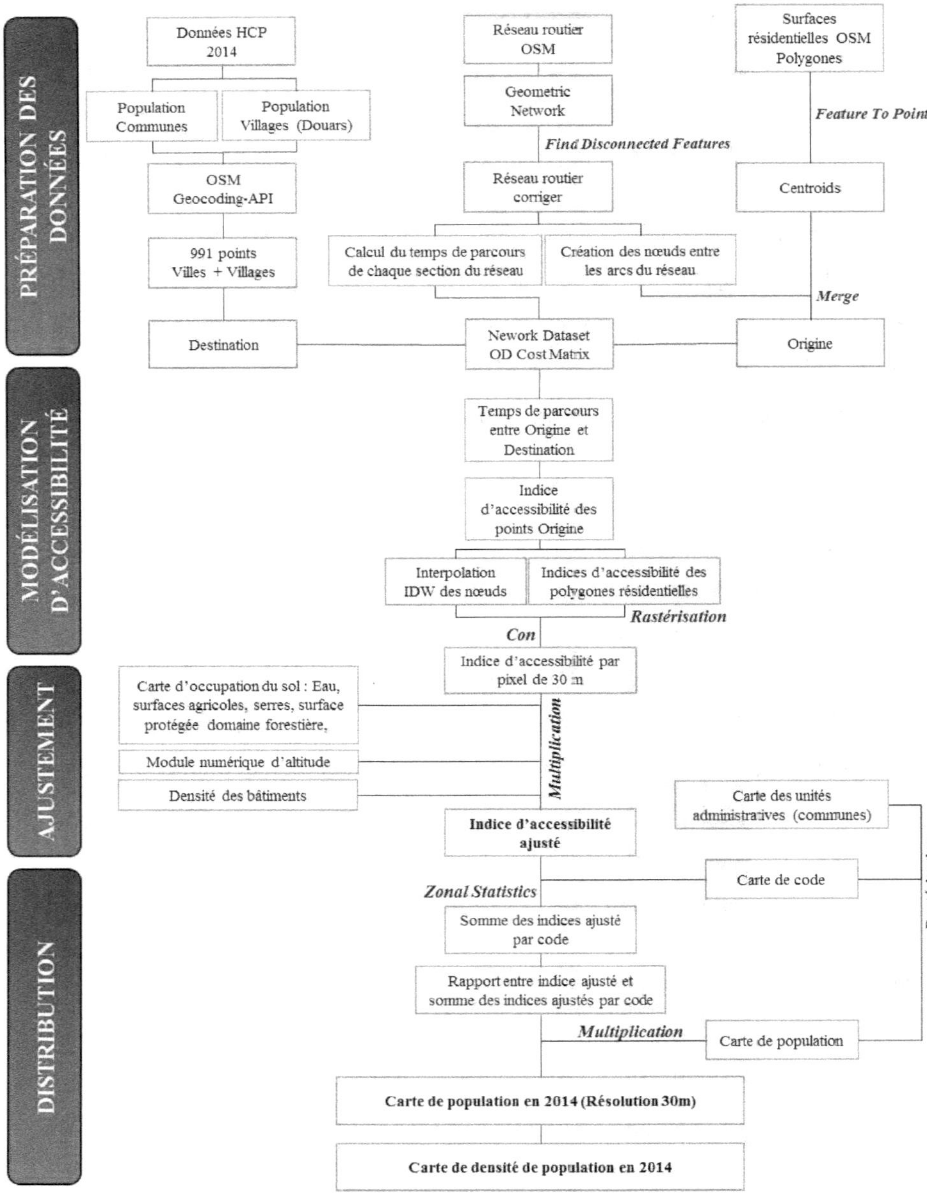

Figure 32. Organigramme pour la génération des cartes régionalisées de la population en 2014 du bassin du Souss en mode raster (Bouaakkaz, 2018).

5.2.4.2 Modélisation de l'accessibilité

Les réseaux de transports et la vitesse de déplacement sont les facteurs les plus importants dans la modélisation d'accessibilité. La deuxième composante principale est l'information sur l'emplacement et la population des centres d'agglomération (destination).

A. Calcul du Temps d_{ik}

La première étape consiste à calculer le temps de parcours entre origine i est les quatre plus proches destinations (villes ou villages). Cette opération est effectuée selon le protocole cité en annexe n°3, paragraphe 3.2.1.

B. Calcul de l'indice d'accessibilité (Population potentielle) V_i

La deuxième étape consiste à calculer l'indice d'accessibilité pour chaque origine i. Cette opération est effectuée selon le protocole cité en annexe n°3, paragraphe.

Après ces opérations, l'indice d'accessibilité a été calculé pour deux plans d'informations, celui des nœuds du réseau routier et ceux des surfaces résidentielles.

C. Interpolation et Ajustement d'Accessibilité

L'indice d'accessibilité a été spatialisé en format raster de résolution 30m. Nous avons rastérisé les surfaces résidentielles et utilisés la méthode IDW pour les nœuds, puis combiner les deux résultats :

C. Distribution de la Population

Le plan des communes (polygones) a été rastérisé en deux temps, en sélectionnant le champ des codes et du nombre de population pour aboutir à un plan du code et un autre de population totale de chaque commune.

La carte régionalisée de population dans le bassin du Souss à résolution de 30m (Figure 33) a été créé en calculant la somme des indices d'accessibilité ajustés dans chaque code par l'outil Zonal Statistics d'ArcToolbox, après en subdivisant l'indice d'accessibilité de chaque cellule par la somme des indices correspondant à chaque code. Ensuite le résultat est multiplié par la population totale résident dans chaque commune pour estimer le nombre d'habitant dans chaque cellule. Enfin nous avons agrégé les valeurs des cellules de résolution 30m à 1 km pour produire la carte de densité de population par km² (Figure 34). Cette opération est effectuée par l'outil Aggregate d'ArcToolBox en utilisant la technique d'agrégation SUM.

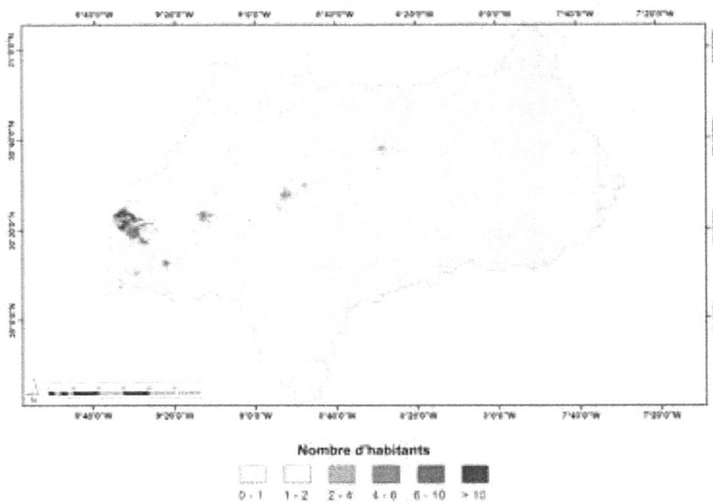

Figure 33. Carte régionalisée de population de 2014 dans le bassin versant du Souss (résolution 30m) (Bouaakkaz, 2018)

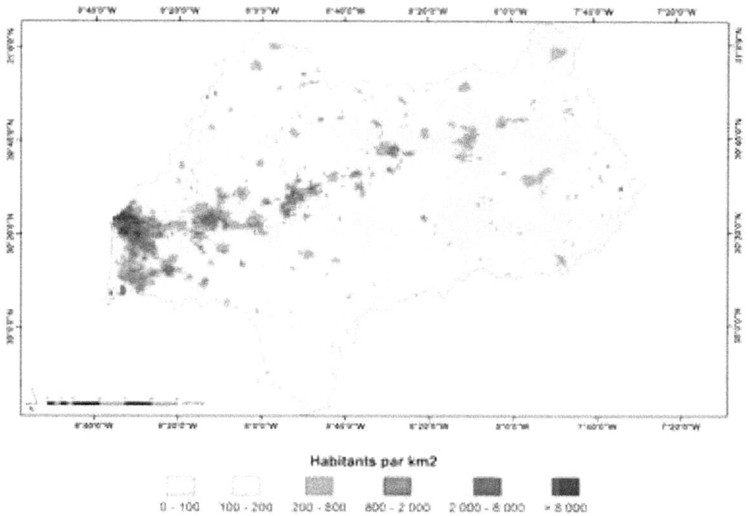

Figure 34. Carte régionalisée de la densité de population de 2014 dans le bassin versant du Souss (résolution 1 km). (Bouaakkaz, 2018).

La densité de la population est très élevée varie entre 1000 à 5000 hab. /km² et par endroit elle dépasse 5000 hab. /km² (Figure 34 et Figure 35).

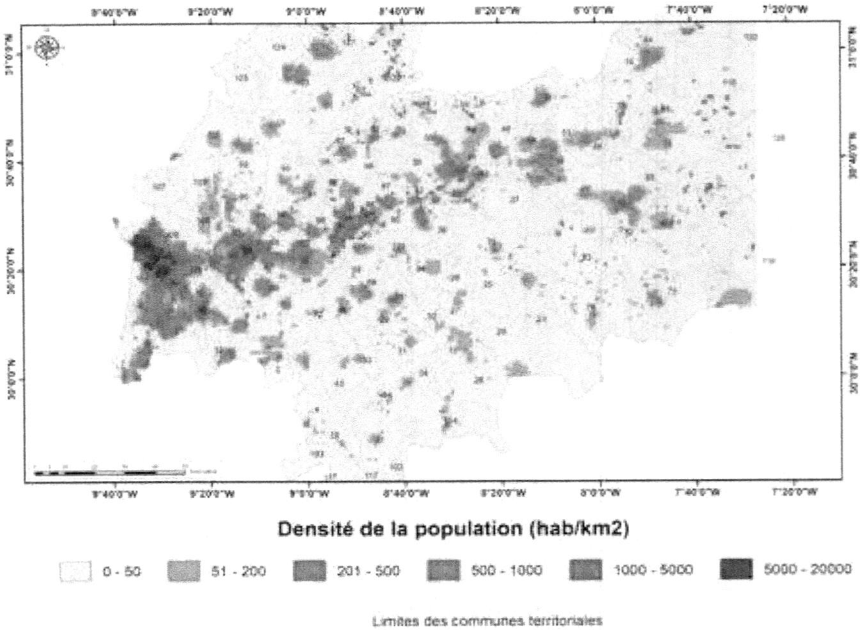

Figure 35. Distribution spatiale de la densité de la population dans la zone d'étude sous forme raster (résolution 1 km) (Bouaakkaz, 2018).

5.2.5 Résultats

En 2014, la population totale du bassin versant du Souss était de l'ordre de de 2 186 789 habitants, soit une densité moyenne de 125 habitants/km^2. Inezgane est le premier centre de concentration de population avec une densité de 10 064 habitants/km^2 soit 130 333 habitants, représentant 6% de la population totale du bassin. La commune de Dcheira El Jihadia est une zone très dense avec 9851 habitants/km^2, soit 100 335 habitants, représentant 5% de la population du bassin. La première masse démographique correspondant à celle de la commune d'Agadir soit 421 844 habitants, représentant 19% de la population totale. La carte de la population (Figure 33 et Figure 34) est un plan d'information de base pourrait être utilisée dans les études démographiques, la prévention des catastrophes, l'urbanisme et l'aménagement du territoire ainsi que l'expansion agricole dans la

zone d'étude. Dans ce travail, la carte de la population est utilisée pour spatialiser les indicateurs de vulnérabilité sociale (âge, sexe, éducation, pauvreté ...).
L'évaluation de la qualité de la carte de population demeure difficile, en absence des données de références (recensement) à petite échelle. Néanmoins, la modélisation de la population a été bien détaillée en utilisant les surfaces résidentielles, le réseau routier (OSM), la densité des bâtiments et la couverture du sol. Ces paramètres ont introduit une grande variabilité dans la distribution de population et donc le bon fonctionnement de l'approche développée.

5.2.6 Conclusion

En guise de conclusion, la carte de l'occupation des sols, constitue un enjeu crucial pour beaucoup de travaux de recherche et pour de nombreuses applications opérationnelles. Elle a été produite en vue d'un projet environnemental concernant la modélisation et la spatialisation du risque d'inondation, pour élaborer un plan d'action de gestion intégré de ce risque dans le bassin en question.

L'occupation des sols constitue alors un document de référence pour l'orientation global, de l'aménagement de territoire intégrant les dimensions politiques et environnementales. Comme elle peut être utilisées en entrée d'un modèle hydrologique pour apprécier l'impact des modifications d'utilisation des sols sur le régime hydrologique et les composantes des écoulements. En conséquence, il est nécessaire de mettre à jour de façon régulière et fréquente ce plan d'information. De la même façon, il est souhaitable de remonter dans le temps pour faire une analyse des tendances et proposer des scénarios d'évolution afin de prédire les zones à risque d'inondation. Ainsi, l'imagerie satellitaire à haute et très haute résolution est une source d'information incontournable pour atteindre ces objectifs.

L'impact des mutations de l'occupation des sols dans le bassin versant de Souss sur le régime des crues et inondation est très net. Vue que, l'aggravation des crues ne peut être expliquée seulement par l'évolution du climat. En revanche, l'occupation des sols montre une augmentation de l'imperméabilisation des surfaces causées par l'accroissement de la population du bassin en question. Les sols nus occupent une proportion très importante (67%) dans la zone d'étude, ce qui favorise l'écoulement superficiel au dépend de l'écoulement souterraine. Ceci augmente le temps de concentration, les débits de pointe et les hauteurs de submersions voire même l'aggravation du risque d'inondation dans ces zones.

En outre, la carte d'occupation des sols sert comme plan d'information de base pour l'évaluation aussi bien de la vulnérabilité environnementale que physique (matérielle) dans la zone d'étude.

Par ailleurs, la carte thématique de la répartition spatiale de la population dans la zone d'étude constitue un document fondamental pour l'évaluation de la vulnérabilité sociale aux inondations. Elle nous renseigne sur la densité réelle de la population des communes dépendant du bassin de Souss. Par conséquent, sur les endroits à vulnérabilité humaine élevée qui nécessite l'intervention d'urgence en cas de survenue d'une inondation. Ainsi le chapitre suivant est consacré à l'évaluation de la vulnérabilité sociale aux inondations dans la zone d'étude.

Chapitre 6 : Évaluation de la vulnérabilité sociale aux inondations dans la zone d'étude

6.1 Vulnérabilité

La notion de « vulnérabilité », a émergée au niveau international dans les années 1990 et dans le champ des sciences humaines et sociales au cours des années 1980, en relation étroite avec le risque, la capacité d'adaptation, et la résilience. Elle est aujourd'hui un concept central de l'analyse des risques « naturels » en particulier en lien avec le changement climatique et la problématique du développement durable (Quenault, 2015).

Ainsi, diverses disciplines emploient le concept de vulnérabilité, il est donc intégré dans de multiples théories disciplinaires en relation avec les catastrophes. Il est considéré comme un élément clé des catastrophes, selon plusieurs recherches antérieures.

La vulnérabilité est un terme multiforme et relationnel. En effet, certains scientifiques ont même déclaré qu'il ne pouvait être défini sans spécifier le danger, le système, l'environnement interactif et la dimension temporelle (Rezaee, 2018).

Dans les pays en voie de développement la croissance des dégâts aussi bien humains, matériels, économiques qu'environnemental, impose comme défi sûrement de comprendre l'occurrence et la dynamique des aléas naturels mais aussi et surtout de réduire la vulnérabilité des sociétés.
La sensibilité des enjeux ne dépend pas uniquement de l'intensité du phénomène naturel (Photos n°8 et 9), les sciences appliquées, ont montré qu'ils ont une fragilité propre qui les rend plus sensibles aux pertes et aux dommages (Reghezza, 2006).

Photos n°8 et n°9 : (a). Sinistrés de douar Aghri (CT Tizi N'test, bassin de Souss) vulnérables aux inondations survenues le 04/5/2016 avec endommagement partielle de leurs logements (b) Vulnérabilités et fragilité des infrastructures, emportement des remblais d'accès du dalot a double ouverture (cliché. Bouaakkaz, 2016).

En 1994, lors de la Conférence de Yokohama, l'ONU a adopté la vulnérabilité comme concept clé, puis en 2005, la conférence de Hyogo a mis en avant la notion de résilience (D'Ercole, 2014 et ISDR., 2005). Mais cette deuxième composante (vulnérabilité) fondamentale du risque est moins facilement cernée que la première (Bernstein, 1998 ; Mileti, 1999 ; Cutter et al., 2000 ; Borga et al., 2011 ; Guigo et al., 2002, Blaikie et al., 2014, Cutter et al., 2003 ; Dabelko et al., 2012). D'après la compilation bibliographique que nous avons réalisée, il ressort que le terme vulnérabilité est étroitement lié aux catastrophes naturelles et il est conceptualisé de diverses manières dans la gestion des risques et des catastrophes.

6.1.1 Contexte théorique et méthodologique

*** Polysémie du concept de vulnérabilité**

Complémentaires, les scientifiques naturels définissent la vulnérabilité comme degré attendue de perte résultant de l'impact d'un phénomène dangereux d'une ampleur données de fréquence sur les éléments à risque exposés (Fushs, 2012).

Selon le contexte et l'auteur le même mot peut donc avoir des significations différentes. En analysant les origines scientifiques du terme et de ses emplois, deux approches peuvent être distinguées : la vulnérabilité dite « physique », qui recouvre à la fois l'endommagement et le degré d'exposition de l'enjeu (Werren,

2013), et la vulnérabilité dite « sociale », qui renvoie à la capacité à faire face et à la résilience (Reghezza, 2006).

La vulnérabilité englobe divers concepts ou éléments, notamment les notions de sensibilité ou de fragilité et l'incapacité de faire face et de s'adapter ». (GIEC, page 5).

En effet, dans cette étude, nous avons opté la définition de la vulnérabilité en tant que « concept consiste à examiner la combinaison de composantes physiques, sociales, et économiques qui influent sur la mesure dans laquelle un individu, une communauté ou un système est menacé par un événement dangereux, ainsi que leur capacité à atténuer ces menaces et à se rétablir de cette évènement » (Mileti,1999 ; Cutter et al., 2000 ; Cutter, 2002 ;Cutter 2003 ; UN/ISDR, 2004 et 2009 ; Adger et al., 2009 ; Blaikie et al., 2014 ; Hewitt, 2014).

En outre, la vulnérabilité revêt deux aspects :

- L'un direct, lié à la destruction des biens (espace naturel protégé, forêt, zones et point de captage des eaux potable, parc et Jardin urbains, ressources en eaux) et à la mort ou blessés des personnes ;

- L'autre indirecte, lié à l'impact économique de la catastrophe sur les activités par arrêt de la production (destruction de bâtiments d'entreprises), aux difficultés d'accessibilité (destruction de voirie) liée à la coupure des voies de communications (rupture des réseaux) et disfonctionnement ou coupure de réseau d'assainissement et d'eau potable) (Guigo et al., 2002).

À cet effet, la vulnérabilité, qui se mesure donc en termes de dommages, dépend de l'intensité de l'inondation et de la nature des biens exposés, qui eux-mêmes dépendent des modes d'occupation et d'utilisation des sols. Au Maroc, à notre connaissance, on note l'absence des études et d'évaluations de la vulnérabilité aux inondations, a l'instar des pays francophones et anglophones notamment au niveau de la zone d'étude.

6.2 Résilience

Après avoir été employée en psychologie, la résilience a ainsi été largement explorée par les écologues, ce qui a abouti à la formulation de deux grandes définitions : celle de résilience écologique (ecological resilience) et celle de l'engineering resilience (Cariolet et al., 2019). La résilience écologique est définie comme étant « la mesure de la durabilité des systèmes écologiques et de leurs aptitudes à absorber les changements et les perturbations et à maintenir les mêmes relations entre les populations ou les différents états du système » (Lhomme et al, 2010). Cependant l'engineering résilience désigne la capacité d'un système à regagner son état initial le plus rapidement possible après un choc (par exemples : le risque inondation, les tremblements de terre, les submersions marines, glissement de terrain, etc.) (Cariolet et al., 2019).

L'analyse des bases de données Web of Sciences[12] et Factiva[13] montre que quantitativement l'utilisation du terme « résilience » s'accroit fortement, notamment depuis 2005 (Barroca et al., 2013).

Par conséquent, comprendre et évaluer les vulnérabilités aux risques naturels notamment aux inondations et les processus et mécanismes de résilience sont indispensables. (Pour plus de détail concernant la relation entre la résilience, la capacité à faire face et la vulnérabilité, le lecteur peut se référer au chapitre n°8 dédiée à la capacité à faire face aux inondations)

---

[12] Le Web of Science est un service d'information universitaire en ligne géré par Clarivate Analytics, et originellement produit par la société ISI – Institute for Scientific Information de Thomson Scientific, division du groupe canadien Thomson Reuters. Il donne accès à sept bases de données bibliographiques :
Conference Proceedings Citation Index, Science Citation Index Expanded, Social Sciences Citation Index ,Arts & Humanities Citation Index, Index Chemicus Current Chemical Reactions, Conference Proceedings Citation Index: Science and Social Science and Humanities (https://fr.wikipedia.org/wiki/Web_of_Science).

[13] Base de données qui concerne l'actualité internationale. Les produits Factiva donnent accès à plus de 36 000 (comme des journaux, magazines retranscriptions radio et télévision, photos, etc.) provenant de 200 pays en 25 langues, incluant plus de 600 fils d'actualités mis à jour en continu (https://fr.wikipedia.org/wiki/Factiva).

6.3 Évaluation de la vulnérabilité sociale aux inondations

Les données de recensement général de la population et de l'habitat (RGPH) de 2014 sur chaque variable sont sous forme du pourcentage de population d'une commune territoriale donnée. En effet, la génération de l'indice SoVI (fig 4 de l'article ci-dessous) a été alternée en huit étapes suivantes (annexe n°4, paragraphes n° 4.1)

6.4Résultats et discussion

Les Figure 36, Figure 37 et Figure 10 (Article ci-dessous), illustrent la distribution spatiale de l'indice SoVI : La carte SoVI permet de visualiser la distribution spatiale de la vulnérabilité sociale à l'échelle du bassin, fournissant ainsi aux décideurs un outil cruciale pour la gestion des urgences en cas de survenue des catastrophes et la planification territoriale.

La classification de l'indice SoVI, a permet de déterminer les sites noirs de vulnérabilité sociale à l'échelle du pixel. En effet, nous avons calculé le nombre et le pourcentage de personnes résidants dans des pixels considérés comme ayant une vulnérabilité sociale élevée, soit un SoVI z-score supérieur à 1.0 (valeurs supérieures à un écart-type par rapport à la moyenne de la zone d'étude), ainsi que, le nombre et le pourcentage de personnes résidants dans des pixels considérés comme ayant une vulnérabilité sociale faible. Cette opération a été effectuée en calculant le nombre total de personnes et leurs pourcentages par rapport à la population totale pour chaque commune du bassin. Ces calculs ont pour objectif la comparaison de la vulnérabilité sociale des communes du bassin du Souss.

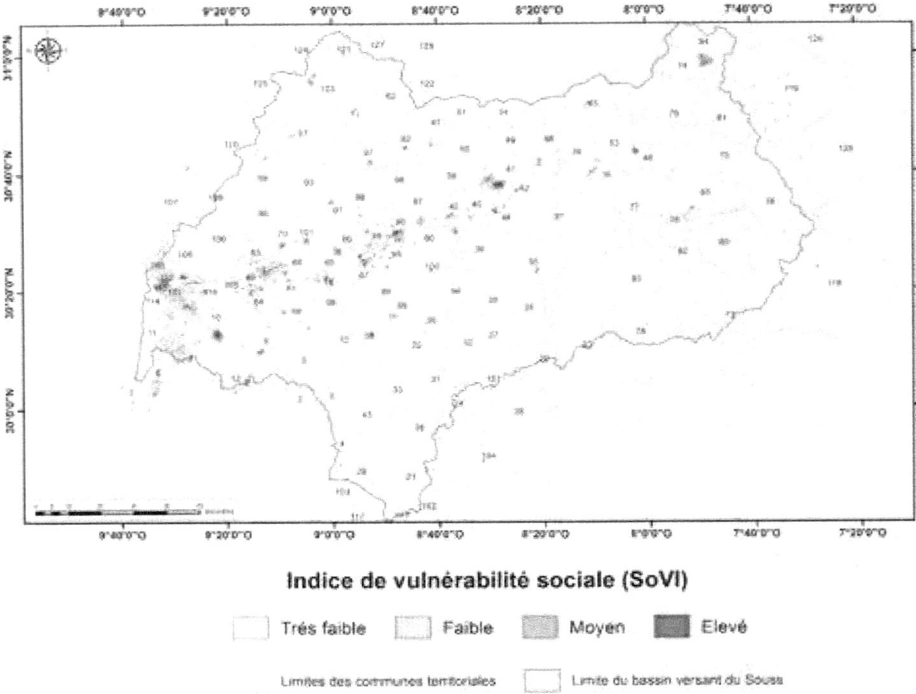

Figure 36. Distribution spatiale de l'indice SoVI dans le bassin de Souss (Bouaakkaz, 2019) (avec une résolution de30m)

1-Biougra (Mun.) **2**-Ait Mzal **3**-Hilala **4**-Ida Ougnidif **5**-Tassegdelt **6**-Inchaden **7**-Sidi Ouassay **8**-Ait Amira **9**-Imi Mqourn **10**-Ouad Essafa **11**-Sidi Bibi **12**-Sidi Boushab **13**-Ait Iaaza (Mun.) **14**-El Guerdane (Mun.) **15**-Irherm (Mun.) **16**-Oulad Berhil (Mun.) **17**-Oulad Teima (Mun.) **18**-Taliouine (Mun.) **19**-Taroudannt (Mun.) **20**-Adar **21**-Ait Abdallah **22**-Amalou **23**-Azaghar N'Irs **24**-Imaouen **25**-Imi N'Tayart **26**-Nihit **27**-Oualqadi **28**-Sidi Boaal **29**-Sidi Mzal **30**-Tataoute **31**-Tindine **32**-Tisfane **33**-Toufelaazt **34**-Toumliline **35**-Aoulouz (Mun.) **36**-Arazane **37**-El Faid **38**-Ida Ou Gailal **39**-Ida Ougoummad **40**-Igli **41**-Igoudar Mnabha **42**-Oulad Aissa **43**-Tabia **44**-Lamhara **45**-Ouneine **46**-Ouzioua **47**-Sidi Abdellah Ou Said **48**-Sidi Ouaaziz **49**-Tafingoult **50**-Talgjount **51**-Tigouga **52**-Tinzart **53**-Tisrasse **54**-Tizi N'Test **55**-Toughmart **56**-Ahl Ramel **57**-Argana **58**-Assads **59**-Bigoudine **60**-Eddir **61**-El Koudia El Beida **62**-Imilmaiss **63**-Issen **64**-Lagfifat **65**-Lakhnafif **66**-Lamhadi **67**-Machraa El Ain **68**-Sidi Ahmed Ou Amar **69**-Sidi Boumoussa **70**-Sidi Moussa Lhamri **71**-Talmakante **72**-Tidsi Nissendalene **73**-Agadir Melloul **74**-Ahl Tifnoute **75**-Askaouen **76**-Assaisse **77**-Assaki **78**-Azrar **79**-Iguidi **80**-Sidi Hsaine **81**-Taouyalte **82**-Tassousfi **83**-Tizgzaouine **84**-Toubkal **85**-Zagmouzen **86**-Ahmar Laglalcha **87**-Ait Igas **88**-Ait Makhlouf **89**-Bounrar **90**-Freija **91**-Ida Ou Moumen **92**-Imoulass **93**-Lamnizla **94**-Sidi Ahmed Ou Abdallah **95**-Sidi Borja **96**-Sidi Dahmane **97**-Tafraouten **98**-Tamaloukte **99**-Tazemmourt **100**-Tiout **101**-Zaouia Sidi Tahar **102**-Afella Ighir **103**-Ammelne **104**-Issafen **105**-Agadir (Mun.) **106**-Amskroud **107**-Aqesri **108**-Drargua **109**-Idmine **110**-Tiqqi **111**-Ait Melloul (Mun.) **112**-Dcheira El Jihadia (Mun.) **113**-Inezgane (Mun.) **114**-Lqliaa (Mun.) **115**-Oulad Dahou **116**-Temsia **117**-Tassrirt **118**-Iznaguen **119**-Khouzama **120**-Tidli **121**-Afalla Issen **122**-Ait Haddou Youssef **123**-Timezgadiouine **124**-Timlilt **125**-Assais **126**-Siroua **127**-Irohalen **128**-Lalla Aaziza.

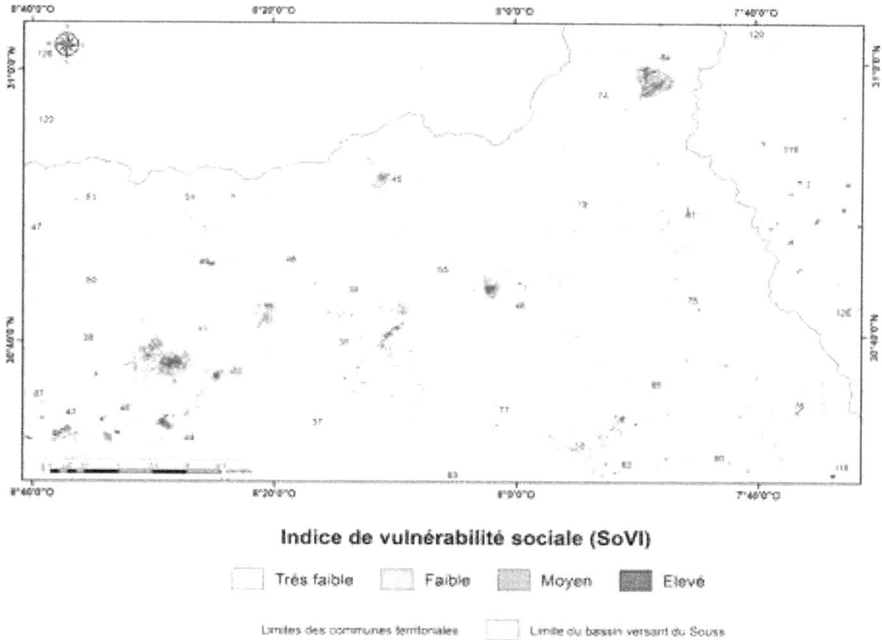

Figure 37. Distribution spatiale de l'indice SoVI dans le bassin de Souss : Zoom sur quelques communes de montagne Haut Atlas et plaine (Bouaakkaz, 2019)

16-Oulad Berhil (Mun.) **18**-Taliouine (Mun.) **37**-El Faid **39**-Ida Ougoummad **40**-Igli **41**-Igoudar Mnabha **42**-Oulad Aissa **44**-Lamhara **45**-Ouneine **46**-Ouzioua **47**-Sidi Abdellah Ou Said **48**-Sidi Ouaaziz **49**-Tafingoult **50**-Talgjount **51**-Tigouga **52**-Tinzart **53**-Tisrasse **54**-Tizi N'Test **74**-Ahl Tifnoute **75**-Askaouen **76**-Assaisse **77**-Assaki **78**-Azrar **79**-Iguidi **80**-Sidi Hsaine **81**-Taouyalte **82**-Tassousfi **84**-Toubkal **85**-Zagmouzen **118**-Iznaguen **119**-Khouzama **126**-Siroua **127**-Irohalen

Quelques communes urbaines présentent en générale une moyenne d'indice de vulnérabilité faible à savoir : Communes d'Agadir, Taroudant Ouled Teima (Figure 36). Par contre les communes : Drargua Ait Melloul (Mun.) Dcheira El Jihadia (Mun.) Inezgane (Mun.) Lqliaa (Mun.) Temsia et Sidi Bibi connaissent un SoVI moyenne compris entre 2,33 et 2,73. Par ailleurs la plupart des communes rurales présentent un SoVI moyenne plus élevé oscille entre 3,56 et 4.

Le lecteur pourra se référer pour plus de détail à l'article ci-dessous, en cours de publication (accepté avec correction) dans le journal « Journal of African Earth Sciences, Elsevier » Impact Factor : 2.046 (2020).

Article: Social vulnerability assessment to flood hazard in Souss basin, Morocco

Social vulnerability assessment to flood hazard in Souss basin, Morocco

Brahim Bouaakkaz[1], Zine El Abidine El Morjani[1] and Lhoussaine Bouchaou[2,3]

[1] Ibn Zohr University, Polydisciplinary Faculty Taroudant, Exploration and Management of Natural and Environmental Resources Team (EGERNE) Taroudant, Morocco

[2]Ibn Zohr University, Faculty of Science, Applied Geology and Geo-Environment Laboratory Agadir, Morocco

[3] Mohammed VI Polytechnic University, International Water Research Institute (IWRI), Ben Guerir 43150, Morocco.

brahim.bouaakkaz@edu.uiz.ac.ma; z.elmorjani@uiz.ac.ma and l.bouchaou@uiz.ac.ma

Abstract

The frequency of flooding events has increased all over the world, due to various phenomena, including extreme climate events, urbanization, land use and soil sealing. In developing countries, the increasing damage in regards to human capital, to property, to the economy and to the environment is an important incentive to understanding the occurrences, the dynamics and the risks associated to flooding events. But most importantly, to reduce the public's vulnerability and increase its resilience towards these risks. The concept of vulnerability is now integrated into multiple disaster related disciplinary theories, and is currently incorporated in various ways when it comes to disaster risk management.

Located in a semi-arid to an arid climate, the Souss basin has witnessed many extreme events in the recent decades and is fairly vulnerable to flooding events. The latter's intensity and therefore negative impacts have gotten increasingly alarming. The susceptibility to this kind of risk is accentuated not only by the shorter intense rainfall, but also the rapid population growth, the uncontrolled land use, anthropogenic actions and the recent environmental fluctuations. These factors affect both the potential hazards and general vulnerability.

Given the current context, we developed a methodology to assess social vulnerability towards flooding in this area. Hence, we explored 26 socioeconomic indicators from the 2014 database of the GPHC. These indicators aim to describe the spatial variability of the Social Vulnerability Index (SoVI), using principal component analysis (CPA) and GIS. Thus, the SoVI is seen as a powerful tool for quantifying social vulnerability and making comparisons between urban and rural communities. In fact, only a few urban areas have a low average vulnerability index (1.76 to 2.33). while, most rural areas have a higher average SoVI ranging from 3.56 to 4 in this area. Therefore, it will serve as a basis for evacuation plans, to anticipate and prevent flooding risks.

Keywords: Flood, Vulnerability, Resilience, GIS, SoVI, CPA.

1.Introduction

1.1 General context and problematic

Natural hazards turn risky when it affects a human population or affect the economy or the environment (Uitto,1998). According to analyzes by the Center for Research on Disaster Epidemiology (CRED, 2016), natural hydrological disasters caused by floods, are the most natural phenomena frequently recorded in the world, over the last two decades (Carisi et al., 2018).

In recent decades, the impact of natural disasters has increased as a result of population growth density and its activity in the hazardous areas of flood expansion. This is also associated with inadequate land planning, and the increase in the frequency and intensity of extreme climate events (Füssel and Klein, 2006). Their social, cultural, economic and environmental impacts have also increased considerably, emphasizing the need for new studies and integrated methods to manage and mitigate flood risks (Miranda and Ferreira, 2019). Thus, research papers have been investigating the potential and observed impacts of climate change on natural and social systems (Gitay et al., 2001).

Therefore, the global economic cost of these risks is expected to reach a value of 100 billion euros per year at the end of the century (EEA, 2008), and about 75 per cent of those costs would be surveyed in urban areas (Lhomme et al., 2010).

If risk management was very focused on the hazard which has been the subject of many investigations limited almost exclusively to technical solutions to reduce the flood hazard, it has gradually moved towards vulnerability focused policies, and policies that aim to improve the resilience and the readiness of the population when facing flood hazards. However, vulnerability studies are more recent and are pretty rare; and those that combine the two concepts of danger and vulnerability are even more so than others (Frigerio and De Amicis, 2016).

Thus, in 1994, during the Yokohama Conference, the United Nations (UN) adopted vulnerability as a key concept, then in 2005, the Hyogo conference introduced resilience as a new concept of interest (ISDR, 2009 and D'Ercole, 2014).
The concepts of vulnerability, adaptation, and resilience are increasingly common in several research areas, namely the science climate change, the science of sustainability, and interventions in case of famine (Vogel et al., 2007).

According to the field investigations carried out by the provincial commission in order to assess the damage caused by the 2014 floods, some communities in the province of Taroudant recorded 5.5 million euros as economic loss during that year. Consequently, the flood risk constitutes one of the main current challenges for a sustainable development in the Souss basin. This is mainly due to climate change, modes of urbanization (extensive and uncontrolled), encroachment of the hydraulic public domain, land use, steep mountain slope and impermeable rocks.

Currently, the studies already carried out in the Souss basin are focused only on the hazard aspect, while vulnerability measurement and assessment have not been carried out. It is a central concept for the natural risk's analysis that is particularly related to climate change and sustainable development (Quenault, 2015). Since then, the starting point for disaster risk reduction and disaster resilience lies in knowing the physical danger and vulnerability in one hand, and socio-economic and environmental conditions on the other hand (Scheuer et al., 2011).

According to the "reduced risk" principle, the current approach that is used in several investigations combines hazard and vulnerability (Mileti,1999; Cutter et al., 2000; Borga et al., 2011; Guigo et al., 2002, Blaikie et al., 2014; Cutter et al., 2003).

1.2 State of the art and evolution of the vulnerability concept

According to UNISDR, M. (2009), vulnerability is a polysemic term meaning the damage and predisposition to suffer it. Other authors distinguish two approaches: (i)"physical" vulnerability which covers both the damage and the degree of exposure of the critical infrastructure, (Werren, 2013), and (ii)"social" vulnerability which refers to the ability to cope with and resilience (Reghezza, 2006).
In other terms, vulnerability depends on the propensity to suffer damage, and therefore, the capacity of a society to respond to a hazard event (Guigo et al., 2002; Villordon, 2014).

The adaptive capacity plays a significant role in the overall definition of the concept of vulnerability (Chambers, 1989; Handmer and Dovers, 2013).
In this study, we have opted to the vulnerability concept as a concept combining physical, social, and economic components. That influence the degree to which an individual, community or system is threatened by a dangerous event, as well as their ability to mitigate and recover from the event (Mileti, 1999, Cutter et al.,

2000, Cutter, 2002; Cutter et al., 2003, UN/ISDR, 2004, p. 16 and 2009, Adger et al., 2009, Blaikie et al., 2014; Hewitt, 2014). What almost all conceptions of vulnerability have in common is that they convey it as an intrinsic characteristic of a system or an element that's exposed to a risk (Quenault, 2015; Cardona, 2004; Wisner, 2002). In accordance with Birkmann, (2006), the common basis for all the advanced definitions of vulnerability is illustrated in the figure 1.

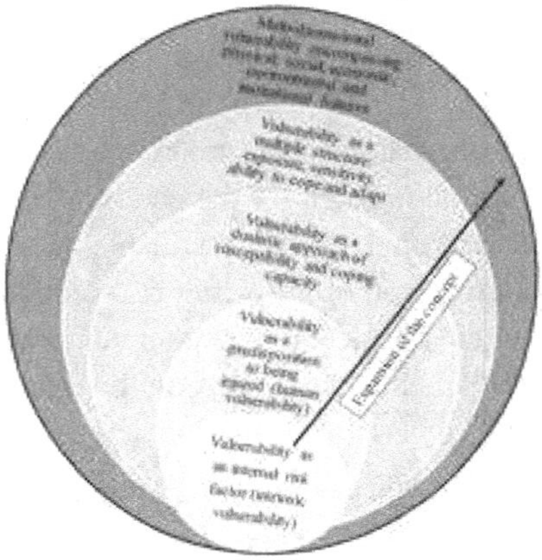

Fig 1. Key spheres of the concept of vulnerability (Birkmann, 2006)

1.3 Vulnerability, resilience and resistance

Since the 1970s, the resilience concept was used in physics and then introduced in ecological sciences to measure the ability of an ecosystem to maintain its integrity and keep its state of equilibrium when disturbed (Holling, 1973, Alwang et al., 2001; Liefooghe, 2012). The concept was then introduced into the social sciences in the 1980s to assess the ability of all parts the system to absorb and recover from the occurrence of a hazard (Weichselgartner, 2001 and 2002). According to Adger (2009), resilience is the capacity of human communities to face and recover from external disasters or disruptions that affect their infrastructure, and their resulting impacts, such as environmental or social variability, economic or political upheaval. For this purpose, the concept of resilience is a factor of sustainability. Used frequently in geography, urban planning and risk management in the early 2000s (Quenault, 2014). In addition, it has been listed as a key political strategy in the field of risk, adopted by (Tierney, 2008) the United Nations at the 2nd World Conference on Disaster

Risk Reduction (Japan, January, 2005) and the Hyōgo Framework for Action (CAH) 2005-2015.

Although the definitions and the applications of vulnerability vary a lot, resistance and resilience seem to converge (Dow, 1992; Weichselgartner, 2001; Turner, Kaspersonand al., 2003, Cutter and Emrich, 2006; Hewitt, 2014). Resistance (or sensitivity) refers to the ability of an individual or a community to protect itself from terrible events (Cutter and Emrich, 2006). While resilience deals with the adaptive capacity of an individual or system during and after a disaster (Tobin, 1999; Turner et al., 2003, Adger and Agnew, 2005; Buchheit et al., 2016, Dutozia &Voiron-Canicio, 2019; Cariolet, et al., 2019). So, resilience can be conceptually similar to adaptation and thus be presented as an unavoidable dimension of future sustainable development plans (Lhome et al., 2010).
The objective of this work is to treat the case of the Souss region where flood risks are getting more frequent and devastating during the recent years. The social component is usually neglected or rarely taken into account against to natural risks. In this context, we have developed a methodology to assess social vulnerability to flooding in this particular study area. To better incorporate vulnerability data into emergency and risk management decision making. Our study is based on the development of a Social Vulnerability Index (SoVI) using the multivariate statistical method known as the Principal Component Analysis (PCA). We also developed two information plans of the social vulnerability map:(1) the land use map for the creation and adjustment of population distribution and (2) the real distribution of the population in a raster format with a spatial resolution of 30m.

2.Study area and historical floods

The Souss basin is located in central south-west of Morocco approximately between a longitude of 9.6 and 7.47 degrees west and a latitude of 29.70 and 31.11 degrees north. It covers approximately 17000 km^2, which is the equivalent of 2.5% of the national Moroccan territory. The natural borders of the Souss basin, are the Atlantic Ocean to the west, the massif of Siroua to the east, the High Atlas Mountains to the north and the Anti-Atlas Mountains to the south (Fig. 2).

As for the geology of this region, the Souss Basin is a part of the Pre-African rift. It is a narrow fainting zone with recent sedimentary deposits, embedded between the High Atlas in the north and the Anti-Atlas in the south (Hssaisoune and al., 2016). Both of latter domains are connected at depth beneath the Souss Valley in a complex manner and are covered with thick detritic formations and calcareous marls of Plio-Quaternary deposits. The High Atlas shows an alternation of permeable and impermeable Mesozoic formations. However, the carbonate and crystalline formations are characteristics of the Anti-Atlas Mountains.

The economic activity is mainly based on agriculture, maritime fishing and tourism. This area is known for its importance in the growth of the regional economy and for the presence of a rapid urbanization and land cover conversion dynamics; such land changes make the territory more vulnerable to flooding induced by climate change. The study area includes 128 territorials' communes. The population in the survey region is about 2,186789 inhabitants. (RGPH, 2014)[14].

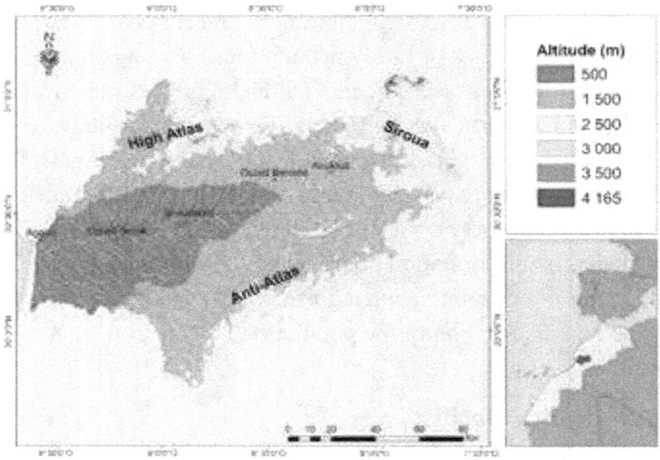

Fig.2. Geographical situation and elevation distribution of the Souss basin

From a hydrological point of view, the relationship between rainfall and surface runoff in the study area shows the evolution of flows in relation to annual rainfall. The Souss river discharge rate and the annual precipitations measured at the 3 hydrological stations of the Souss river (Fig. 3), show a clear correlation.

14 https://www.hcp.ma

The peak flood flowrate of the Souss river has experienced a notable increase (Fig.4), particularly in February 2010 and November 2014.The flow rates of the Souss wadi fluctuates between zero values and 1000 m^3/s, though they can exceptionally reach 3400 m^3/s. Three main genetic classes of floods emerge in this case (Saidi, 1994):

• Floods of the western High Atlas;

• Floods of the upstream Souss (link between the High-Atlas and the Anti-Atlas);

• Mixed floods, generalized when the flood is produced by watering throughout the Souss basin.

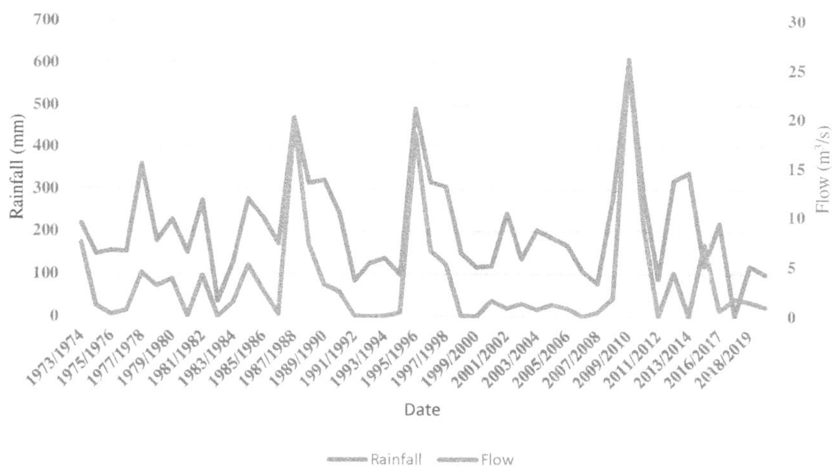

Fig. 3: Variation of average annual flows and precipitation at the Ait Meloul station

Many floods that were qualified as catastrophic have been recorded between 1960 and 2016, in the following territorial communities: Agadir (2010), Taroudant (2005), Aït Iazza (1978), Sidi Moussa El Hamri (1992, 1995, 1996 et 1997), Machraa El Ain (1996), Agadir Ida Outanane (2007), Aït Melloul (1987, 2010, 2014), Issen (2010) , Agadir N'Abou (CT Oueled Aissa 2010-2012), (CT Sidi ouaziz :2010-2014), (CT Ouziwa 2010), CT Ait Makhlouf, Hmar Laglalcha (2010), Aoulouz (2014), Ouled Teima(2014), Tafingoult (2016), Ahl Tifnout(2016) and Tobkal(2016), are striking illustrations of this and should serve as a reminder that the impact of floods is considerable in terms of damage to both public and private infrastructure, agriculture and the environment (photo n°1), also in terms of loss of life. Trends in climate change, combined with the growing population increasingly living on flood-prone area, and deforestation, as well as the vulnerability of populations increase the risk of flooding (Murray and Ebi, 2012).

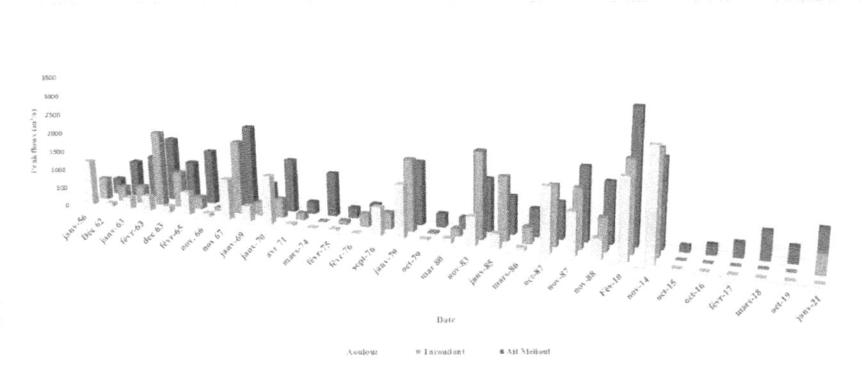

Fig 4. History of the flow and floods of the Souss river (Source: ABHSM [15], 2021)

Photo n°1. Urban flooding in the town of Ouled Teima (Shot ONEE, November 2014)

3.Methodology

In this study, we spatialized social vulnerability by applying the inductive method, where assessment of vulnerability, based on several concepts (e.g. socio-economic status, gender, age, education level, poverty, etc.). We used indicators that characterize vulnerability and influence people's ability to prepare

[15] ABHSM: Agency of Souss Massa Hydrographic Basin

and react to the flood event. The Social Vulnerability Index (SoVI) is used to assess social vulnerability. It is one of the most common approaches to quantitatively identify social vulnerability when facing natural hazards, such as hurricanes, storms, floods and coastal erosion. Therefore, it is important to assess the social vulnerability of populations experiencing changes in their environment. For disaster management related aspects, vulnerability assessment aims to highlight the most vulnerable areas in order to reduce the impacts of disasters on communities. For more details on vulnerability mitigation measures in this region, the reader can refer to the article n°04005 published at EDP Science DOI: 10.1051/e3sconf/20183704005, entitled flood risk management in the Souss Basin.

3.1 Methods

The approach for the development of the Social Vulnerability Index (SoVI) presented in the figure 5 is divided into three steps:

• Step 1: Selecting and generating the main variables indicating aspects of social vulnerability in the study area;

• Step 2: Achieving a multivariate statistical analysis on the selected variables using PCA to identify the underlying components, using the Statistical Package for Social Sciences software (SPSS), Version 20;

• Step 3: Clustering the CP1, CP2 and CP3 components and derivation of the social vulnerability index (SoVI) and reclassifying it into 4 levels using ArcGIS 10.4.1.

Fig.5. Methodology for generating the social vulnerability map in the Souss basin

A. Multivariate statistical analysis

Principal Component Analysis (PCA) is a multivariate statistical analysis technique used to reduce the amount of data by structuring several variables in a limited number of uncorrelated components (Tu, 2015). This technique is particularly useful for eliminating redundant information and reveal "hidden" correlations through a mathematical transformation of data into a smaller set of correlated variables (Cutter et al., 2003, Wood et al., 2010). Therefore, PCA is used to derive a set of components explaining the indicators of social vulnerability in the Souss watershed. This allows to identify a smaller group of uncorrelated variables that are proportional to the age of the population, its income, poverty, level of education, type of buildings, etc. Figure 6, displays the main steps of the PCA multivariate analysis.

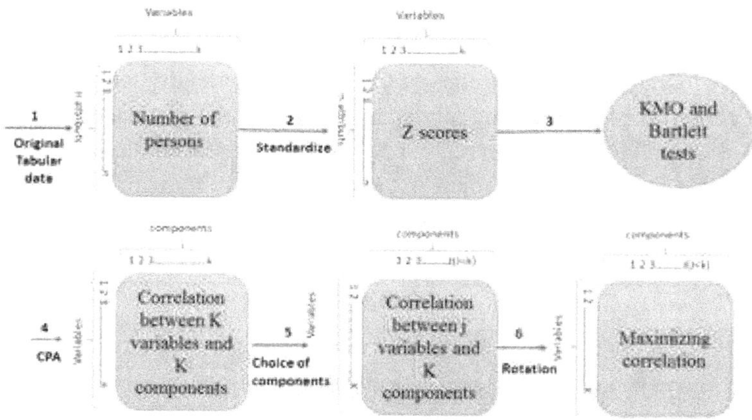

Fig.6. Steps of multivariate statistical analysis by PCA used to generate the SoVI index.

B. Assessment of the correlation between the variables

In order to justify the adequacy of the PCA method, the correlation matrix between the standardized variables was evaluated using the two statistical tests Kaiser Meyer Olkin (KMO) and Bartlett's sphericity test (Mavhura et al., 2017 et Dovonou-Vinagbe, 2017).

In this study, the KMO value revealed an excellent level of representation (0.96) showing that the variables that were used are suitable for a PCA analysis.

3.2 Spatialization of the Social Vulnerability Index

A. Data set

The data were extracted from the last general survey of population and housing (GCPH) at the individual and household level in Excel format on the site of the High Commission for Planning (https://www.hcp.ma) dating from 2014.

B. Selected indicators

Since the 1970s, poverty, ethnicity, gender, disability, education and age have been identified as key factors in the vulnerability of communities (Thanvisitthpon, 2020.). Thus, social vulnerability is generally expressed by demographic characteristics (Cutter et al., 2003; Masuya, 2014; Bringas, 2016, Rakib et al., 2017, Vinagbe, 2017 ; Yang et al., 2018 ; Alou, 2018).The quality and structure of the building (types of construction, types of housing, infrastructure) and the built environment are also important for understanding social vulnerability, especially since these characteristics influence the potential for economic loss, injury and death as a result of a particular hazard. (Dovonou-Vinagbe, 2017).

According to the various definitions of the social vulnerability related concepts (Cutter et al., 2003), and also by relying on the literature (Barroca et al., 2013), as well as on previous studies already published elsewhere and field surveys, we have selected 26 indicators for mapping social vulnerability within the study area (Table. 1).

Table.1. Variables used for to assess social vulnerability (GCPH,2014)

Concepts	Variable (Indicator)	Abbreviation code
Socioeconomic status: Basic housing equipment, frequently used cooking method, communication skills and other household equipment	Percentage of households without a toilet (%)	ss_wc
	Percentage of households using wood as an energy source for cooking (%)	wood
	Percentage of households without electricity (%)	ss_elc
	Percentage of households without potable water supply (%)	ss_eau
	Percentage of households without a refrigerator (%)	ss_ref
	Percentage (%) of households without TV	ss_tv
	Percentage of households without radio in the housing (%)	ss_rd
	Percentage (%) of households without a public sanitation network (Septic tank and other)	ss_rp
	Percentage (%) of people without a mobile phone	ss_tel
		Tx_pv

	Overall poverty rate	
Age	Percent of population aged under 5 years (%)	ag0_5
	Percent of population aged over 65 years (%)	65_x
Gender	Percentage of women (%)	Fm_pr
Employment loss	Inactivity rate (%) Unemployment rate (%)	ss_actv chmg
Rural and urban environment	Population density (inhabitants/km2)	pop_mn
Residential property Occupancy status	Percentage of households with precarious housing (%) Percentage of people not homeowner (Renter and other) (%)	hb_sm ss_prop
Occupations	Percentage of persons not in employment (unsalaried) (%)	ss_slr
Education	Out-of-school rate for children aged between 7 and 12years	ss_scl
	Illiteracy rate (%)	Tx_anphb
	Percentage of persons not having reached secondary level (not secondary) (%)	ss_scd
Rate of population growth	Rate of population growth between 2004 and 2014.	tx_accr
Special needs population	Disability prevalence rate (%)	handcp
Other concepts	Divorced persons (%)	divrs
	Widowed persons (%)	veuf

4. Results and discussions

4.1 Application of the Principal Component Analysis

The results obtained are presented in table 2. The total column contains the eigen values representing each component's variance. The first component always represents the greatest variance, i.e. 19.04. The second showed as much of the remaining variance i.e. 1.43, and the third represents 1.09.

Table.2. Variance explained by the 3 main components

Component code	(Eigenvalues)		
	Total	Percent of variance	Cumulated variance %
1	**19.037**	73.219	73.219
2	**1.434**	5.513	78.732
3	**1.093**	4.203	82.936
4	0.988	3.801	86.737
5	0.822	3.162	89.899
6	0.581	2.236	92.135

7	0.391	1.503	93.638
8	0.285	1.096	94.735
9	0.236	0.906	95.641
10	0.190	0.733	96.373
11	0.137	0.526	96.900
12	0.135	0.521	97.420
13	0.110	0.423	97.843
14	0.093	0.358	98.201
15	0.087	0.333	98.535
16	0.076	0.293	98.828
17	0.059	0.228	99.056
18	0.057	0.220	99.275
19	0.048	0.186	99.461
20	0.044	0.168	99.629
21	0.033	0.126	99.755
22	0.019	0.072	99.827
23	0.017	0.067	99.895
24	0.016	0.060	99.955
25	0.008	0.031	99.986
26	0.004	0.014	100.000

The selection of the main components was made using the most commonly used criterion of Kaiser-Guttman with eigenvalues > 1 (Braeken and Van Assen, 2017 and http://www.statsoft.fr/concepts-statistiques/analyse-factorielle/analyse-factorielle.htm).

The selection of the number of components is presented by the diagram in figure 7 and Table 2. The first three components on the steepest slope represent 83% of the information expressed by the 26 indicators.

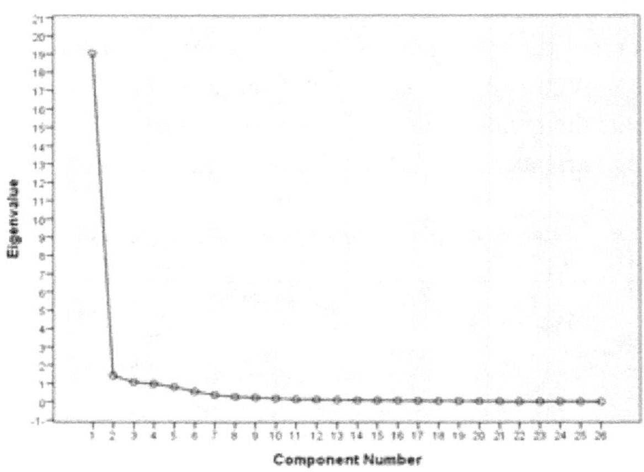

Fig.7. Plot of the factor analysis showing the eigenvalues (y-axis) explained by the resulting factors (x-axis).

The varimax rotation method was performed to simplify the structure of the underlying dimensions and produce an independence between the selected components. By rotating the axes of the components perpendicularly to each other. Thereby, this rotation minimized the number of variables explained by a single component (Cutter et al., 2003, Wood et al., 2010, Frigerio et al., 2016, Dintwa et al., 2019).
After the rotation, the percentage of the variance was better shared between the three components (Table 3): component 1 (PC1) with 69.82 %, component 2 (PC2) with 7.07 % and component 3 (PC3) with 6.04 %.

Table.3. Variance explained by the selected components before and after rotation

Component	Variance explained by extracted components			Variance explained after varimax rotation		
	Total	Percent of Variance	Cumulative variance %	Total	Percent of Variance	Cumulative variance %
PC 1	19.04	73.22	73.22	18.15	69.82	69.82
PC2	1.43	5.51	78.73	1.83	7.07	76.90
PC3	1.09	4.2	82.94	1.57	6.04	82.94

Therefore, the correlation coefficients between the 26 variables and the three components were calculated as follows in Table 4.

Table .4. Correlation coefficients between the three components and the 26 variables

Variable	Principal Component		
	PC1 Socioeconomic status: Basic housing equipment, frequently used cooking method, communication skills and other household equipment	**PC2** Residential Property and Population Growth Rates	**PC3** Occupation status and person divorced
Percentage of persons not having reached secondary level (not secondary) (%)	**0.97205681**	0.05758719	0.09461191
Percentage (%) of households without a public sanitation network (Septic tank and other)	**0.96964808**	0.05918337	0.05007362
Population density (inhab./km2)	**0.96728858**	0.04141739	0.11717437
Illiteracy rate	**0.96643149**	0.09177141	0.09115083
Inactivity rate (%)	**0.96505286**	0.01561221	0.11588914
Overall poverty rate	**0.95695583**	0.16507943	0.08062886
Proportion of households without refrigerators (%)	**0.95528003**	0.12303774	0.0783974
Percentage of women	**0.95200223**	0.05865482	0.12322921

Proportion of households without radio in housing (%)	**0.94433485**	0.01867102	0.09849685
Percentage of persons not in employment (unsalaried) (%)	**0.93755728**	0.11035974	0.0345137
Percentage of households using wood as an energy source for cooking (%)	**0.93563239**	0.10320069	0.05374498
Percentage of households without potable water supply (%)	**0.92987359**	0.20845398	0.08156476
Percent of population aged under 5 years (%)	**0.91876927**	-0.00864665	0.18593521
Percentage (%) of people without a mobile phone	**0.8992219**	0.20661714	0.12949639
Percentage of households without a toilet (%)	**0.89396205**	0.26316819	0.07721873
Percentage (%) of households without TV	**0.86281299**	0.36654253	0.13606067
Widowed persons (%)	**0.85257298**	0.20392609	0.23829258
Disability prevalence rate (%)	**0.84333109**	0.09139207	0.20075591
Out-of-school rate for children aged between 7 and 12 years	**0.84224688**	0.20930072	0.14671086
Percentage of households without electricity (%)	**0.81962273**	0.40185745	0.13831865
Percent of population aged over 65 years (%)	**0.79655977**	0.31686926	0.1842308
Unemployment rate (%)	**0.57802671**	0.08898807	0.14753526
Rate of population growth between 2004 and 2014	-0.05727245	**-0.81227632**	0.19806225
Percentage of households with precarious housing (%)	0.15073832	**0.64996161**	0.13862807
Divorced persons (%)	-0.01562552	0.0512281	**0.83011859**
Percentage of people not homeowner (Renter and other) (%)	0.46038482	-0.12026125	**0.67700482**

In our study case, the three main components are interpreted as follows:

• The first component explained the variance between indicators at over 69.82% among nineteen variables in the themes and concept of socio-economic status, communication capacity and another household equipment (Fig. 8). These results revealed the association and complementarity between the level of education, households without a public sanitation network, population density, illiteracy, the inactivity rate and overall poverty (Lallau, 2011); gender, people whose homes are not adequately equipped (without toilet and electricity, etc.), employment, the wood firing method, households without drinking water supply, age, disability and widowed persons.
The contribution and share of each indicator to this component is shown in Table 5. All of these variables co-vary positively, as evidenced by the fact that

the most vulnerable have less access to services and property. Sanitation infrastructure and resources (electricity, TV, water, refrigerator) are less accessible in urban areas and more so in rural areas.

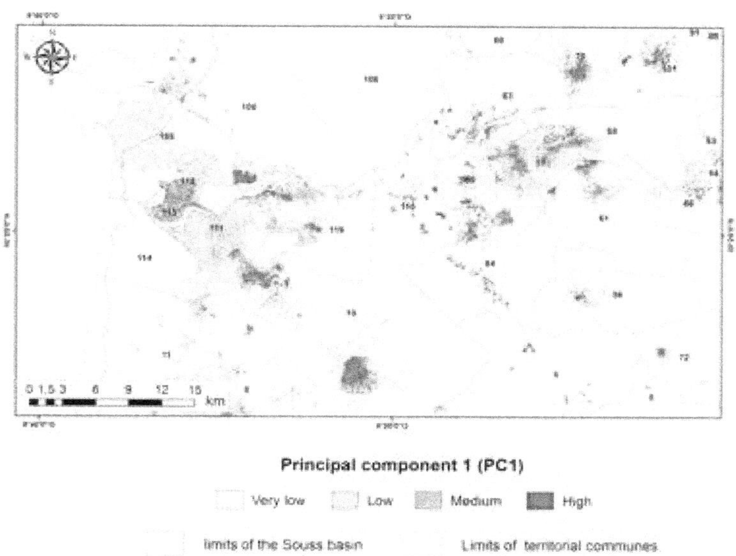

Fig. 8. Zoom on spatial distribution of the first component of vulnerability in raster form (PC1) with a spatial resolution of 30m.

128 municipalities are taken in account in our investigation. The correspondence of the numbers to the different localities as displayed in the figures 7, 8, 9, 10 and 12:

1-Biougra (Mun.) **2**-Ait Mzal **3**-Hilala **4**-Ida Ougnidif **5**-Tassegdelt **6**-Inchaden **7**-Sidi Ouassay **8**-Ait Amira **9**-Imi Mqourn **10**-Ouad Essafa **11**-Sidi Bibi **12**-Sidi Boushab **13**-Ait Iaaza (Mun.) **14**-El Guerdane (Mun.) **15**-Irherm (Mun.) **16**-Oulad Berhil (Mun.) **17**-Oulad Teima (Mun.) **18**-Taliouine (Mun.) **19**-Taroudannt (Mun.) **20**-Adar **21**-Ait Abdallah **22**-Amalou **23**-Azaghar N'Irs **24**-Imaouen **25**-Imi N'Tayart **26**-Nihit **27**-Oualqadi **28**-Sidi Boaal **29**-Sidi Mzal **30**-Tataoute **31**-Tindine **32**-Tisfane **33**-Toufelaazt **34**-Toumliline **35**-Aoulouz (Mun.) **36**-Arazane **37**-El Faid **38**-Ida Ou Gailal **39**-Ida Ougoummad **40**-Igli **41**-Igoudar Mnabha **42**-Oulad Aissa **43**-Tabia **44**-Lamhara **45**-Ouneine **46**-Ouzioua **47**-Sidi Abdellah Ou Said **48**-Sidi Ouaaziz **49**-Tafingoult **50**-Talgjount **51**-Tigouga **52**-Tinzart **53**-Tisrasse **54**-Tizi N'Test **55**-Toughmart **56**-Ahl Ramel **57**-Argana **58**-Assads **59**-Bigoudine **60**-Eddir **61**-El Koudia El Beida **62**-Imilmaiss **63**-Issen **64**-Lagfifat **65**-Lakhnafif **66**-Lamhadi **67**-Machraa El Ain **68**-Sidi Ahmed Ou Amar **69**-Sidi Boumoussa **70**-Sidi Moussa Lhamri **71**-Talmakante **72**-Tidsi Nissendalene **73**-Agadir Melloul **74**-Ahl Tifnoute **75**-Askaouen **76**-Assaisse **77**-Assaki **78**-Azrar **79**-Iguidi **80**-Sidi Hsaine **81**-Taouyalte **82**-Tassousfi **83**-Tizgzaouine **84**-Toubkal **85**-Zagmouzen **86**-Ahmar Laglalcha **87**-Ait Igas **88**-Ait Makhlouf **89**-Bounrar **90**-Freija **91**-Ida Ou Moumen **92**-Imoulass **93**-Lamnizla **94**-Sidi Ahmed Ou Abdallah **95**-Sidi Borja **96**-Sidi Dahmane **97**-Tafraouten **98**-Tamaloukte **99**-Tazemmourt **100**-Tiout **101**-Zaouia Sidi Tahar **102**-Afella Ighir **103**-Ammelne **104**-Issafen **105**-Agadir (Mun.) **106**-Amskroud **107**-Aqesri **108**-Drargua **109**-Idmine **110**-Tiqqi **111**-Ait Melloul (Mun.) **112**-Dcheira El Jihadia (Mun.) **113**-Inezgane (Mun.) **114**-Lqliaa (Mun.) **115**-Oulad Dahou **116**-Temsia **117**-Tassrirt **118**-Iznaguen **119**-Khouzama **120**-Tidli **121**-Afalla Issen **122**-Ait Haddou Youssef **123**-Timezgadiouine **124**-Timlilt **125**-Assais **126**-Siroua **127**-Irohalen **128**-Lalla Aaziza

- The two themes of residential property (households with precarious housing) and population growth are described and explained by the second component (Fig.9), capturing and explaining only two variables at 7.07 % of the information contained in the indicators. This rate of progression is the result of population growth and instances of migration (population growth rate) and it covariates negatively (Table 5). Therefore, districts with a high population growth rate are experiencing a lack in terms of adequate quality housing. Changes in migration patterns can help populations escape the effects of extreme weather events in the longer term. Therefore, migration represents an effective adaptation strategy when facing climate change and its associated hazards (GIEC, 2014).

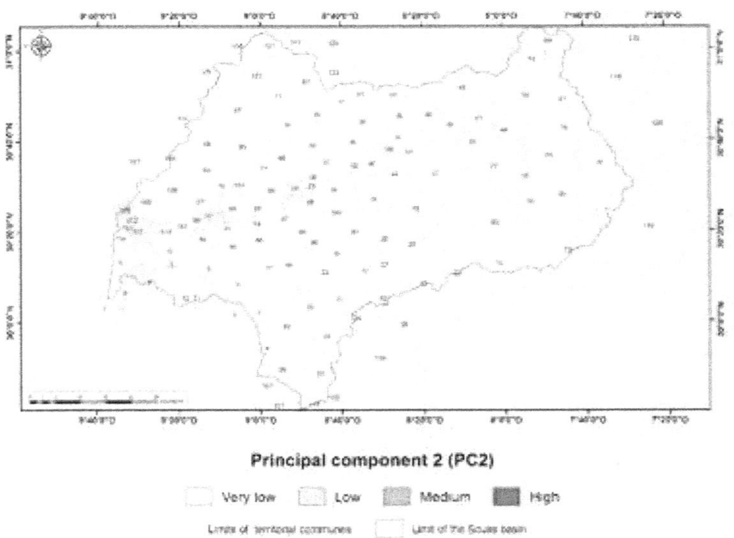

Fig. 9. Spatial distribution of the second component of vulnerability (PC2), with a spatial resolution of 30m.

- The third component (Fig. 10) captured the topics of employment status and divorce in two variables by explaining their variance at 6.04 %. Generally, these two variables explain parts of the population that are working in unstructured sectors. Recognizing that the areas that are known for rentals tend to be more vulnerable (Dovonou-Vinagbe, 2017). The tenants are either there temporarily or because they lack the financial capital to buy their own homes, and this is especially the case of the divorced individuals.

In addition to this, women's labor force participation and employment earnings are still usually lower than those of men, and women's disproportionate responsibility for household tasks and taking care of both children and seniors. This situation contributes to a higher vulnerability of women to financial insecurity, and their vulnerability goes even higher when they're divorced (Fox &Moyser, 2018).

The high values of this component are concentrated in the urban municipalities. In fact, the Ait Amira (n°8), Ait Iaaza (n°13) and Oulad Berhil (n°16) communities presents high average values. However, the urban communes of Biougra (n°1), OuladTeima (n°17), Taroudannt (n°19), Agadir (n°105), Ait Melloul (n°111), Dcheira El Jihadia (n°112), Laqlia (n°114) and Inezgane(n°113) have medium to high PC3 values. This is caused by the high number of tenants and divorced people in these particular areas.

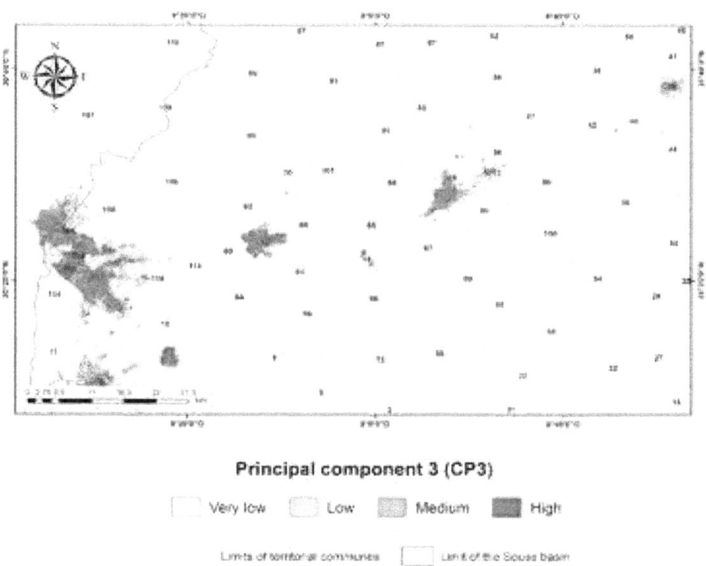

Fig.10. A close-up on the spatial distribution of the third component of vulnerability (PC3). Spatial resolution = 30m.

4.2 Computation and Spatialization of the SoVI Index

Multidimensional concepts of vulnerability can only be captured with a composite index formed by the aggregation of two or more indicators (Nardo and Saisana, 2008).
In this regard, assessing social vulnerability requires a combination of the scores of the three components that were generated to develop the SoVI index. Aggregation is the main method used to generate a composite index, and that's according to most social vulnerability researchers (Wood, et al., 2010; Frigerio et al., 2016; Mavhura, et al.,2017; Stafford and Abramowitz, 2017). Therefore, we calculated the SoVI index through a summation of the components weighted by their percentage's variance. Thus, the SoVI index is defined by the following formula:

$$SoVI = [(69.823 \times PC_1)/82.936) + ((7.073 \times PC_2)/82.936) + ((6.040 \times PC_3) / 82.936)]$$

The reclassification of the SoVI index is essential to easily understand the extent and degree of social vulnerability in the Souss watershed. Thus, the classification of the standard deviation from the mean is the most widely used method for classifying this index (Cutter et al., 2003; Dintwa et al., 2019; Liu and Li, 2016). The social vulnerability index was classified into five categories based on the average value of the study area :High social vulnerability (greater than one standard deviation (SD)) ; Medium social vulnerability :(0.5 SD – 1 SD) ; low social vulnerability :(with a SD between 0 – 0.5) and very low social vulnerability (< 0 SD).

The first class includes the pixels with the highest SoVI values, whilst the second and third are more generalized with medium to low social vulnerability indexes. Nevertheless, the last class sorts the pixels with the lowest Social Vulnerability Index values.

The classification of the SoVI index (Fig.11) made it possible to determine the main sites of interest when it comes to a high social vulnerability index. We then calculated the number and percentage of people residing in these sites (or in the case of our Raster, pixels), as well as those residing in the pixels that are considered to have a low social vulnerability index.

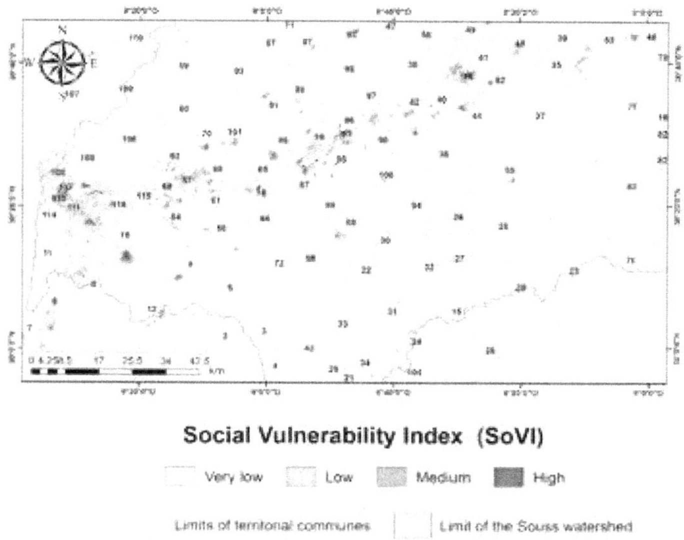

Fig.11. The spatial distribution of the SoVI index in the Souss basin with a 30m spatial resolution.

For the spatial distribution of the SoVI, a few urban municipalities generally have a low average vulnerability index (1,76; 2,17; 2,21 and 2,33), i.e.: Communes of Agadir, Taroudant, Ait Amira and Ouled Teima (Fig. 12). On the other hand, the communities of Drargua Ait Melloul, Dcheira El Jihadia, Inezgane, Lqliaa, Temsia and Sidi Bibi have an average SoVI of between 2.33 and 2.73. In addition, most rural communes have a higher average SoVI ranging from 3.56 to 4.

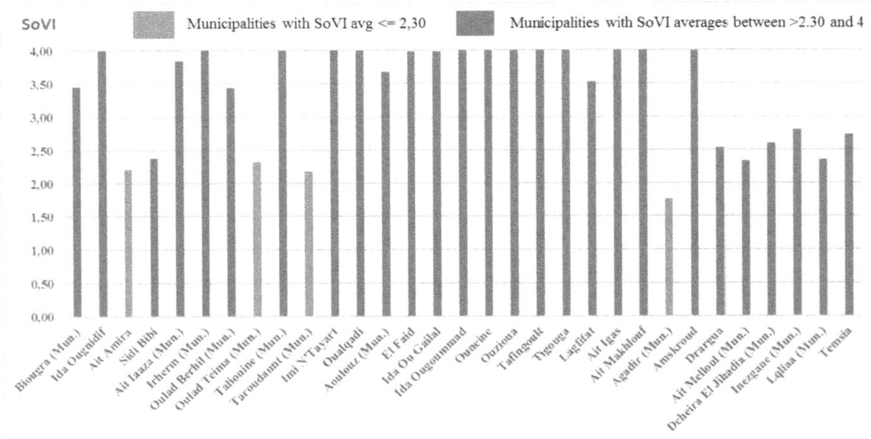

Fig.12.SoVI average of some municipalities

The majority of urban and rural communes in the Souss basin (78 communes) have less than 40% of their populations in areas with a high level of social vulnerability. The communes of Idmine and Imilmaisse contain the lowest proportion of this population, which is 1.1% (35 persons), and a maximum rate of people reaching 99.62% (Fig.13). Social vulnerability in these areas cannot be explained solely by a single component, but through a combination of all dimensions and components of economic status (education, gender, employment, poverty, level of education, etc.). The average rate of people residing in pixels with high social vulnerability in the study area is approximately 32%.

Generally, seven urban and three rural communes located in the Souss plain have high numbers of people living in areas with a high SoVI index. That and two communes located in the High Atlas (Imilmaisse) and Siroua (Khouzama). The maximum value (46011) of people residing in areas of high social vulnerability (i.e. 36% of the total population) was recorded in the urban municipality of inezgane.

On the one hand, vulnerability in these urban areas is explained by the two components 1 and 3 capturing socio-economic and occupation status, as well as the proportion of divorced people. This is related to the large female population, the unemployment rate, illiteracy and the high growth rate in these areas, as well as the proportion of households with precarious housing. On the other hand, the SoVI index in rural areas is linked to a combination of the three components.

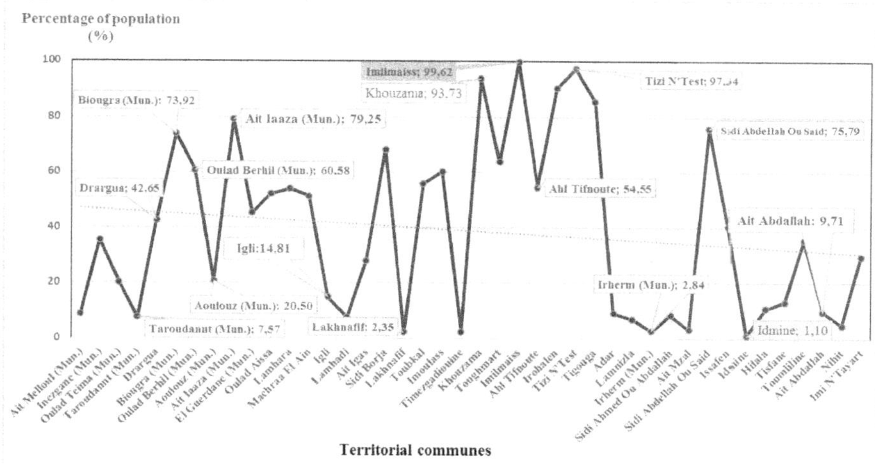

Fig.13. Percentage of people residing in pixels with high social vulnerability.

The urban centers of Biougra, Ait Iaaza and Oulad Berhil contain more than 60% of the population residing in pixels of high social vulnerability. This is explained by the indicators of gender, age, education and employment, i.e.: high female population, high number of divorced women, which varies between one woman as a low value per 900m² pixel and 38 women as a high value. The raster's real population density is very high, and it varies between 1000 to 5000 inhab. /Km², and in some places it exceeds 5000 inhab. /Km² in these communes. Furthermore, we have a high number of children and elderly people, persons with no education at all and a high rate of tenants. Moreover, these districts provide attractive areas, characterized by the existence of more diversified employment opportunities, especially when it comes to agricultural and industrial activities which are the vector of development of these communes. As a result, these zones are experiencing high growth rates between 2004 and 2014, ranging from 42 to 57%.

- The rural communes of Imilmaiss, khouzama, Irohaln, and Tizin'test, show extreme values as more than 90% of people living in pixels with high social vulnerability are living in these rural areas. These places are characterized by a very high level of poverty: 55.1% in Imilmaiss, 51.5% in Tizi N'Test, 49.70 in Irohalen and 41.30 in khouzama (fig.13). These results are in full agreement with the vulnerability values assessed by the regional services of the High Commission for Planning (HCP)[16].

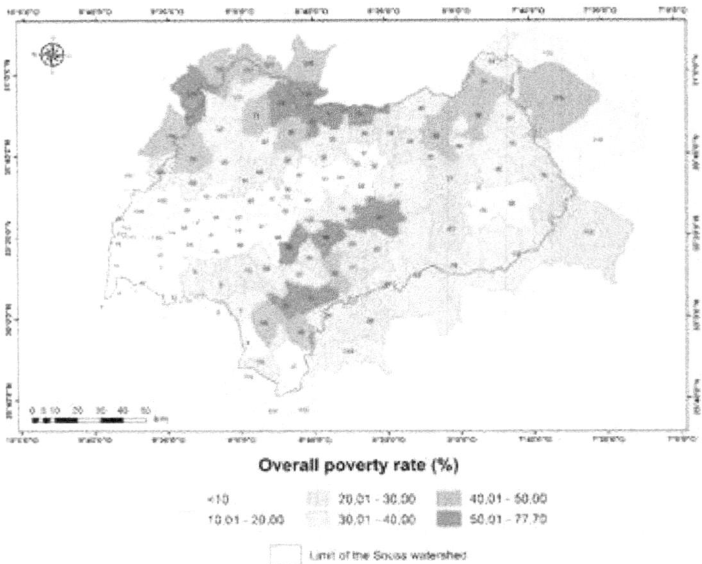

Fig.14. Spatial distribution of overall poverty in the study area

Therefore, these poor and vulnerable individuals; are unable to mobilize sufficient resources to protect themselves from the impacts of flooding. This population is also characterized by a high percentage of illiteracy (60%), the absence of piped water (90%), no electricity (20%) and a children's out of school rate reaching 7%. Generally, the vulnerability in these areas is due to the socio-economic conditions of the population of these communes captured by component 1. Moreover, the rural communes of Sidi Bourja, Tidili, Toughmart, Assaise, Irohaln, Tigouga and Sidi Abdellah Ou Said, have percentages of population living in areas of high social vulnerability between 60 and 85%. These communes show high levels of poverty ranging from 23 to 50,7 percent (Fig. 14).

On the other hand, examination of the Figure 14, shows that seventeen rural communes, have a high percentage of more than 80% of people residing in

[16] https://www.hcp.ma

pixels with low social vulnerability. The maximum was recorded in the commune of Idmine which was a staggering 99% (3105 people). In addition, fifteen of the other municipalities, contain percentages of populations living in the same areas, varying from 50 to 80%.

Meanwhile, the urban communes of Ait Melloul, Biougra, Inzegane, Taroudant, Oueld Teima, Laqulia, Ait Amira, Temsia, Imilmaiss, Drargua and those of Tigouga (rural), have percentages of populations residing in areas of low social vulnerability ranging from 0.4% for Imilmaiss to 19.6 % for Drargua (Fig 15). This is correlated with the high level of the SoVI index and can be explained by the 3 main components and the very high population density in some locations. As well as their high growth rates due to migration.

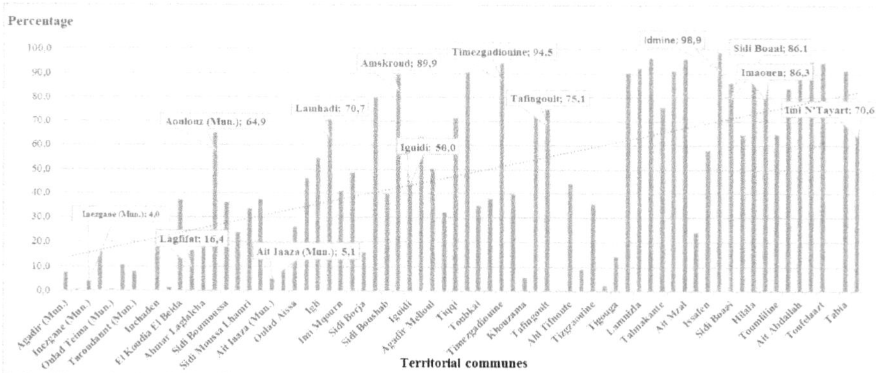

Fig.15. Percentage of people residing in pixels with low social vulnerability, in several territorial communes

Overall, the SoVI result highlighted the differences between urban and rural areas, as a result of several factors. Among the latter is population growth rate which is negative (demographic decline) for 72 rural communes, accounting for 56% of the total number of communes. The rural commune of ImiN'tayart recorded the maximum of this rate with -51 individuals between 2004 and 2014. Nevertheless, those of Drargua had the highest value during the same period (+90 peoples), since it is located within the radius of influence of Greater Agadir and contains land intended for urbanization. In additional, the existence of the free zone like Heliopolis project, as part of the industrial, acceleration plan for the Souss-Massa region, which will enhance the region's attractiveness. and to attract export and job-creating activities in this region, and dwellings offers with housing estates and economic habitats. As well as the anarchic and uncontrolled development of urban planning on the suburbs of cities, which are often under-equipped in infrastructure and basic services, with a massive concentration of poverty and unemployment. In this sense the social vulnerability to floods does not appear in a uniform way overall in the Souss basin, but rather, in a particular way in each territorial commune. In urban areas, particularly in Agadir and Taroudant, people seem to be able to adapt with flooding more easily than people living in rural areas. In light of ease of accessibility to certain property and services in urban areas.

5. Conclusion

The SoVI index was developed in this study by incorporating the socio-economic indicators, using a multivariate analysis. As discussed in previous sections, mapping SoVI scores at the pixel level provides managers a tool to better characterize the multivariate aspects of social vulnerability and identify problematic areas in the Souss Basin. Not only that but also reflecting the extent to which persons are adapting to climate change and its impacts.
The principal component analysis cannot always capture the dominant variables contributing to the measure of social vulnerability, but rather those that better explain the variance of the original variables. Thus, the SoVI provides, above all, a powerful tool that allows comparisons between different regions and communities within a certain territory. Consequently, it facilitates effective contingency planning to effectively evacuate vulnerable populations in the context of adequate flood risk management in the study area. It can be used to increase the resilience of each community and add to building's capacity of undergoing certain disasters.

Furthermore, SoVI provides contingency planners with the appropriate means to develop strategies adapted to the local social conditions and needs in order to mitigate the impacts of flooding. Especially, in the communes of where there's a high percentage plains and mountains that have a high SoVI index. This underlines the need to better incorporate social vulnerability into territorial planning and emergency management decision-making.

These vulnerable areas require detailed flood protection studies through water modeling in order to spatialize the extent of flooding and define adequate development plans to reduce the population's vulnerability to flooding risk.

Therefore, the enhancement of social economic indicators through the alleviation of poverty and unemployment which is the main factor of the latter and the spatial

disparity is desirable. Thus, the reduction of social exclusion by the state within the study area is highly advisable. To this end, disaster financing systems and aid mechanisms based on collective solidarity must be consolidated and rationalized. As well, to mobilize all the synergies for a rapid and definitive eradication of the scourges of illiteracy and ignorance.
In addition, the government and all actors are now mobilized to optimize existing approaches in the various fields: protection, prevention, preparation, risk management and compensation, in order to reduce the vulnerability of the population at risk of flooding.

Finally, strengthening societal and economic resilience, as well as reducing vulnerability, requires the availability of a public policy aimed at the resilience and safety of business activity. In particular, critical infrastructures and vital issues that directly impact the general well-being of the population. Additionally, it is preferable that humanitarian organizations systematically integrate the concept of resilience and capacity to cope with floods into their interventions.

It is desirable and interesting to provide data at the level of the douars (countryside) that constitute the basic administrative division in order to assess their vulnerability to disasters. In addition, an update of the vulnerability map in this type of environment can be interesting, since it is spatially and temporally dynamic.

Meanwhile, in order to effectively evaluate flood risk in a comprehensive and integrated approach, it is necessary to assess the economic and environmental vulnerability of this area.

Acknowledgement

This work was supported by CHARISMA project with the assistance of Academy Hassan II. The authors thank the hydraulic agency of Souss-Massa basin (ABHSM) for improving data. The authors profusely thank the reviewers for their constructive reviews and feedback to improve the manuscript as presented.

Data Availability

The majority of the datasets related to this article can be found at http:// https://www.hcp.ma an open-source online.

References

Adger, W. N., & Agnew, M. (2005). *New indicators of vulnerability and adaptive capacity* (Vol. 122). Norwich: Tyndall Centre for Climate Change Research.

Adger, W. N., Dessai, S., Goulden, M., Hulme, M., Lorenzoni, I., Nelson, D. R., ... & Wreford, A. (2009). Are there social limits to adaptation to climate change? *Climatic change, 93*(3). pp.335-354, DOI 10.1007/s10584-008-9520-z.

Alou, A. A. (2018). La ville de Niamey face aux inondations fluviales. Vulnérabilité et résilience des modes d'adaptation individuels et collectifs (Doctoral dissertation). https://tel.archives-ouvertes.fr/tel-01945249.

Alwang, J., Siegel, P. B., & Jorgensen, S. L. (2001). *Vulnerability: a view from different disciplines* (Vol. 115, p. 60). Social protection discussion paperseries.

Barroca, B., DiNardo, M., &Mboumoua, I. (2013). De la vulnérabilité à la résilience : mutation ou bouleversement ? EchoGéo, (24). https://doi.org/10.4000/echogeo.13439.

Birkmann, J. (2006). Measuring vulnerability to promote disaster-resilient societies: Conceptual frameworks and definitions. Measuring vulnerability to natural hazards: *Towards disaster resilient societies, 1.* pp.9-54.

Blaikie, P., Cannon, T., Davis, I., & Wisner, B. (2014). At risk: natural hazards, people's vulnerability and disasters. Routledge.

Borga, M., Anagnostou, E. N., Blöschl, G., &Creutin, J. D. (2011). Flash flood forecasting, warning and risk management: the HYDRATE project. *Environmental Science & Policy, 14(7).* pp.834-844, doi: 10.1016/j.envsci.2011.05.017.

Braeken, J., & Van Assen, M. A. (2017). An empirical Kaiser criterion. *Psychological Methods, 22(3)*, 450, doi.org/10.1037/met0000074.

Bringas, R. V. (2016). Deterministic hydrological modeling for flood risk assessment in large urban environments: application to Mexico City (Doctoral dissertation), https://tel.archives-ouvertes.fr/tel-01488436

Buchheit, P., d'Aquino, P., &Ducourtieux, O. (2016). Cadres théoriques mobilisant les concepts de résilience et de vulnérabilité. [VertigO] La revue électroniqueen sciences de l'environnement, 16(1), URI: https://id.erudit.org/iderudit/1037578ar.

Cardona, O. D. (2004). The need for rethinking the concepts of vulnerability and risk from a holistic perspective: a necessary review and criticism for effective risk management. *Mapping vulnerability: Disasters, development and people, 17.* pp.37-51.

Cariolet, J. M., Vuillet, M., & Diab, Y. (2019). Systèmes urbains et pollution de l'air extérieur: application du concept de résilience. Cybergeo: European Journal of Geography, doi.org/10.4000/cybergeo.32564.

Carisi, F., Schröter, K., Domeneghetti, A., Kreibich, H., and Castellarin, A. (2018). Development and assessment of uni- and multivariable flood loss models for Emilia-Romagna (Italy), *Nat. Hazards Earth Syst. Sci., 18*. pp. 2057-2079, https://doi.org/10.5194/nhess-18-2057-2018,

Chambers, R., 1989, 'Editorial introduction: vulnerability, coping and policy', IDS Bulletin, Vol 20 No 2

CRED, U. (2016). Poverty & death: disaster mortality, 1996–2015. Centre for Research on the Epidemiology of Disasters: Brussels, Belgium.

Cutter, S. L. (2002). American hazardscapes: The regionalization of hazards and disasters, Joseph Henry Press.

Cutter, S. L. (2003). "The Vulnerability of Science and the Science of Vulnerability." *Annals of the Association of American Geographers 93(1)*: pp.1-12.

Cutter, S. L., Boruff, B. J., & Shirley, W. L. (2003). Social vulnerability to environmental hazards. *Social science quarterly*, 84(2), pp.242-261.

Cutter, S. L., & Emrich, C. T. (2006). Moral hazard, social catastrophe: The changing face of vulnerability along the hurricane coasts. *The Annals of the American Academy of Political and Social Science, 604(1)*, pp. 102-112, doi.org/10.1177/0002716205285515.

Cutter, S. L., Mitchell, J. T., & Scott, M. S. (2000). Revealing the vulnerability of people and places : A case study of Georgetown County, South Carolina. *Annals of the association of American Geographers*, *90*(4). pp.713-737.

D'Ercole, R. (2014). Vulnérabilité : vers un concept opérationnel ? Colloque international " Connais-sance et compréhension des risques côtiers : aléas, enjeux, représentations, gestion" ("Coastal Risks:Hazards, Issues, Representations, Management"), Brest, France. <Hal-01155503>.

Vogel, C., Moser, S. C., Kasperson, R. E., & Dabelko, G. D. (2007). Linking vulnerability, adaptation, and resilience science to practice: Pathways, players, and partnerships. *Global environmental change*, *17*(3-4), 349-364, doi: 10.1016/j.gloenvcha.2007.05.002

Dintwa, K. F., Letamo, G., &Navaneetham, K. (2019). Measuring social vulnerability to natural hazards at the district level in Botswana. Jàmbá: *Journal of Disaster Risk Studies, 11(1).* pp.1-11, doi.org/10.4102/jamba.v11i1.447.

Dovonou-Vinagbe, S. P. K. (2017). Approche intégrée pour évaluer la vulnérabilité aux impacts des changements climatiques : cas du bassin versant de l'Artibonite en Haïti.

Dow, K. (1992). "Exploring differences in our common future(s): the meaning of vulnerability to global environmental change." *Geoforum 23(3).* pp.417-436, https://doi.org/10.1016/0016-7185(92)90052-6.

Dutozia, J., & Voiron-Canicio, C. (2019). La résilience urbaine face aux risques, en contexte de changement climatique-Articuler la gestion des évènements extrêmes et les stratégies de développements des territoires pour opérationnaliser la résilience des villes d'aujourd'hui et de demain-Février 2018, https://halshs.archives-ouvertes.fr/halshs-02099289/document.

European Environment Agency (EEA), (2008). Impacts of Europe's changing climate - 2008 indicator-based assessment, doi 10.2800/48117.

Fox, D., & Moyser, M. (2018). Le bien-être économique des femmes au Canada. Femmes au Canada : rapport statistique fondé sur le sexe, Statistique Canada.

Frigerio, I. and M. De Amicis (2016). "Mapping social vulnerability to natural hazards in Italy: A suitable tool for risk mitigation strategies." *Environmental Science & Policy (63)* : pp.187-196, doi.org/10.1016/j.envsci.2016.06.001.

Frigerio, I., Ventura, S., Strigaro, D., Mattavelli, M., De Amicis, M., Mugnano, S., &Boffi, M. (2016). A GIS-based approach to identify the spatial variability of social vulnerability to seismic hazard in Italy. *Applied Geography*, 74. pp.12-22, https://doi.org/10.1016/j.apgeog.2016.06.014.

Füssel, H. M., & Klein, R. J. (2006). Climate change vulnerability assessments: an evolution of conceptual thinking. *Climatic change, 75(3).* pp. 301-329.

GIEC, (2014). Changements climatiques 2014. Incidences, adaptation et vulnérabilité Contribution du Groupe de travail II au cinquième Rapport d'évaluation du Groupe d'experts intergouvernemental sur l'évolution du climat.

Guigo, M., Voiron-Canicio, C., Graillot, D., & Olivier, F. (2002). Système d'aide à la décision pour la limitation des risques d'inondation dans les agglomérations urbaines méditerranéennes, https://hal.archives-ouvertes.fr/hal-00410038.

Handmer, J., & Dovers, S. (2013). Handbook of disaster policies and institutions: improving emergency management and climate change adaptation. Routledge.

Hewitt, K. (2014). Regions of risk: A geographical introduction to disasters, Routledge.

Holling, Crawford S. (1973) "Resilience and stability of ecological systems." *Annual review of ecology and systematics 4.1*. pp.1-23.

Hssaisoune, M., Boutaleb, S., Benssaou, M., Bouaakkaz, B., & Bouchaou, L. (2016). Physical geography, geology, and water resource availability of the Souss-Massa river basin. In the Souss-Massa River Basin, Morocco (pp. 27-56). *Springer, Cham*, DOI 10.1007/698_2016_68.

ISDR (2004). Living with risk. United Nation International Strategy for Disaster Reduction, United Nation-International Strategy for Disaster Risk Reduction.

ISDR. (2005, March). Hyogo framework for action 2005-2015: building the resilience of nations and communities to disasters. In Extract from the final report of the World Conference on Disaster Reduction (A/CONF. 206/6) (Vol. 380).

ISDR. (2009). UNISDR terminology on disaster risk reduction. Geneva, Switzerland, May.

Lallau, B. (2011). La résilience, moyen et fin d'un développement durable.

Lhomme, S., Serre, D., Diab, Y., &Laganier, R. (2010). Les réseaux techniques face aux inondations ou comment définir des indicateurs de performance de ces réseaux pour évaluer la résilience urbaine. *Bulletin de l'Association de géographes français*. pp.487-502,

https://hal.archives-ouvertes.fr/hal-00580025.

Liefooghe, C. (2012). La flèche du temps et le système, ou comment analyser la résilience d'un territoire. Mondialisation et résilience des territoires. Trajectoires, dynamiques d'acteurs et expériences locales, *Presses universitaires du Québec,* Québec.pp.21-40.

Liu, D., & Li, Y. (2016). Social vulnerability of rural households to flood hazards in western mountainous regions of Henan province, China. *Natural Hazards and Earth System Sciences, 16(5).* pp.1123-1134, doi:10.5194/nhess-16-1123-2016.

Mavhura, E., Manyena, B., & Collins, A. E. (2017). An approach for measuring social vulnerability in context: The case of flood hazards in Muzarabani district, Zimbabwe. *Geoforum, 86*. pp.103-117, doi.org/10.1016/j.geoforum.2017.09.008.

Gitay, H., Brown, S., Easterling, W., Jallow, B., Antle, J., Apps, M., ... & White, K. S. (2001). Ecosystems and their goods and services. In Impacts, adaptation, and vulnerability. Contribution of Working group II to the Third Assessment Report of the Intergovernmental Panel on Climate Change (pp. 235-342). Cambridge University Press.

Mileti, D. (1999). Disasters by design : A reassessment of natural hazards in the United States. *Joseph Henry Press* , http://www.nap.edu/catalog/5782.html.

Miranda, F. N., & Ferreira, T. M. (2019). A simplified approach for flood vulnerability assessment of historic sites. *Natural Hazards*. pp.1-18, doi.org/10.1007/s11069-018-03565-1.

Murray, V., & Ebi, K. L. (2012). IPCC. Managing the Risks of Extreme Events and Disasters to Advance Climate Change Adaptation (SREX).

Nardo, M., & Saisana, M. (2008). OECD/JRC handbook on constructing composite indicators. Putting theory into practice. In Proceedings of the NTTS (*New Techniques and Technologies for Statistics)* Seminar (p. 16).

Quenault, B. (2015). De Hyōgo à Sendai, la résilience comme impératif d'adaptation aux risques de catastrophe : nouvelle valeur universelle ou gouvernement par la catastrophe ? Développement durable et territoires. *Économie, géographie, politique, droit, sociologie, 6(3),* doi.org/10.4000/developpementdurable.11010.

Quenault, B. (2015). La vulnérabilité, un concept central de l'analyse des risques urbains en lien avec le changement climatique. In Les Annales de la recherche urbaine (No. 110), https://hal.univ-rennes2.fr/hal-01645003.

Rakib, M. A., Islam, S., Nikolaos, I., Bodrud-Doza, M., & Bhuiyan, M. A. (2017). Flood vulnerability, local perception and gender role judgment using multivariate analysis: A problem-based "participatory action to Future Skill Management" to cope with flood impacts. *Weather and climate extremes, 18*, 29-43, https://doi.org/10.1016/j.wace.2017.10.002.

Reghezza, M. (2006). La vulnérabilité : un concept problématique. F. Léone et F. Vinet, La vulnérabilité des sociétés et des territoires face aux menaces naturelles. *Analyses géographiques, Montpellier, PULM, coll. Géorisque,* (1). pp.35-40

Rezaee, Z., Fisher, P. F., and Balzter, H. (2018). Geographical Concepts of Vulnerability Analysis for Risk Assessments-A Review.

Saidi, M. E. (1994). « Flood's genesis and propagation in sub-arid environment as exemplified by oued souss (Morocco). Bulletin de l'Association de Géographes Français, V. 1, 94-111, DOI : 10.3406/bagf.1994.1723 »

Scheuer, S., Haase, D., and Meyer, V. (2011). Exploring multicriteria flood vulnerability by integrating economic, social and ecological dimensions of flood risk and coping capacity: from a starting point view towards an end point view of vulnerability. *Natural Hazards, 58(2).* pp.731-751, DOI 10.1007/s11069-010-9666-7.

Stafford, S. and J. Abramowitz (2017). "An analysis of methods for identifying social vulnerability to climate change and sea level rise: a case study of Hampton Roads, Virginia." *Natural Hazards 85(2).* pp.1089-1117, doi.org/10.1007/s11069-016-2622-4.

Thanvisitthpon, N., Shrestha, S., Pal, I., Ninsawat, S., andChaowiwat, W. (2020). Assessment of flood adaptive capacity of urban areas in Thailand. *Environmental Impact Assessment Review, (81).* pp.106363, doi.org/10.1016/j.eiar.2019.106363.

Tierney, K. (2008). Structure and process in the study of disaster resilience. In 14th world conference on earthquake engineering, Beijing, China.

Tobin, G. A. (1999). "Sustainability and community resilience: the holy grail of hazards planning?" Global Environmental Change Part B: *Environmental Hazards 1(1).* pp.13-25.

Tu, W. (2015). "Quantitative Methods and Socio-Economic Applications in GIS." The AAG *Review of Books 3(3).* pp.135-137, DOI: 10.1080/2325548X.2015.1050769.

Turner, B. L., Kasperson, R. E., Matson, P. A., McCarthy, J. J., Corell, R. W., Christensen, L., ... & Schiller, A. (2003). A framework for vulnerability analysis in sustainability science. *Proceedings of the national academy of sciences, 100(14),* 8074-8079, doi.org/10.1073/pnas.1231335100.

Uitto, J. I. (1998). "The geography of disaster vulnerability in megacities: A theoretical framework." *Applied Geography 18(1).*pp.7-16.

UNISDR, (2009). Terminologie pour la Prévention des risques de catastrophe, Genève, Stratégie internationale de prévention des catastrophes des Nations unies, mai, http://www.unisdr.org/files/7817_UNISDRTerminologyFrench.pdf ((last accessed on 13 August 2020).

UNISDR, M. (2009). UNISDR terminology for disaster risk reduction. United Nations International Strategy for Disaster Reduction (UNISDR) Geneva, Switzerland.

Villordon, M. B. B, (2014). Vulnerability index for urban flooding:Understanding social vulnerabilities and risks, these, Université de nice-sophiaantipolis Ecole doctorale stic, sciences et technologies de l'information et de la communication 551p, https://academicworks.cuny.edu/cc_conf_hic/366.

Weichselgartner, J. (2001). "Disaster mitigation: the concept of vulnerability revisited." Disaster Prevention and Management: *An International Journal 10(2)*. pp. 85-95, doi.org/10.1108/09653560110388609.

Weichselgartner, J. (2002). "About the capacity to be wounded: the need to link disaster mitigation and sustainable development." *Extreme Naturereignisse–Folgen, Vorsorge, Werkzeuge, DKKV, Bonn*. pp.150-158.

Werren, G. (2013). Maps as risk mitigation tools. Adaptation of the Swiss hazard assessment and mapping methodology to a Moroccan site (Géovisions n°44). Lausanne: Université, Institut de géographie et durabilité

Wisner B. (2002), « Who?What? Where? When? Inan Emergency: Notes on Possible Indicators of Vulnerability and Resilience: By Phase of the Disaster Management Cycle and Social Actor », in Plate E. (Éd.), *Environment and Human Security, Contributions to a workshop in Bonn, 23-25 October, Germany*.pp. 12/7-12/14.

Wood, N. J., Burton, C. G., & Cutter, S. L. (2010). Community variations in social vulnerability to Cascadia-related tsunamis in the US Pacific Northwest. *Natural Hazards*, *52*(2). pp. 369-389, doi.org/10.1007/s11069-009-9376-1.

Yang, L. E., Scheffran, J., Süsser, D., Dawson, R., & Chen, Y. D. (2018). Assessment of flood losses with household responses: Agent-based simulation in an urban catchment area. *Environmental Modeling &Assessment, 23(4)*. pp. 369-38, doi.org/10.1007/s10666-018-9597-3.

Chapitre n° 7 : Évaluation de la vulnérabilité environnementale, économique qualitative (physique) et modélisation de la vulnérabilité globale aux inondations dans la zone d'étude

7.1 Introduction

Les bilans socio-économiques et les nombreux retours d'expérience menés ces dernières années, nous enseignent que les catastrophes sont de véritables révélateurs de vulnérabilités humaines et territoriales au sein des communautés et sociétés frappées (Leone & Vinet, 2006). Sera considéré comme vulnérable tout enjeu « humain, matériel, environnemental, etc. » dont l'intégrité se trouverait atteinte par l'effet d'un aléa (Renard et al., 2010).

Les études s'intitulant sur les vulnérabilités dans la zone d'étude, sont absentes à notre connaissance. Néanmoins, la gestion du risque a longtemps été concentrée sur la maîtrise de l'aléa d'inondation, impliquant une très forte sensibilité des enjeux.

Avant de définir la fonction de la vulnérabilité globale aux inondations dans la zone d'étude, tous d'abord on va évaluer les vulnérabilités environnementale et économique qualitative (physique), sachant qu'on a déjà modéliser la vulnérabilité humaine en adoptant l'approche inductif moyennant l'analyse en composante principale (Cf, chapitre n°5).

7.2 Méthodologie

Il existe plusieurs méthodes de caractérisation et d'évaluation des vulnérabilités environnementale et économique qualitative des risques naturels, en particulier les inondations, expérimentées au cours des 20 dernières années à l'étranger (essentiellement en Angleterre) (Barroca et al., 2005). Les démarches qualitatives, récentes et privilégiées aujourd'hui, restent peu abondantes mais en plein essor.

Les techniques hiérarchiques multicritères : la plus connue a pour objectif de caractériser la vulnérabilité des zones urbaines et des projets d'aménagement exposés à un risque à partir du mode d'occupation du sol (Barroca et al., 2005). La vulnérabilité est appréhendée de manière chiffrée à partir de données qualitatives variées. Chaque critère[17] de vulnérabilité est standardisé, puis pondéré en fonction de son importance supposée. Pour cela, une méthode d'aide à la décision va être employée afin de classer les différents enjeux de vulnérabilités. L'objectif de l'aide multicritère à la décision consiste à rendre possible une décision sur des bases rationnelles malgré un nombre important de critères décisionnels parfois en conflit ou contradictoires (Renard & al., 2010 ; Laforest et al., 2013). Dans le but d'apporter des éléments raisonnables pour des problèmes décisionnels. L'analyse multicritère (AMC) a été développée dans la deuxième moitié du XXème siècle (Laforest et al., 2013).

7.2.1 Les méthodes d'aide à la décision et l'évaluation de la vulnérabilité (Méthode analytique et démarche multicritère)

Les méthodes d'aide à la décision interviennent pour faciliter les choix entre différentes décisions ou évaluations dans des situations complexes, où plusieurs critères qualitatifs et quantitatifs entrent en jeu (Barczak, A., 2007). Plusieurs méthodes d'aide à la décision existent, telles que la comparaison par critères, la méthode ordinale ou encore la méthode multicritère d'aide à la décision (Renard, F., et al 2010). Cette dernière, à laquelle nous nous sommes spécifiquement intéressés, consiste à ordonner les solutions sur la base soit d'un critère unique, soit de différents critères appréhendés dans leur pluralité. L'objectif est de faire ressortir une ou des propositions qui s'approchent le plus des objectifs recherchés (Cherqui, 2005).

Cette étude vise à classer les différents enjeux en fonction de leur sensibilité de l'endommagement face à l'aléa inondation (Leone et al., 2006). Pour opérer un

[17] Maystre (1994) définit le critère comme expression qualitative ou quantitative de points de vue, objectifs, aptitudes ou contraintes relatives au contexte réel, permettant de juger des personnes, des objets ou des événements.

tel classement, trois approches opérationnelles non spécifiques d'un type de décision sont classiquement reconnues et fondées sur le jugement d'experts. Le premier type d'approche est l'agrégation complète transitive de l'école américaine (El Morjani, 2002). Les méthodes les plus représentatives de cette approche sont le processus d'analyse hiérarchique ou l'analyse hiérarchique des procédés (AHP), (Analytic Hierarchy Process de Saaty, 1980 et Laforest et al., 2013), et la théorie de l'utilité multi-attribut (Multi Attribute Utility Theory de Keeney, 1993, tiré de Renard et al., 2010). L'agrégation partielle (école francophone) respecte l'incomparabilité et l'intransivité, afin d'établir des relations de surclassement dans toutes les actions (Laforest et al., 2013). Finalement, le troisième type est l'agrégation locale et itérative qui procède à l'exploration locale et renonce à toute vision globale. De plus, elle nécessite de la part des intervenants un investissement en temps très élevé (Renard et al., 2010). Les méthodes d'agrégation complète ont l'avantage d'être simples à utiliser et à expliquer (Laforest et al., 2013). L'objectif finale c'est d'affiner le processus de décision en examinant la cohérence et la logique des préférences du décideur et de hiérarchiser différents critères en fonction de leur vulnérabilité face à l'aléa d'inondation.

7.2.2 Justification du choix de la méthode utilisée

Les méthodes d'agrégation partielles, avec leurs relations de surclassement, fournissent des résultats qui peuvent ne pas être complètement représentatifs des jugements de départ. De plus, d'après Alain Schärlig (1985), « l'espoir de celui qui utilise de telles méthodes est d'obtenir un résultat clair et net ; malheureusement, cet espoir est souvent déçu car le résultat n'est pas toujours d'une grande clarté ». Le choix entre ces méthodes est conditionné par des paramètres principaux tels que la simplicité et la clarté d'utilisation, la finesse de l'évaluation, la flexibilité et le temps nécessaire à leur mise en œuvre, les ressources disponibles et le retour d'expérience (Renard et al., 2010). C'est ainsi nous nous sommes dirigés vers les méthodes d'agrégation complète, fondées sur des jugements d'experts transitifs et comparables, qui constituent le processus d'analyse hiérarchique développé par Thomas Lorie Saaty (1980, 2008). En effet, l'Analytic Hierarchy Process (AHP) est une méthode de mesure de critères d'une situation donnée, fondée sur la dérivation de priorités relatives à partir de comparaisons par paires partageant un attribut commun (Saaty, 1994 ; Saaty, 2007). Elle emprunte à l'approche systémique et à l'approche déductive (interrelation des parties) pour hiérarchie une situation complexe en différents éléments pouvant interagir les uns avec les autres, afin de les quantifier pour leur donner des valeurs relatives à leurs impacts sur le système global (Renard et al., 2010). En outre, l'AHP est très simple, sans besoin de construire un système complexe d'expert (Emamgholi & Shahedi, 2014).

7.2.3 Présentation des étapes de classement des enjeux d'un territoire, fondée sur l'Analytic Hierarchy Process de Thomas Saaty

1. **Analyse du problème**

Décomposition du système en effectuant un inventaire précis qualitatif et quantitatif des différents enjeux et critères (cibles vulnérables), à partir de base de données (Plan d'occupation des sols, etc.) en effet, les enjeux environnementaux et physiques sont documentés grâce à la base de données du système d'information géographique (SIG) et la carte d'occupation du sol générée dans la zone d'étude avec une résolution de 10m.

2. **Construction d'une décomposition hiérarchique**

Cette démarche consiste à exprimer soigneusement la structure de la hiérarchie qui reflétera la problématique à résoudre (Rakotoarivelo, 2018). Cette structure hiérarchique clarifie le problème et permet d'identifier la contribution de chaque élément à la décision finale. Les critères et les sous critères, étant les éléments qui influencent l'objectif, se trouvent dans les niveaux intermédiaires de la hiérarchie. Les alternatives sont le niveau le plus bas de la hiérarchie. Avec une définition d'une arborescence hiérarchique de critères et de sous-critères sous la forme de couple père-fils, sachant que la somme des poids de tous les critères fils d'un même critère père est égale à 1(Saaty, 1984 ; Barczak et al., 2007 et Renard et al., 2015).

3. Jugement d'experts par comparaison binaire de critères

Les experts apprécient l'importance (sensibilité) et la priorité relative de critères de même nature se situant au même niveau de la hiérarchie par comparaison par paire selon l'échelle sémantique de Saaty des valeurs absolues de 1 à 9 (Tableau n°9)

Tableau n°9. Échelle de comparaison binaire d'après Saaty (1981) et Griot (2003)

Degré d'importance (sensibilité) numérique	**Degré d'importance (sensibilité) verbal**	**Définition**
1	Importance	Les deux éléments contribuent autant à l'explication de l'objectif
3	Un élément est un peu plus important (sensible) que l'autre	L'expérience et l'appréciation personnelle de l'expert favorisent légèrement un élément par rapport à l'autre
5	Un élément est plus sensible que l'autre	L'expérience et l'appréciation personnelle de l'expert favorisent vraiment un élément par rapport à l'autre
7	Un élément est beaucoup plus important sensible que l'autre	L'expérience et l'appréciation personnelle de l'expert favorisent fortement un élément par rapport à l'autre
9	Un élément est absolument plus important sensible que l'autre	La dominance d'un élément par rapport à l'autre est démontrée par l'expérience et l'appréciation personnelle
2,4,6,8	Valeurs intermédiaires entre deux appréciations voisines	Utilisées pour affiner le jugement lorsqu' un compromis est nécessaire entre deux appréciations
1/2,1/3,1/4,1/5,1/6,1/7,1/8,1/9	Valeurs réciproques des appréciations précédentes	

Ils remplissent des matrices carrées d'ordre égal au nombre de enjeux comparés (cf. Tableau n°10). Il est nécessaire de ne comparer que la partie supérieure du tableau (la partie inférieure contenant les résultats réciproques). Les matrices de comparaison renseignées à l'aide des jugements d'experts permettent de calculer la vulnérabilité de chacun des enjeux (Renard, F. et al, 2015).

Tableau n°10.Comparaison par paire des critères

Critères	C_1	C_2	……	C_n
C_1	1			
C_2		1		
……			1	
C_n				1

La comparaison par paire (comparaison deux à deux des critères) a des avantages suivants : Simple d'utilisation, la cohérence de l'ensemble des comparaisons est vérifiée, et permet d'appréhender la complexité du monde réel. Cependant elle présente des inconvénients à savoir : le temps de comparaison augmente plus rapidement que le nombre de critères (Renardet al., 2015).

4. Calcul de Ratio de Cohérence (RC)

L'un des avantages du processus de décision analytique (hiérarchique) AHP est contrôler la cohérence de la décision. En d'autres termes, ce processus est capable de calculer la cohérence (consistency) de la décision ainsi de juger le degré de sa conformité. Par exemple Si A est deux fois plus importante que B et B est trois fois plus important que C, donc ce jugement est conforme si A est six fois plus important que C. Si la signification de A par rapport à C est une valeur à l'exception de six, donc la conformité de la décision est diminuée (Saaty, 2008). La vérification de la cohérence des jugements se fait à travers l'indice de cohérence IC, et le ratio de cohérence RC, après avoir choisi l'indice aléatoire IA correspondant à la dimension de la matrice. Selon Saaty, (2003), tiré de Rakotoarivelo, (2018) une valeur de RC inférieure à 10% est généralement acceptable, sinon, les comparaisons par paires doivent être révisées pour réduire les incohérences. Cependant, lorsque le ratio de cohérence est inférieur à 10 %, le poids des critères apprécié est alors cohérent et ne présente pas de cycle douteux.

5. Agrégation des réponses des experts et obtention des fonctions de vulnérabilité

Les réponses des différents experts nécessitent d'être agrégées afin d'aboutir à une évaluation unique. Pour cela, la moyenne des jugements fournis par les différents experts est calculée afin de reconstituer une matrice unique de comparaison (Tixier et al., 2006) qui fournit les fonctions de vulnérabilité pour chaque critère de chacun des niveaux. Les calculs sont réalisables avec un tableur Excel toutefois l'utilisation de logiciels spécifiques permet un gain de temps considérable (Cherqui, 2005).

7.2.4 Application du Principes de l'AHP à la zone d'étude

En nous inspirant largement de la méthodologie mise au point par T.L. Saaty, et d'autres auteurs (Barczak et al., 2007, etc.), on a tout d'abord réalisé une description de la situation concernant les vulnérabilités aux inondations dans le contexte du bassin Soussien, afin d'en avoir une vision globale satisfaisante. Les deux principales classes d'enjeux (environnementaux et matériels (économique qualitative), eux-mêmes subdivisés précisément en cibles vulnérables, environnementales et matérielles susceptibles d'être touchées par les inondations (Figure 38). À cette fin, nous proposons d'employé la méthode hiérarchique multicritères (MHM) couplées au système d'information géographique pour obtenir une évaluation semi-quantitative de la vulnérabilité globale de la population vis à vis de l'aléa d'inondation.

7.2.5 Enjeux des vulnérabilités économique qualitative (physique) et environnementale

Quoi que l'aspect financier des dommages provoqués en cas d'inondation joue un rôle important dans la détermination de la vulnérabilité des enjeux aux risques naturels, ce facteur n'est pas pris en compte dans cette évaluation. Car il nécessite d'avoir les données sur les pertes matérielles en fonction de la profondeur de l'inondation (coûts) dans la zone d'étude par des approches de simulation de dommages.

Les enjeux de la vulnérabilité économique qualitative sont de six grands types à savoir :

Surfaces construites (Tchindjang et al., 2019), fourrage et maraichage, agrumes, réseaux routier, alimentation en eau potable et réseau d'assainissement. Subdivisés ensuite en cibles plus détaillées, concernant les surfaces construites et le réseau routier (**Tableau n°11**). Pour la cartographie des enjeux des vulnérabilités économiques qualitative et environnementales, le lecteur peut consulter la carte d'occupation des sols générée avec une résolution de 10m (cf, chapitre n°5)

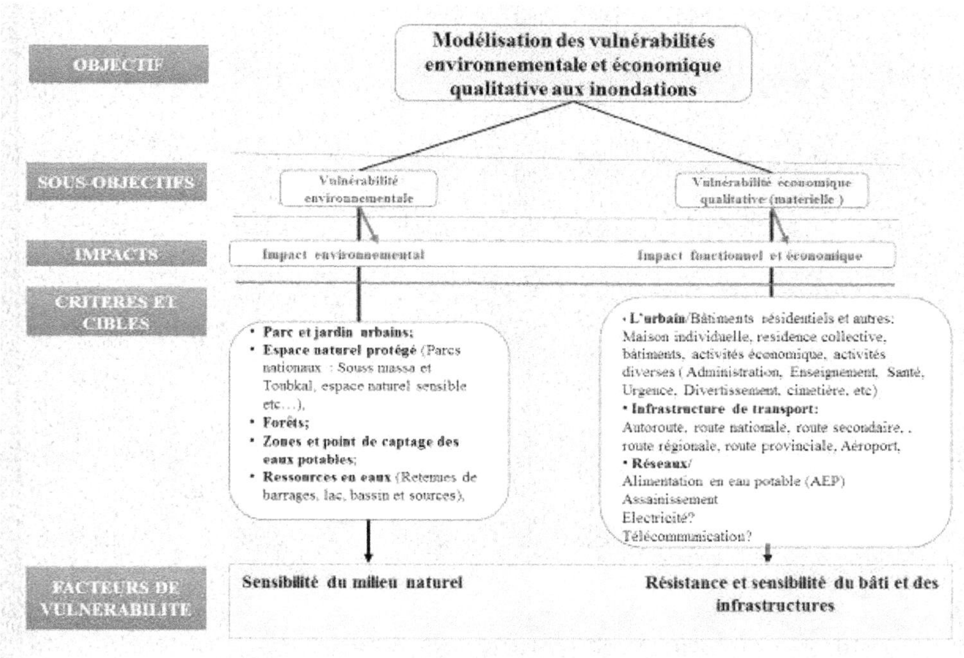

Figure 38. La décomposition hiérarchique adaptée (Bouaakkaz, 2020)

Tableau n°11.Matrice de comparaison par paire des enjeux de la vulnérabilité économique dans le bassin de souss (Bouaakkaz, 2020)

Evaluation de la vulnérabilité économique (Qualitative)	Surface construite à faible densité	Surface construite de densité moyenne	Surface construite de forte densité	Fourrage et maraichage	Agrumes	Autoroute	Voie express e	Routes nationales	Routes régionale s	Routes non classées	Rues réside ntielles	Réseaux : Alimentati on en eau potable	Réseaux : Assainissemen t
Surface construite à faible densité	1												
Surface construite de densité moyenne		1											
Surface construite de forte densité			1										
Fourrage et maraichage				1									
Agrumes					1								
Autoroute						1							
Voie expresse							1						
Routes nationales								1					
Routes régionales									1				
Routes non classées										1			
Rues résidentielles											1		
Réseaux : Alimentation												1	

en eau potable													
Réseaux : Assainissement													1

Quant aux enjeux de la vulnérabilité environnementale[18] sont de cinq types comme suit :

Espace naturel protégé, forêts, zones et points de captage des eaux potables, parc et Jardin urbains et enfin les ressources en eaux. Divisés aussi en plusieurs cibles sensibles à l'aléa d'inondation (Tableau n°12). Cette vulnérabilité concerne majoritairement l'analyse des dommages et sensibilité des inondations sur ces enjeux.

Tableau n°12. Matrice de comparaison par paire des enjeux de la vulnérabilité environnementale dans le bassin de souss (Bouaakkaz,2019)

Evaluation de la vulnérabilité environnementale	Espace naturel protégé (Parcs nationaux :Souss massa et Toubkal, espace naturel sensible etc…)	Forêts	Zones et points de captage des eaux potables	Parc et Jardin urbains	Ressources en eaux (Retenues de barrages, lac, bassin et sources)
Espace naturel protégé (Parcs nationaux : Souss massa et Toubkal, espace naturel sensible etc…)	1				
Forêts		1			
Zones et points de captage des eaux potables			1		
Parc et Jardin urbains				1	
Ressources en eaux (Retenues de barrages, lac, bassin et sources)					1

* Description de quelques enjeux de la vulnérabilité économique qualitative

(Le lecteur peut consulter l'annexe n°5 pour plus de détail)

7.2.6 Jugements d'experts pour le calcul des priorités (Quantification des enjeux)

Cette évaluation repose évidement sur les jugements d'experts, et notre appréciation d'après le retour d'expérience à partir desquels leurs priorités

[18] L'environnement étant un bien collectif, les principes de sa protection et de sa reconstitution ne sauraient être le domaine réservé des écologistes mais devraient être largement partagés par tous (Groupe d'experts intergouvernemental, 2014)

relatives sont dérivées à l'aide d'un calcul matriciel. Cette quantification est fondée sur des comparaisons deux à deux, où il est demandé à l'expert d'évaluer la sensibilité aux inondations d'éléments par paire. À cette fin de quantification relative d'éléments par rapport à d'autres, il a été mis au point une échelle spécifique (Saaty, 1980). Cette grille d'évaluation a l'avantage de mesurer des jugements subjectifs aussi bien que formellement quantitatifs, afin de mesurer le degré d'importance d'un des éléments de la hiérarchie par rapport à un autre. Les matrices de comparaison renseignées à l'aide des jugements d'experts permettent de calculer le poids de chacun des éléments de la hiérarchisation préalablement établie (Renard et al., 2010).

Un traitement spécifique est nécessaire pour agréger toutes les appréciations et les jugements des experts. Dans le cadre de l'application de la procédure d'analyse hiérarchique multicritère, la méthode d'agrégation recommandée est l'emploi de la moyenne géométrique pour reconstituer une matrice unique de comparaison (Tixier et al., 2006).

7.2.7 Calcul de Ratio de Cohérence (RC) : Consistency checking (Cf annexe n°5)

7.2.8 Résultats

7.2.8.1 Vulnérabilité économique qualitative (matérielle)

Nous constatons, que le jugement d'experts (Ingénieurs de différentes administrations, Bureaux d'étude, Professeurs enseignants chercheurs, etc.), a placé en tête les surfaces construites de forte densité (13,24 %) plus sensible aux inondations. Étant donné que les bâtiments et leur contenu sont directement et indirectement affectés par les inondations de diverses manières. Les impacts directs sont les dommages physiques causés aux bâtiments et à leur contenu, et les dommages indirects comprennent la perte d'activité industrielle ou commerciale (Bringas, 2016). En effet, l'impact des inondations sur le logement et les ménages peut être parfois dévastateur car l'eau en mouvement a tendance à provoquer l'affouillement ou l'érosion, sapant les bâtiments et provoquant éventuellement l'effondrement. Suivis des agrumes (9,95%) ensuite les fourrages et maraichages (9,44%). Enfin le réseau routier qui est moins sensible à l'aléa d'inondation, notamment les routes régionales (Tableau n°13 et Figure 40).

Tableau n°13.Jugement des enjeux de la vulnérabilité économique qualitative par le panel d'expert

Enjeux	Moyenne de l'évaluation	Pourcentage
Surface construite de forte densité	0,13	13,24
Agrumes	0,10	9,95
Fourrage et maraichage	0,09	9,44
Surface construite de densité moyenne	0,09	9,16
Surface construite à faible densité	0,09	8,71
Réseaux : Alimentation en eau potable	0,09	8,50
Réseaux : Assainissement	0,08	8,05
Autoroute	0,07	7,11
Voie expresse	0,06	6,34
Rues résidentielles	0,05	5,17
Routes non classées	0,05	4,96
Routes nationales	0,05	4,71
Routes régionales	0,05	4,64
Total	1	100

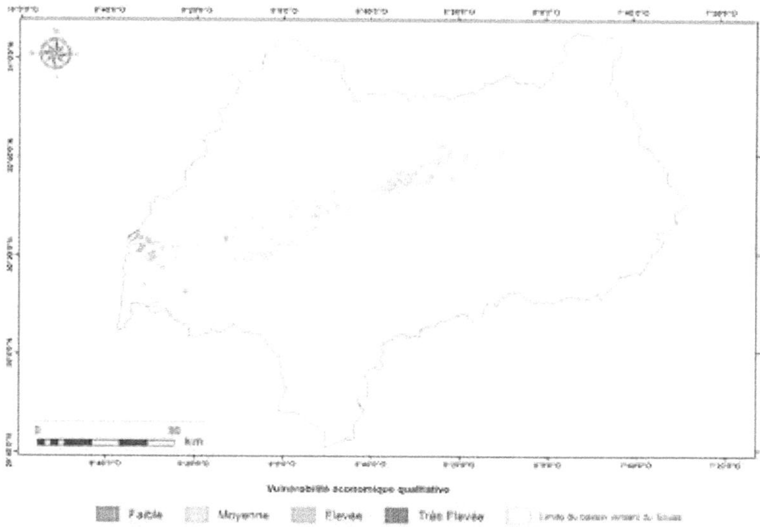

Figure 39. Carte de la vulnérabilité économique qualitative (matérielle) dans la zone d'étude (Bouaakkaz, 2020)

L'examen des cartes des Figure 39 et Figure 40, illustrent que les communes situées dans la plaine de Souss présentent des surfaces plus importantes a vulnérabilité économique élevées. Ceci est due à l'existence des surfaces construites très dense, ainsi que la présence d'une activité agricole caractérisée par l'existence des agrumes dans ces espaces. De ce fait, cette vulnérabilité physique se place en majorité en plaine au sein des mailles des centres urbains qui regroupent la confluence des oueds avec le collecteur principal (oued souss). Étant donné que les enjeux matériels, comme les bâtiments ou les infrastructures de transport, se regroupent dans le cœur urbain du bassin de Souss et se concentrent aux niveaux des secteurs de forte densité de population. Cependant la vulnérabilité faible est due à l'existence de réseau routier dans ces communes.

Afin de valider la cohérence des réponses fournies par les experts, un ratio de cohérence se doit d'être calculé à partir des valeurs propres des matrices de comparaison.

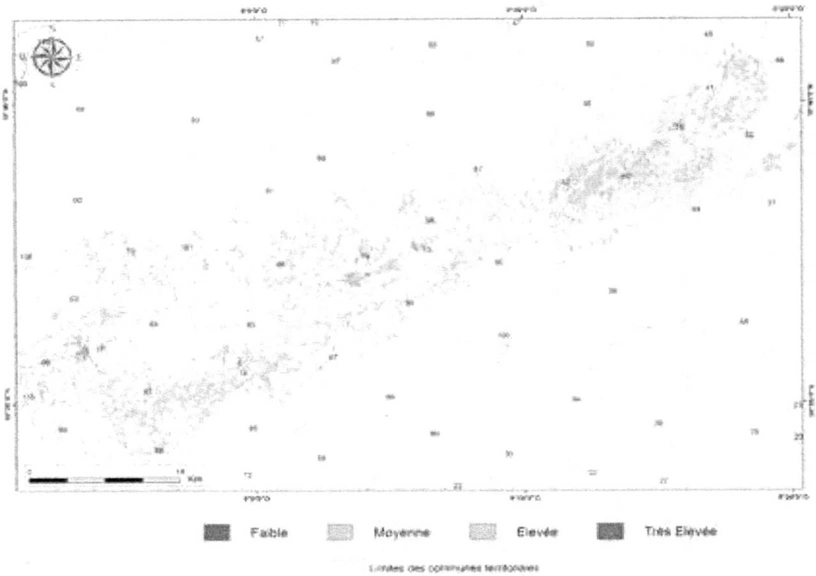

Figure 40. Zoom sur la vulnérabilité économique qualitative dans la zone d'étude

13-Ait Iaaza (Mun.) **14**-El Guerdane (Mun.) **15**-Irherm (Mun.) **16**-Oulad Berhil (Mun.) **17**-Oulad Teima (Mun.) **19**-Taroudannt (Mun.) **36**-Arazane **37**-El Faid **38**-Ida Ou Gailal **39**-Ida Ougoummad **40**-Igli **41**-Igoudar Mnabha **42**-Oulad Aissa **44**-Lamhara **57**-Argana **58**-Assads **60**-Eddir **61**-El Koudia El Beida **67**-Machraa El Ain **68**-Sidi Ahmed Ou Amar **86**-Ahmar Laglalcha **87**-Ait Igas **88**-Ait Makhlouf **89**-Bounrar **90**-Freija **91**-Ida Ou Moumen **93**-Lamnizla **95**-Sidi Borja **96**-Sidi Dahmane **97**-Tafraouten **98**-Tamaloukte **99**-Tazemmourt **100**-Tiout **101**-Zaouia Sidi Tahar.

7.2.8.2 Vulnérabilité environnementale

La vulnérabilité environnementale regroupe les impacts potentiels d'événements sur l'environnement naturel ou le milieu biophysique (Tchindjang et al., 2019) et leurs sensibilités aux inondations pour notre cas.

D'après le jugement des experts (Tableau n°14) on remarque que les ressources en eaux (Retenues de barrages, lac et bassins) sont plus sensibles en cas de survenue d'une inondation (27,03%) à cause de la turbidité causée par les apports solides, surtout si ces ouvrages se trouvent en plein retenue lors des inondations. Suivi aussi des zones et points de captage des eaux potables (26,20%), notamment les forages situés dans des zones vulnérables aux inondations. Enfin les forêts avec un pourcentage de sensibilité plus faible (14.80%), puisque la forêt régularise l'écoulement en favorisant les écoulements souterrains aux dépens de ceux superficielle.

Tableau n°14.Jugement des enjeux de la vulnérabilité environnementale par le groupe d'expert

Enjeux	Moyenne de l'évaluation	Pourcentage
Ressources en eaux (Retenues de barrages, lac et bassins)	0,27	27,03
Zones et points de captage des eaux potables	0,26	26,20
Parc et Jardin urbains	0,18	18,06
Espace naturel protégé (Parcs nationaux :Souss massa et Toubkal, espace naturel sensible etc…)	0,15	14,87
Forêts (montagnes et plaine)	0,15	14,80

La carte de la **Figure 41** ci-dessous, montre que les espaces naturels protégés (Parcs nationaux : Souss massa et Toubkal) et les forêts sont moins vulnérables que les autres enjeux environnementaux. Par contre les ressources en eaux et les zones et points de captage des eaux potables présentent respectivement des vulnérabilités élevées a très élevée.

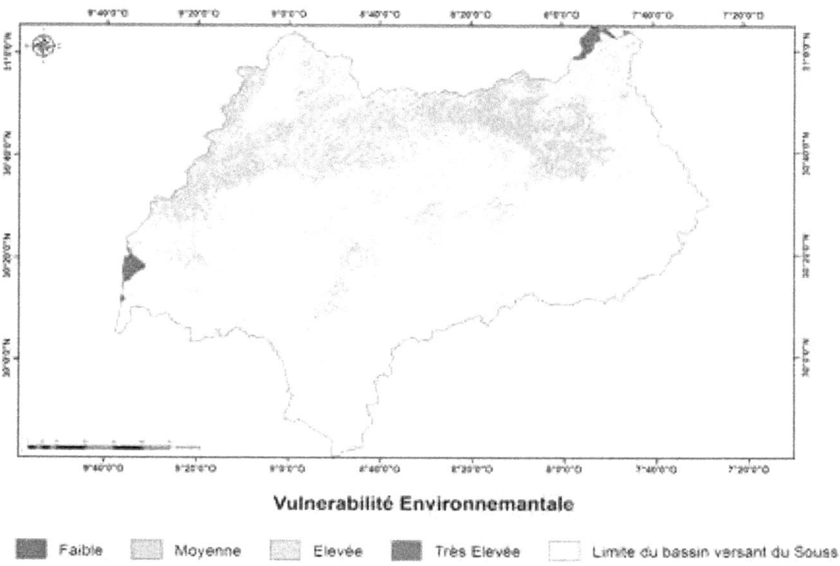

Figure 41. Carte de la vulnérabilité environnementale dans la zone d'étude (Bouaakkaz, 2020)

7.2.8.3 Évaluation de la vulnérabilité globale aux inondations

De la même manière on a évalué la vulnérabilité globale aux inondations dans la zone d'étude en renseignant le Tableau n°15, ci-après par le jugement des experts. Pour le calcul de Ratio de Cohérence (RC) : Consistency checking, le lecteur pour se référer à l'annexe n°5, pour plus de détail.

Après, les vecteurs propres des matrices de jugement ont été calculés pour fournir les fonctions de vulnérabilité qui déterminent les priorités. Le résultat de cette évaluation est résumé dans le Tableau n°16, ci-après :

Tableau n°15. Matrice de comparaison par paire des vulnérabilités dans le bassin de Souss

Évaluation de la vulnérabilité globale	Vulnérabilité sociale (humaine)	Vulnérabilité environnementale	Vulnérabilité économique (matérielle)
Vulnérabilité sociale (humaine)	1		
Vulnérabilité environnementale		1	
Vulnérabilité économique (matérielle)			1

Tableau n°16.Pondération des vulnérabilités par le groupe d'expert dans la zone d'étude

Vulnérabilité	**Moyenne**	**Pourcentage**
Vulnérabilité sociale (humaine)	0,48	48,18
Vulnérabilité environnementale	0,29	28,71
Vulnérabilité physique (économique)	0,23	23,11

- **Calcul de Ratio de Cohérence (RC) : Consistency checking**

Analogiquement que ceux calculés pour les matrices de la vulnérabilité physique et environnementale ci-dessus, on a calculé le RC de la matrice de la vulnérabilité globale (annexe n°5).

- **Les fonctions de vulnérabilité dans le bassin de Souss**

La fonction de vulnérabilité globale, formulée numériquement par l'équation ci-dessous et représentée graphiquement en Figure 42 et Figure 43, montre la grande importance et sensibilité des enjeux humains (48,2 %). Les enjeux exposés environnementaux représentent (28,7 %), tandis que les enjeux physiques symbolisent (23 %) de cette fonction.

$$\boldsymbol{Vuln\acute{e}rabilit\acute{e}\ globale =}$$

$$\mathbf{0,48}\ \boldsymbol{x\ vuln\ sociale} + \mathbf{0,29}\boldsymbol{x\ vuln\ environ} +\ \mathbf{0,23}\boldsymbol{x\ vuln\acute{e}rabilit\acute{e}\ mat\acute{e}rielle}$$

Après détermination de la fonction de la vulnérabilité, on a recouru au SIG, pour spatialiser, traiter, stocker et analyser les plans d'informations hétérogènes en relation avec la vulnérabilité globale.

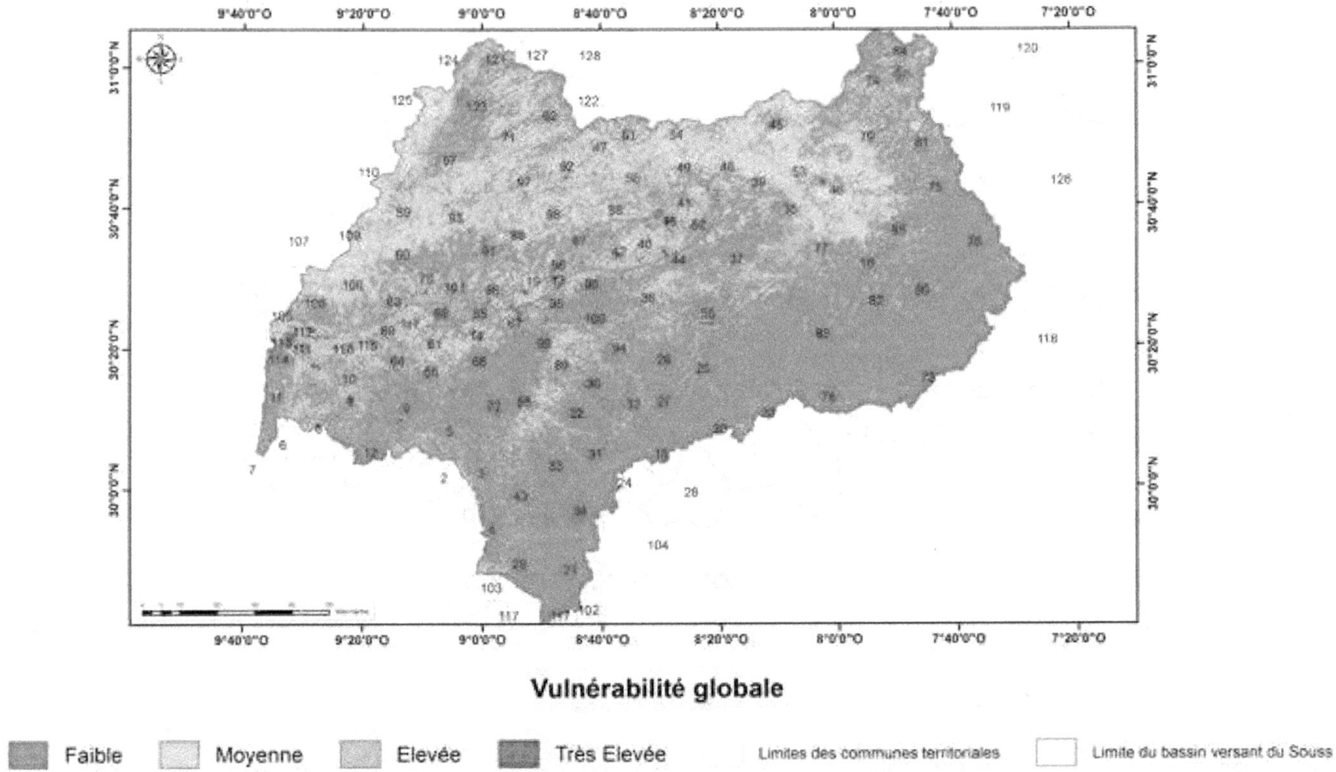

Figure 42. Carte de la vulnérabilité globale dans le bassin de Souss (Bouaakkaz, 2020).

1-Biougra (Mun.) **2**-Ait Mzal **3**-Hilala **4**-Ida Ougnidif **5**-Tassegdelt **6**-Inchaden **7**-Sidi Ouassay **8**-Ait Amira **9**-Imi Mqourn **10**-Ouad Essafa **11**-Sidi Bibi **12**-Sidi Boushab **13**-Ait Iaaza (Mun.) **14**-El Guerdane (Mun.) **15**-Irherm (Mun.) **16**-Oulad Berhil (Mun.) **17**-Oulad Teima (Mun.) **18**-Taliouine (Mun.) **19**-Taroudannt (Mun.) **20**-Adar **21**-Ait Abdallah **22**-Amalou **23**-Azaghar N'Irs **24**-Imaouen **25**-Imi N'Tayart **26**-Nihit **27**-Oualqadi **28**-Sidi Boaal **29**-Sidi Mzal **30**-Tataoute **31**-Tindine **32**-Tisfane **33**-Toufelaazt **34**-Toumliline **35**-Aoulouz (Mun.) **36**-Arazane **37**-El Faid **38**-Ida Ou Gailal **39**-Ida Ougoummad **40**-Igli **41**-Igoudar Mnabha **42**-Oulad Aissa **43**-Tabia **44**-Lamhara **45**-Ouneine **46**-Ouzioua **47**-Sidi Abdellah Ou Said **48**-Sidi Ouaaziz **49**-Tafingoult **50**-Talgjoun **51**-Tigouga **52**-Tinzart **53**-Tisrasse **54**-Tizi N'Test **55**-Toughmart **56**-Ahl Ramel **57**-Argana **58**-Assads **59**-Bigoudine **60**-Eddir **61**-El Koudia El Beida **62**-Imilmaiss **63**-Issen **64**-Lagfifat **65**-Lakhnafif **66**-Lamhadi **67**-Machraa El Ain **68**-Sidi Ahmed Ou Amar **69**-Sidi Boumoussa **70**-Sidi Moussa Lhamri **71**-Talmakante **72**-Tidsi Nissendalene **73**-Agadir Melloul **74**-Ahl Tifnoute **75**-Askaouen **76**-Assaisse **77**-Assaki **78**-Azrar **79**-Iguidi **80**-Sidi Hsaine **81**-Taouyalte **82**-Tassousfi **83**-Tizgzaouine **84**-Toubkal **85**-Zagmouzen **86**-Ahmar Laglalcha **87**-Ait Igas **88**-Ait Makhlouf **89**-Bounrar **90**-Freija **91**-Ida Ou Moumen **92**-Imoulass **93**-Lamnizla **94**-Sidi Ahmed Ou Abdallah **95**-Sidi Borja **96**-Sidi Dahmane **97**-Tafraouten **98**-Tamaloukte **99**-Tazemmourt **100**-Tiout **101**-Zaouia Sidi Tahar **102**-Afella Ighir **103**-Ammelne **104**-Issafen **105**-Agadir (Mun.) **106**-Amskroud **107**-Aqesri **108**-Drargua **109**-Idmine **110**-Tiqqi **111**-Ait Melloul (Mun.) **112**-Dcheira El Jihadia (Mun) **113**-Inezgane (Mun.) **114**-Lqliaa (Mun.) **115**-Oulad Dahou **116**-Temsia **117**-Tassrirt **118**-Iznaguen **119**-Khouzama **120**-Tidli **121**-Afalla Issen **122**-Ait Haddou Youssef **123**-Timezgadiouine **124**-Timlilt **125**-Assais **126**-Siroua **127**-Irohalen **128**-Lalla Aaziza

En général les communes urbaines et rurales implantées dans la plaine et quelques communes territoriales situées dans le Haut Atlas (Toubkal, Ouneine, Imoulass, Tafraouten et Timlilit) présentent une vulnérabilité globale aux inondations plus élevées, moyenne et élevée. En effet, les communes territoriales Ait Melloul, Dcheira El jihadia, Inzegane, Drargua, Temesia et Ouled Teima sont très globalement vulnérables aux inondations. Toutefois les communes localisées dans l'Anti Atlas présentent des surfaces plus importantes dont la vulnérabilité est faible à l'exception de quelques pixels qui connaissent des vulnérabilités moyennes a élevées. De la même manière, la carte de vulnérabilité globale reste proche de celle de la vulnérabilité humaine, en raison du poids de cette vulnérabilité (48 %) dans la fonction de vulnérabilité globale.

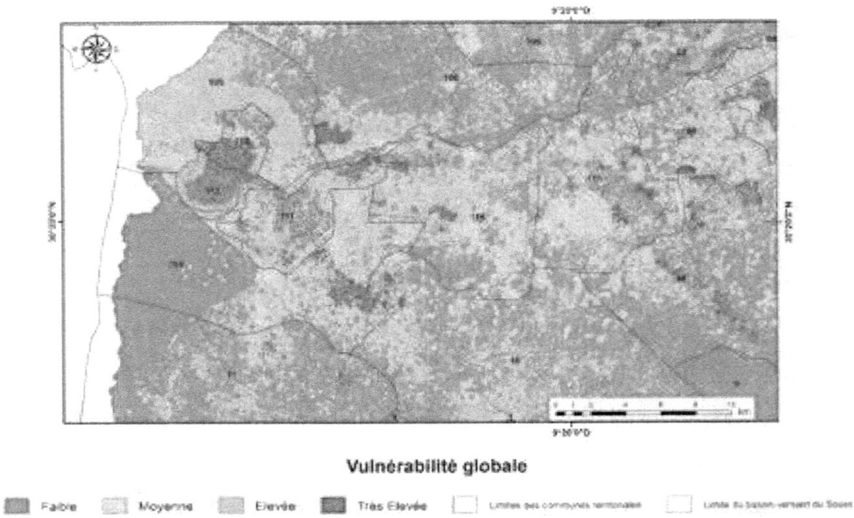

Figure 43. Zoom sur la vulnérabilité globale dans le bassin de Souss avec une résolution de 30m.

7.3 Conclusion

La cartographie intégrée de la vulnérabilité est un outil efficace d'aide à la gestion des risques naturels en général et ce des inondations en particulier. Car, par une approche globale de la situation, elle favorise son diagnostic grâce à une rapide visualisation, et permet ainsi une orientation meilleure et plus sûre des décisions à prendre dans le cadre d'une politique de prévention des risques. En effet, l'évaluation de la vulnérabilité repose sur la détermination de l'influence d'un ensemble de facteurs et indicateurs sur cette même vulnérabilité. Intervenir sur ces facteurs (par des travaux de génie civil, intervention dans le domaine social, etc.) en visant la diminution de leur influence, devrait alors permettre de réduire la vulnérabilité des populations et des biens, ce qui contribuerait à la mitigation des risques naturels y compris ce de l'inondation, principal objectif de toute politique de prévention.

La méthode d'évaluation de la vulnérabilité globale aux inondations mise au point dans ce travail, pourra ensuite être adaptée à d'autres situations similaires. Afin de spatialiser le risque d'une façon globale et intégré car ce dernier a été longtemps étudié sous l'angle de l'aléa seulement.

En effet, La méthodologie appliquée prend en compte la composante humaine, environnementale et matérielle pour construire un indice global de vulnérabilité. Pour ce faire, trois catégories de cibles ont été quantifiées dans un SIG et pondérées à l'aide de la méthode hiérarchique multicritère pour obtenir des fonctions de vulnérabilité. Ceci par la modélisation, standardisation et agrégation des critères choisit en utilisant l'analyse multicritère dans leurs définitions et pondérations, ensuite nous avons pu mettre en évidence les pixels vulnérables aux inondations. L'implémentation de ces fonctions dans un SIG fournit un outil simple à manipuler, souple et permettant des interrogations analytiques. Par la suite, la méthodologie a été améliorée par l'intégration de jugements et évaluations effectués par les experts.

En guise de conclusion, même si plusieurs améliorations devront être apportées à la méthode à savoir : l'évaluation de la vulnérabilité économique selon le coût réel de perte de chaque enjeu et l'évaluation de la sensibilité aux inondations des réseaux d'électricité et de télécommunication (à cause de non disponibilité des données), son intérêt réside dans sa souplesse et son caractère évolutif. Cette comparaison de SAATY se présente comme une méthode de comparaison très intéressante et bien structurée. Puisque, la comparaison effectuée dans cette recherche multidisciplinaire se base sur le choix d'une méthodologie. Cette méthode a permis de la rendre plus logique et cohérente en calculant le ratio de cohérence dont la valeur ne dépasse pas le seuil acceptable (10%). En outre afin de réduire cette vulnérabilité dans la zone d'étude, il est souhaitable d'adopter une stratégie à long terme pour la gestion durable de risque d'inondation. Évidement déclinée en plans d'action intégrés aux schémas de développement et d'aménagement régionaux et provinciaux. Comme il serait aussi intéressant de prendre en compte la culture du risque et la perception qu'en ont les populations locales.

Chapitre n° 8 : Capacité à faire face aux inondations

8.2 Introduction

L'adaptation au changement climatique est de plus en plus estimée comme une nécessité dans les pays du monde (Halvor et al., 2012 ; IPCC 2007 ; UNISDR ,2004, 2016 et 2017 ; Fussel, 2007). Elle est considérée comme le principal facteur de contrôle de l'impact du risque ((Elboshy et al., 2019). En effet elle pourrait influencer le niveau de risque et ce dernier peut également être modifié par les différentes capacités d'adaptation des communautés affectées (Scheuer et al., 2011). Ainsi, l'adaptation prévue au changement climatique signifie l'utilisation d'informations sur le changement climatique actuel et futur pour examiner la pertinence des pratiques, politiques et infrastructures actuelles et souhaitées (Fussel, 2007).

Par conséquent, comprendre les différentes capacités d'adaptation d'une communauté à réagir aux catastrophes naturelles et à se rebondir a été l'une des priorités de la recherche récente sur les catastrophes. En outre, est une condition préalable pour cibler les interventions visant à réduire les effets néfastes du changement climatique (Vincy, 2007). En particulier, les chercheurs ont appelé au développement des méthodologies pour évaluer la résilience d'un lieu aux catastrophes (Siebeneck et al., 2015). Puisque la réponse des communautés et l'écosystème aux catastrophes, dépend de la capacité de résilience et de la nature adaptative de cet écosystème affecté (Sahoo et al., 2018). Récemment, en plus de la gestion des risques d'inondation, la résilience aux inondations est discutée comme une nouvelle approche dans la littérature universitaire (Disse et al., 2020). La résilience est un concept relativement nouveau appliqué à la gestion des risques environnementaux. D'après le UNISDR (2005 et 2009), c'est l'aptitude d'un système, d'une collectivité ou d'une société potentiellement exposée à des aléas à s'adapter, en opposant une résistance ou en se modifiant, afin de parvenir ou de continuer à fonctionner convenablement, avec des structures acceptables. La résilience d'un système socio-écologique renvoie toujours à la capacité interne à faire face à une perturbation exogène (Lallau, 2011). Adger (2003) s'interroge sur les conditions d'une émergence conjointe de la durabilité et de la résilience. Selon lui, ces conditions tiennent principalement aux capacités locales d'action et de réaction (local reliance). Ainsi, l'évaluation de la capacité d'une communauté à faire face aux catastrophes naturelles a été au centre de nombreuses études récentes sur les catastrophes. En effet, le développement des méthodologies qui contribuent à la création d'indices de référence décrivant le degré de résilience d'une communauté aux catastrophes est particulièrement important. Par conséquent, diverses méthodes et mesures ont été proposées, comme moyen d'examiner et d'estimer la résilience aux catastrophes des communautés aux États-Unis (Cutter et al., 2008 et 2010 ; Lallau, 2011). Cependant, très peu de ces modèles ont été appliqués pour comprendre la résilience aux catastrophes dans le contexte international (Siebeneck et al., 2015).

Le renforcement des capacités prend de plus en plus d'importance dans les efforts visant à réduire les impacts des catastrophes naturelles. La question qui se pose pourquoi le renforcement des capacités sociales face aux risques naturels en Europe et ailleurs ? D'après (Kuhlicke & Steinführer, 2010) trois raisons majeures ont été identifié :

- La première concerne une augmentation observée de la fréquence des catastrophes naturelles, ainsi que l'augmentation des dommages monétaires et humaines remettant en question les stratégies de protection et de gestion établies ;
- La deuxième raison tient à une évolution de la répartition des responsabilités entre les différents acteurs étatiques et non étatiques, (entre les secteurs publics, privés et associatifs) ;

- La troisième raison tient à un éventuel manque de capacités du côté des organisations formelles impliquées dans la gestion des catastrophes et des risques.

Vraisemblablement, les quatre dimensions du renforcement des capacités se chevauchent (Figure 44). En effet, le renforcement des capacités communautaires, par exemple, contient des éléments des niveaux organisationnel et individuel, et le renforcement des capacités des organisations n'a également de sens qu'en investissant dans les efforts d'amélioration des capacités des individus (Kuhlicke & Steinführer, 2010). Il comprend des règles et des normes « structurant l'interaction » des personnes et créant le pouvoir d'atteindre des objectifs qui seraient inaccessibles en leur absence. Cette dimension peut être appelée « conception institutionnelle ».

Figure 44 .Les niveaux du renforcement des capacités sociales aux inondations (Kuhlicke, C & Steinführer A, 2010)

8.3 Objectifs

L'objectif essentiel de ce chapitre est d'avancer des pistes de réflexion pour diversifier et proposer des éventuels indicateurs de la capacité à faire face de la population du bassin de Souss aux inondations, afin d'améliorer la résilience de cette population aux inondations.

Les objectifs spécifiques sont :

1. Réaliser un portrait des indicateurs utilisés pour évaluer la capacité à faire face aux aléas climatiques au bassin de Souss, ainsi qu'ailleurs ;

2. Identifier les moyens ou les outils qui peuvent aider les citoyens à faire face aux inondations selon les visions de spécialistes œuvrant principalement dans le domaine des mesures d'urgence, de l'aménagement du territoire et de l'urbanisme ;

3. Faire repérer de possibles indicateurs de la capacité à faire face présentement accessibles ou non accessibles à l'échelle des communes de la zone d'étude ou identifier l'information qu'il faudrait obtenir en vue de l'élaboration de nouveaux indicateurs ;

4. Modélisation de la capacité à faire face aux inondations dans la zone d'étude, ainsi que le risque d'inondation d'une façon intégré afin de cibler les communes dont cette capacité est faible ou absente.

8.4 Revue de littérature des indicateurs de la capacité aux inondations et concepts théoriques

Les évaluations de capacité aux inondations font l'objet de rare d'études dans la littérature scientifique. À notre connaissance, il n'existe pas actuellement aucune étude analysant la capacité aux inondations, ainsi que sa modélisation spatiale dans la région du Souss.

Afin de définir et sélectionner les indicateurs de la capacité à faire face aux inondations (Coping Capacity), une compilation de la littérature a été réalisée en exploitant les articles publiés dans les journaux suivant : Web of conférences, springer, scopus, sciences directes et autres. Ainsi que l'URL des publications des thèses en ligne[19] et des revus internationales, etc. Plus de cent articles scientifiques ont été sélectionnés préliminairement à l'aide de mots-clés similaires à : « Flood capacity assessment indicators », « coping capacity », « adaptability to floods » « climate change capacity assessment indicators », « floods », « vulnerability assessment », « flood resilience », « adaptation » et « ability to adapt to flood risk », etc. Ensuite, on a trié en choisissant seulement les articles faisant référence à des indicateurs de capacité à faire face et d'adaptation aux inondations.

L'emploi des indicateurs pour évaluer la capacité à faire face trouve son point de vue par le fait qu'il s'agit d'une méthode particulièrement efficace en raison de leur utilisation connue, courante et employée par des chercheurs et d'acteurs. En effet, les indicateurs offrent un visuel significatif de l'état d'un problème ainsi que les solutions qui peuvent s'y rattacher (Vincent, 2007). Par ailleurs, Hinkel (2011) a souligné que lorsque ces variables indicatrices sont agrégées avec une approche déductive (par exemple un jugement d'expert) ou par une approche normative (par exemple une pondération égale), la livraison de résultats solides est un problème en raison des jugements subjectifs dans le premier cas et de la multidimensionnalité des variables aux différentes parties prenantes dans le dernier cas (Espada et al., 2013).

8.4.1 Capacité

Le GIEC[20] définit l'adaptation comme un processus d'ajustement au climat actuel ou attendu ainsi que les effets produits (IPCC, 2014a). En effet, le GIEC fait annotation de deux composantes fondamentales de la vulnérabilité qui éclaireront

---

[19] http://www.theses.fr/.

[20] Le GIEC, Groupe Intergouvernemental d'Experts sur le Climat, le GIEC a été créé en novembre 1988, à la demande du G7, par deux Organismes de l'ONU : l'Organisation météorologique mondiale (OMM) et le Programme des Nations unies pour l'environnement (PNUE). C'est un organisme intergouvernemental, ouvert à tous les pays membres de l'ONU. Le prix Nobel de la paix a été attribué au GIEC en 2007.

d'ailleurs ce chapitre, soit la sensibilité et la capacité, qui se présente en capacité à faire face et d'adaptation (IPCC, 2014). Pour Füssel (2007), l'adaptation modère les effets indésirables des changements climatiques en raison d'une variété d'actions ciblées sur la vulnérabilité du système et de la population (Tanguay, 2017).

Plusieurs définitions de la capacité aux inondations ont été abordées, on retient pour cette étude celle de l'UN/ISDR (2017) et de GIEC (2014), « La capacité est définit comme, « la combinaison de toutes les forces, attributs et ressources disponibles au sein d'une communauté, d'une société ou d'une organisation qui peuvent être utilisés pour atteindre les objectifs convenus ». Ainsi la capacité peut inclure l'infrastructure et les moyens physiques, les institutions, les capacités d'adaptation de la société, ainsi que les connaissances humaines, les compétences et les attributs collectifs tels que les relations sociales, le leadership et la gestion ».

Effectivement, plusieurs études ont une interprétation similaire de l'interdépendance de la vulnérabilité et de la capacité (IPCC, 2014 ; Balica et al., 2012 ; UNISDR, 2017). La Figure 45 illustre le cadre conceptuel de la vulnérabilité et sa relation avec la capacité. Le chevauchement reconnaît que les processus qui déterminent l'exposition, la sensibilité et la capacité d'adaptation sont souvent corrélés. (Smit & Wandel, 2006).

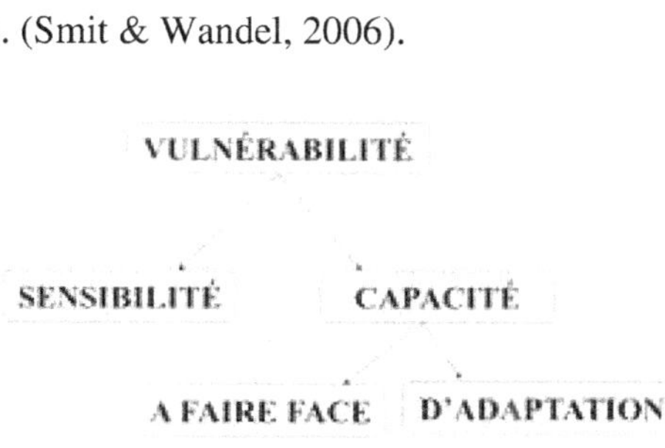

Figure 45. Cadre conceptuel de la vulnérabilité et capacité (Smit & Wandel, 2006)

La capacité peut alors être interrogée (1) via des stratégies d'actions élaborées et en répondant à la question « par quels moyens » ou (2) au travers des ressources permettant d'élaborer les stratégies, en interrogeant alors « avec quels moyens », les moyens à mobiliser pour élaborer des stratégies. Par conséquent, l'adaptation et la capacité d'adaptation font référence à la capacité de la société à répondre aux menaces, en utilisant les compétences et les ressources disponibles (Scheuer et al., 2011).

Plusieurs facteurs influencent la capacité d'adaptation d'une communauté. Certaines études soutiennent qu'elle repose sur les ressources de la région (financières, technologiques, en infrastructure, etc.) (Smit et Wandel, 2006 ; Yohe et Tol, 2002)

Par ailleurs, Turner et al. (2003) distinguent la capacité de faire face et la capacité d'adaptation ou d'y répondre, et considérer les deux comme des éléments de la résilience d'un système. Ainsi la capacité à faire face à une catastrophe réduit le risque et la vulnérabilité (Scheuer et al., 2011et Guillier., 2017). Par conséquent, le risque évolue avec la capacité d'adaptation et la capacité à faire face au fil du temps (Scheuer et al., 2011). La capacité d'adaptation post-catastrophe est donc fonction des dommages causés par les inondations et permet d'évaluer les capacités de récupération peu de temps après une catastrophe. Néanmoins, il n'aura pas prise en considération dans cette étude.

La capacité se divise par la suite en deux sous-catégories, soit la capacité d'adaptation et la capacité à faire face (GIEC, 2014). Le GIEC fait mention de deux composantes fondamentales de la vulnérabilité qui guideront d'ailleurs ce présent chapitre, soit la sensibilité et la capacité, qui se décline en capacité à faire face et d'adaptation (IPCC, 2014).

8.4.2 Capacité et adaptation

Comme nous avons déjà expliqué dans le chapitre n°5, la vulnérabilité c'est un processus pluriel et multiscalaire : il englobe à la fois la susceptibilité, les capacités à faire face, mais aussi l'adaptation (Disse et al., 2020) et l'exposition physique à différentes échelles spatiotemporelles et dans différents domaines de société, environnement et économie.

À partir des années 90, apparaissent les premières recherches interrogeant les capacités sociales à faire face (coping capacities), à côté des analyses portant strictement sur la vulnérabilité (Becerra, 2012). Sachant que la capacité d'adaptation [21]est considérée comme le principal facteur de contrôle de l'impact du risque (Elboshy, et al., 2019). Puisque, on ne peut pas annuler le risque d'inondation, on peut cependant agir pour réduire les dommages ou les pertes directes ou indirectes liées à leur occurrence. Autrement dit agir sur la vulnérabilité ou renforcer notre capacité de faire face et de résilience (Becerra, 2012 ; et Disse, 2020). Dans de nombreux domaines des sciences sociales, les adaptations sont considérées comme des réponses aux risques associés à l'interaction des risques environnementaux et de la vulnérabilité humaine ou de la capacité d'adaptation (Kuhlicke & Steinführer, 2010). Les adaptations sont pour la plupart des cas intégrées dans d'autres programmes de gestion des ressources, de préparation aux catastrophes et de développement durable (Smit & Wandel, 2006). La capacité d'adaptation n'est pas constante dans le temps ; il peut être modifié par exemple par (1) des mesures d'adaptation à long terme et (2) par l'impact des dangers (Messner et Meyer, 2006).

Ainsi, on retient que « l'adaptation au changement climatique désigne les stratégies, initiatives et mesures visant à réduire la vulnérabilité des systèmes naturels et humains contre les effets (présents et attendus) des changements climatiques[22] ».

[21] La capacité d'adaptation est l'habileté du système, des institutions, des humains et autres organismes à s'ajuster aux dommages potentiels, à tirer profit des opportunités ou à répondre aux conséquences » (GIEC, 2014)

[22] https://fr.wikipedia.org/wiki/Adaptation_au_changement_climatique

8.4.3 Capacité sociale

Nous entendons par la capacité sociale, « Les atouts sociétaux, les compétences et les ressources nécessaires pour anticiper, faire face et se remettre à des stress et des catastrophes » (Kuhlicke et al., 2010). Autrement dit, toutes les ressources disponibles à divers niveaux (par exemple, les individus, les organisations, les communautés) qui peuvent être utilisées pour anticiper, réagir, faire face à, récupérer et s'adapter aux facteurs de stress externes (par exemple, une inondation dévastatrice, etc.). Ces ressources comprennent des compétences, des réseaux sociaux, des institutions, des structures, des connaissances ainsi que des stratégies dont la manière de les susciter et de les utiliser (Fedra, 1998 ; Kuhlicke et al., 2010).

8.4.4 Capacité à faire face

Selon le GIEC, la capacité à faire face est l'habilité des personnes, des institutions, des organisations et du système utilisant les outils disponibles, les valeurs, les croyances et les opportunités pour corriger, gérer et surmonter les conditions négatives dans une période de court à moyen terme (UNISDR, 2007 ; GIEC, 2014 et Tanguay, 2017). Donc, la temporalité caractérise la différence entre les mesures d'adaptation et de capacité à faire face. En effet, la capacité à faire face fait renvoi à l'immanent ou au court à moyen terme, et permet d'agir rapidement face au désastre. Par contre, la capacité d'adaptation, quant à elle, se met en place à plus long terme. D'en tirer leçon et de mieux se préparer pour les prochaines manifestations (Giupponi et al., 2013).

Certains auteurs comme Lallau (2011), utilise le terme de résilience en place du terme capacité à faire face employée dans cette étude. Attendu que la résilience des populations caractérise leur capacité à faire face aux événements perturbateurs (Alou, 2018). La clarification de ce terme permet alors de le replacer au sein du modèle conceptuel construit au travers des approches biophysiques et sociales présentée par Guillier (2017). (Figure 46).

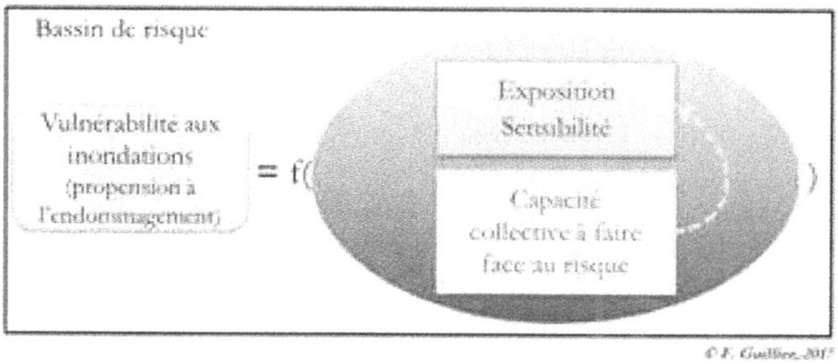

Figure 46. Modèle conceptuel de la vulnérabilité : la prise en compte des facteurs biophysiques et sociaux (Guillier, 2017)

Donc, l'atténuation du risque d'inondation peut être réalisée en gérant le danger, en réduisant l'exposition et la vulnérabilité, tout en renforçant les capacités des communautés (Tanguy, M., 2012 et Cheng et al., 2017). En s'appuyant sur les termes « collectif » et « communauté », la capacité à faire face implique d'une part des individus formant un ensemble au regard de traits ou comportements communs et, d'autre part, des interactions.

De manière générale, une population qui ne met en place que des stratégies de capacité à faire face et qui ne possède pas assez de ressources pour bâtir un plan d'adaptation à long terme peut devenir très vulnérable (Barrette et al., 2018). Subséquemment, la combinaison de la capacité d'adaptation et de la capacité à faire face est primordiale pour réduire les conséquences et impacts des aléas (O'Brien et al., 2007). Cependant peu d'études dans la littérature scientifique évaluant les mesures de capacité à faire face. L'analyse de la vulnérabilité reste incomplète, à cause de l'insuffisance de connaissances aussi bien théoriques qu'au pratiques sur la capacité à faire face au court à moyen terme, puisqu'une population peut réduire sa vulnérabilité en améliorant sa capacité à faire face (Barrette et al., 2018).

Pour notre cas d'étude, la capacité à faire face a été retenue comme dimension de la vulnérabilité aux côtés de la sensibilité et l'exposition (Figure 45 et Figure 46 ci-dessus). En effet, la capacité à faire face a été sélectionnée au dépend de la capacité d'adaptation puisque l'intention de ce chapitre est d'évaluer l'état actuel de la capacité des populations à utiliser des ressources et des moyens pour réduire les dégâts et les conséquences des inondations et non celle à venir (capacité à s'adapter). Il importe d'accorder plus d'importance à la capacité à faire face d'une communauté lors de la manifestation d'un aléa et d'approfondir les connaissances à ce sujet pour pouvoir mieux l'évaluer.

8.5 Cadre méthodologique général

L'évaluation de la capacité à faire face aux inondations dans la zone d'étude, requiers l'utilisation des indicateurs influençant sur cette capacité. Effectivement, selon, Kuhlicke & Steinführer, (2010) et Guillier, (2017), les capacités aux inondations peuvent être évaluées à quatre dimensions différentes :

1. À l'échelle des individus ou de groupes d'individus, ce qui se rapporte aux travaux sur les capabilités de Gondard-Delcroix & Rousseau (2005) ;
2. À l'échelle organisationnelle, qui repose sur des acteurs relevant de structures de coopération : à la fois des acteurs publics (gouvernement, ministères, collectivités locales, etc.), des sociétés du secteur privé (assurance notamment) et des organisations non- gouvernementales (ONG). En effet, le retour à la normale intervient davantage dans le processus de rétablissement, qui fait notamment appel à l'assurance. Ainsi, comme énoncé par l'UNISDR, l'assurance constitue l'un des principaux leviers du retour à la normale, après la survenue d'une catastrophe (UNISDR, 2013 ; Nussbaum, 2013 et Dadson et al., 2019). En effet, une indemnisation rapide et couvrant le plus largement possible les dommages aux biens, constitue un levier pour un retour à la normale de la zone affectée après la crise ;

3. À l'échelle des communautés qui suppose les interactions entre les acteurs de l'échelle organisationnelle mais aussi les individus (échelle individuelle) à l'échelle locale ;

4. À l'échelle institutionnelle qui regroupe l'ensemble des échelles évoquées.

Lebel et al. (2006) décrivent différentes phases de la réduction institutionnelle des risques de catastrophe (Figure 47). La dépendance temporelle de l'adaptabilité et de l'adaptation peut également être structurée en fonction de ces phases, car elles se réfèrent à des points dans le temps avant, pendant et après l'impact de la catastrophe.

Figure 47. Phases de réduction institutionnelle des risques de catastrophe selon (Lebel et al., 2006)

Par conséquent, la capacité d'adaptation elle-même doit être considérée comme une fonction de l'espace et du temps (Scheuer et al., 2011).

Les mesures d'atténuation comprennent des techniques d'ingénierie et une construction résistante aux dangers ainsi que l'amélioration des politiques environnementales et sociales et la sensibilisation du public, toutes les règles, lois, législations, relations de pouvoir et normes sociales (PNUD, 2009 et UNISDR., 2016 et 2017).

À la lumière de la recherche bibliographique réalisée en relation avec notre thématique, le Tableau n°17 ci-dessous illustre la plupart des méthodes employées pour modéliser et cartographier la capacité à faire face aux inondations internationalement. Cependant à notre connaissance il n'existe pas une méthodologie d'évaluation de la capacité à faire aux inondations dans le bassin de Souss.

Tableau n°17. Exemple d'approche méthodologique d'évaluation de la capacité à faire face aux inondations

Approche méthodologique	Source	Indicateurs
Analyse en composante principale (ACP) : Dans cette analyse, l'indice KMO (Kaiser-Meyer-Olkin) permet d'indiquer « jusqu'à quel point l'ensemble de variables retenu est un ensemble cohérent et permet de constituer une ou des mesures adéquates de concepts »	Tanguay, (2017).	Accessibilité géographique de la population aux différents services à l'échelle des ID du Québec.
Approche déductive : Cette procédure a été utilisée dans l'élaboration des indicateurs à savoir : L'attributs socio-économiques d'une population et attributs physiques, ainsi que l'endroit sont des facteurs clés qui influencent la capacité d'une communauté pour s'adapter aux inondations, suite à la conceptualisation de la catastrophe. Ces indicateurs ont également été normalisés et l'indice de chaque communauté a été estimé. La communauté avec le rang 1 s'est avéré avoir un niveau élevé de mesures de capacité, tandis qu'une communauté avec un rang de 3 s'est avérée avoir un faible niveau de capacité à risque d'inondation.	Cheng et al., 2017 et notre point de vue	1. Attributs socio-économiques d'une population 2. Attributs physiques, 3. Programmes de formation aux catastrophes, 4. Systèmes d'alerte précoce, 5. Disponibilité installations d'évacuation, etc
Comparaison des indicateurs : Face à une inondation provoquée par la pluie, les ménages pauvres à faible capacité d'adaptation aux menaces d'inondation peuvent souffrir plus de pertes dues aux inondations que les riches. Vérifiant fréquemment les conditions des installations de drainage environnantes.	Yang et al., 2018 et Taïbi, et al., 2017 et notre point de vue	1. Richesse, 2. Drainage, 3. Amélioration du système d'alerte.
Approche multicritères	Rezende et al., 2020	À travers deux indicateurs. 1. Le premier représente la capacité de relance économique d'une région touchée. 2. Le second indique la vulnérabilité sociale de la région. (Revenu moyen plus élevé)
AHM : la comparaison par paires, des points d'importance plus élevés a été attribués aux classes avec des valeurs ou des plages plus élevées, de sorte que les communautés avec une meilleure capacité d'adaptation ont été soulignées.	Masuya (2014).	Les indicateurs sélectionnés pour évaluer la capacité d'adaptation de chaque communauté comprenaient : 1. Le taux d'alphabétisation, 2. Le nombre d'hôpitaux par habitant, Nombre d'hôpitaux (pour 1 000 personnes) ; 3. Les abris pour 1000 personnes contre les inondations par habitant ; 4. La sensibilisation aux inondations ; 5. La fréquence moyenne des inondations pour chaque communauté.
Modélisation multicritère des capacités d'adaptation vers une vision de la vulnérabilité au point final. Kienberger et al. (2009) utilisent une approche	Scheuer et al., 2011 et notre point de vue	1. Augmentation des capacités de rétention

multicritère spatiale pour une évaluation et une cartographie intégrée des indicateurs de sensibilité et de capacité d'adaptation. Cette méthode d'attribution de poids est importante car dans la vulnérabilité de la communauté par exemple, les personnes touchées par les inondations, les zones humides perdues, les coûts d'adaptation sont des dimensions importantes à considérer (Hinkel 2011), qui sont inégales d'importance (Espada Jr, R., et al 2013)		dans les zones d'origine des inondations pour diminuer le risque (digue, barrage..) 2. La richesse d'un ménage (la part des ménages à revenu élevé)
L'analyse en composante principale (ACP) : Moyennant cette analyse, suivie de la rotation varimax, l'auteur a identifié une structure sous-jacente de 18 sous-composants pour mesurer la résilience (capacité) aux inondations.	Laurien et al., (2020)	1. Richesse ; 2. Pour le capital social, six sous-composantes ont été identifiées : 3. Gouvernance de la résilience aux inondations ; 4. Capital institutionnel ; 5. Perception des risques d'inondation ; 6. Engagement communautaire dans la planification de la résilience aux inondations ; 7. Planification d'urgence et sécurité.
La pertinence des indicateurs a été évaluée par des experts dans des domaines connexes et un questionnaire a été élaboré pour collecter des données auprès d'un échantillon aléatoire de 230 ménages dans 10 municipalités sujettes aux inondations, exprimée en indice de capacité d'adaptation. La pertinence de 21 indicateurs adaptatifs associés aux six composantes adaptatives (évaluation de la pertinence) a été évaluée par un échantillon aléatoire de 45 experts dans le domaine de l'adaptation aux inondations, des risques naturels et de l'urbanisme. Selon Turner et Carlson (2003) ; Chaisanit et Suksakulchai (2009), le score de pertinence minimum est de 0,80 pour être statistiquement significatif s'il y a cinq participants ou moins experts. Analyse factorielle confirmatoire Après le test de pertinence, les indicateurs adaptatifs ont été transformés en un questionnaire d'accord / désaccord basé sur une échelle de Likert à cinq points pour l'analyse factorielle utilisant la modélisation par équation structurelle (SEM), où **1 :** indique fortement en désaccord et **5** fortement en accord (Bayraktar et al., 2008 ; Ismail Salaheldin, 2009 ; Na-nan et al., 2018). Dans cette recherche, le test de sphéricité de Bartlett et le test de Kaiser-Meyer-Olkin (KMO) étaient 2012,02 (p <0,001) et 0,70, étant donné que KMO> 0,6 est acceptable, indiquant l'adéquation de l'échantillonnage. - Calcul de l'indice de capacité adaptative L'indice de capacité d'adaptation aux inondations, où 0,00–0,25, 0,26–0,50, 0,51–0,75 et 0,76–1,00 indiquent respectivement une capacité d'adaptation faible, modérée, élevée et très élevée.	Thanvisitthpon et al., (2020)	Les indicateurs sont basés sur six composantes : 1. Ressources économiques ; 2. Capital social ; 3. Sensibilisation et formation ; 4. Technologie ; 5. Infrastructure ; 6. Institutions et politiques. Une prévention efficace des inondations urbaines nécessite une planification holistique des infrastructures urbaines qui prend en compte les capacités technologiques, l'utilisation des terres, le drainage des eaux de crue et les stratégies de prévention des inondations. En conséquence, la combinaison de mesures structurelles et non structurelles contre les inondations améliorerait la capacité des résidents urbains à faire face aux inondations répétitives et à atténuer les effets négatifs liés aux inondations. La capacité d'adaptation aux inondations implique la sensibilisation et la participation de ceux qui résident dans les zones sujettes aux inondations. La capacité est encore renforcée par des informations opportunes et pertinentes (Miller et Hutchins, 2017), y compris les hauteurs des eaux de crue, les plans de gestion des eaux de crue, les prévisions météorologiques précises et la prestation de services d'urgence. Selon Adger et al. (2007), Jones et al.

		(2010) et Kruse et al. (2013), Anggraeni et al. (2014) et De Brito et al. (2017) les déterminants de la capacité d'adaptation comprennent le développement, l'économie, l'éducation, la technologie, le savoir, les infrastructures, les institutions, l'équité et le capital social.

D'après la compilation bibliographique et notre expérience à travers l'historique des inondations dans la zone d'étude et sur l'appréciation de la capacité aux inondations utilisée ailleurs, on a identifié plusieurs indicateurs, (Tableau 50, en annexe n°6) selon 12 dimensions à savoir :

1. Capacité institutionnelle en matière de ressources financières, humaines et matérielles ;
2. Capacité institutionnelle en matière de ressources informationnelles ;
3. Social (population) ;
4. Capital communautaire ;
5. Capital immobilier ;
6. Communication/ Information ;
7. Dimension économique ;
8. Expériences passées ;
9. Fragmentation politique ;
10. Sécurité civile (Mesures d'urgence) ;
11. Transport ;
12. Éducation.

Suite à l'analyse de la performance et la validité des indicateurs évoqués, on remarque qu'on a des seuils et limites à partir des quelles, la capacité à faire face aux inondations s'estompe ou devient très faibles (pour exemple, l'indicateur : Arrêts du transport public, présence/absence d'un système d'alerte automatiques aux aléas, hydrométéorologique, présence/absence de pages web ou de réseaux sociaux informatifs sur les aléas, etc.

8.5.1 Méthodologie adoptée dans la zone d'étude

A. Sélection des indicateurs d'évaluation de la capacité à faire face aux inondations dans la zone d'étude

Malgré des recherches approfondies sur l'adaptation aux inondations, il n'y a pas de consensus sur les moyens d'évaluer la capacité aux inondations (Thanvisitthpon et al., 2020). La capacité de s'adapter et répondre est en grande partie fonction de la communauté locale statut socio-démographique lié à leur vulnérabilité sociale (Bevacqua et al., 2018). C'est ainsi que la capacité de faire face diffère d'une famille à l'autre, mais aussi d'un individu à l'autre. (Becerra, 2012). La capacité d'adaptation aux inondations implique la sensibilisation et la participation de ceux qui résident dans les zones sujettes aux inondations (Thanvisitthpon et al., 2020). Selon Anggraeni et al., (2014) et De Brito et al., (2017), il existe six composantes de la capacité d'adaptation et à faire face aux inondations : (1). Les ressources économiques, (2). Le capital social, (3). La sensibilisation, (4). La formation, (5). La technologie et (6), les infrastructures et les institutions. La capacité est encore renforcée par des informations opportunes et pertinentes (Miller et Hutchins, 2017), y compris les hauteurs des eaux de crue, les plans de gestion des eaux de crue, les prévisions météorologiques précises et la prestation de services d'urgence.

Comme les critères de vulnérabilité et de risque, les critères d'adaptation ont également des dimensions différentes qui doivent être intégrées, c'est-à-dire une dimension sociale, écologique ou économique (Scheuer et al., 2011). Dans ce qui suit, nous nous concentrerons sur les critères d'adaptation économiques et sociaux.

D'après plusieurs auteurs et notre retour d'expérience dans le bassin de Souss, les ressources économiques constituent le facteur latent le plus élevé. En effet, les revenus des ménages jouent un rôle dans la capacité à faire face et d'adaptation des individus dans les efforts de prévention et de réhabilitation des inondations (Angell et Stokke, 2014 ; Chu et al., 2017b ; de Brito et al., 2017 ; Hope and Edge, 1996 ; Koerth et al., 2013 ; Nhuan et al., 2016 ; Osberghaus, 2017 ; Pathak et Emah, 2017; Thanvisitthpon, 2017; van et al., 2015, Scheuer et al., 2011 , Thanvisitthpon et al., 2020) . En effet, les individus économiquement plus riches résistent mieux aux inondations. Puisque, de multiples sources de revenus améliorent également l'adaptabilité aux inondations car le risque financier est diversifié. Selon Yang, (2018) la capacité d'adaptation individuelle est très importante pour les réponses réelles pour les ménages riches. Ainsi, la richesse d'un ménage ou d'une personne est essentielle pour évaluer sa capacité aux inondations. En effet, les ménages riches ont la capacité de récupérer et remplacer les pertes suite à la survenue d'une inondation puisqu'ils ont des capacités financières. Cependant, les ménages pauvres n'ont souvent pas de telles capacités et ne peuvent pas « récupérer » des pertes aussi facilement (d'après l'enquête de terrain). Néanmoins cette donnée (richesse des ménages) n'est pas disponible pour notre cas. Certains déterminants de la capacité d'adaptation et à faire face, sont principalement locaux (par exemple, la présence d'un solide réseau de parenté qui absorbera le stress), tandis que d'autres reflètent des systèmes socio-économiques et politiques plus généraux (par exemple, la disponibilité d'une assurance-récolte subventionnée par l'État) (Smit & Wandel , 2006). D'après la pondération et classement effectuées par le UNISDR (2004, 2016) de quelques indicateurs de capacité d'adaptation, la plus importante a été accordée à la sensibilisation aux inondations. Les taux d'alphabétisation occupaient la deuxième place[23]. La

[23] L'alphabétisation aide les gens à acquérir la capacité de comprendre les avertissements et les informations sur le rétablissement et à prendre les bonnes décisions concernant l'évacuation (Masuya, 2014)

troisième place est attribuée au nombre d'hôpitaux, enfin le quatrième rang est accordé au nombre d'abris pour 1000 personnes.

La gouvernance territoriale est un concept relativement nouveau qui est construit sur les concepts plus établis, à plusieurs niveaux, de gouvernance des risques et des capacités aux inondations (Van, 2018).

La réponse des acteurs sociaux, économiques, unités environnementales et de l'écosystème dépend de la capacité de résilience et de la nature adaptative de l'écosystème affecté (Sahoo et al., 2018). Donc, le potentiel de résilience d'un réseau est établi sur la base de trois indicateurs opérationnels renseignant sur la capacité à gérer l'imprévu (notion d'acceptation), sur la capacité de réponse (notion de planification), et sur la capacité à surveiller ce qui se passe en interne ainsi que dans l'environnement extérieur (notion d'anticipation), (Guillier, 2017). De ce fait, les indicateurs et les indices sont des outils habituels dans ce processus, d'évaluation et de modélisation de la capacité à faire face aux inondations.

Parmi ces indicateurs en plus de ceux déjà décris, on mentionne : Proximité aux centres hospitaliers de services généraux et spécialisés, proximité aux centres locaux de services communautaires, proximité aux pharmacies, proximité aux services et centres de santé, proximité aux services de type policier et proximité aux services de type pompier, la disponibilité des infrastructures sociales et sanitaires est essentielle, en appliquant les indicateurs suivants: nombre de lits d'hôpitaux, nombre de médecins et la part des jeunes, souvent supposés mieux résister aux inondations, les réseaux sociaux et les smartphones comme outils d'aide à l'alerte face aux inondations sont importants pour faire face à un aléa (Scheuer et al., 2011). Aussi, les fonds de reconstruction post-catastrophe étant principalement autofinancés ou prélevés des subventions gouvernementales, du revenu net des agriculteurs et sont sélectionnés comme indicateurs de la capacité d'auto-restaurassions (Yang, 2018). En outre, l'exploration de produit intérieur brut (PIB) par habitant, renseigne sur la richesse économique des communes, pourcentage de ménages disposant de gaz et / ou capacités de cuisson électrique et radio ainsi que le nombre de routes par kilomètre carré (Transport) (Scheuer et al., 2011). D'autre part, les systèmes d'alerte accompagnés de stratégies de réduction des risques de catastrophe réduisent la vulnérabilité et renforcent la capacité des populations à réagir et à se remettre d'une catastrophe, etc.

Comme critères de non adaptation, les personnes en habitat de fortune (provisoire) sont plus fragiles et plus facilement exposées à toutes sortes d'aléa (Renard et al., 2015), par contre le niveau d'étude a été employé comme indicateur de la capacité à trouver des solutions en cas de catastrophes, capacité proportionnelle au degré de formation (Renard et al., 2015). En plus, l'élévation de la propriété des niveaux du plancher peuvent reporter les points de basculement, comme mesures d'adaptation, lorsque les digues de protection ne sont plus efficaces. Aussi à notre point de vue l'existence et création de zone refuge améliore la capacité à faire face aux inondations. À cet effet, un tri préliminaire a été réalisé pour sélectionner les indicateurs qui pourraient s'appliquer au contexte du bassin de Souss. Ainsi, parmi 28 indicateurs inventoriés et mentionnés dans le tableau n°50 en annexe 6, on a sélectionné 6 variables recensées en raison de leurs utilités dans l'amélioration de la capacité à faire face et de leurs pertinences dans cette étude, ainsi que la disponibilité de leurs donnée (Tableau n°18). Ceci afin de spatialiser la capacité à faire face aux inondations.

Tableau n°18. Indicateurs explorés pour l'évaluation de la capacité à faire face aux inondations dans la zone d'étude.

Dimension	Indicateur	N°
Capacité institutionnelle en matière de ressources financières, humaines et matérielles	Présence d'un coordonnateur provincial pour gérer les mesures de capacité à faire face et d'adaptation	1
	Infrastructure de protection contre les inondations (digue, mur de protection, canal de déviation des eaux, etc.)	2
	Présence des barrages	3
	Infrastructure sanitaire (soins de santé) et leurs accessibilités (leurs proximités aux sinistrés)	4
Sécurité civile (Mesures d'urgence)	Présence d'un programme provincial de préparation et réponse aux aléas et service d'urgence	5

	Planification des évacuations et mise en œuvre des exercices d'évacuation aux centres de santé (proximité aux services de type pompier)	6

Néanmoins on a rencontré des contraintes pour le choix de quelques indicateurs à savoir :

Un premier enjeu était de prioriser les indicateurs de la capacité à faire face et de rejeter les indicateurs de la sensibilité ou d'adaptation. Cependant, certains indicateurs peuvent se retrouver dans plus d'une catégorie. Un deuxième enjeu concernait certains indicateurs qui s'avèreraient particulièrement adéquats pour l'évaluation de la capacité à faire face, mais qui ne peuvent être utilisés en raison de l'indisponibilité des données nécessaires à l'élaboration de ces indicateurs (soient inexistantes ou confidentielles). À titre d'exemple, l'indicateur pourcentage de la population possédant une automobile peut être considéré comme un facteur d'importance lors de sinistre étant donné qu'il permet aux personnes vulnérables de s'écarter de l'événement lorsque le niveau d'eau n'est pas trop élevé. L'existence des abris de refuge en cas de survenue d'une inondation est très importante, mais ces abris n'existent pas dans le bassin de Souss. Autrement dit, les 28 indicateurs présentés dans le tableau n° 50 en annexe 6, ne sont pas tous faisables ou applicables, mais ils alimentent certes notre réflexion sur ce qui pourrait être important en matière de capacité à faire face aux inondations pour la zone d'étude. Certains indicateurs sont pertinents pour l'évaluation de la capacité à faire face aux inondations, toutefois ils ne coïncident pas avec la réalité du bassin de Souss. À titre d'exemple l'indicateur : développement de la culture du risque : Connaissance des risques associés aux aléas par la population, on note d'après l'enquête du terrain et les interviews avec les sinistrés on a l'absence de cette culture de risque chez plusieurs habitants.

8.5.2 Description et spatialisation de quelques indicateurs

8.5.2.1.1 Accessibilité aux soins de santé dans la zone d'étude

- **Introduction**

L'accès aux soins de santé est une composante importante d'un système de santé global qui a un impact direct sur charge de morbidité qui affecte de nombreux pays du monde en développement (Ebener et al., 2005). L'évaluation de l'accessibilité aux équipements sanitaires au Maroc, n'a pas requis assez d'importance en aménagement du territoire, alors que la majorité des travaux réalisés en la matière ne dépassent pas l'état de diagnostic, via les outils traditionnels d'analyse et de description (Eddine, 2018).

Les débats autour de la réforme de la santé ont eu une focalisation géographique importante sur la santé et la réforme des soins de santé, y compris les soins de santé primaires. Qui présente en évidence un enjeu politique important dans un certain nombre de pays développés (Allan, 2014). Les soins de premiers recours (réalisés par les médecins généralistes, les infirmiers, etc.) constituent le principal point d'entrée dans le système de santé et jouent un rôle essentiel dans le maintien et l'amélioration de la santé de la population (Barlet, et al., 2012), notamment en cas de catastrophe. L'accessibilité aux services de santé sera toujours la question dominante des débats en santé publique dans les pays développés et sous-développés au cours des prochaines décennies (Ngamini & Apparicio, 2011), car dans le milieu rurale la population éprouve des difficultés pour pouvoir bénéficier de soins médicaux appropriés (Aka, 2010). Étant donné que plusieurs études ont montré que lors de certaines inondations, davantage de décès étaient dus à des maladies ou à des blessures liées à l'eau plutôt qu'à la noyade (Bringas, 2016). Par exemple, les inondations causées par le débordement des berges modifient l'équilibre de l'environnement naturel et de l'écologie, permettant aux vecteurs de maladies et de bactéries de prospérer (Bringas, 2016). Le thème « accessibilité des populations notamment rurales aux soins de santé » est un sujet d'actualité car dans de nombreux pays en développement, les personnes vivant en milieu rural éprouvent des difficultés pour pouvoir bénéficier de soins médicaux appropriés (Bringas, 2016). Dans une analyse de risque, cette information est d'une extrême importance car elle permet de détecter les lieux difficilement joignables ou susceptibles de se retrouver isolés. Ce qui peut poser problème pour l'acheminement des secours et l'évacuation des victimes en période de crise et, de manière générale, pour le fonctionnement du territoire (Bringas, 2016).

- **Objectif de l'étude**

L'objectif principal de cette étude est de définir et cibler les communes déficitaires en offre de soins, ou plus précisément, les zones mal équipées ou mal desservies par les centres de soins. Aussi la présente partie du ce chapitre cherche à examiner l'accessibilité spatiale physique aux centres de santé dans un territoire très hétérogène et à évaluer les inégalités d'accès à ces services de santé notamment en cas d'inondation.

D'examiner les besoins en termes d'infrastructures pour étendre la couverture des soins de santé par le secteur de la santé qui pourrait tirer profit, si les méthodes utilisées ici sont transférées aux institutions nationales, régionale et le processus adopté comme moyen d'améliorer l'intégration de la géographie et du SIG dans le Système d'Information de la santé.

- **Définitions de l'accessibilité**

En géographie, l'accessibilité d'un lieu est généralement définie comme la plus ou moins grande facilité avec laquelle ce lieu peut être atteint à partir d'un ou de plusieurs autres lieux, par un ou plusieurs individus susceptibles de se déplacer à l'aide de tout ou partie des moyens de transport existants (Di Salvo, 2006). À cet effet, l'accessibilité se définit comme étant « la capacité d'un endroit à être atteint à partir d'autres endroits de localisation géographique différente » (Rodrique, 2006).

L'accès aux soins recouvre deux aspects : l'accès réel, effectif aux soins, observable à partir des données d'utilisation des services de santé ou données d'enquêtes, et l'accessibilité potentielle, fondée sur la localisation de la population par rapport aux médecins (Barlet et al., 2012).

Dans cette étude, l'accessibilité a été considérée dans sa plus simple expression, c'est-à-dire comme le degré de facilité avec lequel on atteint un lieu (sans tenir compte de l'accessibilité géographique puisque les données nécessaires pour évaluer cette dernière ne sont pas disponibles). Pour plus de détail, le lecteur pourra se référer à l'annexe n°6, paragraphe 6.3.

8.5.2.1.2 Offre de soins dans la région de Souss Massa (art 9 ; Loi-cadre 34-09)

L'offre de soins comporte :

Les ressources humaines, les infrastructures sanitaires relevant du secteur public ou privé et toutes autres installations de santé, fixes ou mobiles. Ainsi que les moyens mis en œuvre pour produire des prestations de soins et de services en réponse aux besoins de santé des individus, des familles et des collectivités. L'offre publique de soins en mode fixe est composée des quatre réseaux d'établissements de santé (art 5 ; décret 2-14-562) suivants :

- Le réseau des établissements de soins de santé primaires (RESSP) ;
- Le réseau hospitalier (RH) ;
- Le réseau intégré des soins d'urgence médicale (RISUM) ;
- Le réseau des établissements médico-sociaux (REMS).

La région dispose depuis 2013, de 2 hôpitaux spécialisés et 7 hôpitaux généraux avec une capacité de 1.642 lits dont 610 lits à Agadir, soit 37,15% de la capacité totale. (Monographie région Souss Massa, 2015). La densité sanitaire publique en lits hospitaliers est de 1.630 habitants par lit, elle est légèrement supérieure à la moyenne nationale qu'est de 1.220 habitants par lit. Les formations de soins de santé de base se composent de 292 établissements répartis en 149 centres de santé ruraux communaux, 94 dispensaires ruraux et 49 centres de santé urbains. Actuellement on compte 301 établissements de soins de santé primaires (ESSP)[24] .Outre ces structures, la région dispose d'un secteur privé composé de 23 cliniques

24 http://cartesanitaire.sante.gov.ma/dashboard/pages2/agregat.html

(dont Une (01) à but non lucratif) et 431 cabinets de consultation. (Monographie région souss massa, 2015).

L'encadrement médical public est assuré, au niveau de la région, par 538 médecins et la densité médicale est de l'ordre d'un médecin pour 4.976 habitants, nettement supérieure à la moyenne nationale (3.776 hab./médecin). En 2007 la densité médicale dans la région de Sous-Massa-Draa était de 1,3 (Ministère de la santé, 2010), inférieur au seuil critique recommandé par l'OMS (2,5 personnels soignants pour 1000 habitants).

8.5.2.1.3 Méthodologie de spatialisation de l'accessibilité aux centres de santé

Suite à la revue de littérature effectuée, l'analyse de l'accessibilité aux soins de santé font l'objet de peu d'études dans la littérature scientifique. À notre connaissance on dénombre peu de méthodes d'évaluation et cartographie de l'accessibilité aux soins de santé notamment dans le bassin de Souss. Que ce soit en temps normale (habituel) ou en cas de survenue d'une inondation pour couvrir la demande et une prise en charge des sinistrés. (Cf annexe n°6, paragraphe 6.2.1, pour plus de détail)

Les principales mesures de distance utilisées dans la littérature sont les distances cartésiennes (euclidienne et de Manhattan (taxi distance[25])) et les distances calculées à travers un réseau de rues (le chemin le plus court ou le chemin le plus rapide). Tandis que certains auteurs soutiennent que la distance temps est idéale pour étudier l'accessibilité´ aux services de santé (Brabyn & Gower, 2003). La distance d'accès au professionnel le plus proche est également couramment utilisée (Coldefy et al., 2011).

- **Limites de cette approche méthodologique**

La densité médicale (ou desserte médicale) réfère seulement à la disponibilité d'une offre de santé dans un territoire donné et fait implicitement l'hypothèse que

25 La distance de Manhattan1,2, appelée aussi taxi-distance3, est la distance entre deux points parcourus par un taxi lorsqu'il se déplace dans une ville où les rues sont agencées selon un réseau ou quadrillage (https://fr.wikipedia.org/wiki/Distance_de_Manhattan)

le service ou le professionnel situé juste de l'autre côté de la limite de la zone ne sera pas accessible (Salze et al., 2011). En effet, elle ignore les déplacements de la population à travers les frontières.

Par la suite et afin de modéliser réellement l'accessibilité aux soins de santé, en tenant compte de tous les paramètres (topographie, la couverture du sol, scénario de voyage, etc.) l'OMS a développé en 2004 un outil d'analyse et de modélisation spatiale appelé AccessMod[26]. (Version 5, Nicolas et al., 2019). Pour plus de détail le lecteur pourra consulter l'annexe n°6, paragraphe 6.2.1.

8.5.2.1.4 Méthodologie de l'évaluation de l'accessibilité par AccessMod V.5 (Cf annexe n°6)

L'analyse d'accessibilité permet de calculer la distribution spatiale du temps de trajet depuis ou vers les établissements de santé les plus proches pris en compte dans cette analyse (Tableau n°51 en annexe 6), en tenant compte d'un temps de trajet maximal spécifié. Cette analyse prend également en compte les contraintes et barrières aux mouvements (exemple les surfaces en eau : lac et barrages, réseaux hydrographiques, etc.), ainsi que le tableau de scénario de voyage qui définit les vitesses de déplacement pour chacune des classes d'occupation du sol fusionnée.

8.5.2.1.5 Résultat et discussion

La Figure 48 ci-après montre le nombre de la population des communes du bassin de souss qui présente un temps d'accessibilité polymodale (Véhicule, vélo, bus, moto et piétonne, etc.) aux soins de santé supérieur à 120m

in. Pareillement elle indique les zones dans lesquelles la population peut atteindre la structure de santé la plus proche en plus et moins de deux heures. En effet, les communes rurales Hilala, Tassegdelt, Sidi Mzal, Agadir Melloul, Iguidi, Tigouga, Imilmaiss et Timezgadiouine renferment le nombre élevé de la population (entre

26 (Https://accessmod.org).

401 et 3447 habitants) dont le temps d'accessibilité au centre de santé le plus proche est supérieur à 120min. En effet dans ces zones montagneuses dont le terrain est très accidenté (pente forte) et les centres de santé sont rares et loin de la population, ainsi que le réseau routier peu dense, entravent l'accès des populations rurales aux soins de santé. Par ailleurs, les communes rurales en nombre de 8 à savoir : Ouad Essafa, Bounrar, Argana, Eddir, El Faid, Talmakante, Askaouen, et Assaki présentent des effectifs de population compris entre 51 et 150 habitants qui ont un temps d'accessibilité supérieur à 120min.

La plupart des communes territoriales urbaines et rurales situées dans la plaine ne présentent pas aucun habitant dont le temps d'accessibilité aux services de santé dépasse 120min. Ceci est due évidement d'une part à l'existence des infrastructures sanitaires dont la densité est élevée, d'autre part au réseau routier dense et l'absence des pentes fortes donc la vitesse de transport en cas d'évacuation est grande.

Pour les communes territoriales rurales Lamhara, Toughmart, Tizi N'Test, Bigoudine, Adar, Tizgzaouine et Azrar situés en majorité dans la zone Haut et Anti Atlasique contiennent des effectifs de la population comprises entre 141 et 400 habitants qui présentent un temps d'accessibilité supérieur à 120min même celles disposent des centres de santé. On constate encore que la répartition des structures sanitaires sur l'ensemble du territoire est inéquitable et se fait au profit des zones urbaines et périurbains au détriment des espaces rurales. Ce qui a causé l'augmentation du temps d'accessibilité aux soins de santé et son hétérogénéité au sein de la zone d'étude.

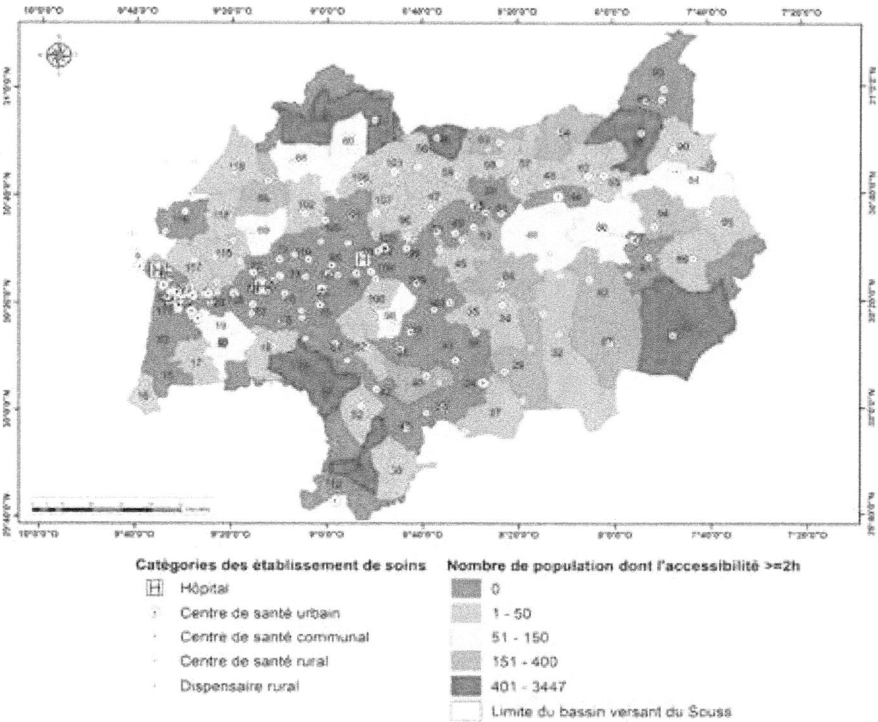

Figure 48.Spatialisation de l'accessibilité aux soins de santé dans la zone d'étude (Bouaakkaz, 2020)

10:Biougra (Mun.), 11:Ait Mzal, 12:Hilala, 13:Ida Ougnidif, 14:Tassegdelt, 15:Inchaden, 16:Sidi Ouassay, 17:Ait Amira, 18:Imi Mqourn, 19:Ouad Essafa, 20:Sidi Bibi, 21:Sidi Boushab, 22:Ait Iaaza (Mun.), 23:El Guerdane (Mun.), 24:Irherm (Mun.), 25:Oulad Berhil (Mun.), 26:Oulad Teima (Mun.), 27:Taliouine (Mun.), 28:Taroudannt (Mun.), 29:Adar, 30:Ait Abdallah, 31:Amalou, 32:Azaghar N'Irs, 33:Imaouen, 34:Imi N'Tayart, 35:Nihit, 36:Oualqadi, 37:Sidi Boaal, 38:Sidi Mzal, 39:Tataoute, 40:Tindine, 41:Tisfane, 42:Toufelaazt, 43:Toumliline, 44:Aoulouz (Mun.), 45:Arazane, 46:El Faid, 47:Ida Ou Gailal, 48:Ida Ougoummad, 49:Igli, 50:Igoudar Mnabha, 51:Oulad Aissa, 52:Tabia, 53:Lamhara, 54:Ouneine, 55:Ouzioua, 56:Sidi Abdellah Ou Said, 57:Sidi Ouaaziz, 58:Tafingoult, 59:Talgjount, 60:Tigouga, 61:Tinzart, 62:Tisrasse, 63:Tizi N'Test, 64:Toughmart, 65:Ahl Ramel, 66:Argana, 67:Assads, 68:Bigoudine, 69:Eddir, 70:El Koudia El Beida, 71:Imilmaiss, 72:Issen, 73:Lagfifat, 74:Lakhnafif, 75:Lamhadi, 76:Machraa El Ain, 77:Sidi Ahmed Ou Amar, 78:Sidi Boumoussa, 79:Sidi Moussa Lhamri, 80:Talmakante, 81:Tidsi Nissendalene, 82:Agadir Melloul, 83:Ahl Tifnoute, 84:Askaouen, 85:Assaisse, 86:Assaki, 87:Azrar, 88:Iguidi, 89:Sidi Hsaine, 90:Taouyalte, 91:Tassousfi, 92:Tizgzaouine, 93:Toubkal, 94:Zagmouzen, 95:Ahmar Laglalcha, 96:Ait Igas, 97:Ait Makhlouf, 98:Bounrar, 99:Freija, 100:Ida Ou Moumen, 101:Imoulass, 102:Lamnizla, 103:Sidi Ahmed Ou Abdallah, 104:Sidi Borja, 105:Sidi Dahmane, 106:Tafraouten, 107:Tamaloukte, 108:Tazemmourt, 109:Tiout, 110:Zaouia Sidi Tahar, 111:Afella Ighir, 112:Ammelne, 113:Issafen, 114:Agadir (Mun.), 115:Amskroud, 116:Aqesri, 117:Drargua, 118:Idmine, 119:Tiqqi, 120:Ait Melloul (Mun.), 121:Dcheira El Jihadia (Mun.), 122:Inezgane (Mun.), 123:Lqliaa (Mun.). 124:Oulad Dahou, 125:Temsia, 126:Tassrirt, 127:Iznaguen, 128:Khouzama, 129:Tidli, 130:Afalla Issen, 131:Ait Haddou Youssef, 132:Timezgadiouine, 133:Timlilt, 134:Assais, 135:Siroua, 136:Irohalen, 137:Lalla Aaziza.

En guise de conclusion, l'analyse de l'accessibilité à l'ensemble des formations sanitaires dans le bassin de Souss a mis en évidence la différence nette entre le milieu urbain, périurbain dans la plaine et les zones rurales situées dans la montagne. Ceci est due essentiellement à la capacité de couverture élevée des infrastructures sanitaires exprimée en nombre de personnes que l'établissement peut desservir dans la plaine (densité de desserte élevée). Ainsi que le développement de réseau routier dense et l'absence des pentes fortes, etc. en effet, les temps d'accès aux équipements sont moindres lorsque les habitants sont proches d'un pôle urbain.

À travers ces résultats de modélisation de l'accessibilité aux soins de santé en cas d'inondation, l'amélioration de l'accès à ces soins s'avère nécessaire pour rehausser le niveau de résilience des systèmes régionaux de soins de santé, notamment en intégrant la gestion des risques de catastrophe dans les soins de santé primaires, secondaires et tertiaires. En renforçant la capacité des agents de santé de comprendre les risques de catastrophe et en appliquant dans le domaine de la santé des approches axées sur la réduction des risques de catastrophe. Ceci, en promouvant et en améliorant les capacités de formation en matière de médecine de catastrophe (Nations Unies, 2015). Ces recommandations visent à améliorer l'accès aux soins de santé des populations rurales déficitaires étant donné que ces zones connaissent la survenue des inondations fréquentative et le développement des vigilances sanitaires. En outre, les résultats obtenus dans le cadre de cette étude par l'outil AccessMod, ont pour objectif d'éclairer les discussions sur les politiques pour optimiser ou cibler les investissements pour la santé d'urgence dans la zone d'étude. Aussi encourager les associations communautaires qui œuvrent pour la santé et en les sensibilisant aux stratégies de réduction des risques de désastres en générale et de risque d'inondation en particulier, afin d'éliminer les disparités spatiales d'accès aux soins de santé. Sachant qu'un accès rapide aux soins d'urgence peut réduire considérablement la mortalité. Ces soins d'urgence se réfèrent à la capacité du système de santé requise pour assurer la fourniture efficace de services curatifs pour les événements mettant la vie en danger en cas de catastrophe (Ouma et al., 2018). À cet effet l'implantation d'autres infrastructures sanitaires est préférable, notamment dans le milieu rural qui souffre d'une rareté des infrastructures sanitaires, pour l'amélioration de la densité médicale et paramédicale, est souhaitable. En effet, le ministère de la santé pourrait tirer profit du travail réalisé par la présente étude pour améliorer l'accessibilité aux soins de santé en intégrant les dimensions socioéconomiques, et culturelles, ainsi que l'influence d'autres facteurs tels que le revenu, l'âge et le genre, etc. Pour une meilleure distribution géographique des infrastructures sanitaires et une équité d'accès aux soins de santé. En effet, le rythme de recrutement notamment dans le secteur public de la santé au cours des dernières années est loin de répondre aux attentes du système de santé qui souffre d'une pénurie de ressources humaines (Ministère de la santé, 2018).

Enfin, Il y a lieu de signaler que l'analyse n'a pas pris en considération l'accessibilité géographique aux soins de santé et l'analyse de la mise à l'échelle pour tester différents scénarios visant à développer le réseau de soin de santé et renforcer ce réseau. À cause de la non disponibilité des informations concernant cette analyse. Dernièrement le Ministère de la santé a construit plusieurs centres de santé dans plusieurs communes.

8.5.2.1.6 Protection civile

Introduction

L'action de la protection civile est particulièrement remarquée lors de catastrophes naturelles de grande ampleur ou de désastres technologiques. Toutefois, à une échelle plus réduite mais avec une plus grande fréquence, elle s'exerce au quotidien, notamment au sein des différents services d'urgence (hôpitaux, etc.). L'organisation de la protection civile pour le sauvetage et le secours aux personnes, d'où découle la gestion des crises, est l'objet d'enjeux politiques importants et de convoitises (Bruno, 2011).

8.5.2.1.7 Inventaire des casernes de la protection civil (PC) dans le bassin de Souss

Dans la zone d'étude on dénombre 10 casernes de la protection civile et une administration de commandement préfectorale implantée dans la ville d'Agadir et (Tableau n°19 et Figure 49).

Tableau n°19.Unités de casernes dans la zone d'étude

Label	Coordonnées géographiques	
	x	y
c/s Inzegane	30,360389	-9,530881
c/s Ait Melloul	30,332087	-9,491296
c/s Biougra	30,217423	-9,37578
c/s Ait Baha	30,069778	-9,159422
c/s Port	30,426344	-9,627782
Commandement préfectorale	30,417906	-9,592234
c/s Tafraout	29,718906	-8,9798
c/s Ouled Teima	30,396835	-9,211498
c/s Ouelad berhil	30,646401	-8,466457
c/s Taroudant (kasba)	30,473508	-8,873838
c/s Sidi Bibi	30,238925	-9,525275

8.5.2.1.8 Capacité de réponse des unités de la protection civile dans la zone d'étude

- **Modélisation de l'accessibilité entre casernes de la PC et chaque pixel sinestré**

Le temps minimale et maximal de mise en sécurité de la population exposée en cas d'inondation dans chaque pixel du bassin de Souss est crucial pour recevoir les premiers soins et leur rétablissement.

Sachant qu'on a déjà spatialisée le temps d'accessibilité aux différents soins et centres de santé moyennant l'application AccessMod, développée par l'OMS[27]. Donc, afin de modéliser l'accessibilité entre les unités de la PC et les centres de santés, on a adopté la même méthodologie en additionnant le temps séparant ces

[27] En collaboration avec l'université de Genève et le laboratoire AEHIN GIS (https://www.virtualbox.org.)

casernes et chaque pixel de 900m², comme résolution spatiale. D'autre part, les calculs d'accessibilité peuvent être réalisés à l'aide de l'application RouteFinder® dans une interface SIG MapInfo®. Le logiciel sélectionne les chemins les plus courts, en temps ou en distance, entre plusieurs points de départ et d'arrivée (Leone et al., 2014). Il y a aussi les réseaux de service calculés par Network Analyst de logiciel ARGIS comme outil de modélisation de l'accessibilité, etc.

L'application AccessMod, nous a permis de déterminer les temps d'accessibilité pour l'évacuation des personnes sinistrés en cas d'inondation, selon évidement les itinéraires les plus rapides.

8.5.2.1.9 Résultat et discussion

La Figure 49 illustre l'évaluation de l'accessibilité vers les centres de santé à partir des casernes de la PC existant dans la zone d'étude.

L'analyse des résultats issues de cette figure montre que :

- La plupart des communes du bassin de Souss 66% (84 communes) ont un temps maximum (>120min) afin d'atteindre le plus proche centre de santé par leurs populations en cas de sinistré causé par la survenue d'inondation ;
- Par ailleurs, 35.43 % des communes (en total 45) présentent un temps d'accessibilité pour l'évacuation de la population <120min. Ces communes sont situées dans la plaine de Souss dont 21 se trouvent à proximité des casernes de la protection civile, ont un temps d'accessibilité compris entre 1 et 60min. Ceci s'explique par les distances à parcourir plus courtes et de l'absence des terrains accidentés, ainsi que la proximité des unités de la PC ;
- Cependant les communes qui ont un temps d'accessibilité très bonne (<10-15min) pour l'évacuation de leurs populations en cas d'inondation, sont très limitées.

Par conséquent, il convient donc de réduire et minimiser le temps d'accessibilité entre les casernes de la PC et les infrastructures sanitaire afin d'évacuer la population et de sauvegarder leurs biens, ainsi que les secours soient intelligemment répartis sur l'ensemble du territoire. Notamment dans les communes ou le temps d'accès dépasse largement les 15 min, d'où il est souhaitable d'implanter d'autres unités de la PC. Au niveau des zones bien définies

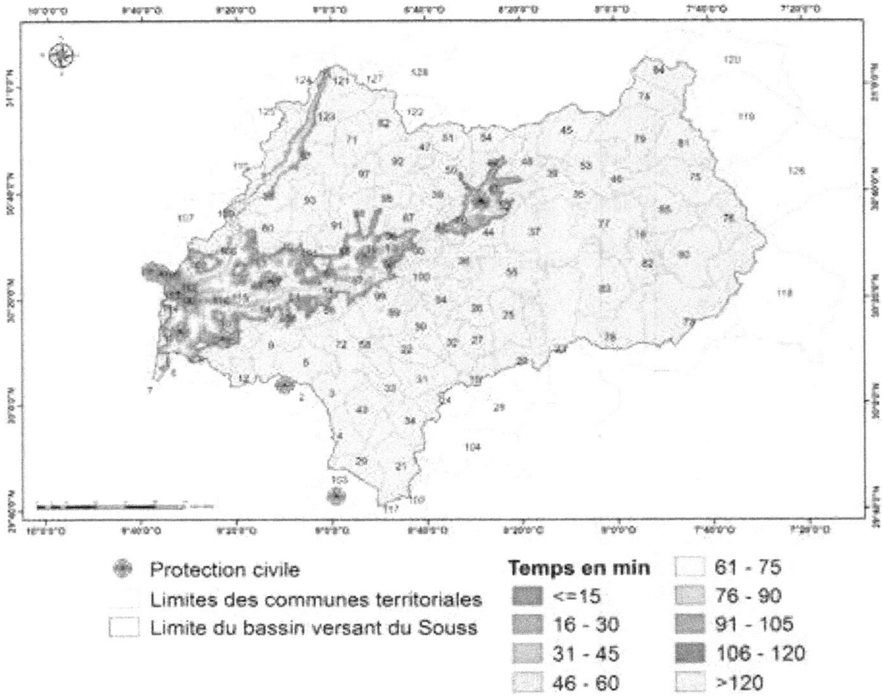

Figure 49.Modélisation de l'accessibilité entre les casernes de la PC et les centres de santés (temps d'évacuation) (Bouaakkaz, 2020)

1-Biougra (Mun.) **2**-Ait Mzal **3**-Hilala **4**-Ida Ougnidif **5**-Tassegdelt **6**-Inchaden **7**-Sidi Ouassay **8**-Ait Amira **9**-Imi Mqourn **10**-Ouad Essafa **11**-Sidi Bibi **12**-Sidi Boushab **13**-Ait Iaaza (Mun.) **14**-El Guerdane (Mun.) **15**-Irherm (Mun.) **16**-Oulad Berhil (Mun.) **17**-Oulad Teima (Mun.) **18**-Taliouine (Mun.) **19**-Taroudannt (Mun.) **20**-Adar **21**-Ait Abdallah **22**-Amalou **23**-Azaghar N'Irs **24**-Imaouen **25**-Imi N'Tayart **26**-Nihit **27**-Oualqadi **28**-Sidi Boaal **29**-Sidi Mzal **30**-Tataoute **31**-Tindine **32**-Tisfane **33**-Toufelaazt **34**-Toumliline **35**-Aoulouz (Mun.) **36**-Arazane **37**-El Faid **38**-Ida Ou Gailal **39**-Ida Ougoummad **40**-Igli **41**-Igoudar Mnabha **42**-Oulad Aissa **43**-Tabia **44**-Lamhara **45**-Ouneine **46**-Ouzioua **47**-Sidi Abdellah Ou Said **48**-Sidi Ouaaziz **49**-Tafingoult **50**-Talgjount **51**-Tigouga **52**-Tinzart **53**-Tisrasse **54**-Tizi N'Test **55**-Toughmart **56**-Ahl Ramel **57**-Argana **58**-Assads **59**-Bigoudine **60**-Eddir **61**-El Koudia El Beida **62**-Imilmaiss **63**-Issen **64**-Lagfifat **65**-Lakhnafif **66**-Lamhadi **67**-Machraa El Ain **68**-Sidi Ahmed Ou Amar **69**-Sidi Boumoussa **70**-Sidi Moussa Lhamri **71**-Talmakante **72**-Tidsi Nissendalene **73**-Agadir Melloul **74**-Ahl Tifnoute **75**-Askaouen **76**-Assaisse **77**-Assaki **78**-Azrar **79**-Iguidi **80**-Sidi Hsaine **81**-Taouyalte **82**-Tassousfi **83**-Tizgzaouine **84**-Toubkal **85**-Zagmouzen **86**-Ahmar Laglalcha **87**-Ait Igas **88**-Ait Makhlouf **89**-Bounrar **90**-Freija **91**-Ida Ou Moumen **92**-Imoulass **93**-Lamnizla **94**-Sidi Ahmed Ou Abdallah **95**-Sidi Borja **96**-Sidi Dahmane **97**-Tafraouten **98**-Tamaloukte **99**-Tazemmourt **100**-Tiout **101**-Zaouia Sidi Tahar **102**-Afella Ighir **103**-Ammelne **104**-Issafen **105**-Agadir (Mun.) **106**-Amskroud **107**-Aqesri **108**-Drargua **109**-Idmine **110**-Tiqqi **111**-Ait Melloul (Mun.) **112**-Dcheira El Jihadia (Mun.) **113**-Inezgane (Mun.) **114**-Lqliaa (Mun.) **115**-Oulad Dahou

116-Temsia **117**-Tassrirt **118**-Iznaguen **119**-Khouzama **120**-Tidli **121**-Afalla Issen **122**-Ait Haddou Youssef **123**-Timezgadiouine **124**-Timlilt **125**-Assais **126**-Siroua **127**-Irohalen **128**-Lalla Aaziza.

stratégiques, notamment les régions de l'Anti Atlas, Haut Atlas et le Souss amont. En effet, l'ajout des casernes par exemple aux niveaux des communes de Sidi moussa lhamri, Argana, Aoulouz, Taliwine et Ighrem peut améliorer la capacité d'évacuation et le temps d'accessibilité dans le bassin de Souss. Ce qui nécessite évidement des ressources humaines, matérielles et financières à mobiliser, étant donné que les moyens de réponse apparaissent encore limités pour faire face au risque d'inondations. En effet, les moyens humains de la protection civile (environ 8000 personnes), soit un taux de 0,25 pour 1000 habitants, sont encore relativement très limités et l'appel aux forces armées royales et aux autres forces de sécurité est souvent nécessaire en cas de risques majeurs. En outre, le secteur de la santé, malgré les plans blancs, parait largement en sous-capacité si un risque majeur devait se produire (OCD, 2016). Devant cette situation, la coordination entre les acteurs est essentielle et les domaines en sous-capacité affaiblissent l'efficacité et la rapidité de la réponse.

En guise de conclusion, les réflexions menées lors de cette enquête sur la protection civile ont mis en relief le défi de l'insuffisance aussi bien des moyens logistiques, matériel, ainsi qu'aux humains. Sans oublier le manque de création des unités de la PC pour couvrir judicieusement la zone d'étude, dans le but d'assurer une trajectoire résiliente en améliorant la capacité d'accessibilité voire même d'évacuation de la population sinistrés en cas de survenue d'inondation. Ceci, selon un échéancier cours et moyen terme en fonction des zones qui présente les multi risques important pour avoir une capacité de réaction rapide.

En conséquence pour palier à ce problème le service concerné est invité d'investir dans les pratiques préventives, systématiser les retours d'expérience et bien coordonner avec les autres intervenants devant l'insuffisance des moyens humains. En utilisant des moyens supplémentaires, qui pourraient prendre la forme de la location, d'équipements spécifiques (avions d'évacuation sanitaire, pompes à grande capacité en cas d'inondation, etc.).

8.5.2.1.10 Infrastructures de protection contre les inondations et barrages

Pour la description des barrages réalisés au niveau du bassin de Souss afin d'améliorer la capacité au risque d'inondation et pour d'autres objectifs, le lecteur peut consulter le chapitre n°6 traitants l'évaluation de la vulnérabilité environnementale et économique qualitative aux inondations.

Concernant les infrastructures de protection contre les inondations l'ABHSM, le conseil régional, le Fond de lutte contre les catastrophes naturelles, le conseil provincial et quelques communes ont réalisés des travaux de protection contre ce phénomène extrême, dans quelques sites vulnérables. Et ce, pour réduire la vulnérabilité aux inondations et améliorer la capacité. Ces interventions sont de plusieurs types à savoir : endiguements, mur de protection en gabion, béton, en alvéole ou en maçonnerie, canal de déviation des eaux, etc.). (La Figure 50 ; Figure 51 ; et Photo n° 10) ci-après résument ces variantes de protection.

Photo n° 10. À droite stabilisation du lit de chaaba et dissipation de l'énergie par seuil en gabion. À gauche protection de la forêt urbaine de Taroudant, par la mise en place d'un mur en alvéole en rive droite de l'oued Ouaar (cliché Bouaakkaz, 2016 et 2020).

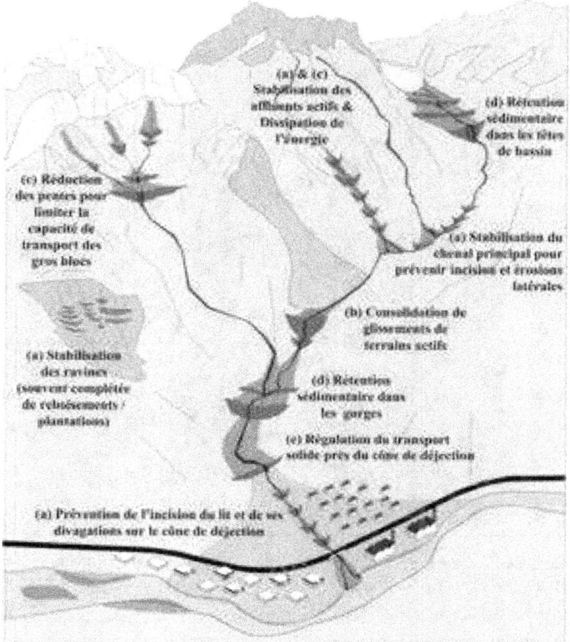

Figure 50.Exemples de localisations typiques de protections torrentielles dans un bassin versant et fonctions principales associées (Piton, G.,et al, 2019)

Pour définir les zones protégées par les barrages contre les crues inondables (Figure 52) on a pris la crue exceptionnelle de novembre 2014 pour les barrages suivants : Aoulouz, Mokhtar Soussi et Imi El kheng comme référence et celle de Janvier 2010 pour le barrage Abdelmoumen. Ensuite, on a déterminé les zones d'impact de ces crues en aval des barrages et les zones où on a la capacité aux inondations. Évidement le lit majeur des oueds en aval des barrages constitue la partie inondable dont la capacité est nulle. Ainsi la bande située de part et d'autre de ce lit est protégée, avec une capacité aux inondations relative.

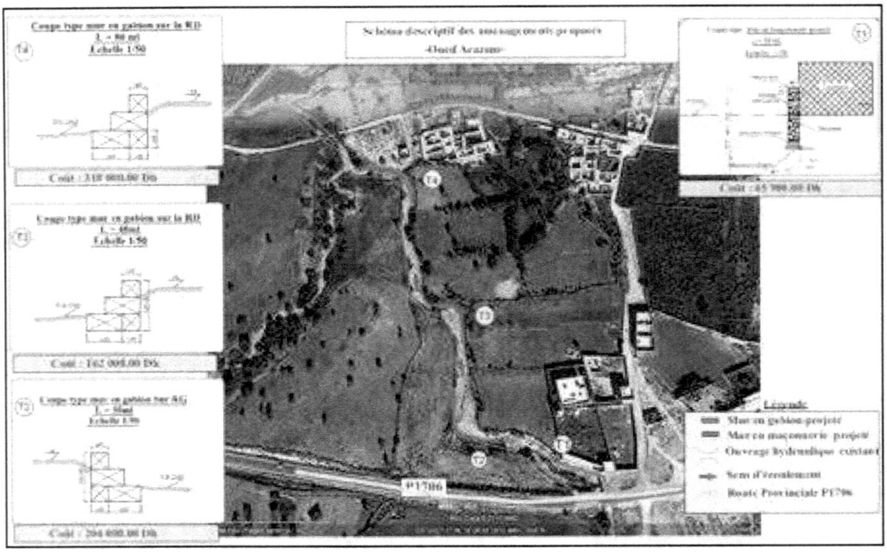

Figure 51. Exemple de schéma d'aménagement de protection contre les inondations pour améliorer la capacité à faire face aux inondations dans la CT d'Arazane.

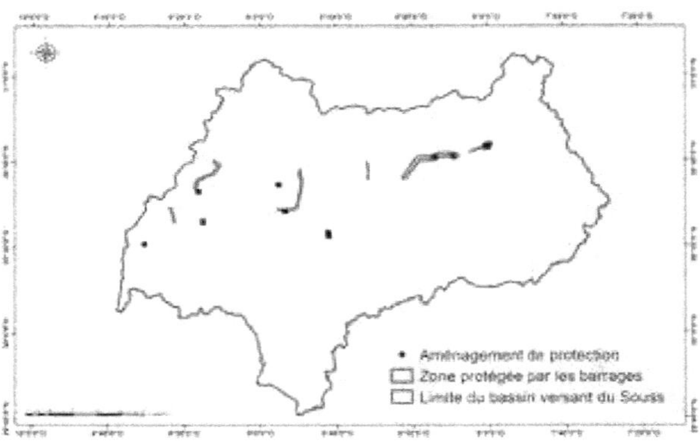

Figure 52. Infrastructure de protection contre les inondations et barrages dans le bassin de Souss (Bouaakkaz, 2020)

D'autre part, on a créé des zones tampons aux alentours des agglomérations urbaines et rurales avec un rayon qui diffèrent selon les aménagements de protections exécutées dans ce sens. Ainsi la capacité à faire face aux inondations est atteint au niveau de chaque zone tampon. Cette capacité évidement est limitée avec un seuil dont la période de retour des crues inondables inférieure ou égale à la crue centennale. Dépassant cette période (100ans) la capacité liée aux aménagements de protection s'estompe, donc on parle d'une capacité partielle et relative.

8.5.2.1.11 Description technique de système d'alerte aux crues : Réseau hydroclimatique d'annonce des crues dans la zone d'étude.

Dans la zone d'étude on note l'absence de système d'alerte automatique, à l'instar de ce installé dans la vallée d'Ourika au bassin d'Al Haouz (Annexe n° 6). Cependant le bassin de Souss est doté des stations hydro- pluviométriques et hydrométrique d'annonce des crues en nombre de 16 stations de mesure actives à ce jour y compris celles installées au niveau des barrages (Figure 53 et tableau n°30 en annexe n°6). L'ABHSM assure actuellement sur les cours d'eau les plus importants du bassin la transmission de l'information sur les crues ainsi que leur prévision à 24h.

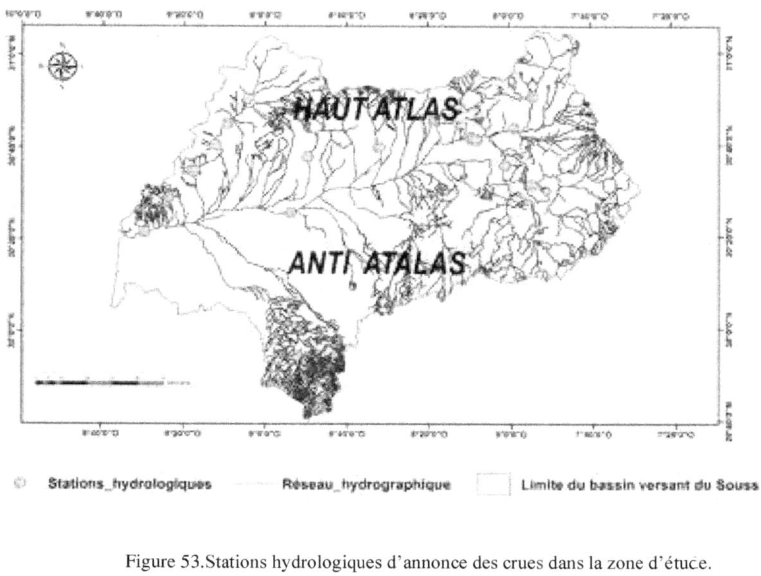

Figure 53.Stations hydrologiques d'annonce des crues dans la zone d'étude.

- **Adoption d'un dispositif de télétransmission de l'information**

Afin d'améliorer la capacité à faire face aux inondations notamment de la population dans la zone d'étude, il est souhaitable de programmer l'automatisation de l'observation hydrologique (pluie et niveau d'eau) dans certaines stations d'annonce de crues dont l'aval contient des enjeux humaines, économiques et environnementales très importants. À titre indicatif selon les moyens financiers de l'ABHSM, il est préférable d'automatiser les stations principales suivantes (Tableau n°20) afin d'améliorer la gestion concertée des périodes d'étiage et des risques de crues :

Tableau n°20.Stations proposées pour l'automatisation des niveaux d'eau (Bouaakkaz, 2020)

Station	Oued	Ordre (Strahler)
Iguider	Tifnout	4
Pont Taliwine	Zagmouzen	3
Pont Taroudant	Souss	6
Amont projet du barrage prévu au niveau de la vallée d'Arghen	Arghen	4
Amont barrage Sidi Abdellah	Oued Laouar	3

Puisque la surveillance des crues est devenue des enjeux stratégiques de premières importantes, notamment dans un contexte des changements climatiques qui connut le bassin de Souss. Cet automatisme avec une transmission en temps réel ou à pas de temps régulier des données permet de sensibiliser les riverains et prendre des décisions d'évacuation par les autorités administratives territoriales, locales et la sécurité civile en améliorant la capacité de faire face aux inondations. Étant donné que les systèmes de transmission des données par vacation, s'avèrent aujourd'hui peu adaptés aux besoins de connaissance en temps réel des phénomènes. Outre le fait que le système est très souvent perturbé, en période de mauvais temps (d'après l'expérience lors des anciennes inondations en 2010 et 2014). Aussi ces émissions, sont notamment sensibles aux obstacles et masquages (relief, végétation, etc.), aux conditions de réfractivité de l'atmosphère, aux perturbations électromagnétiques et présentent une sensibilité assez forte aux phénomènes de réflexion[28].

Devant la capacité limitée de ce réseau d'annonce des crues et celle à faire face à ce phénomène extrême, il est préférable d'exploiter la fiabilité et la précision des stations équipées des capteurs radars plus précis[29] en temps réel. Avec la faible consommation énergétique, ce système permet la réalisation de mesures quasiment en continu, sans oublier les réseaux, sociaux numériques et les smartphones apparaissent comme des opportunités pouvant compléter les systèmes d'information et d'alerte existants.

- **Description technique de système automatique d'alerte aux crues**

Basé sur une station d'acquisition ultra faible consommation et un superviseur web (logiciel hébergé), la solution PARATRONIC permet de réaliser les mesures de niveau, pluviométrie, débit, qualité des eaux (température, pH, etc.) et de disposer à tout moment de mesures sous forme de tableaux, graphiques ainsi que d'une représentation cartographique de réseau de mesure. Les alertes sont envoyées par SMS et émail. (Pour plus de détail le lecteur pourra consulter l'annexe n°6, paragraphe 6.5).

B. Attribution des notes aux indicateurs et leurs classements

Après avoir sélectionné les indicateurs d'évaluation de la capacité à faire face aux inondations nous avons assigné à ces indicateurs des notes sur une échelle allant de 1 à 10, en se basant sur notre expérience dans le domaine et l'enquête de terrain. Ensuite on les a combinés en calculant leur moyenne arithmétique par calculatrice raster d'Arc map. Après normalisation (standardisation) des unités en transformant les cartes d'accessibilités aux centres de santés et casernes de la protection civile en notes aussi comprise entre 1 et 10 (Figure 54 et Tableau n°21) ci-dessous.

[28] https://fr.wikipedia.org/wiki/Onde_radio.
29 http://www.paratronic.info/risques-naturels/surveillance-eaux/realisations/realisation.php?IDA=23#2,2;2

Tableau n°21. Classement et attribution des notes aux indicateurs explorés

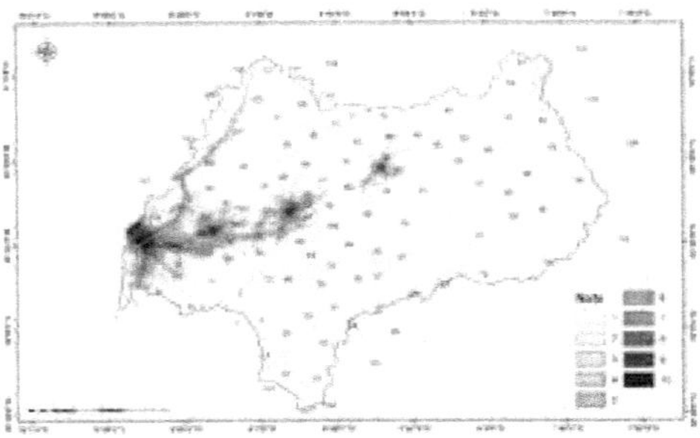

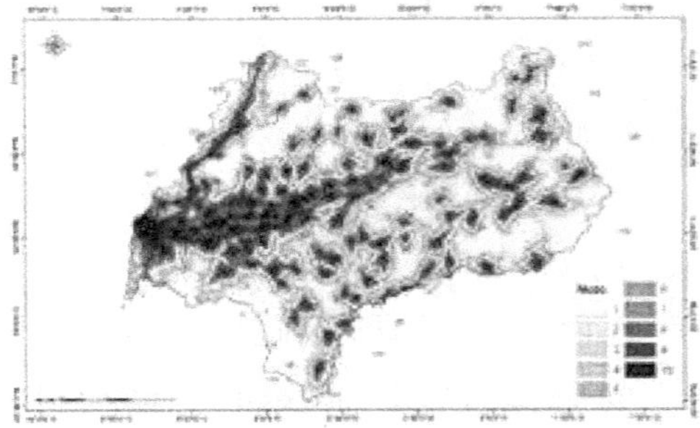

Indicateur	Note
Présence d'un coordonnateur provincial pour gérer les mesures de capacité à faire face et d'adaptation	6
Infrastructure de protection contre les inondations (digue, mur de protection, canal de déviation des eaux, etc.)	7
Présence des barrages	6
Infrastructure sanitaire (soins de santé) et leurs accessibilités (leurs proximités aux sinistrés)	(0-12 min) =10 ; (12-24min) =9.... ....,etc. (108-120 min) = 1
Présence d'un programme provincial de préparation et réponse aux aléas et service d'urgence	3
Planification des évacuations et mise en œuvre des exercices d'évacuation aux centres de santé (proximité aux services de type pompier)	(0-12 min) =10 ; (12-24min) =9..... ....,etc. (108-120 min) = 1

Figure 54. À gauche. Spatialisation de l'accessibilité aux casernes de la protection civile. À droite. Spatialisation de l'accessibilité aux centres de santé dans la zone d'étude selon l'échelle de notation (1-10).

8.4.2 Résultats et discussion

La Figure 55 ci-dessous représente le résultat final de modélisation de la capacité à faire face aux inondations dans la zone d'étude.

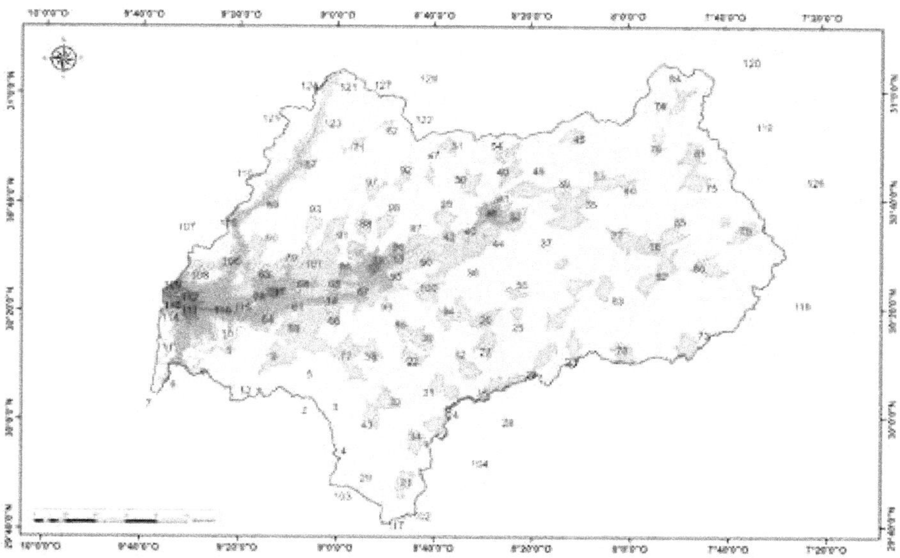

Figure 55. Carte de spatialisation de la capacité à faire face aux inondations dans le bassin de souss.(Bouaakkaz, 2020)

1-Biougra (Mun.) **2**-Ait Mzal **3**-Hilala **4**-Ida Ougnidif **5**-Tassegdelt **6**-Inchaden **7**-Sidi Ouassay **8**-Ait Amira **9**-Imi Mqourn **10**-Ouad Essafa **11**-Sidi Bibi **12**-Sidi Boushab **13**-Ait Iaaza (Mun.) **14**-El Guerdane (Mun.) **15**-Irherm (Mun.) **16**-Oulad Berhil (Mun.) **17**-Oulad Teima (Mun.) **18**-Taliouine (Mun.) **19**-Taroudannt (Mun.) **20**-Adar **21**-Ait Abdallah **22**-Amalou **23**-Azaghar N'Irs **24**-Imaouen **25**-Imi N'Tayart **26**-Nihit **27**-Oualqadi **28**-Sidi Boaal **29**-Sidi Mzal **30**-Tataoute **31**-Tindine **32**-Tisfane **33**-Toufelaazt **34**-Toumliline **35**-Aoulouz (Mun.) **36**-Arazane **37**-El Faid **38**-Ida Ou Gailal **39**-Ida Ougoummad **40**-Igli **41**-Igoudar Mnabha **42**-Oulad Aissa **43**-Tabia **44**-Lamhara **45**-Ouneine **46**-Ouzioua **47**-Sidi Abdellah Ou Said **48**-Sidi Ouaaziz **49**-Tafingoult **50**-Talgjount **51**-Tigouga **52**-Tinzart **53**-Tisrasse **54**-Tizi N'Test **55**-Toughmart **56**-Ahl Ramel **57**-Argana **58**-Assads **59**-Bigoudine **60**-Eddir **61**-El Koudia El Beida **62**-Imilmaiss **63**-Issen **64**-Lagfifat **65**-Lakhnafif **66**-Lamhadi **67**-Machraa El Ain **68**-Sidi Ahmed Ou Amar **69**-Sidi Boumoussa **70**-Sidi Moussa Lhamri **71**-Talmakante **72**-Tidsi Nissendalene **73**-Agadir Melloul **74**-Ahl Tifnoute **75**-Askaouen **76**-Assaisse **77**-Assaki **78**-Azrar **79**-Iguidi **80**-Sidi Hsaine **81**-Taouyalte **82**-Tassousfi **83**-Tizgzaouine **84**-Toubkal **85**-Zagmouzen **86**-Ahmar Laglalcha **87**-Ait Igas **88**-Ait Makhlouf **89**-Bounrar **90**-Freija **91**-Ida Ou Moumen **92**-Imoulass **93**-Lamnizla **94**-Sidi Ahmed Ou Abdallah **95**-Sidi Borja **96**-Sidi Dahmane **97**-Tafraouten **98**-Tamaloukte **99**-Tazemmourt **100**-Tiout **101**-Zaouia Sidi Tahar **102**-Afella Ighir **103**-Ammelne **104**-Issafen **105**-Agadir (Mun.) **106**-Amskroud **107**-Aqesri **108**-Drargua **109**-Idmine **110**-Tiqqi **111**-Ait Melloul (Mun.) **112**-Dcheira El Jihadia (Mun.) **113**-Inezgane (Mun.) **114**-Lqliaa (Mun.) **115**-Oulad Dahou **116**-Temsia **117**-Tassrirt **118**-Iznaguen **119**-Khouzama **120**-Tidli **121**-Afalla Issen **122**-Ait Haddou Youssef **123**-Timezgadiouine **124**-Timlilt **125**-Assais **126**-Siroua **127**-Irohalen **128**-Lalla Aaziza

Elle montre que les communes urbaines suivantes : d'Agadir, Dcheira, Inezgane, Ait Melloul, Temsia, Ouled Teima, Taroudant et Ouled Berhil, présentent des pixels dont la capacité à faire face aux inondations est maximale (soit 147 pixels). Ceci est due à leurs proximités aux centres de santé, casernes de la protection civil et développement de réseau routier dans leurs zones d'action. Suivies des communes limitrophes qui connaissent une capacité dont la note moyenne est 5/10 qui représente seulement 168932 pixels soit environ 1% de la surface total couverte par la capacité. Tandis que la plupart des communes territoriales rurales du bassin de souss montrent la plus faible capacité à faire face aux inondations (10605806 pixels) avec une proportion presque de 81% (Figure 56).

À cet effet, afin d'améliorer cette capacité et réduire la vulnérabilité aux inondations, il est préférable et souhaitable d'agir sur les indicateurs déjà existant en implantant d'autres casernes de protection civile, centre de santé et création des zones refuges. Ainsi que la poursuite

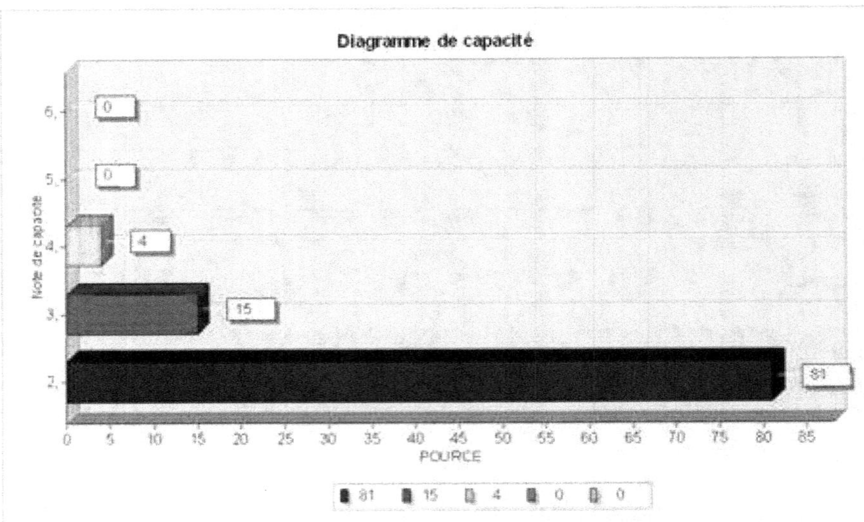

Figure 56. Répartition de pourcentage des pixels par note de la capacité aux inondations dans la zone d'étude (Bouaakkaz, 2020)

d'aménagement des infrastructures de protection contre les inondations y compris la construction des moyens et petits barrages. En outre l'instauration d'autres indicateurs essentiels déjà inventorié (Tableau n°50, annexe 6) dans la zone d'étude afin d'atteindre une capacité maximale dans tout l'espace étudié. À titre indicatif de ces indicateurs on cite :

- ✓ Disponibilité suffisante des communes en ressources financières, matérielles ;
- ✓ Atteindre le nombre de médecin pour 1000 personnes recommandée par l'OMS ;
- ✓ Accord d'un budget communal spécifique à la gestion des sinistres ;
- ✓ Développement de la culture du risque et sensibilisation : connaissance des risques associés aux aléas par la population ;
- ✓ Instauration d'un système d'alerte automatiques aux aléas hydrométéorologique ;
- ✓ Améliorer le niveau d'étude chez la population ;
- ✓ Améliorer la richesse (revenu) des ménages, etc.

8.5 Intervention de l'Etat relative à la capacité collective à faire face aux inondations au niveau national.

Les populations sujettes au risque d'inondation avaient appris à se protéger, de manière individuelle ou collective, par les travaux d'aménagement, sur les cours d'eau, (e.g mur en gabion et béton ainsi que des digues construites sur les rives des cours d'eau, etc.). Néanmoins ces travaux de protection contre les inondations se font d'une façon anarchique, et aggravent la situation au niveau de quelques agglomérations, à cause d'une part de l'insuffisance de sous-dimensionnement et d'autre part, la déviation et le changement de lit et trajectoire des cours d'eau. Ce qui augmente la vulnérabilité des populations riveraines en aval et diminue leurs capacités à faire face, notamment en cas de ruptures des aménagements réalisés. Donc, l'institution de l'État va conduire à centraliser la définition et la mise en œuvre d'actions résiliente, afin d'édifier la capacité collective à faire face et gérer le risque d'inondation. Ceci à travers les textes législatifs et interventions évoqués en annexe n° 6, paragraphe n°6.6.

8.5.1 Rôle joué par la Direction de la météorologie nationale pour le système d'alerte

Crée en 1961 la Direction de la Météorologie Nationale (DMN) assure dans le cadre de ses attributions, l'observation et la prévision du temps contribuant ainsi à la sauvegarde des vies et des biens.
La carte de vigilance météorologique est élaborée systématiquement au moins 3 fois par jour à 06h00, 10h00 et à 16h00, afin d'attirer l'attention sur la possibilité d'occurrence d'un ou des phénomène(s) dangereux durant les prochaines 24 et 48h. Elle est actualisée à tout moment en cas de changement de situation météorologique.

D'après ces attributions et ces interventions, sans doute la DMN joue un rôle crucial dans l'amélioration de la capacité à faire face aux inondations et la gestion de risque, à travers la prévision météorologique. Cependant, cette capacité dans le bassin de Souss, reste toujours limitée à cause d'une part, du non amélioration de la résolution temporelle de la prévision des crues inondables qui sera de l'ordre de l'heure voire même un pas de temps plus fin. D'autre part, la prévision de point de vue spatiale intéresse seulement les provinces, il est souhaitable d'améliorer aussi la résolution spatiale de l'annonce des crues, afin qu'il concerne au moins les communes. Ainsi que renforcer les capacités de suivi météorologique en temps réel pour une meilleure prévention des risques.
la Figure 57 ci-dessous résume le fonctionnement du système de prévision et d'alerte aux crues dans la zone d'étude.

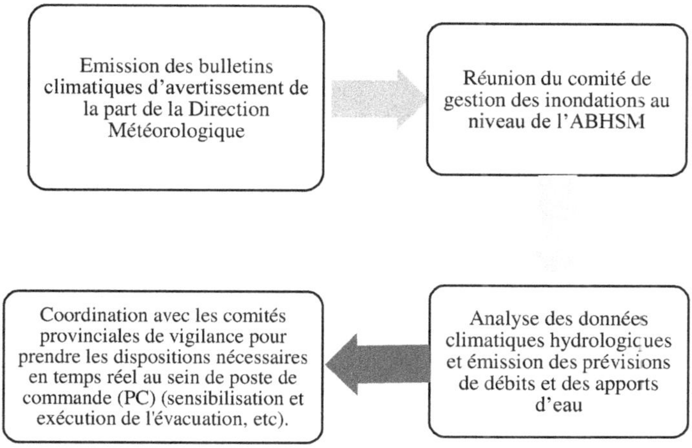

Figure 57.Schéma conceptuel de fonctionnement du système de prévision et d'alerte aux crues (Bouaakkaz,2020, in ABHSM)

8.5.2 Limites d'une capacité collective ancrée couramment sur l'atténuation de l'aléa

Des actions et des interventions axées sur une atténuation de l'aléa d'inondation, matérialisés par les travaux de génie civil. Notamment, à travers de l'endiguement des cours d'eau, construction des seuils a triples intérêts (pour modifier les paramètres hydrodynamiques de l'écoulement (vitesse et débits), recharge de la nappe et prise d'eau pour l'irrigation), épis d'orientation de flux d'eau, murs longitudinaux et l'aménagement des barrages, etc.

Toutefois, les travaux de recherche notamment anglo-saxons et l'expérience sur les ouvrages de génie civil, qui s'accroissent à partir de 1950, mettent de façon croissante en évidence les défaillances de ces ouvrages (Ngo, 2014 et Guillier, 2017). Compte tenu qu'on a un niveau de protection pour les inondations (crue centennale, par exemple), donc les ouvrages de protections ne garantissent pas la protection durable des riverains, environnement, et l'urbain, etc. L'exemple concret est les dommages causés par les dernières inondations survenues dans la zone d'étude en 2010, 2012, 2014 et 2016 d'après l'enquête de terrain (Cf chapitre n°1). Par exemple, l'effet d'un endiguement est d'éviter le débordement pour des crues dont les débits sont inférieurs à celui de la crue de projet. Au-delà de ce flux, le débordement aura lieu, ses impacts sont souvent accrus du fait de vitesses d'écoulement importantes, là où se produit la submersion. (Grelot, 2004 et Serre, 2005 et enquête de terrain). Par conséquent, les mesures qui peuvent être implémentées, dans le cadre de la capacité à faire face, comprend donc à la fois les mesures structurelles et les mesures non-structurelles (Thanvisitthpon et al., 2020). Puisqu'il ne s'agit pas de ne plus réaliser d'actions structurelles (Ledoux, 2006) mais de développer les autres aspects de la capacité à faire face. En ce sens, une capacité collective fondée exclusivement sur des actions ciblées sur les ouvrages de génie civil, implique une faible capacité (Godschalk, 2003, et Guillier, 2017 et missions de terrain).

- Mesures non structurelles d'atténuation des inondations

Le système d'alerte d'inondation est sans doute le mécanisme le plus fondamental pour la gestion de risque d'inondation, puisque même lorsque des défenses structurelles d'inondation sont fournies, les risques résiduels demeurent (Guillier., 2017). Par conséquent, une stratégie de gestion de risque d'inondation qui utilise des avertissements d'inondation, soit uniquement, ou conjointement avec d'autres options de gestion, peut aider à rendre l'occupation des montagnes et plaines inondables à risque d'inondation plus durable dans le temps. Cependant, les systèmes d'alertes peuvent être sous-performants, voire défaillants, si la détection des inondations et / ou la prévision des inondations ne sont pas fiables.

En outre, les développements des communications modernes dans le contrôle des inondations sont devenus accessibles, tels que les systèmes modernes de prévision et d'alerte précoce ainsi que la télédétection et la technologie pour convertir les prévisions à partir de modèles mathématiques de situations météorologiques en systèmes d'alerte (Guillier, 2017). Le système d'alerte automatique permet d'assurer une meilleure anticipation et gestion des risques. En effet, la mise en place d'un système intégré d'alerte est un élément central de toute stratégie de lutte contre les risques de catastrophes naturelles. Ce système doit couvrir tous les risques potentiels auxquels le bassin de Souss fait face et permettre de disposer de données afin de bien caractériser ces phénomènes et suivre leur évolution (OCDE, 2016). À titre d'exemple le système d'alerte automatique installé dans la vallée d'Ourika au niveau du bassin de Tensift dans la région de Marrakech (Annexe n°6, paragraphe n°6.8) équipés d'un système de télémesure des hauteurs et débits d'eau permettant de traduire la prévision météorologique en prévision de crue (ABHT, non daté).

8.6 Plan d'action pour l'amélioration de la capacité aux inondations et la réduction de ce risque dans la zone d'étude

Dans le cadre d'une gestion intégrée de risque d'inondations, afin d'améliorer la capacité à ce risque dans le bassin de Souss, un plan d'action et d'adaptation au risque d'inondation a été élaboré. Ce plan prévoit, outre la réalisation des travaux palliatifs de protection des sites vulnérable (par la protection directe et indirecte), la mise en œuvre d'actions structurelles et non structurelles s'articulant autour des principales dispositions suivantes (Bouaakkaz et al., 2018). Étant donné que l'investissement public et privé dans la prévention et la réduction des risques de catastrophe au moyen de mesures structurelles et non structurelles revêt une importance essentielle. Ce plan (Cf Tableau n°22 et chapitre n°9) permettra de proposer des mesures pratiques d'adaptation et prévoir, planifier et réduire les risques de catastrophe pour mieux protéger les êtres humains et leurs moyens de subsistance, leur santé, leur patrimoine culturel, leurs biens socioéconomiques et l'écosystèmes, et améliorer ainsi leur résilience.

8.7 Conclusion et perspective

Les politiques et les pratiques de gestion de risque des inondations devraient être fondées sur la compréhension des risques de cette catastrophe dans toutes ces dimensions : la vulnérabilité, les capacités et l'exposition des personnes et des biens, les caractéristiques des aléas et l'environnement. Ces connaissances peuvent être exploitées pour procéder à l'évaluation des risques avant la catastrophe, prendre des mesures de prévention et d'atténuation et élaborer et mettre en œuvre des dispositifs appropriés de préparation et d'intervention en cas de catastrophe.

À la lumière de cette évaluation et diagnostic de la capacité aux inondations dans la zone d'étude, il s'est avéré que cette capacité à faire face est faible limitée notamment dans le milieu rural et préurbain. En outre la capacité d'alerte et l'expérience de gestion du risque restent encore limitées. À cet effet son amélioration est souhaitable, afin de réduire la vulnérabilité des populations vis avis des inondations. Cette amélioration passe par, la généralisation des indicateurs évaluant cette capacité sur toutes la zone et leurs perfectionnements. La création d'autres indicateurs influençant sur la capacité à savoir :

La richesse des ménages, système d'alarme automatique, le niveau d'étude, et la dissémination de la culture des risques. Par conséquence, des recommandations parmi d'autres ont étés formulés comme suites :

- L'accord d'un budget communal spécifique à la gestion des sinistres et la poursuite d'aménagement des travaux de protection contre les inondations dans le cadre de partenariat. Avec un échéancier à court terme pour éviter l'aggravation de la situation, suite aux survenues d'autres inondation et avoir une vision à long terme de réduction de risque en améliorant la capacité à faire face et d'adaptation aux inondations ;
- Augmentation des infrastructures sanitaire pour couvrir les zones dont la population qui ont l'accessibilité dépassent ½ heures et rehaussement de niveau de résilience des systèmes régionaux et provinciaux de soins de santé ;
- Sensibilisation aux aléas climatiques par les organisations communautaires et associations bénévoles pour améliorer la connaissance et la compréhension des composantes du risque d'inondation ;
- Développement de la culture du risque ;
- Augmenter la part des ménages à revenu élevé, puisque les ménages pauvres ont des faibles capacités d'adaptation aux dangers d'inondation ;
- Améliorer la proximité aux services de type pompier en implantant d'autres casernes de pompier dans des communes ou l'accessibilité dépasse 1heure. Et doter ces services par les moyens logistiques et humains pour accomplir leurs missions ;

- Renforcer les capacités de suivi météorologique par la DNM en temps réel pour une meilleure capacité et prévention des risques ;
- L'amélioration du système d'alerte avec une diffusion plus fréquente des informations en temps réel et son automatisation. Ainsi que l'équipement des stations d'annonce des crues par la technologie avancée et formation, transfert et généralisation de technologie et implication de la population ;
- Établissement de programmes pluriannuels d'entretien systématique des cours d'eau ;
- Développer une approche des risques d'inondation en cohérence avec les enjeux d'aménagement du territoire en évitant les nouvelles constructions dans les zones inondables ;
- Investir dans la réduction des risques de catastrophe en générale et celui de l'inondation en particulier afin d'améliorer la capacité et la résilience dans la zone d'étude ;
- La création d'une direction de la gestion des risques et d'une structure de coordination interministérielle est préférable ;
- Prévoir un échéancier d'exécution des travaux d'assainissement et d'évacuation des eaux pluviales (drainage) en milieu rural à court et moyen terme. Et revoir le dimensionnement de réseau d'assainissement en milieu urbain en adoptant le mode séparatif entre les deux réseaux.

Après avoir modéliser aussi bien, la vulnérabilité globale aux inondations que l'aléa d'inondation ainsi que l'évaluation de la capacité à faire face, le chapitre suivant s'intéresse à la modélisation du risque d'inondation et sa gestion dans la zone d'étude.

Chapitre 9 : Spatialisation de risque d'inondation dans la zone d'étude et gestion durable et intégrée de ce risque

9.1 Cartographie de risque d'inondation

Après avoir modélisé la vulnérabilité globale aux inondations dans la zone d'étude et générer aussi la carte d'aléa d'inondation, nous avons modélisé et cartographié le risque de ce phénomène extrême par le croisement et combinaison des deux dernières cartes sous formes raster, en utilisant les outils de la géomatique.

Les Figure 58 et Figure 59 ci-dessous représentent la carte du risque d'inondation dans le bassin de Souss. L'examen de ces deux figures illustre la répartition de l'intensité du risque d'inondation dans la zone d'étude. En effet, les 63 communes territoriales (~50% de l'ensemble des communes de la zone d'étude) dépendantes du bassin Haut Atlasique et une partie de la plaine de Souss, renferment des zones (pixels) dont le risque d'inondation est très élevé. Ces communes sont les suivantes : Ait Iaaza (Mun.), El Guerdane (Mun.), Oulad Berhil (Mun.), Oulad Teima (Mun.), Taroudannt (Mun.), Aoulouz (Mun.), Arazane, El Faid, Ida Ou Gailal, Ida Ougoummad, Igli, Igoudar Mnabha, Oulad Aissa, Lamhara, Ouneine, Ouzioua, Sidi Abdellah Ou Said, Sidi Ouaaziz, Tafingoult, Talgjount, Tigouga, Tinzart , Tizi N'Test, Argana, Bigoudine, Eddir, Issen, Sidi Ahmed Ou Amar, Sidi Boumoussa, Sidi Moussa Lhamri, Talmakante, Ahl Tifnoute, Askaouen, Assaisse , Assaki, Iguidi, Sidi Hsaine, Taouyalte, Tassousfi, Tizgzaouine, Toubkal, Ahmar Laglalcha, Ait Igas, Ait Makhlouf, Freija, Ida Ou Moumen, Imoulass, Lamnizla, Sidi Borja, Sidi Dahmane, Tafraouten, Tamaloukte, Zaouia Sidi Tahar ,Amskroud, Drargua, Ait Melloul (Mun.), Dcheira El Jihadia (Mun.), Inezgane (Mun.), Oulad Dahou, Temsia, Afalla Issen, Timezgadiouine et Timlilt. Presque 50% (28) de ces communes ont bénéficiés des travaux d'aménagement (ou sont en cours de réalisation) pour l'amélioration de la capacité à faire face aux inondations et la mitigation de ce risque. Ces travaux d'interventions ont été réalisés par l'ABHSM, conseil régional (CR) et conseil provinciale (CP) et parfois par la contribution de budget des communes dans le cadre des conventions.

En outre, les zones d'action des communes localisées aux niveaux du bassin anti atlasique et rive gauche de l'oued souss, connaissent aussi des pixels dont l'intensité du risque est très élevée. Néanmoins ces communes sont rares en nombre de 11(~9% de l'ensemble des communes de la zone d'étude) à savoir : Imi Mqourn, Taliouine(Mun.), Toughmart, Assads, Lagfifat, Lakhnafif, Lamhadi, Machraa El Ain, Zagmouzen, Tazemmourt et Tiout. Parmi ces communes, quatre ont connues des interventions (aménagements des digues, murs, etc.) également pour améliorer la capacité à faire face aux inondations dans des sites très vulnérables. Ainsi, 74 communes territoriales soit 59% de l'ensemble des communes, présentent des zones à risque élevé. Ce qui nécessite des interventions durables pour gérer ce risque dans le bassin de Souss.

En conséquence, on remarque évidement que la spatialisation du risque de l'inondation est en relation étroite avec celle de la vulnérabilité globale et l'aléa. En effet, les communes qui connaissent le niveau de risque très élevé (zones de Haut Atlas et plaine) présentent des niveaux très élevés de la vulnérabilité et de l'aléa d'inondation.

D'autre part, le diagramme de la Figure 60 ci-dessous montre la répartition des proportions de risque dans le bassin de souss, avec 65% de la superficie de la zone d'étude présente un risque dont l'intensité est très faible. Par ailleurs, le reste des niveaux de risque d'inondation est représenté par des proportions de 30%, 4%, 0.34% et 0.12%, dont les intensités respectivement sont faible, moyen, élevée et très élevée.

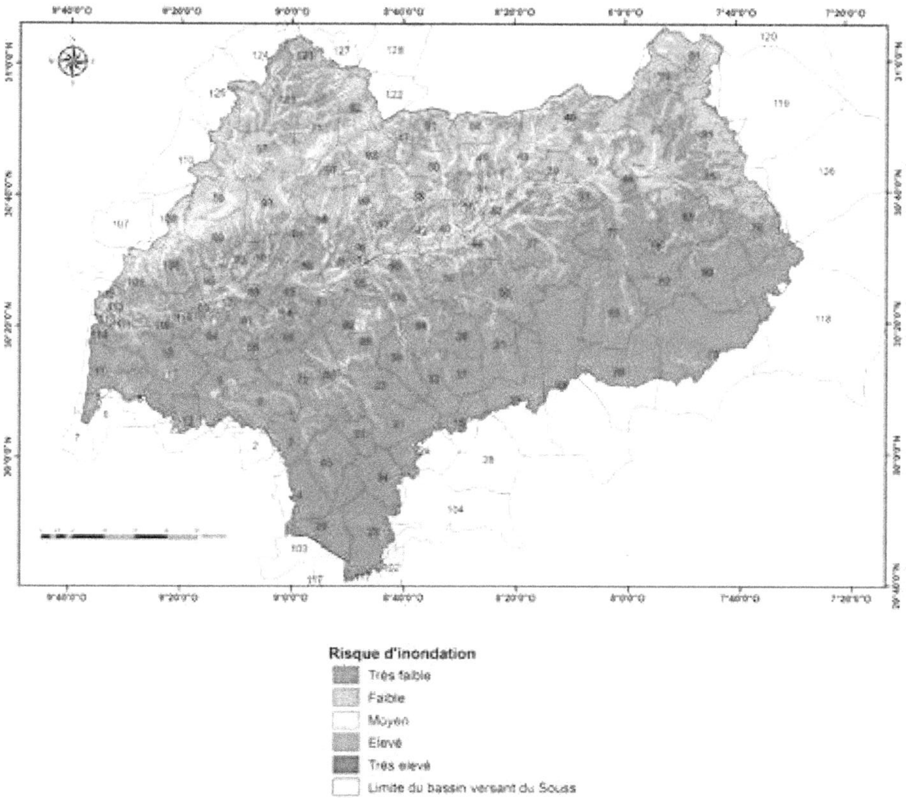

1-Biougra (Mun.) **2**-Ait Mzal **3**-Hilala **4**-Ida Ougnidif **5**-Tassegdelt **6**-Inchaden **7**-Sidi Ouassay **8**-Ait Amira **9**-Imi Mqourn **10**-Ouad Essafa **11**-Sidi Bibi **12**-Sidi Boushab **13**-Ait Iaaza (Mun.) **14**-El Guerdane (Mun.) **15**-Irherm (Mun.) **16**-Oulad Berhil (Mun.) **17**-Oulad Teima (Mun.) **18**-Taliouine (Mun.) **19**-Taroudannt (Mun.) **20**-Adar **21**-Ait Abdallah **22**-Amalou **23**-Azaghar N'Irs **24**-Imaouen **25**-Imi N'Tayart **26**-Nihit **27**-Oualqadi **28**-Sidi Boaal **29**-Sidi Mzal **30**-Tataoute **31**-Tindine **32**-Tisfane **33**-Toufelaazt **34**-Toumliline **35**-Aoulouz (Mun.) **36**-Arazane **37**-El Faid **38**-Ida Ou Gailal **39**-Ida Ougoummad **40**-Igli **41**-Igoudar Mnabha **42**-Oulad Aissa **43**-Tabia **44**-Lamhara **45**-Ouneine **46**-Ouzioua **47**-Sidi Abdellah Ou Said **48**-Sidi Ouaaziz **49**-Tafingoult **50**-Talgjount **51**-Tigouga **52**-Tinzart **53**-Tisrasse **54**-Tizi N'Test **55**-Toughmart **56**-Ahl Ramel **57**-Argana **58**-Assads **59**-Bigoudine **60**-Eddir **61**-El Koudia El Beida **62**-Imilmaiss **63**-Issen **64**-Lagfifat **65**-Lakhnafif **66**-Lamhadi **67**-Machraa El Ain **68**-Sidi Ahmed Ou Amar **69**-Sidi Boumoussa **70**-Sidi Moussa Lhamri **71**-Talmakante **72**-Tidsi Nissendalene **73**-Agadir Melloul **74**-Ahl Tifnoute **75**-Askaouen **76**-Assaisse **77**-Assaki **78**-Azrar **79**-Iguidi **80**-Sidi Hsaine **81**-Taouyalte **82**-Tassousfi **83**-Tizgzaouine **84**-Toubkal **85**-Zagmouzen **86**-Ahmar Laglalcha **87**-Ait Igas **88**-Ait Makhlouf **89**-Bounrar **90**-Freija **91**-Ida Ou Moumen **92**-Imoulass **93**-Lamnizla **94**-Sidi Ahmed Ou Abdallah **95**-Sidi Borja **96**-Sidi Dahmane **97**-Tafraouten **98**-Tamaloukte **99**-Tazemmourt **100**-Tiout **101**-Zaouia Sidi Tahar **102**-Afella Ighir **103**-Ammelne **104**-Issafen **105**-Agadir (Mun.) **106**-Amskroud **107**-Aqesri **108**-Drargua **109**-Idmine **110**-Tiqqi **111**-Ait Melloul (Mun.) **112**-Dcheira El Jihadia (Mun.) **113**-Inezgane (Mun.) **114**-Lqliaa (Mun.) **115**-Oulad Dahou **116**-Temsia **117a**-Tassrirt **118**-Iznaguen **119**-Khouzama **120**-Tidli **121**-Afalla Issen **122**-Ait Haddou Youssef **123**-Timezgadiouine **124**-Timlilt **125**-Assais **126**-Siroua **127**-Irohalen **128**-Lalla Aaziza

Figure 58. Carte du risque d'inondation dans le bassin de Souss (avec une résolution spatiale de 30m). (Bouaakkaz, 2020)

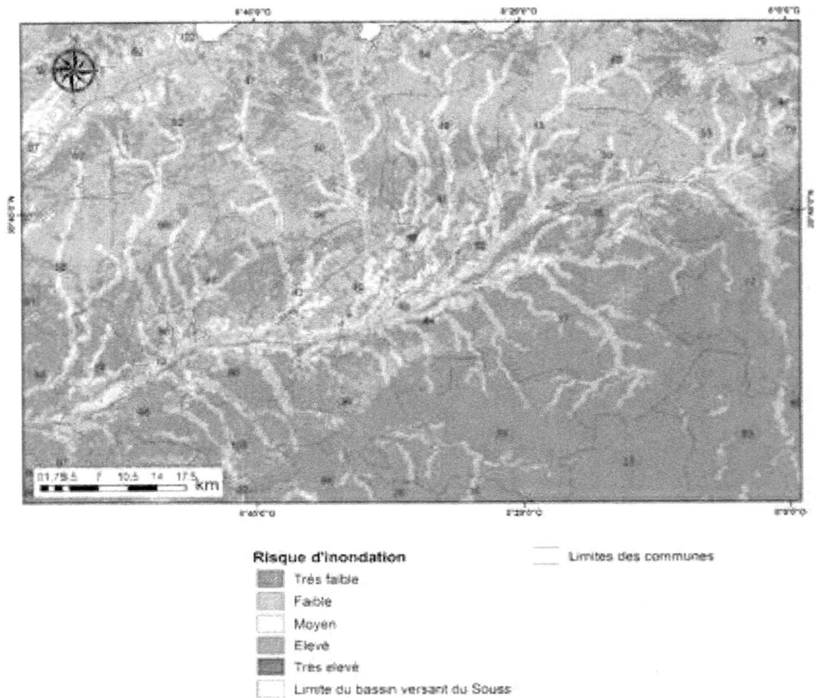

Figure 59. Zoom sur la carte du risque d'inondation dans le bassin de Souss (Haut Atlas et plaine : Bouaakkaz, 2020)

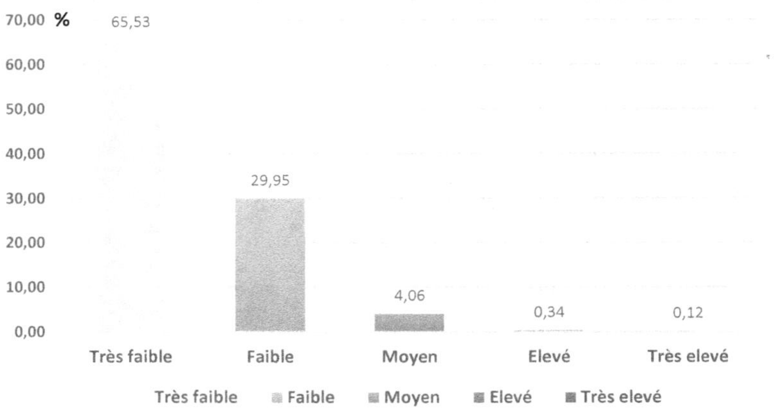

Figure 60. Répartition des niveaux de risque d'inondation dans le bassin de Souss (Bouaakkaz, 2020).

9.2 Validation du résultat

Afin d'exposer aux différents acteurs qui travaillent dans le domaine de la gestion du risque d'inondation dans la zone d'étude, la proportion d'exactitude de notre carte et sa fiabilité, vis avis de la méthodologie adoptée, nous avons procédé à sa validation par 364 sites réellement inondables (Figure 61 et Figure 62). Ces sites sont extraits des données des sites inondables inventoriés par l'ABHSM, Service de l'Eau de la DPETE de Taroudant et les sites relevés par GPS lors des missions de terrains.

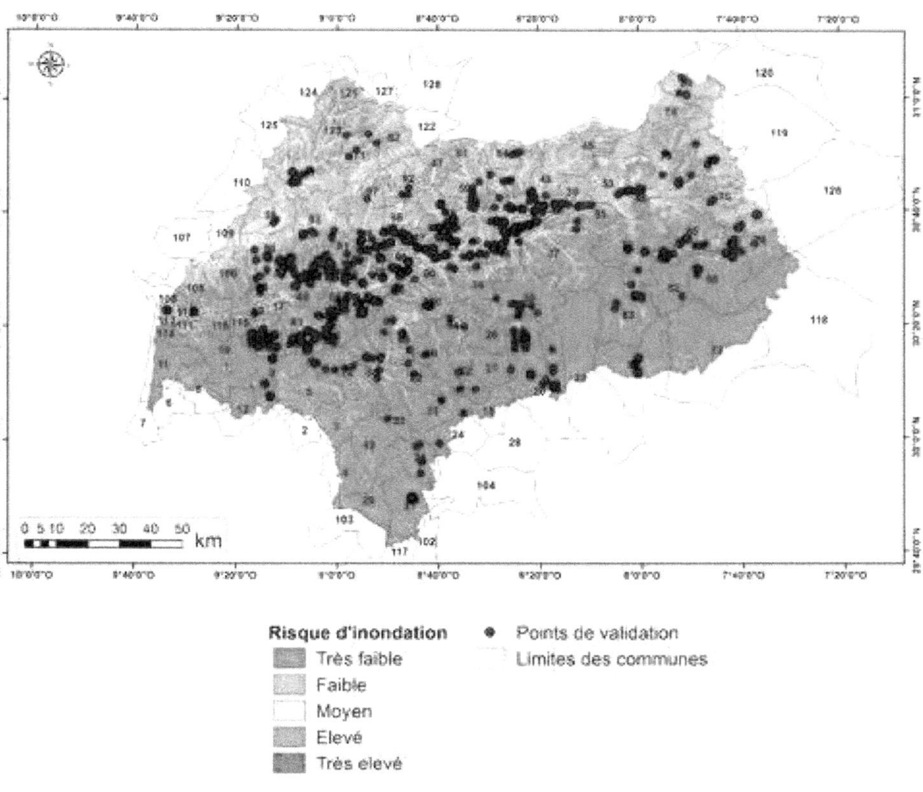

Figure 61. Validation de la carte du risque d'inondation pars des sites inondables (Bouaakkaz, 2020)

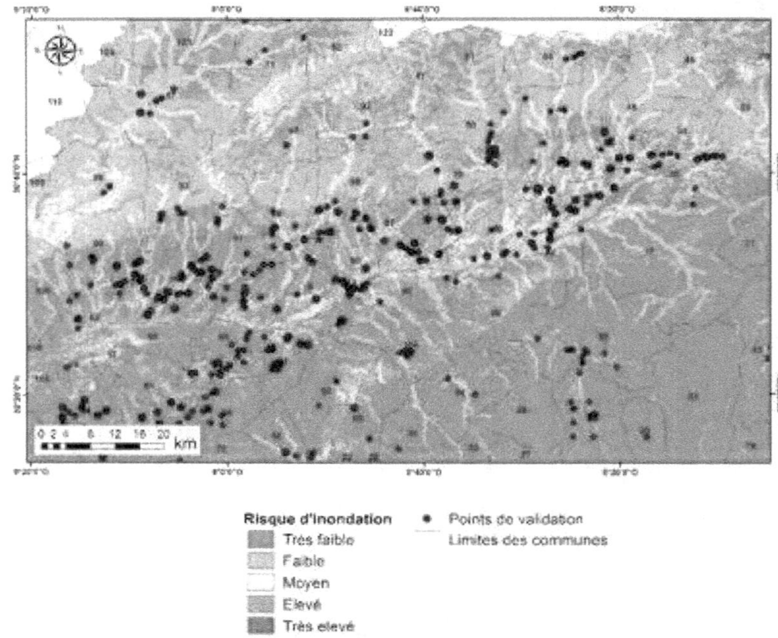

Figure 62. Zoom sur la carte de validation du risque d'inondation (Bouaakkaz, 2020)

Ces sites inondables renferment des enjeux humains, environnementaux et économiques. À cet effet, cette carte de répartition du risque d'inondation dans le bassin de Souss est validée à 80 %. D'ailleurs, la majorité des communes renfermant des sites vulnérables à risque élevé et moyen spatialisés par cette carte (Figure 58), ont fait l'objet d'interventions partielles par différents acteurs, pour améliorer leur capacité à faire face aux inondations.

9.3 Gestion durable et intégrée de risque d'inondation

Autrefois, la gestion du risque[30] s'est exclusivement appuyée sur la connaissance et la maîtrise de l'aléa. La vulnérabilité n'est pas prise en considération lors des interventions de réduction de risque dans la zone d'étude. Or, d'après les enquêtes

30 Gestion des risques (Risk management) : Plans, mesures ou politiques mis en œuvre pour réduire la probabilité et/ou les conséquences des risques ou pour répondre aux conséquences (Field & Barros, 2015).

de terrain et le retour d'expérience, on peut remarquer que le risque d'inondation peut être réduit et mitiger cependant ne peut pas être annulé. Étant donné que les aménagements de protection sont dimensionnés pour transiter et drainer des débits de crues centennales et parfois même ces ouvrages se trouvent en cas de défaillance. Et l'apparition de politiques publiques autour de la gestion des inondations dans la zone d'étude est encore au stade primitif.

Dans ce contexte, et afin de pouvoir améliorer la protection des personnes et des biens contre les inondations dans le bassin en question, plusieurs actions d'ordre technique, organisationnel et financier doivent être mises en place pour améliorer la capacité à faire face aux inondations. Ainsi que, la résilience du territoire exposé et diminuer la vulnérabilité vis avis de ce risque. Puisque, les mesures actuellement prises ne peuvent permettre d'atteindre les objectifs escomptés en la matière. À cet égard, On a proposé un plan d'action qui vise le comblement des lacunes en matière de gestion des risques liées aux inondations et son amélioration, par la mise en œuvre des travaux structurels et non structurels qui seront cohérentes et intégrées (cf, chapitre n°8 et article ci-dessous). En intervenant sur la vulnérabilité, l'exposition, et la capacité, puisque le risque découle de ces interactions et que l'aléa qui est un phénomène physique non maitrisable. Par conséquent, cette gestion repose sur quatre piliers selon la boucle de la Figure 63.

1. Prévenir et aménager durablement les zones à risque (améliorer la capacité) ;
2. Préparer, gérer la crise et développer la culture, la conscience du risque ;
3. Agir après la crise et favoriser le retour à une situation normale ;
4. Le retour d'expérience est également crucial, car l'information acquise à travers ce type d'événement doit être capitalisée afin d'être réutilisée dans les modèles de prévision et les actions de prévention.

Pour élargir la conscience du risque auprès des populations, l'information préventive et l'éducation aux risques seront mises en œuvre à travers des opérations évidentes, accessibles au plus grand nombre, en mobilisant toutes les institutions, notamment le ministère de l'éducation, et tous les vecteurs d'information.

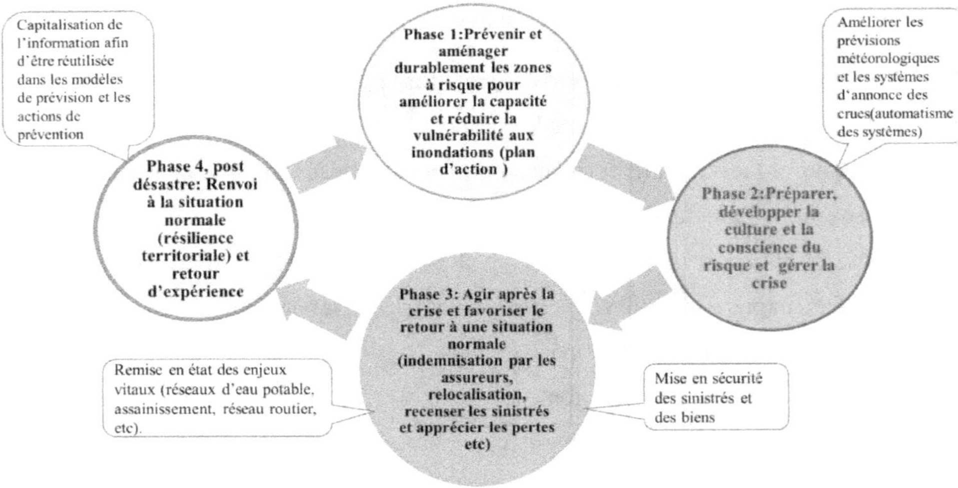

Figure 63. Représentation de la boucle de gestion du risque d'inondation, adoptée dans le bassin de Souss (Bouaakkaz, 2020)

Sachant que la gestion du risque des inondations mobilise plusieurs acteurs aux intérêts différents : Etat, ABHSM, CR, CP, Communes territoriales, partenaires techniques (Bureaux d'études, etc.) et financiers (bailleurs de fond, FLCN, etc.), néanmoins la coordination entre ces différents acteurs pour mener à bien cette gestion est absente sur le terrain.

Ainsi, le plan d'action proposé prévoit, outre la réalisation des travaux palliatifs de protection des sites vulnérables, la mise en œuvre d'actions structurelles et non structurelles s'articulant autour des principales dispositions suivantes (Tableau n°22 et l'article ci-dessous) :

Tableau n°22.Mesures structurelles et non structurelles de gestion du risque d'inondation (Bouaakkaz, 2020)

Mesures non structurelles	Mesures structurelles
Renforcement de la veille météorologique et hydrologique (l'annonce de crues) par la mise en place d'un système de prévision et d'alerte aux crues et l'automatisation et modernisation des réseaux de mesures et de l'observation hydrologique (pluie et niveau d'eau) dans certaines stations d'annonce de crue et cours d'eau générateurs d'inondations (dépourvus des barrages) (oueds Irguiten, Ouaar, Assads, Aourgua, Nokheil et Aghren) ;	Poursuite de l'aménagement des barrages et lacs collinaires, dont les études sont déjà réalisées et inventaires d'autres sites potentiels pour le laminage et écrêtement des crues. Ainsi que la construction d'ouvrages génie civil qui interfèrent directement avec l'eau de pluie ou le drainage à travers les rivières, pour empêcher son passage, la confiner, la gérer ou modérer sa vitesse et son débit ;
Mise en place d'une plateforme d'échange entre tous les intervenants en la matière permettant d'initier les orientations politiques nécessaires dans ce domaine. Cette plateforme jouera un rôle déterminant dans l'élaboration de politiques et de stratégies, l'acquisition de connaissances et l'enseignement mutuel. En outre, elle améliore nettement l'accès des populations aux dispositifs d'alerte rapide multirisque et aux informations et évaluations relatives aux risques de catastrophe ;	Poursuite de mise à niveau des 5 ouvrages hydrauliques déjà existants afin de s'assurer que le gestionnaire met en œuvre les mesures de surveillance, d'entretien et de gestion de manière à garantir la sûreté de ces ouvrages et la protection des riverains en aval selon la loi 30-15 s'intitulant la sécurité des barrages. Notamment la conformité vis-à-vis des normes de sécurité, afin de prémunir autant que possible des risques de rupture ou de défaillance ;
La réforme du cadre législatif régissant la gestion du risque d'inondation, pour l'adapter aux défis actuels et futurs, pour assurer une capacité d'adaptation plus élevée du cadre juridique. Notamment revoir les limites du domaine public hydraulique (DPH) qui sera en fonction de la nature géologique des berges et la topographie de cours d'eau (oued encaissé ou non, etc.) (Chap 2, article 5 de la loi 36-15 relative à l'eau). Et revoir la limite de DPH de part et d'autre de collecteur principal (oued Souss). Veiller à l'apurement de la situation juridique du domaine public hydraulique et à la simplification des procédures de sa délimitation et sa matérialisation au moins au niveau des cours d'eau principaux dans le bassin de Souss pour éviter les nouvelles constructions dans les zones inondables. ;	Aménagement mécaniquement et biologiquement, du bassin versant par la construction des seuils et l'édification des terrasses en pierre sèche et le reboisement avec des plantes adaptative à la sécheresse, par la direction des eaux et forêt afin de réduire les vitesses d'écoulement et favoriser le dépôt des sédiments en amont. Ceci pour augmenter l'infiltration au dépend de ruissellement et diminuer le taux d'envasement des barrages et améliorer leurs capacités de stockage;
L'actualisation de la délimitation des zones à risque d'inondation et l'établissement d'une cartographie par commune territoriale (Atlas des régions menacées d'inondation, article 118 de la loi 36-15), pour informer la population aux risques auxquels ils sont exposés. Ainsi que la mise à jour des cartes vis-à-vis des modifications topographiques pouvant apparaître au sein du lit mineur où dans les zones de submersions et débordements ;	Réservation d'un volume creux pour résorber et laminer les crues aux niveaux des retenues des barrages et atténuer les pulsations brutales du collecteur principal (oued Souss) ;

Développement de la conscience du risque des populations par la sensibilisation, le développement de la mémoire du risque et la diffusion de l'information (campagnes à la radio, à la télévision, SMS et dans les journaux, etc.). Puisque la culture du risque est nécessaire pour une prévention et une prévision efficace. En effet, l'implantation des bornes signalétiques dans des secteurs à risque d'inondation et pose des repères de crues exceptionnelle dommageables de 2010 et 2014 s'avèrent indispensables. Dans le but de rappeler aux populations riveraines les niveaux des eaux atteintes au cours des années antérieures et le risque auxquelles elles sont soumises (Article 119 de la loi 36-15 relatif à l'eau) ;	Aménagement des ouvrages de dérivations des eaux hors site et digue de protection contre les inondations et canalisation des cours d'eau, notamment dans les sections où les rivières traversent des villes (avec une capacité de drainage des eaux très suffisantes pour éviter l'inondation par débordement). - Mettre à disposition des conseils communaux les crédits nécessaires et les moyens humains pour appliquer les articles 90 et 100 de la loi organique 14-113 en matière de gestion des risques naturels (inondation). Ceci par la réalisation des petits et moyens aménagements et équipements hydrauliques et d'entretien des cours d'eau, etc.
Poursuite de la prise en compte de risque d'inondation par les documents d'urbanisme, de planification sectorielle et d'aménagement du territoire, afin de maîtriser l'occupation du sol en zones menaçantes ;	Étudier la possibilité de surélévation des barrages en exploitation pour récompenser le taux d'envasement et écrêter les crues d'avantage ;
Le développement et le renforcement des mécanismes financiers (mise en œuvre de l'assurance et fonds de catastrophes naturelles), de concertation et de coordination entre différents acteurs. Puisque les interventions annuelles en termes des travaux de génie civil sont négligeables devant l'enveloppe budgétaire nécessaire pour tous les travaux d'aménagements en la matière. Et ceci s'accentue suite à l'augmentation de la fréquence des inondations dans la zone d'étude.	Curage et recalibrage (élargissement et approfondissement des sections des oueds) systématique des tronçons des oueds comblés par le charriage, pour augmenter leurs capacités d'évacuation, débitance et éviter le débordement y compris l'amont des ouvrages d'arts et passages busés. Car ces travaux améliorent les conditions d'écoulement dans les oueds, et assurent une section mouillée répondant aux critères de protections désirées ;
Effectuer un transfert de technologie par la formation du personnel chargé de la gestion du risque d'inondations des différents acteurs. Ceci facilite l'échange de compétences, de connaissances, d'idées et de savoir-faire (retour d'expérience) ;	Actualisation des études et analyses de tous les aspects liés aux phénomènes de crues : Climat, hydrologie, écoulement, topographie, morphologie, géologie, géomorphologie, hydraulique, pour déterminer les seuils d'alerte en précipitation et débits. Puisque la connaissance des phénomènes liés à la genèse des crues est indispensable pour assurer l'efficacité du système d'annonce des crues.
Création d'espaces refuges en mettant en place des centres d'hébergement pour accueillir les sinistrés en cas de survenue d'inondation ;	Renforcement des ouvrages de franchissements des oueds et modification de leurs caractéristiques et des systèmes existants en cas de leur insuffisance (ponts, dalots, buses…etc.) ;
La création d'un organisme de la gestion des risques et d'une structure de coordination interministérielle.	Relocalisation des populations les plus exposées vers des zones non inondables, afin d'améliorer leur capacité à faire face aux inondations et réduire leur vulnérabilité.

Face à la faiblesse des capacités financières de différents acteurs, pour cerner cette problématique dans sa globalité, l'établissement d'un financement réel durable constitue un élément crucial à la réussite de tout programme et plans d'actions des travaux d'intervention pour améliorer la capacité, et diminuer la vulnérabilité des riverains.

De plus, l'instauration d'une commission mixte d'inondation qui sera un lieu de dialogue et d'échange entre les différents acteurs concernés par la prévention des inondations et les liens avec la gestion de l'eau, l'urbanisme et l'aménagement du territoire, s'avère nécessaire.

Article: Flood risk management in the Souss watershed

Brahim Bouaakkaz[131], *Zine El Abidine* El Morjani[1], *Lhoussaine* Bouchaou[2], and *Hamza* Elhimri [3]

1: Exploration and Management of Natural and Environmental Resources Team (EGERNE), Polydisciplinary Faculty of Taroudant (PFT), University Ibn Zohr, Morocco
2: Applied Geology and Geo-Environment Laboratory, Ibn Zohr University, Faculty of Science, Agadir, Morocco
3: Souss Massa Hydraulic Basin Agency, Av Prince My Abdellah, New Town, BP 432, Agadir, Morocco

Abstract: Flooding is the most devasting natural hazards that causes more damage throughout the world. In 2016, for the fourth year in a row, it was the most costly natural disaster, in terms of global economic losses: $ 62 billion, according to a Benfield's 2016 annual report on climate and natural disasters [1]. The semi-arid to arid Souss watershed is vulnerable to floods, whose the intensity is becoming increasingly alarming and this area does not escape to the effects of this extreme event. Indeed, the susceptibility of this region to this type of hazard is accentuated by its rapid evolution in terms of demography, uncontrolled land use, anthropogenic actions (uncontrolled urbanization, encroachment of the hydraulic public domain, overgrazing, clearing and deforestation), and physical behavior of the environment (higher slope, impermeable rocks, etc.). It is in this context, that we have developed a strategic plan of action to manage this risk in the Souss basin in order to reduce the human, economic and environmental losses, after the modeling of the flood hazard in the study area, using geo-referenced information systems (GIS), satellite remote sensing space and multi-criteria analysis techniques, as well as the history of major floods. This study, which generated the high resolution 30m flood hazard spatial distribution map of with accuracy of 85%, represents a decision tool to identify and prioririze area with high probability of hazard occurrence. It can also serve as a basis

* Corresponding author: bouaakkaz2012@gmail.com

for urban evacuation plans for anticipating and preventing flood risk in the region, in order to avoid any dramatic disaster.

Keywords: Flood, Disaster, Hazard, Vulnerability, Risk, Climate Change, GIS, Remote Sensing, Strategic Action Plan, Multicriteria Analysis, Watershed, Souss, Morocco.

1 Introduction

The study area (Souss River Basin) covers approximately17000 km2, in the Souss Massa, Draa tafilalt and Marrakech tensift regions, includes 128 territorial's community (fig.1). It is limited by the southern mountain of the Western High Atlas, the northern mountain of the Western Anti Atlas, the Siroua massif in the east and by the Atlantic Ocean in the west. Thus, it is situated in south-west Morocco, between 29th and 31st parallels north, and between 7th and 10th degree west longitude of Greenwich [2]. Whose economic activity is mainly based on fishing, tourism, and farming (especially, vegetables, fruits and bouquets).

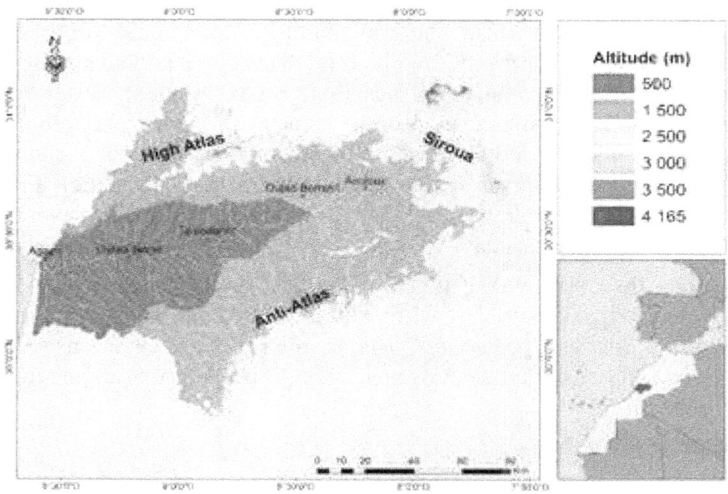

Fig. 1. Location map of the Souss watershed.

Precipitation modules exceed, in a short time, the totals typical of these regions in a normal year [2, 3].

Therefore, flood hazard is a phenomena that can turn into a disaster as has been repeatedly demonstrated and is a challenge for sustainable development. Climate change will amplify existing risks and generate new ones for natural and human systems [4, 5]. Thus, the frequent overflows of Souss river (main collector of the basin) and its tributaries have caused, on several occasions, material, environmental, social and economic important damage, in particular during passage of the exceptional floods of February, November 2010 and 2014 (fig.2).

The study area was selected for its importance in the context of the regional economy and for the presence of rapidly developing anthropizaation, anarchic urbanization and land cover conversion dynamics; such land changes also make the territory especially vulnerable to climate change-induced flood hazard.

Fig. 2. Urban flood in Agadir city, February 2010 (ABHSMD Photo, 2010)

Although the Moroccan authority has each time made progress in the system of actions for the prevention of natural disasters (National strategy for the protection of the environment and sustainable development, water resources management strategy, national plan update study). [6], etc.), this progress was considered very modest, notably by the Hyogo Framework for Action [7]. In addition, there is no insurance system to provide financial protection against the risk of flooding [7] and there is a lack of a framework law on risk prevention. For this purpose, the damage is heavy to manage in the absence of insurance coverage.

Among the objectives of this work is the strengthening of communities' knowledge and capacities to deal with natural hazards, with a view to improving prevention systems and protection in crisis management situations. Since our society has no choice but to face this meta-risk [8] because it is an integral part of our environment.

2 Materials and methods

In this context, the determination of the areas likely to be affected flooding is essential for better management of this risk. The method adopted in this paper associates a triple approach of geomatic (remote sensing with GIS) and field, as well as the statistical treatment of data collected from the Souss Massa Hydraulic Basin Agency (ABHSMD) of the rainfall of the hydrological stations and the Frequency analysis of peak flows of Souss River.

2.1 Methodology for generating the spatial distribution of the intensity levels of flood hazard

The process used to spatially distribute flood hazard combines the extent of past flood events with the spatial distribution of causal factors influencing the flood hazard [9, 10, 11, 12], by using the Remote Sensing technique and Geographic Information Systems, as well as multicriterate analysis techniques. This combination enables the calculation of a weighted score for each individual causal factor. The spatial distribution of the weighted scores are then aggregated to derive the distribution of the flood hazard index (FHI) before being reclassified to obtain the spatial distribution of the intensity level of flood hazard.

The application of this method requires the execution of the following steps to generate the spatial distribution flood hazard map figure 4:

- Identification and generating of the causal factors at 30m resolution (Digital Elevation Model (DEM); Slope, Aspect, flow accumulation, land cover, lithology, soil type, precipitations, [9, 10];
- Creation and classification of the historical number of past flood events distribution map;
- Estimation of the weight of each factor (weighting);
- Standardization of factors (SWS);
- Production the spatial distribution map of the flood hazard index;
- Reclassification of the map generated according to five intensities of the flood hazard (very low, low, medium, high and very high) as final result (Fig.4).
- Validation of the flood hazard distribution map resulted by the Souss Massa Hydraulic Basin Agency data

For more details concerning the methodology used to generate the spatial distribution of the intensity levels of flood hazard, please refer to the [9] publication.

2.2. Frequency analysis of the peak flows of the wadi Souss

Frequency analysis of a long series of historical maximum flows (Fig.3) by the adjustment of Gumbel's law makes it possible to estimate the return time of a particular value, thus to predict the probability of occurrence of future floods, in order to anticipate the occurrence of a flood, and to alert the populations. Since risk management requires first and foremost a fair assessment of existing risks, their spatialization as well as their probability of occurrence [13].

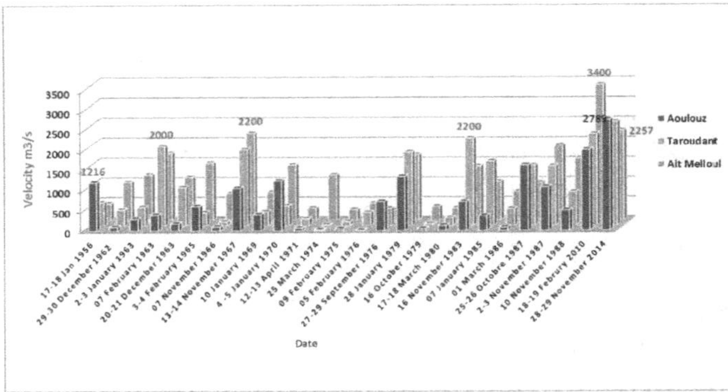

Fig. 3. Flood history of the Souss River at the stations of Aoulouz, Taroudant and Ait Melloul

2.3. Field investigation, diagnosis of the inventory and analysis of the legal framework for flood management

In addition, this method includes, exploration of the terrain through visits to vulnerable sites that can locate problems and also meet the flood victims who are the object of study and make the findings finally which are necessary. Since the increased involvement of the local populations should become essential and become obvious to improve flood risk management. As well as, the study of the different Legislative text and components of the flood risk management framework. Finally, the analytical and critical study of measures, flood protection works and direct and indirect development projects carried out by the various actors, namely: Prediction, prevention and the alert process.

3. Results and discussion

3.1. Spatial distribution of the flood hazard in the study area

The examination of the flood hazard map (Fig.4) shows that the level of flooding is very high both in the High Atlas and Siroua regions. This is due to lithology characteristics (impermeable rocks: marls, shales and crystalline rocks), highly slopes and significant annual rainfall in those areas (greater than 500 mm / year [2]). However, the level of hazard is very low in the Anti-Atlas. This is explained by the dominance of permeable limestone formations in this chain which receives only 150 to 200 mm as annual average precipitation.

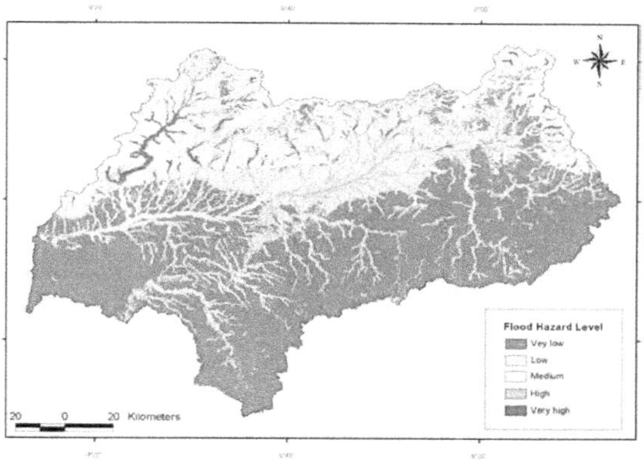

Fig. 4. Flood hazard distribution map for the Souss river basin (with a resolution of 30m) [9].

3.2. Frequency analysis of the peak flows of the Souss River

Frequency analysis of a long series of maximum flows allows to estimate the return time of a particular value. The adjustment of Gumbel's law to the floods of Souss River showed a satisfactory adequacy (Fig.5). This law describes the probability of occurrence of floods and their periods of return. Floods with a peak of at least 300 m^3/s (which is already 54 times the Aoulouz module) occur on average every year, and even floods greater than 1000 m^3/s occur every five to ten years at Ait Melloul, while those higher than 2000 m^3/s and 3000 m^3/s are respectively fifty-year and centennial floods. This relatively high frequency of floods is probably explained by the very large area drained by Wadi Souss and its many tributaries (17 000 km^2), and the low permeability of the slopes of High Atlas, which may offer response times to rather short showers

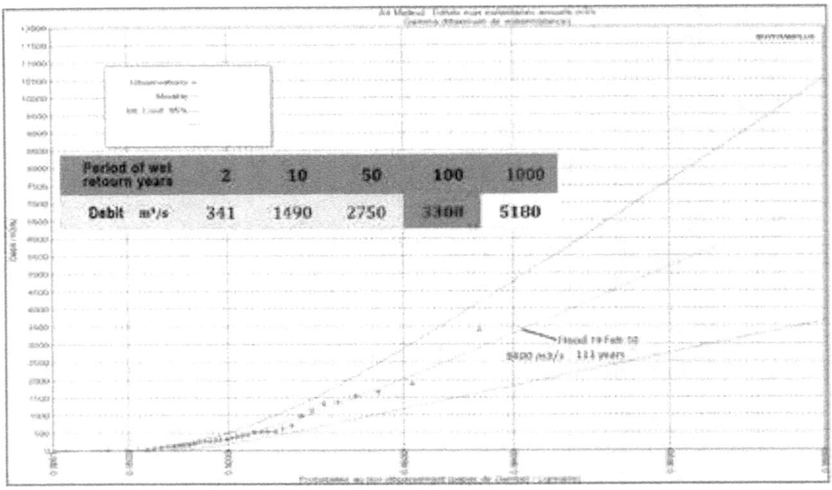

Fig. 5. Gumbel Adjustment with the floods of Souss River, at the ait Melloul station

3.3. Field investigation, diagnosis of the inventory and analysis of the legal framework for flood management

An analysis of the current situation shows that all the actors (the State, ABHSM, Council of the Region, Provincial Council) have made efforts to fight against the risk of flooding in the basin in question, but remains insufficient for the sustainable and integrated management of this risk.

Indeed, the implementation of the national strategy for sustainable development, which runs from 2015 to 2020, already developed (takes into account protection against floods) has not yet come into force.

In addition, there is a delay in the implementation of the National Program for Rural Sanitation (PNAR) and the sanitation networks in the sanitation centers have lower evacuation capacity, it happens that networks overflow before the waters reach the outlets (case of the Agadir city in February 2010.Photo.1).

As a result, the risk of storm and urban flooding is a potential hazard and necessitates upgrading of the sewerage network, in order to increase its drainage capacity due to climate change in the region.

The study of the various legislative and regulatory texts of the flood risk management framework indicates that several entanglements of skills exist because of the multiplicity of public actors and the absence of a strategy dedicated to the protection against this extreme phenomenon. The Water Act 36-15 has given diversified allocations to basin agencies including ABHSM. This multiplicity of tasks has not resulted in sufficient human and financial resources, which delays the advancement of flood risk protection work to protect the vulnerable population.

Indeed, according to the master plan study of flood protection in the province of Taroudant (97% of the basin area), the financial cost of the projects of protection against this risk is of the order of 400 Millions of dirhams. This requires the urgent intervention of all actors to treat vulnerable sites and carry out structural protection works (dams, dikes, flow diversion, etc.) in a timely manner to avoid the aggravation of the situation following the changes climate.

The analysis of the water law of 36-15 published in the official bulletin n ° 6506 of 6 October 2016 in terms of protection against floods attaches' importance to the fight against this risk of flooding. Three sub-sections of 7 articles of this legislation deal exclusively with the protection and prevention of risk, detection, monitoring and warning devices, as well as the management of flood events (Articles 117 to 123).

Nevertheless, the current institutional framework does not favor the implementation of planned actions of protection against floods. Indeed, there is a lack of regulatory and legislative framework governing the management of flood risk marked by a lack of implementing legislation for the Water Law 36-15, an absence of regulations applicable to floodplains and the risk of flooding is not integrated in urban planning documents.

On the other hand, the law 30-15 on the safety of the dams for the protection of the downstream populations is not applicable for the reinforcement of the legal arsenal in this field. Its implementation requires obligations to continue to upgrade dams, including compliance with safety standards, in order to protect as much as possible the risks of breakage or failure. In 2013, the water department updated the study of the National Flood Protection Plan (NFPP) [6] in order to draw up the state of progress of the treatment of vulnerable sites and to update data and information concerning the priority sites. However, the financial resources mobilized are also limited compared to the means provided to cover the components of the NFPP.

The latter focused on the treatment of blackheads resulting from floods, regardless of the causes and degrees of flood exposure. As a result, the approach advocated by the NFPP has meant that the protection actions undertaken in this context are often carried out piecemeal in the absence of a broader strategy for the prevention and protection of vulnerable areas.

The follow-up of the last floods that occurred in the region in February and November 2010 and 2014 revealed the unsuitable dimensioning of the crossing structures and the inadequacy of certain bridges and crossing works along roads intersecting the courses of water. These structures are impediments to flow and contribute to the raising of water levels and overflowing.

In addition, the insufficient mastery of the hydraulic public domain (HPD), which has not been defined, does not allow the ABHSM to respond to requests from stakeholders in this field (urban agencies, local authorities, etc.). What hampers the rigorous enforcement of flood-zone construction regulations and the policing role of water remains very limited in time and space.

Examination of the spatial distribution of the hydro-climatological network, shows that it is less developed on the basin on the left bank of the Souss River, its density is low (15 stations rainfall) and not automated. Indeed, the Anti-Atlas is not covered by hydrological stations, especially in the areas of high vulnerability to flooding namely wadis Arghene, Tiout and Aourgua.

In addition, high-frequency shift data transmission systems are nowadays little adapted to the needs of real-time knowledge of phenomena. In fact, this system is very often disturbed during periods of bad weather and night shift.

In this context, and in order to be able to improve the protection of people and property against floods in the study area, several technical, organizational and financial actions must be put in place to increase the resilience of the exposed territory and reduce vulnerability against this risk.

Therefore, it is desirable to promote integrated flood risk management based on three pillars: I. Prevent and develop, II. Prepare, manage the crisis and III. Act after the crisis.

Feedback is also crucial, as the information gained through this type of event must be capitalized in order to be reused in forecasting models and prevention actions.

In addition to carrying out palliative work to protect vulnerable sites, the proposed action plan provides the implementation of structural and non-structural actions based on the following main provisions (Table 1):

Table 1. Structural and non-structural measures of flood risk management

Non-structural measures	Structural measures
Strengthening meteorological and hydrological watch and creating refuge areas and evacuation traps in the most exposed areas;	Continued development of dams and hill lakes, which studies have already been finished and inventories of other potential sites for flood rolling;
Implementation of a flood forecasting and warning system and the automation of hydrological observation (rain and water level) in some flood warning stations and vulnerable wadis devoid of dams (Irguiten wadis, Tiout, Assads and Aghren). The implementation of the identification markers of the sectors at risk of flooding;	Upgrading of the 5 existing hydraulic structures to ensure that the manager implements monitoring, maintenance and management measures to ensure the safety of the structure and the protection of the residents downstream;
The reform of the legislative framework governing the flood risk management and setting up of a platform for exchange between all the stakeholders in this area to initiate the necessary political orientations in this field;	Watershed development through the construction of thresholds, the construction of dry stone terraces and reforestation with adaptive plants by the direction of water and forest to increase infiltration at the expense of runoff and reduce the rate of siltation in dams;
The updating of the delimitation of flood risk areas at territorial community level (Atlas of regions threatened with flooding), to inform the population of the risks to which they are exposed;	Reservation of a hollow volume to absorb the floods at the levels of dam reservoirs and mitigate the brutal pulsations of the main collector (Souss river);

Development of the awareness of the populations to risk by the sensitization, the development of the memory of the risk and the diffusion of the information;	Development of water diversion structures and flood protection dams in upstream;
The updating of land-use planning documents to control the use of areas in risk of flooding;	Study the possibility of raising the height of dams in operation, to composite the rate of siltation and to reduce the floods;
The development and strengthening of financial mechanisms (insurance and disaster funds), consultation and coordination between different actors;	Cleaning and recalibration of the sections of wadis filled by erosion deposits, to increase flow and avoid overflow;
Perform technology transfer through the training of flood risk management personnel of the various actors.	Update studies and analyzes of all aspects related to the phenomena of floods: Climate, hydrology, flow, topography, morphology, geology, geomorphology, and hydraulics aspects to determine the thresholds of warning in case of extreme precipitation and flows.

To identify this problem in its entirety, the establishment of real sustainable financing is a crucial element to the success of any program and action plans of intervention works to increase capacity and reduce the vulnerability of local residents. It is desirable to set up a joint flood commission which will be a place for dialogue and exchange between the various actors involved in flood prevention (water management, urban planning, etc.)

4 Conclusions and recommendations

The map of the spatial distribution of the flood hazard with a high resolution of 30m, and accuracy 85% is a tool to identify areas where decision makers can intervene. As it can serve as a basis for urban evacuation, anticipation and prevention plans in case of flood risk.

By studying the peaks of various floods calculated in the Souss valley since 1956, only those of February 2010 and November 2014 are the most devastating. The precipitation that triggered these catastrophic floods have largely exceeded, in a short time, the typical totals of these regions during a normal year.

This methodological process could be transferred and implemented in other basins or regions of Morocco by exploiting their own precise and reliable data and information. In order to study the risk of flooding in a global and integrated ways, the field opens up innovative perspectives for the future use of the very high resolution models and the assessment of social and economic vulnerability within this extreme event environment. The knowledge of the various aspects constituting the vulnerabilities of a territory subject to flood risk represents an important contribution to reduce and control the consequences on already existing sensitive equipment.

This study also demonstrated the need to improve the institutional framework for climate change, including flood prevention and control through the introduction of a compensation system. In addition, updating the laws governing the management of this risk and their applications is desirable.

In order to prevent the damage of future floods, the mapping of the dynamic evolution of this risk, is desirable by means of radar remote sensing which ensures at all times the availability of the information despite the meteorological conditions.

Finally, promote research, innovation and technology transfer in the field of adaptation to climate change, specially the risk of flooding.

Acknowledgments

We would like to thanks the Souss-Massa Hydraulic Basin Agency (ABHSM) for providing us with the complete database needed for this study.

References

1. A. Benfield (2016). Analytics Impact Forecasting *: Annual Global Climate and Catastrophe Report.* 73 p;

2. B. Bouaakkaz (2015). Le bassin versant de l'oued Souss : caractéristiques physiques, climatiques et comportement hydrologique : prospectives territoriales, « Mémoire d'accomplissement des modules du master spécialisé : Aménagement, Développement, Gestion et Prospectives territoriales dans les zones arides et semi-arides ». Université Ibn Zohr, Agadir. 137 p.

3. L. Chakir, A. Aït Hssaïne, B. Bouaakkaz (2015). Les crues de l'oued Souss et le risque de l'inondation dans le tronçon aval de la vallée (Maroc), Laboratoire: Géoenvironnement et développement des zones arides et semi-arides (GEDEZA) Département de géographie, Université Ibn Zohr, B.P. 29/S, Agadir, Maroc.

4. GIEC, (2014). Changements climatiques 2014: «Rapport de synthèse» : Contribution des Groupes de travail I, II et III au cinquième *Rapport d'évaluation du Groupe d'experts intergouvernemental sur l'évolution du climat*.GIEC, Genève, Suisse, 161p

5. S. Rannow, M. Neubert (Eds.). (2014). Managing protected areas in central and eastern Europe under climate change. Springer, 322p.

6. Royaume Du Maroc, Ministère Délégué Auprès Du Ministre De L'énergie, Des Mines, De L'eau Et De L'environnement, Charge de L'eau (2013). Étude d'actualisation du plan national de protection contre les inondations, Sous-Mission I-1 *: «Rapport d'Analyse des études et travaux de protection réalisés pour la lutte contre les inondations»*.112p

7. Département De L'environnement Du Ministère De L'énergie, Des Mines, De L'eau Et De L'environnement (2013). *Rapport national de suivi sur la mise en œuvre du Cadre d'action de Hyogo «Rapport d'évaluation»*,41p

8. E. Rioust (2013). Gouverner l'incertain : adaptation, résilience et évolutions dans la gestion du risque d'inondation urbaine : les services d'assainissement de la Seine-Saint-Denis et du Val-de-Marne face au changement climatique. «Thèse en Architecture, aménagement de l'espace». Université Paris-Est, 429p

9. Z.E.A. El Morjani, M. Seif Ennasr, A. Elmouden, S. Idbraim, B. Bouaakaz, Et A. Saad (2016). Flood Hazard Mapping and Modelling using GIS applied to the Souss River watershed. R. Choukr-Allah et al. (eds.), the Souss-Massa River Basin, Morocco. «Chapter part of the series The Handbook of Environmental Chemistry pp 1-30», DOI 10.1007/698_2016, *Springer International Publishing Switzerland*

10. Z.E.A. El Morjani, (2011a). «Preparation of the dataset. Methodology document for the WHO e-atlas of disaster risk. Volume 1. Exposure to natural hazards. Version 2.0». Taroudant poly-disciplinary faculty of the Ibn Zohr University of Agadir, Morocco. ISBN: 978-9954-0-5397-3.

11. Z.E.A. El Morjani, (2011b). Methodology document for the WHO e-atlas of disaster risk. «Volume 1. Exposure to natural hazards Version 2.0: Flood hazard modeling». Taroudant poly-disciplinary faculty of the Ibn Zohr University of Agadir, Morocco. ISBN: 978-9954-0-5393-5.

12. United Nations International Strategy For Disaster Reduction (ISDR), *Basic terms of disaster risk* reduction at http://www.unisdr.org/eng/library/lib-terminology-eng%20home.htm [Accessed Nov. 23, 2017]

13. A. T. Ngo (2014). Evaluation environnementale du risque d'inondation dans le delta du fleuve ha Thanh (centre Viêt-Nam*)*. « Thèse en Géographie-Aménagement-Environnement ». Université d'Orléans, France, 429p.

Conclusion générale

Problématique, contributions de cette étude de thèse multidisciplinaire et recommandations

La fréquence de risque d'inondation (phénomène extrême) dans le bassin de Souss, a causé la croissance des dégâts aussi bien humains, matériels, économiques qu'environnementaux. Puisque cet environnement est propice aux pulsations brutales des cours d'eau et des inondations par débordement et urbaine. Cette problématique a imposé comme défis certainement de comprendre l'occurrence du risque d'inondation mais surtout de réduire la composante vulnérabilité et d'augmenter la résilience et la capacité des sociétés face à ce risque.

En effet, ce travail de thèse avait pour objectifs principaux la modélisation intégrée et globale de risque d'inondation et sa gestion dans la zone d'étude selon l'équation déjà évoquée en introduction générale. Ceci en intégrant les composantes et les dimensions de cette équation à savoir l'aléa et la vulnérabilité globale, toute en évaluant aussi la capacité à faire face aux inondations puisqu'elle influe sur le risque. Selon ce but, nous avons adopté plusieurs démarches méthodologiques innovantes, afin d'arriver à la spatialisation de ce risque au niveau de la plus petite unité administrative du bassin en question, en l'occurrence la commune. À cet effet, on a exploité les outils de la géomatique (SIG et Télédétection), ainsi que l'analyse multicritère pour modéliser ce type d'information. Dans le but de la prise en compte des risques liés à l'inondation dans les politiques publiques pour une meilleure protection et un aménagement de territoire adéquat et durable.

Dans ce cadre, nous avons développé une approche méthodologique de l'évaluation de la vulnérabilité globale (sociale, environnementale et économique qualitative) aux inondations, comme contributions de cette étude doctorale pluridisciplinaire. Dans le but d'incorporer l'information sur la vulnérabilité dans les prises de décision en matière d'urgence et de gestion des risques. En effet, pour évaluer la vulnérabilité sociale nous avons adopté une démarche inductive basée sur l'analyse multivariée par l'ACP des données démographiques et socioéconomique, en vue de spatialiser l'indice SoVI qui est une mesure descriptive de la vulnérabilité sociale à l'échelle du pixel des communes. À cette fin, 26 variables socioéconomiques extraites de la base de données de dernier recensement générale de la population et de l'habitat (RGPH) de 2014, ont été explorées pour 128 communes territoriales.

À la lumière de ces résultats on a mis en relief la différence et la variation spatiale de la vulnérabilité sociale entre les communes urbaines et rurales. En effet, les communes rurales de la plaine et montagnes présentent un indice SoVI élevé. En zones urbaines, les personnes semblent pouvoir mieux s'adapter facilement en cas de désastre comparativement aux personnes vivant en zones rurales. Étant donné la simplicité d'accessibilité à certains biens et services en milieux urbaines. La municipalité d'Agadir est la moins vulnérable. Ainsi, comme nous avons démontré dans les sections précédentes de ce rapport, la cartographie des scores SoVI a engendrée toutes éclaircissent de prise de décision efficace en matière de gestion de risque d'inondation et d'aménagement de territoire dans cette région. Puisqu'elle constitue un outil de décision et guide qui permettra de mieux cibler les endroits où il est le plus important d'intervenir, et aussi quels types d'intervention menées par endroits.

D'autre part, l'approche adoptée pour générer la carte de l'aléa de l'inondation a nécessité une compilation de plusieurs données géographiques relatives à plusieurs disciplines comme la géomorphologie, la géologie, l'hydrologie, la climatologie, la télédétection, la pédologie et la botanique. Ces plans ont été par la suite combinés par des méthodes d'analyse multicritère pour produire une information synthétique sur l'aléa de l'inondation dans la zone d'étude. Il en ressort que les territoires des communes territoriales situées dans le Haut Atlas et le Siroua, présentent des intensités de cet aléa faible et moyenne avec des proportions plus importante, comme ils renferment aussi des pixels non négligeables dont l'aléa à caractère élevée à très élevée. Cependant, les communes Anti Atlasique, contiennent dans leurs majorités des zones avec l'intensité de cet aléa très faible et rarement moyenne.

À propos de l'évaluation des vulnérabilités environnementale et économique qualitative, on a procédé à l'application des méthodes d'agrégation complète, fondées sur des jugements d'experts transitifs et comparables. Qui constituent le processus d'analyse hiérarchique développé par Thomas Lorie Saaty (1980, 2008), basé sur des matrices de comparaison par paires de la sensibilité aux inondations des enjeux et critères vitaux.

Afin de déterminer la fonction de la vulnérabilité globale aux inondations dans le bassin de Souss on a suivi la même approche méthodologique (l'Analytic Hierarchy Process (AHP)). À cet effet, nous avons montré la grande importance et la sensibilité des enjeux humains (48,2 %). Les enjeux environnementaux exposés en cas d'inondation représentent (28,7 %), tandis que les enjeux physiques symbolisent (23 %) de cette fonction. Suite au résultat de la carte de la vulnérabilité globale générée, nous avons constaté qu'en général les communes urbaines et rurales situées dans la plaine et quelques communes territoriales localisées dans le Haut Atlas présentent une vulnérabilité globale aux inondations plus élevées, moyenne et élevée. Toutefois les communes localisées dans l'Anti Atlas présentent des surfaces plus importantes dont la vulnérabilité est faible à l'exception de quelques pixels qui connaissent des vulnérabilités moyennes a élevées.

Dans l'optique d'évaluer et cartographier la capacité à faire face aux inondations, nous avons

inventorié les indicateurs influençant sur cette capacité, qu'on a exploré dans cette étude par le biais d'une échelle de notation. À travers ces résultats il s'est avéré

que cette capacité à faire face est faible et limitée notamment dans le milieu rural et préurbain, et l'indicateur de système d'alerte automatique est absent dans toute la zone d'étude.
À cet effet, l'amélioration de la capacité à faire face est souhaitable afin de réduire la vulnérabilité des populations vis avis des inondations. Cette amélioration passe par, la généralisation des indicateurs évaluant cette capacité sur toute la zone et leurs perfectionnements, ainsi que la création d'autres indicateurs influençant sur la capacité, à savoir la richesse des ménages, système d'alarme automatique, le niveau d'étude, et culture des risques, etc.

Finalement nous avons modélisé et cartographié le risque de ce phénomène extrême par le croisement des cartes de vulnérabilité globale, aléa et capacité à faire face aux inondations dans le bassin du Souss. Ainsi, le résultat est validé à 80 %, par des sites réellement inondables renferment des enjeux humains, environnementales et économiques. En outre, nous avons proposé un plan d'action pour mener à bien la gestion intégrée et durable du risque d'inondation dans la zone d'étude. Ce plan d'action prévoit outre la réalisation des travaux palliatifs de protection des sites vulnérables, la mise en œuvre des actions structurelles et non structurelles. Ainsi que des dispositions s'articulant autour des principales champs énumérées par la boucle de gestion de ce risque à savoir : (a) Prévention et aménagement durable des zones à risque pour améliorer la capacité, (b) Préparation, gestion de la crise et développement de la culture du risque, (c) Désignation des actions après la crise et favorisation de retour à une situation normale (indemnisation, etc.) (d) Enfin, l'étape de capitalisation de l'information acquise par le retour d'expérience est également crucial, et doit être réutilisée dans les modèles de prévision et les actions de prévention.

Par conséquent, des recommandations phares parmi d'autres déjà évoquées dans ce rapport de thèse, ont étés formulés comme suites :

- Prise en considération de la composante vulnérabilité, notamment sociale dans la planification territoriale et la prise de décision en matière de gestion des urgences, lors des interventions de réduction de risque ;
- L'établissement d'un financement réel durable constitue un élément crucial à la réussite de tout programme et plans d'actions des travaux d'intervention pour améliorer la capacité, la résilience, et diminuer la vulnérabilité des riverains ;
- La création d'un organisme (Agence…) de la gestion des risques et d'une structure de coordination interministérielle s'avère préférable, pour l'échange entre les différents acteurs concernés par la prévention des inondations et les liens avec la gestion de l'eau, l'urbanisme et l'aménagement du territoire ;
- Adoption d'une stratégie à long terme pour la gestion durable de risque d'inondation et avoir une vision à longue échéance de réduction de risque, en améliorant la capacité à faire face et d'adaptation aux inondations ;
- L'accord d'un budget communal spécifique à la gestion des sinistres et la poursuite d'aménagement des travaux de protection contre les inondations dans le cadre de partenariat, avec un échéancier à court terme pour éviter l'aggravation de la situation, suite aux changement climatique ;
- Augmentation des infrastructures sanitaire pour couvrir les zones dont la population qui ont l'accessibilité dépassent ½ heures et rehaussement de niveau de résilience des systèmes régionaux et provinciaux de soins de santé, en intégrant la gestion des risques de catastrophe dans les soins de santé primaires, secondaires et tertiaires et en favorisant et en améliorant les capacités de formation en matière de médecine de catastrophe ;
- Développement de la culture du risque ;
- Améliorer la proximité aux services de type pompier en implantant d'autres casernes de pompier dans des communes ou l'accessibilité dépasse 1heure

et doter ces services par les moyens logistiques et humains pour accomplir leurs missions ;

- L'amélioration du système d'alerte et l'équipement des stations d'annonce des crues par la technologie avancée (poste d'alarme et avoir un système de surveillance du niveau et du débit de l'eau par capteur radar, etc.) ;
- Prévoir un programme d'exécution des travaux d'assainissement et d'évacuation des eaux pluviales (drainage) en milieu rural à court et moyen terme ;
- Revoir le dimensionnement de réseau d'assainissement en milieu urbain en adoptant le mode séparatif entre les deux réseaux ;
- Établissement de programmes pluriannuels d'entretien systématique des cours d'eau et délimitation de DPH ;
- Exécution des études de délimitation de l'expansion de la crue centennale dans les zones d'action des plans d'aménagement et de développement des communes, pour éviter les nouvelles constructions dans les zones inondables.

Limites de notre approche méthodologique et perspectives de recherche future

Comme il a été signalé, cette étude présente certaines limites qu'il est intéressant de mentionner. Il s'agit de la non prise en considération de l'évaluation de la vulnérabilité économique qualitative selon le cout réel de perte de chaque enjeu. La non comparaison par pair de la sensibilité aux inondations des enjeux des réseaux d'électricité et de télécommunication (à cause de non disponibilité des données).

En outre, concernant l'impact des barrages sur la capacité à faire face aux inondations en aval, nous avons pris qu'un seul scénario pessimiste (retenue pleine, débits des crues extrêmes survenues en 2010 et 2014), cependant ils existent plusieurs scenarios à traiter (retenue vide, remplie à 50%, 75%, différents débits des apports, etc.), afin de spatialiser les zones dont la capacité est atteinte évidement avec une certaine limite, puisque le risque nul n'existe pas.

Enfin, lorsque on parle de la capacité à faire face aux inondations, cette dernière n'est pas absolue (elle est relative et limitée) car les travaux des aménagements de protection contre le risque d'inondation (digues, barrages, murs de protection en gabions ou en alvéoles ou en maçonneries, seuils, canal de déviation, etc.), sont dimensionnés pour transiter les crues dont les périodes de retour sont décamillénale, centennale respectivement pour les barrages et les autres aménagements. Passé ce débit ou en cas de défaillance ou rupture de ces ouvrages partielle ou totale on aura des inondations par débordement d'où la capacité à faire face s'estompe.

Finalement, à la lumière de ces travaux de recherche, plusieurs perspectives et améliorations peuvent être identifiées. Comme entre autres, nous préconisons de : Modéliser le risque d'inondation dans cette zone, en utilisant une très haute résolution spatiale. En outre, l'amélioration et le renforcement du cadre institutionnel en matière de changement climatique, notamment la prévention et lutte contre les inondations en appliquant le régime d'indemnisation, déjà instauré. Ainsi que l'évaluation de la vulnérabilité économique en intégrant la quantification des pertes réelles des enjeux vitaux en cas de survenue d'une inondation. En plus d'incorporer la présence des bâtis au sous-sol et d'un étage supérieur au premier, des bâtiments résidentiels. Sachant que cet étage sera exploité comme zone refuge en cas d'inondation.

D'autre part, il est très souhaitable d'avoir l'accès aux données de RGPH aux niveaux des douars, villages et localités relevant des communes concernées, afin d'évaluer la vulnérabilité sociale à petite échelle. Puisque la vulnérabilité est dynamique spatialement et temporellement, donc sa mise à jour et son actualisation dans cet environnement est cruciale. Sachant que l'intervention en prévoyance sociale au Maroc connaît une réforme majeure (loi-cadre 09.21) visant la généralisation de la couverture médicale (AMO), des allocations familiales, et de l'aide sociale directe (ASD) pour les démunis via le Régime AMO Tadamon.

Enfin, promouvoir la recherche, l'innovation et le transfert technologique dans le domaine de l'adaptation au changement climatique, notamment le risque d'inondation.

Références bibliographiques :

Abdollahian, N., Ratliff, J. L., & Wood, N. J. (2016). *Community exposure to potential climate-driven changes to coastal-inundation hazards for six communities in Essex County, Massachusetts* (No. 2016-1187). US Geological Survey.

Adelekan, I., Johnson, C., Manda, M., Matyas, D., Mberu, B., Parnell, S. ...& Vivekananda, J. (2015). Disaster risk and its reduction: An agenda for urban Africa. International Development Planning Review, 37(1), 33-43.

Adger, W. N., & Agnew, M. (2004). *New indicators of vulnerability and adaptive capacity* (Vol. 122). Norwich : Tyndall Centre for Climate Change Research.

Adger, W. N., Dessai, S., Goulden, M., Hulme, M., Lorenzoni, I., Nelson, D. R., ... & Wreford, A. (2009). Are there social limits to adaptation to climate change ? *Climatic change*, *93*(3), 335-354.

Adger, W., 2003. Why resilience is needed in a globalised world, in Building resilience to promote sustainability. IHDP Update 2/2003, 1-3.

Agence du bassin hydraulique du Souss Massa (ABHSM). (2014) - Étude du schéma directeur de protection contre les inondations dans la province de Taroudant, Mission 1-2 et 3, 180 p.

Agence du bassin hydraulique du Souss Massa. (2010) . Situation hydrologique 2009-2010 dans le bassin du Souss Massa, Rapport ppt, 29 p.

Agence du bassin hydraulique du Souss Massa. (2014) - Étude du schéma directeur de protection contre les inondations dans la province de Taroudant, Mission 1-2 et 3, 180 p.

Agence du bassin hydraulique du Souss-Massa-Draa (2006) Etude de révision du plan directeur d'aménagement intégré des ressources en eau (PDAIRE) des bassins du Souss-Massa, 13 volumes.

Agence Française de Développement (AFD). (2017). Villes durables Cadre d'intervention sectoriel 2014-2017, 84p.

Aït hssaine a. & Bridgland d. (2009) - Pliocene-Quaternary fluvial and aeolian records in the Souss Basin, southwest Morocco: A geomorphological model. Global and Planetary Change, 68 (4), 288-296.

Aït Hssaine, a. (2000) - Évolution géomorphologique du piémont sud-atlasique dans la région de Taroudant (SW-Maroc) au cours du Tertiaire et du Pléistocène Inférieur. *Bulletin de l'Institut Scientifique*, Rabat 22, 17–28.

Aka, K. A. (2010). L'accessibilité des populations rurales aux soins de santé dans le département d'Abengourou (Côte-d'Ivoire). Les Cahiers d'Outre-Mer. *Revue de géographie de Bordeaux*, 63(251), 439-459.

Alexandre, F. (2008). Détection et classification de changements sur des scènes urbaines en télédétection, Institut Supérieur de l'Aéronautique et de l'Espace

Allan, D. P. (2014). Catchments of general practice in different countries–a literature review. *International journal of health geographics, 13(1)*, 32.

Alou, A. A. (2018). La ville de Niamey face aux inondations fluviales. Vulnérabilité et résilience des modes d'adaptation individuels et collectifs (Doctoral dissertation).

Alwang, J., Siegel, P. B., & Jorgensen, S. L. (2001). Vulnerability: a view from different disciplines (Vol. 115, p. 60). Social protection discussion paper series.

Ambroggi, r. (1963) . Etude géologique du versant méridional du Haut Atlas Occidental et de la plaine du Souss. *Notes et Mémoires du service géologique du Maroc, Rabat 16* (143), 7–16.

Anderson, W. A. (2005). "Bringing children into focus on the social science disaster research agenda." *International Journal of Mass Emergencies and Disasters 23(3)*: 159.

Anggraeni, M., Ari, I. R. D., & SANToSA, E. B. (2015). Climate change, floods and homes. *AsiAn Cities ClimAte ResilienCe.*

Archer, K. J. and R. V. Kimes (2008). "Empirical characterization of random forest variable importance measures." *Computational Statistics & Data Analysis 52(4)*: 2249-2260.

Ashley, S. T., & Ashley, W. S. (2008). Flood fatalities in the United States. *Journal of Applied Meteorology and Climatology, 47(3),* 805-818.

Assam, N. (2018). Le rôle de l'état dans la gestion des catastrophes naturelles : cas de l'Algérie (doctoral dissertation).

Babcicky, P., & Seebauer, S. (2017). The two faces of social capital in private flood mitigation: Opposing effects on risk perception, self-efficacy and coping capacity. *Journal of Risk Research, 20(8),* 1017-1037.

Bakillah, M., Liang, S., Mobasheri, A., Jokar Arsanjani, J., & Zipf, A. (2014). Fine-resolution population mapping using OpenStreetMap points-of-interest. *International Journal of Geographical Information Science, 28(9), 1940-1963.*

Balk, D. L., Deichmann, U., Yetman, G., Pozzi, F., Hay, S. I., & Nelson, A. (2006). Determining global population distribution: methods, applications and data. *Advances in parasitology, 62, 119-156.*

Barczak, A., & Grivault, C. (2007). Geographical Information System for the assessment of vulnerability to urban surface runoff. NOVATECH 2007.

Barczak, G., Sultan, F., & Hultink, E. J. (2007). Determinants of IT usage and new product performance. *Journal of product innovation management, 24(6),* 600-613.

Barlet, M., Coldefy, M., Collin, C., & Lucas-Gabrielli, V. (2012). L'accessibilité potentielle localisée (APL). Une nouvelle mesure de l'accessibilité aux soins. *Irdes, Document de Travail/Working Paper, (51).*

Barnett, J., Lambert, S., & Fry, I. (2008). The hazards of indicators: insights from the environmental vulnerability index. *Annals of the Association of American Geographers*, *98*(1), 102-119.

Barrette, N., Vandersmissen, M-H. & Roy, F. (2018). Atlas de la vulnérabilité de la population québécoise aux aléas climatiques – Rapport de recherche. Département de géographie, Université Laval

Barroca, B., Di Nardo, M., & Mboumoua, I. (2013). De la vulnérabilité à la résilience : mutation ou bouleversement ? *EchoGéo, (24).*

Barroca, B., Pottier, N., & Lefort, E. (2005). Analyse et évaluation de la vulnérabilité aux inondations du bassin de l'Orge aval. Septièmes Rencontres de Théo Quant, 12.

Batista e Silva, F., Gallego, J., & Lavalle, C. (2013). A high-resolution population grid map for Europe. *Journal of Maps*, *9*(1), 16-28.

Baud, D. (2018). Une société montagnarde à l'épreuve des inondations : entre vulnérabilité et stratégies d'adaptation. VertigO: *la revue électronique en sciences de l'environnement, 18(2).*

Becerra, S. (2012). Vulnérabilité, risques et environnement : l'itinéraire chaotique d'un paradigme sociologique contemporain. VertigO-*la revue électronique en sciences de l'environnement, 12(1).*

Benjamin, S.-T.-S. (1928). "Russia: Territory and Population: A Perspective on the 1926 Census." *Geographical Review 18(4):* 616-640.

Benmessaoud H., (2009). Etude de la vulnérabilité a la désertification par des méthodes quantitatives numériques dans le massif des Aures (Algerie) [Ressource éléctronique] sous la direction de KALLA Mehdi. Université El Hadj Lakhdar – Batna, 2009, 227 p. [réf. du 8 octobre 2013]. Thèse doctorale : Aménagement du territoire. Disponible sur : http://www.secheresse.info/spip.php, article1 3409.

Bevacqua, A., Yu, D., & Zhang, Y. (2018). Coastal vulnerability: Evolving concepts in understanding vulnerable people and places. *Environmental Science & Policy, (82)*, 19-29.

Bhaskaran, S., Paramananda, S., & Ramnarayan, M. (2010). Per-pixel and object-oriented classification methods for mapping urban features using Ikonos satellite data. *Applied Geography*, *30*(4), 650-665.

Bianchi, S. M. and D. Spain (1999). "Women, work, and family in America." *Sociology of families: Readings* 170.

Birkmann, J. (2005). Danger need not spell disaster But how vulnerable are we?.

Birkmann, J. (2006). Measuring vulnerability to promote disaster-resilient societies: Conceptual frameworks and definitions. Measuring vulnerability to natural hazards: Towards disaster resilient societies, 1, 9-54.

Birkmann, J., Krings, S., & Renaud, F. (2008). Assessment of vulnerability to floods at local level with a special focus on human-environmental systems and critical infrastructures. In Proceedings of the 4th International Symposium on Flood Defence 6-8 May 2008. Managing Flood Risk, Reliability & Vulnerability. *Institute for Catastrophic Loss Reduction*, Toronto.

Bizimana, J. P., Twarabamenye, E., & Kienberger, S. (2015). Assessing the social vulnerability to malaria in Rwanda. *Malaria journal, 14*(1), 1-21.

Blaikie, N. (1993). Education and environmentalism: ecological world views and environmentally responsible behaviour. *Australian Journal of Environmental Education, 9, 1*-20.

Blaikie, P., Cannon, T., Davis, I., & Wisner, B. (2014). At risk: natural hazards, people's vulnerability and disasters. Routledge.

Bolin, R. and D. J. Klenow (1983). "Response of the Elderly to Disaster: An Age-Stratified Analysis." *The International Journal of Aging and Human Development 16(4):* 283-296.

Bolin, R. and L. Stanford (1991). "Shelter, Housing and Recovery: A Comparison of U.S. Disasters." *Disasters 15(1):* 24-34.

Borga, M., Anagnostou, E. N., Blöschl, G., & Creutin, J. D. (2011). Flash flood forecasting, warning and risk management: the HYDRATE project. *Environmental Science & Policy, 14(7),* 834-844.

Bouaakkaz, B. (2015). Le bassin versant de l'oued Souss : caractéristiques physiques, climatiques et comportement hydrologique : prospectives territoriales, Mémoire d'accomplissement des modules du Master spécialisé : « *Aménagement, Développement, Gestion et Prospectives territoriales dans les zones arides et semi-arides ». Université Ibn Zohr, Agadir.* 137 p

Bouaakkaz, B., El Morjani, Z. E. A., Bouchaou, L., & Elhimri, H. (2018). Flood risk management in the Souss watershed. In *E3S Web of Conferences (Vol. 37, p. 04005). EDP Sciences.*

Bouaakkaz, B., El Morjani, Z. E. A., Elkouk, A., & Bouchaou, L. (2019, July). Mapping Land Cover from Sentinel-2A Using Support Vector Classifier and Random Forest Regressor in the Souss Basin Morocco. In International Conference on Advanced Intelligent Systems for Sustainable Development (pp. 365-385). *Springer, Cham.*

Bouffier, J. ; GOARANT.T et MISSERI A. Version (2015) : Mise en place d'une couche d'occupation des sols à partir d'images satellites : guide technique Cerema / Direction Territoriale Sud-ouest / Délégation de Toulouse .106 P.

Brabyn, L., & Gower, P. (2003). Mapping accessibility to general practitioners. In *Geographic information systems and health applications* (pp. 290-308). IGI Global.

Bracken, I. and D. Martin (1995). "Linkage of the 1981 and 1991 UK Censuses Using Surface Modelling Concepts." Environment and Planning A: *Economy and Space 27(3):* 379-390.

Braeken, J., & Van Assen, M. A. (2017). An empirical Kaiser criterion. Psychological Methods, 22(3), 450.

Briggs, D. J., Gulliver, J., Fecht, D., & Vienneau, D. M. (2007). Dasymetric modelling of small-area population distribution using land cover and light emissions data. *Remote sensing of Environment, 108(4),* 451-466.

Bringas, R. V. (2016). Deterministic hydrological modeling for flood risk assessment in large urban environments: application to Mexico City (Doctoral dissertation).

Bruno, M. (2011). La protection civile, acteur majeur de la gestion des crises ? Pour un droit universel de la protection des populations en temps de paix (Doctoral dissertation).

Buchheit, P., d'Aquino, P., & Ducourtieux, O. (2016). Cadres théoriques mobilisant les concepts de résilience et de vulnérabilité. [VertigO] *La revue électronique en sciences de l'environnement, 16(1).*

Burton, C. and S. L. Cutter (2008). "Levee Failures and Social Vulnerability in the Sacramento-San Joaquin Delta Area, California." *Natural Hazards Review 9(3):* 136-149.

C. Bolin, C. Cardenas, H. Hahn, K.S. Vatsa, Natural Disasters Network (2003). comprehensive Risk Management by Communities and Local Governments, Inter-American Development Bank, (Available at), ⟨http://www.gtz.de/en/themen/ uebergreifende-themen/nothilfe/1817.htm/S⟩.

C. Bolin, C. Cardenas, H. Hahn, K.S. Vatsa, Natural Disasters Network: comprehensive Risk Management by Communities and Local Governments, Inter-American Development Bank, (2003) (Available at), ⟨http://www.gtz.de/en/themen/ uebergreifende-themen/nothilfe/1817.htm/S⟩.

Calvo, M., Hananel, J., Loubet, A., & Richet-Mastain, L. (2019). Conditions et dépenses de logement selon le niveau de vie des ménages.

Cannon, T. (2000)."Vulnerability analysis and disasters." Floods 1): 45-55.

Cardona O. D., (2004), « The Need for Rethinking the Concepts of Vulnerability and Risk from a Ho

Cariolet, J. M., Vuillet, M., & Diab, Y. (2019). Systèmes urbains et pollution de l'air extérieur: application du concept de résilience. Cybergeo: *European Journal of Geography.*

Carisi, F., Schröter, K., Domeneghetti, A., Kreibich, H., and Castellarin, A. (2018). Development and assessment of uni- and multivariable flood loss models for Emilia-Romagna (Italy), *Nat. Hazards Earth Syst. Sci., 18,* 2057-2079, https://doi.org/10.5194/nhess-18-2057-2018.

Carsell, K. M., Pingel, N. D., & Ford, D. T. (2004). Quantifying the benefit of a flood warning system. *Natural Hazards Review, 5(3),* 131-140.

CCT. (2016). Notions fondamentales de télédétection, Centre canadien de télédétection

CCV. (2009) Changement climatique, vulnérabilité de la population rurale et des écosystèmes dans quatre zones de la Région Souss, Massa et Draâ : Possibles stratégies d'adaptation

Centre canadien de télédétection, Ressources naturelles, canada. (1999) : Notions fondamentales de télédétection cours tutoriel– *Cours tutoriels de télédétection 266 p.*

Centre des études et des recherches démographiques, (HCP ,2005)

Centre des études et des recherches démographiques, Haut-Commissariat au plan (2005). Démographie Marocaine : tendances passées et perspectives (2025) d'avenir Cinquantenaire de l'Indépendance du Royaume du Maroc, rapport thématique, 152p

Centre européen de prévention du risque d'inondation, (2011). Bâtir un plan de continuité d'activité d'un service public les collectivités face au risque d'inondation, www.cepri.fr 48p

Centre for Research on the Epidemiology of Disasters (CRED),(2016) Brussels, Belgium,

Chakraborty, J., Tobin, G. A., & Montz, B. E. (2005). Population evacuation: assessing spatial variability in geophysical risk and social vulnerability to natural hazards. *Natural Hazards Review*, *6*(1), 23-33.

Chambers, R. (1989) Editorial Introduction: Vulnerability, Coping and Policy. IDS Bulletin, 20, 1-7. http://dx.doi.org/10.1111/j.1759-5436.1989.mp20002001.x

Chang, S. E., Yip, J. Z., de Jong, S. L. V. Z., Chaster, R., & Lowcock, A. (2015). Using vulnerability indicators to develop resilience networks : a similarity approach. *Natural Hazards*, *78*(3), 1827-1841.

Chartrand, M. (2019). Évaluation de la capacité à faire face des populations québécoises aux inondations : à la recherche de nouveaux indicateurs.

Cheng, C., Yang, Y. E., Ryan, R., Yu, Q., & Brabec, E. (2017). Assessing climate change-induced flooding mitigation for adaptation in Boston's Charles River watershed, USA. Landscape and Urban Planning, 167, 25-36.

Cherqui, F. (2005). Méthodologie d'évaluation d'un projet d'aménagement durable d'un quartier-méthode ADEQUA (Doctoral dissertation).

Cherqui, F. (2016). Gestion durable des eaux urbaines–gestion patrimoniale des infrastructures et aide à la décision (Doctoral dissertation).

Choubert G, Ambroggi R (1953). Note préliminaire sur la presence de deux cycles sédimentaires dans le Pliocene marin du Maroc. Tome 7. *Notes et Mem. Serv. Geol. Maroc, n° 117*, pp 3–72

Chowdhooree, I., & Islam, I. (2018). Factors and actors for enhancing community flood resilience. International Journal of Disaster Resilience in the Built Environment. Climatiques – Rapport de recherche. Département de géographie, Université Laval CNA (Mexico water comission), (2011), Manual for flood control, conagua.gob.mx

Cimentulo, (2017). Maîtrise des risques d'inondation en milieux urbains et péri-urbains guide des solutions en béton préfabriqué, p 24.

Clark, G. E., Moser, S. C., Ratick, S. J., Dow, K., Meyer, W. B., Emani, S., ... & Schwarz, H. E. (1998). Assessing the vulnerability of coastal communities to extreme storms: the case of Revere, MA., USA. *Mitigation and adaptation strategies for global change*, *3*(1), 59-82.

Colbeau-Justin, L., & Weiss, K. (2002). Stratégies de faire face dans le cas d'une inondation catastrophique : analyse des paramètres psychosociaux dans les procédures de gestion de crise. Programme RIO2, Ministère de l'Ecologie et du Développement Durable, 89.

Coldefy, M., & Lucas-Gabrielli, V. (2011, November). Mesurer l'accessibilité spatiale aux soins primaires en France.

Coles, D., Yu, D., Wilby, R. L., Green, D., & Herring, Z. (2017). Beyond 'flood hotspots': modelling emergency service accessibility during flooding in York, UK. *Journal of hydrology, 546,* 419-436.

Collins, A. E., Manyena, B., Jayawickrama, J., & Jones, S. (2015). Introduction : Hazards, risks, and disasters in society. In *Hazards, risks and disasters in society* (pp. 1-15). Academic Press.

Combe, m. & el Hebil, A (1977) . Vallée du Souss, in ressources en eau du Maroc. Tome 3. Domaines atlasique et sud atlasique. *Notes et Mémoires du Service Géologique, Maroc n°231*, PP.169-201.

Cour des comptes du royaume du Maroc. (2016). Evaluation de la gestion des catastrophes naturelles, 50 p (lien) : http://www.courdescomptes.ma/fr/Page-

27/publications/rapport-thematique/synthese-du-rapport-relatif-a-levaluation-de-la-gestion-des-catastrophes-naturelles/2-139/

CRED, U. (2015). The human cost of natural disasters 2015: a global perspective. Centre for Research on Epidemiology of Disasters, Université catholique. (http://www.emdat.be)

CRI-Agadir, centre régional d'investissement. (2009). L'Haliopolis et la Centrale d'Energie Solaire : Deux projets phares d'investissement lancés, *revue n° 11*, 36p

Crozier, D., Jouannic, G., Tran Duc Minh, C., Kolli, Z., Matagne, E., & Arbizzi, S. (2017). Reconstruire un territoire moins vulnérable après une inondation. Une fenêtre d'opportunité encore difficilement mobilisable. Espace populations sociétés. *Space populations societies*, (2016/3).

CRTS (2015). Elaboration de la carte d'occupation du sol, suivi de l'extension des zones irriguées et estimation de l'évapotranspiration dans la plaine de Souss-Massa, Centre royal de télédétection spatiale et Gesellschaft für internationale zusammenarbeit: 38.

Cutter, S. L. (1996). "Societal responses to environmental hazards." *International Social Science Journal 48(150)*: 525-536.

Cutter, S. L. (2002). American hazardscapes: The regionalization of hazards and disasters, *Joseph Henry Press*.

Cutter, S. L. (2003). "The Vulnerability of Science and the Science of Vulnerability." *Annals of the Association of American Geographers 93(1): 1-12.*

Cutter, S. L., & Emrich, C. T. (2006). Moral hazard, social catastrophe: The changing face of vulnerability along the hurricane coasts. *The Annals of the American Academy of Political and Social Science, 604(1), 102-112..*

Cutter, S. L., Barnes, L., Berry, M., Burton, C., Evans, E., Tate, E., & Webb, J. (2008). A place-based model for understanding community resilience to natural disasters. *Global environmental change, 18(4), 598-606.*

Cutter, S. L., Boruff, B. J., & Shirley, W. L. (2003). Social vulnerability to environmental hazards. *Social science quarterly*, *84*(2), 242-261.

Cutter, S. L., Burton, C. G., & Emrich, C. T. (2010). Disaster resilience indicators for benchmarking baseline conditions. *Journal of homeland security and emergency management*, *7*(1).

Cutter, S. L., Mitchell, J. T., & Scott, M. S. (2000). Revealing the vulnerability of people and places : A case study of Georgetown County, South Carolina. *Annals of the association of American Geographers*, *90*(4), 713-737.

D'Ercole, R., Thouret, J. C., Dollfus, O., & Asté, J. P. (1994). Les vulnérabilités des sociétés et des espaces urbanisés: concepts, typologie, modes d'analyse.

Dabelko, G. D., Kasperson, R. E., Moser, S. C., & Vogel, C. (2012). Linking vulnerability, adaptation and resilience science to practice: Pathways, players and partnerships. In *Integrating Science and Policy* (pp. 117-148). Routledge.

Dadson, S. J., Garrick, D. E., Penning-Rowsell, E. C., Hall, J. W., Hope, R., & Hughes, J. (Eds.). (2019). Water Science, Policy and Management: A Global Challenge. John Wiley & Sons.

Dannevig, H., Rauken, T., & Hovelsrud, G. (2012). Implementing adaptation to climate change at the local level. *Local Environment, 17(6-7),* 597-611.

Dauphine A., (2001). Risques et catastrophes : Observer, Spatialiser, Comprendre, Gérer, Paris, *Armand Colin,* 288 p.

De Andrade, M. M. N., & Szlafsztein, C. F. (2018). Vulnerability assessment including tangible and intangible components in the index composition: An Amazon case study of flooding and flash flooding. *Science of the Total Environment, 630*, 903-912.

De Brito, M. M., Evers, M., & Almoradie, A. D. S. (2018). Participatory flood vulnerability assessment: a multi-criteria approach. *Hydrology & Earth System Sciences, 22(1).*

De Koning, G. (1957). "Geologie des Ida ou Zal (Maroc) Stratigraphie, petrographie et tectonique de la partie SW du bloc occidental du massif ancien du Haut Atlas." *Leidse Geologische Mededelingen 23(1)*: 1-209.

De Oliveira Mendes, J. M. (2009). Social vulnerability indexes as planning tools: beyond the preparedness paradigm. *Journal of Risk Research, 12(1),* 43-58.

De Réalisation, É. Q. U. I. P. E. (2018). Projet 551013 : Historique des sinistres d'inondations et d'étiages et des conditions météorologiques associées.

De Silva, M. M. G. T., & Kawasaki, A. (2018). Socioeconomic vulnerability to disaster risk: a case study of flood and drought impact in a rural Sri Lankan community. *Ecological Economics, 152,* 131-140.

Deichmann, U. (1997). "Accessibility indicators in GIS." United Nations Statistics Division, Department for Economic and Policy Analysis, New York, NY, USA.

Deichmann, U., & Eklundh, L. (1991). Global Digital Datasets for Land Degradation Studies: a GIS Approach-GRID Case Study Series No. 4. *GRID case study series.*

Dempster, A. and N. Laird (1977). "Maximum likelihood estimation from incomplete data via the EM algorithm (with discussion)." *Journal of the Royal Statistical Society: 1-38.*

Di Gregorio, A., & Jansen, L. J. (1997). A new concept for a land cover classification system. In Proceedings of the Earth Observation and Environmental Information Conference. Alexandria, Egypt (pp. 13-16).

Di Salvo, M. (2006). Calculs d'accessibilité : impact des spécifications du réseau routier sur les calculs d'accessibilité. Données sources méthodes.

Dijon, R. (1969). Etude hydrogéologique et inventaire des ressources en eau de la vallée du Souss. *Notes et Mémoires du service géologique, Maroc, n° 214, 300 p.*

Dintwa, K. F., Letamo, G., & Navaneetham, K. (2019). Measuring social vulnerability to natural hazards at the district level in Botswana. Jàmbá: *Journal of Disaster Risk Studies, 11(1).*

Disse, M., Johnson, T. G., Leandro, J., & Hartmann, T. (2020). Exploring the relation between flood risk management and flood resilience. *Water Security, 9, 100059*

Dixneuf, M., & Rey, J. L. (2004). La santé : une place croissante dans les politiques internationales. *Médecine tropicale, 64(6), 561-566.*

Doherty, J., Rispel, L., & Webb, N. (1996). Developing a plan for primary health care facilities in Soweto, South Africa. Part II: Applying locational criteria. *Health policy and planning, 11(4), 394-405.*

Dovonou-Vinagbe, S. P. K. (2017). Approche intégrée pour évaluer la vulnérabilité aux impacts des changements climatiques : cas du bassin versant de l'Artibonite en Haïti.

Dow, K. (1992). "Exploring differences in our common future(s): the meaning of vulnerability to global environmental change." *Geoforum 23(3): 417-436.*

Dutozia, J., & Voiron-Canicio, C. (2019). La résilience urbaine face aux risques, en contexte de changement climatique-Articuler la gestion des évènements extrêmes et les stratégies de développements des territoires pour opérationnaliser la résilience des villes d'aujourd'hui et de demain-Février 2018.

Dwyer, A., Zoppou, C., Nielsen, O., Day, S., & Roberts, S. (2004). Quantifying social vulnerability: a methodology for identifying those at risk to natural hazards.

Ebener, S., El Morjani, Z., Ray, N., & Black, M. (2005). Physical accessibility to health care: from isotropy to anisotropy. *GIS@ development, 9(6).*

Eicher, C. L. and C. A. Brewer (2001). "Dasymetric Mapping and Areal Interpolation: Implementation and Evaluation." *Cartography and Geographic Information Science 28(2): 125-138.*

El Morjani, Z. E. A. (2002). Conception d'un système d'information à référence spatiale pour la gestion environnementale : application à la sélection de sites potentiels de stockage de déchets ménagers et industriels en région semi-aride (Souss, Maroc), University of Geneva.

El Morjani, Z. E. A. (2011). Methodology document for the WHO e-atlas of disaster risk. Exposure to natural hazards Version 2.0: Flood hazard modeling.

Elboshy, B., Kanae, S., Gamaleldin, M., Ayad, H., Osaragi, T., & Elbarki, W. (2019). A framework for pluvial flood risk assessment in Alexandria considering the coping capacity. *Environment Systems and Decisions, 39(1), 77-94*

Elkouk.A. 2018. Apport de la géomatique dans la modélisation et la cartographie des risques d'inondation et glissement de terrain : cas du bassin versant du Souss Mémoire d'accomplissement des modules du master spécialisé : « Géorisques, Géomatique, Géomatériaux et Géoenvironnement ». Faculté des Sciences Semlalia (FSSM), Marrakech.168 p.

Emamgholi, M., & Shahedi, K. (2014). Suitable Site Selection for Gabion Check Dams Construction Using Analytical Hierarchy Process and Decision Making Methods. *International Journal of Management sciences and Education.*

Errami, E., Linnemann, U., Hofmann, M., Gärtner, A., Zieger, J., Gärtner, J., ... & Ennih, N. (2021). From Pan-African transpression to Cadomian transtension at the West African margin: new U–Pb zircon ages from the Eastern Saghro inlier (Anti-Atlas, Morocco). *Geological Society, London, Special Publications, 503(1),* 209-233.

Espada Jr, R., Apan, A., & McDougall, K. (2013). Using spatial modelling to develop flood risk and climate adaptation capacity metrics for vulnerability assessments of urban community and critical water supply infrastructure. In Proceedings of the 49th International Society of City and Regional Planners Congress (ISOCARP 2013) (pp. 1-12). *International Society of City and Regional Planners (ISOCARP).*

Etkin, D. (2016). 4 - Hazard, Vulnerability, and Resilience. Disaster Theory. Boston, Butterworth-Heinemann: 103-150.

Fedra, K. (1998), Integrated Risk Assessment and Management: Overview and State-of-the-Art. p3-18. In: Ale, B.J.M, Janssen, M.P.M., and Pruppers, M.J.M [eds] Risk 97 Book of Papers. Proceeding of the International Conference Mapping Environmental Risks and Risk Comparison, Amsterdam, 21-24 October 1997. RIVM, Bilthoven. *Published in: Journal of Hazardous Materials, 61 (1998) 5-22.*

Fekete, A. (2009). Validation of a social vulnerability index in context to river-floods in Germany. *Natural Hazards & Earth System Sciences, 9(2).*

Fekete, A. (2012). "Spatial disaster vulnerability and risk assessments: challenges in their quality and acceptance." *Natural Hazards 61(3): 1161-1178.*

Fekete, A., Hufschmidt, G., & Kruse, S. (2014). Benefits and challenges of resilience and vulnerability for disaster risk management. *International journal of disaster risk science*, *5*(1), 3-20.

Finlay, C. C. and B. Hearn Morrow (1998). The gendered terrain of disaster: Through women's eyes. The gendered terrain of disaster: Through women's eyes, International Hurricane Center. *Laboratory for Social and Behavioral Research: 143-149.*

Flora Guillier. 2017. Evaluation de la vulnérabilité aux inondations : Méthode expérimentale appliquée aux Programmes d'Action de Prévention des Inondations. Géographie. Université Paris-Est. *Français. NNT : 2017PESC1092. tel-01759290*

Florent Demoraes, Robert D'Ercole (2009). Risques et accessibilité des lieux dans le District Métropolitain de Quito (Équateur). Mappe Monde, Maison de la géographie, *pp.1-20.<http://mappemonde.mgm.fr/num23/articles/art09302.html>. <Halshs-00436888>*

Flowerdew, R., & Green, M. (1989). Statistical methods for inference between incompatible zonal systems. *Accuracy of spatial databases, 239-247.*

Foster, H. D. (1984). Reducing vulnerability to natural hazards. The Geneva Papers on Risk and Insurance-Issues and Practice, *9(1), 27-56.*

Fothergill, A. and L. A. Peek (2004). "Poverty and Disasters in the United States: A Review of Recent Sociological Findings." *Natural Hazards 32(1): 89-110.*

Fox, D., & Moyser, M. (2018). Le bien-être économique des femmes au Canada. Femmes au Canada : rapport statistique fondé sur le sexe, Statistique Canada.

Frédéric Leone et Freddy Vin. (2004). La vulnérabilité des sociétés et des territoires face aux menaces naturelles, Collection « *Géorisques » n°1,71p »*.

Frigerio, I. and M. De Amicis (2016). "Mapping social vulnerability to natural hazards in Italy: A suitable tool for risk mitigation strategies." *Environmental Science & Policy 63: 187-196.*

Frigerio, I., Ventura, S., Strigaro, D., Mattavelli, M., De Amicis, M., Mugnano, S., & Boffi, M. (2016). "A GIS-based approach to identify the spatial variability of social vulnerability to seismic hazard in Italy." *Applied Geography* 74: 12-22.

Fuchs, S., Birkmann, J., & Glade, T. (2012). Vulnerability assessment in natural hazard and risk analysis: current approaches and future challenges. *Natural Hazards, 64(3), 1969-1975.*

Füssel, H. M. (2007). Adaptation planning for climate change: concepts, assessment approaches, and key lessons. *Sustainability science, 2(2), 265-275.*

Gall, M. (2007). Indices of Social Vulnerablity [sic] to Natural Hazards: A Comparative Evaluation, University of South Carolina.

Gallego, F. J. (2010). "A population density grid of the European Union." *Population and Environment 31(6): 460-473.*

Gallego, F. J., Batista, F., Rocha, C., & Mubareka, S. (2011). Disaggregating population density of the European Union with CORINE land cover. *International Journal of Geographical Information Science*, *25*(12), 2051-2069.

Genevois, S. (2008). Quand la géomatique rentre en classe. Usages cartographiques et nouvelle éducation géographique dans l'enseignement secondaire (*Doctoral dissertation, Université Jean Monnet-Saint-Etienne).*

GIEC, (2014). Changements climatiques. Incidences, adaptation et vulnérabilité Contribution du Groupe de travail II au cinquième Rapport d'évaluation du Groupe d'experts intergouvernemental sur l'évolution du climat.

GIEC. (2014). Climate Change 2014–Impacts, Adaptation and Vulnerability: Regional Aspects. *Cambridge University Press.*

Giupponi, C., Giove, S., & Giannini, V. (2013). A dynamic assessment tool for exploring and communicating vulnerability to floods and climate change. *Environmental modelling & software, 44, 136-147.*

Gladwin, H. (1997). "Warning and evacuation: A night for hard houses." Hurricane Andrew: Ethnicity, *gender and the sociology of disasters: 52-74.*

Godschalk, D. R. (2003). Urban hazard mitigation: creating resilient cities. *Natural hazards review, 4(3), 136-143.*

Gondard-Delcroix, C., & Rousseau, S. (2005). Gestion des Risques et Stratégies d'acteurs (No. hal-00247587).

Goodchild, M. F. and N. S. N. Lam (1980). Areal interpolation: a variant of the traditional spatial problem, Department of Geography, University of Western Ontario London, ON, Canada.

Grelot, F. (2004). Gestion collective des inondations. Peut-on tenir compte de l'avis de la population dans la phase d'évaluation économique a priori ? (Doctoral dissertation).

Groupe de recherche Rhône-Alpes sur les infrastructures et l'eau (GRAIE), 2007. Gestion de l'eau à l'échelle des bassins versants, que fait-on des eaux pluviales, *journée d'information Drôme-Ardèche, p 301*)

Groupe de travail II au cinquième Rapport d'évaluation du Groupe d'experts intergouvernemental (2014). Contribution sur l'évolution du climat Changements climatiques : Incidences, adaptation et vulnérabilité

Guigo, M., Voiron-Canicio, C., Graillot, D., & Olivier, F. (2002). Système d'aide à la décision pour la limitation des risques d'inondation dans les agglomérations urbaines méditerranéennes.

Gwet, K. (2001). Handbook of inter-rater reliability: How to estimate the level of agreement between two or multiple raters. Gaithersburg, MD : *STATAXIS Publishing Company.*

Haklay, M. and P. Weber (2008). "Openstreetmap: User-generated street maps." *IEEE Pervasive Computing 7(4): 12-18.*

Han, H., Guo, X., & Yu, H. (2016). Variable selection using mean decrease accuracy and mean decrease gini based on random forest. In *2016 7th ieee international conference on software engineering and service science (icsess)* (pp. 219-224). IEEE.

Handmer, J., & Monson.R. (2004). Does a Rights Based Approach Make a Difference? The Role of Public Law in Vulnerability Reduction. *International Journal of Mass Emergencies and Disasters, Vol. 22, No. 3, pp. 43-59.*

Harvey, J. T. (2002). "Population estimation models based on individual TM pixels." *Photogrammetric Engineering and Remote Sensing 68(11): 1181-1192.*

Haut-Commissariat au plan (HCA). Élaboration d'une proposition d'un Programme d'action de Lutte Contre la Désertification pour le Bassin de Souss , Note de Synthèse P37.

Haynes, K. E. and A. S. Fotheringham (1985). Gravity and Spatial Interaction Models, Regional Research Institute, West Virginia University.

HCAFLD (2013). Élaboration d'une proposition d'un Programme d'action de Lutte Contre la Désertification pour le Bassin de Souss ? *Note de Synthèse P37.*

HCP , 2014a. Annuaire statistique de la région de Souss Massa Drâa 2014. Haut commissariat au plan Rabat, Maroc.

Hebil, E. (1972). Reconnaissance hydrogéologique du haut bassin versant de l'oued souss a Aoulouz (Maroc).

Hélène Thomas, (2008). Vulnérabilité, fragilité, précarité, résilience, etc. ", Recueil Alexandries, Collections Esquisses, janvier, url de référence : *http://www.reseau-terra.eu/article 697.html.*

Hewitt, K. (1983). "The idea of calamity in a technocratic age." Interpretation of Calamity: From the Viewpoint of Human Ecology. Allen & Unwinn, Boston: 3-32.

Hewitt, K. (2014). Regions of risk: A geographical introduction to disasters, Routledge.

Hilal, M. (2007). Temps d'accès aux équipements au sein des bassins de vie des bourgs et petites villes.

Hinkel, J. (2011). "Indicators of vulnerability and adaptive capacity": towards a clarification of the science–policy interface. *Global environmental change, 21(1), 198-208.*

Ho, T. K. (1995). Random decision forests. Document analysis and recognition, 1995, proceedings of the third international conference on, IEEE.

Ho, T. K. (1998). "The random subspace method for constructing decision forests." IEEE transactions on pattern analysis and machine intelligence 20(8): 832-844.

Holling, Crawford S. (1973). "Resilience and stability of ecological systems." *Annual review of ecology and systematics 4.1: 1-23.*

Horney, J., Snider, C., Malone, S., Gammons, L., & Ramsey, S. (2008). Factors associated with hurricane preparedness: results of a pre-hurricane assessment. *Journal of Disaster Research, 3(2), 143-149.*

Hountondji, B., codo, f., dahounto, s., & gbaguidi, t. (2019). flood management in urban environment: case of the cotonou city in benin. larhyss journal p-issn 1112-3680/e-issn 2602-7828, (39), 333-347.

Hssaisoune, M, Boutaleb, S, Benssaou, M, Beraaouz, E, Tagma, T, El Fasskaoui, M. & Bouchaou L (2012) - Analyse géophysique et structurale de l'aquifère de la plaine du Souss-Massa : synthèse et conséquences hydrogéologiques. *Géo-Eco-Trop., 36: 63 – 82.*

Hssaisoune, M., Boutaleb, S., Benssaou, M., Bouaakkaz, B., & Bouchaou, L.. (2017). Physical Geography, Geology, and Water Resource Availability of the Souss-Massa River Basin. The Souss-Massa River Basin, Morocco. R. Choukr-Allah, R. Ragab, L. Bouchaou and D. Barceló. *Cham, Springer International Publishing: 27-56.*

Huang, X. and L. Zhang (2012). "Morphological building/shadow index for building extraction from high-resolution imagery over urban areas." *IEEE Journal of Selected Topics in Applied Earth Observations and Remote Sensing 5(1): 161-172.*

Huang, X., Guan, X., Benediktsson, J. A., Zhang, L., Li, J., Plaza, A., & Dalla Mura, M. (2014). Multiple morphological profiles from multicomponent-base images for hyperspectral image classification. *IEEE Journal of Selected Topics in Applied Earth Observations and Remote Sensing*, *7*(12), 4653-4669.

Ikenne, M., Bekker, A., Ernst, R. E., Youbi, N., Lahna, A. A., Söderlund, U., ... & Bensalah, M. K. (2021). Discussion on 'From Pan-African transpression to Cadomian transtension at the West African margin: new U–Pb zircon ages from the Eastern Saghro Inlier (Anti-Atlas, Morocco)'by Errami et al. 2020 (SP503, 209–233). *Journal of the Geological Society, 178(4).*

Immitzer, M., Vuolo, F., & Atzberger, C. (2016). First experience with Sentinel-2 data for crop and tree species classifications in central Europe. *Remote sensing*, *8*(3), 166.

Institut de Recherche en Sciences et Technologies pour l'Environnement et l'Agriculture (IRSTEA). (Non daté). La méthode Inondabilité, ou « comment prévenir du risque d'inondation : Risques naturels, quelques concepts de base pour une gestion intégrée des eaux 34 p.

Intergraph (2013). ERDAS Field Guide™, Intergraph Corporation.

IPCC. Pachauri, R. K., Allen, M. R., Barros, V. R., Broome, J., Cramer, W., Christ, R., ... & Dubash, N. K (2014) . Climate Change 2014: Synthesis Report. Contribution of Working Groups I, II and III to the Fifth Assessment Report of the Intergovernmental Panel on Climate Change [Core Writing Team, R.K. Pachauri and L.A. Meyer (eds.)]. *IPCC, Geneva, Switzerland, 151 pp.*

IPCC: Climate Change (2014). Synthesis Report, Tech. rep., Geneva, Switzerland, https://doi.org/10.1017/CBO9781107415324, 2014. a, b Online Resources *System-Risk Project on Researchgate: https://www.researchgat*

ISDR, U. (2005). Hyogo framework for action 2005-2015: building the resilience of nations and communities to disasters. Extract from the final report of the *World Conference on Disaster Reduction (A/CONF. 206/6).*

John R., J. (1996). Introductory Digital Image Processing: A Remote Sensing Perspective (2nd Edition), Prentice Hall, New Jersy

Jones, B., & Andrey, J. (2007). Vulnerability index construction: methodological choices and their influence on identifying vulnerable neighbourhoods. *International journal of emergency management, 4(2), 269-295.*

Kajimoto, M. and J. Susaki (2013). "Urban density estimation from polarimetric SAR images based on a POA correction method." *IEEE Journal of Selected Topics in Applied Earth Observations and Remote Sensing 6(3): 1418-1429.*

Keogh, D. U., Apan, A., Mushtaq, S., King, D., & Thomas, M. (2011). Resilience, vulnerability and adaptive capacity of an inland rural town prone to flooding: a climate change adaptation case study of Charleville, Queensland, Australia. *Natural Hazards, 59(2), 699-723.*

Kienberger S, Land S, Zeil P (2009). Spatial vulnerability units—expert-based spatial modelling of socioeconomic vulnerability in the Salzach catchment, Austria. *Nat Hazards Earth Syt Sci 9:767–778.*

Kleinen, J. (2006). Historical perspectives on typhoons and tropical storms in the natural and socio-economic system of Nam Dinh (Vietnam). *Journal of Asian Earth Sciences, 29(4), 523-531.*

kovacs, y., doussin, n., gaussens, m., pacoud, c. l., & afd, o. g. (2017). Notes techniques.

Krehl, A., Siedentop, S., Taubenböck, H., & Wurm, M. (2016). A comprehensive view on urban spatial structure : Urban density patterns of German city regions. *ISPRS International Journal of Geo-Information*, *5*(6), 76.

Krellenberg, K., & Welz, J. (2017). Assessing urban vulnerability in the context of flood and heat hazard: Pathways and challenges for indicator-based analysis. *Social Indicators Research, 132(2), 709-731.*

Kuban, R., & MacKenzie-Carey, H. (2001). Community-wide vulnerability and capacity assessment (CVCA). Office of Critical Infrastructure protection and preparedness.

Kuhlicke, C., & Steinführer, A. (2010), Social capacity building for natural hazards: A Conceptual Frame, CapHaz-Net WP1 Report, Leipzig: Helmholtz *Centre for Environmental Research.*

Kuhlicke, C., Scolobig, A., Tapsell, S., Steinführer, A., & De Marchi, B. (2011). Contextualizing social vulnerability: findings from case studies across Europe. Natural Hazards, 58(2), 789-810.

Kyriakidis, P. C. (2004). "A Geostatistical Framework for Area-to-Point Spatial Interpolation." *Geographical Analysis 36(3): 259-289.*

Laborde, J. P. (2000). Eléments d'hydrologie de surface. Université de Nice-Sophia Antipolis. France (204p).

Laforest, V., Batton-Hubert, M., Maeve, M., Brula, P., & Méhu, J. (2013). Guide pour analyse multicritère de procédés ou stratégies de traitement de sédiments.

Lallau, B. (2011), « La résilience, moyen et fin d'un développement durable ? », *Revue Éthique et Économique, Volume 8, Numéro 1, pp. 168-185.*

Landis, J. R., & Koch, G. G. (1977). An application of hierarchical kappa-type statistics in the assessment of majority agreement among multiple observers. *Biometrics, 363-374.*

Landström, C., Becker, M., Odoni, N., & Whatmore, S. J. (2019). Community modelling: A technique for enhancing local capacity to engage with flood risk management. *Environmental science & policy, 92, 255-261*

Langford, M., & Higgs, G. (2006). Measuring potential access to primary healthcare services: the influence of alternative spatial representations of population. *The Professional Geographer, 58(3), 294-306.*

Langford, M., Maguire, D. J., & David, J. (1991). Unwin. 1991. The areal interpolation problem: estimating population using remote sensing in a GIS framework. Handling geographical information: Methodology and potential applications, 55-77.

Lassa, J. A., Surjan, A., Caballero-Anthony, M., & Fisher, R. (2018). Measuring political will: An index of commitment to disaster risk reduction. *International Journal of Disaster Risk Reduction.*

Laurien, F., Hochrainer-Stigler, S., Keating, A., Campbell, K., Mechler, R., & Czajkowski, J. (2020). A typology of community flood resilience. *Regional Environmental Change, 20(1), 1-14.*

Le Haut-Commissariat au Plan (HCP). (2018). Le nouveau visage de la pauvreté au Maroc dévoilé par le HCP lien https://ledesk.ma/datadesk/le-nouveau-visage-de-la-pauvrete-au-maroc-devoile-par-le-hcp/ *consulté le 03/11/2019.*

Lebecherel, L., Andréassian, V., Perrin, C., & Maugis, P. (2014). Analyse de la sensibilité des calculs hydrologiques à la densité spatiale des réseaux hydrométriques. La Houille Blanche, *(1), 39-44.*

Lebel L, Nikitina E, Kotov V, Manuta J (2006) Reducing the risks of flood disasters: assessing institutionalised capacities and practices. In: Birkmann J (ed) Measuring vulnerability and coping capacity to hazards of natural origin: concepts and methods. *United Nations University, Tokyo*

Lebel, L., Anderies, J. M., Campbell, B., Folke, C., Hatfield-Dodds, S., Hughes, T. P., & Wilson, J. (2006). Governance and the capacity to manage resilience in regional social-ecological systems. *Ecology and Society, 11(1).*

Ledoux, B. (2006), La gestion du risque inondation. Éd. Tec & doc, 770 p.

Lee, Y. J. (2014). Social vulnerability indicators as a sustainable planning tool. *Environmental Impact Assessment Review, 44, 31-42.*

Leone, F., & Vinet, F. (2006). La vulnérabilité des sociétés et des territoires face aux menaces naturelles. Analyses géographiques. *Coll.«Géorisques, (1).*

Leone, F., Péroche, M., & Gutton, R. (2014). Le risque tsunami en Martinique : planifier une évacuation préventive en optimisant l'accessibilité de sites refuges. *VertigO-la revue électronique en sciences de l'environnement, 14(2).*

Lhomme, S., Serre, D., Diab, Y., & Laganier, R. (2010). Les réseaux techniques face aux inondations ou comment définir des indicateurs de performance de ces réseaux pour évaluer la résilience urbaine. *Bulletin de l'Association de géographes français, 487-502.*

Li, H., Lei, X., Shang, Y., & Qin, T. (2018). Flash flood early warning research in China. *International Journal of Water Resources Development, 34(3), 369-385.*

Liao, Y., Wang, J., Meng, B., & Li, X. (2010). Integration of GP and GA for mapping population distribution. *International Journal of Geographical Information Science*, *24*(1), 47-67.

Liefooghe, C. (2012). La flèche du temps et le système, ou comment analyser la résilience d'un territoire. Mondialisation et résilience des territoires. Trajectoires, dynamiques d'acteurs et expériences locales, *Presses universitaires du Québec, Québec, 21-40.*

Lillesand, T., Kiefer, R. W., & Chipman, J. (2015). Remote sensing and image interpretation. John Wiley & Sons.

Listic Perspective: A Necessary Review and Criticism for Effective Risk Management », in Bank off G., Frerks G.et Hilhorst D. (Éds.), Mapping Vulnerability: *Disasters, Development and People, London, Earthscan, chap. 3.*

Liu, X. H., Kyriakidis, P. C., & Goodchild, M. F. (2008). Population-density estimation using regression and area-to-point residual kriging. *International Journal of geographical information science*, *22*(4), 431-447.

Long, A. P. (2007). "Poverty Is the New Prostitution: Race, Poverty, and Public Housing in Post-Katrina New Orleans." *Journal of American History 94(3): 795-803.*

Long, Y. and Z. Shen (2015). Population Spatialization and Synthesis with Open Data. Geospatial Analysis to Support Urban Planning in Beijing. *Cham, Springer International Publishing: 115-131.*

Luers, A. L., Lobell, D. B., Sklar, L. S., Addams, C. L., & Matson, P. A. (2003). A method for quantifying vulnerability, applied to the agricultural system of the Yaqui Valley, Mexico. *Global Environmental Change, 13(4), 255-267.*

Luo, W., & Qi, Y. (2009). An enhanced two-step floating catchment area (E2SFCA) method for measuring spatial accessibility to primary care physicians. *Health & place, 15(4), 1100-1107.*

Luong, A. T. (2012). Évaluation des risques d'inondations dans le bassin du fleuve Huong, province de Thua Thien Hue, centre du Vietnam (Doctoral dissertation, Université du Québec à Montréal).

Markoff, J. and G. Shapiro (1973). "The Linkage of Data Describing Overlapping Geographical Units." *Historical Methods Newsletter 7(1): 34-46.*

Marshall, N. A., Park, S. E., Adger, W. N., Brown, K., & Howden, S. M. (2012). Transformational capacity and the influence of place and identity. *Environmental Research Letters, 7(3), 034022.*

Martin, D. (1989). "Mapping Population Data from Zone Centroid Locations." *Transactions of the Institute of British Geographers 14(1): 90-97.*

Masuya, A. (2014). Flood vulnerability and risk assessment with spatial multi-criteria evaluation. In Dhaka Megacity (pp. 177-202). *Springer, Dordrecht.*

Mavhura, E., Manyena, B., & Collins, A. E. (2017). An approach for measuring social vulnerability in context: The case of flood hazards in Muzarabani district, Zimbabwe. *Geoforum*, *86*, 103-117.

Maystre, L. Y., Pictet, J., & Simos, J. (1994). Méthodes multicritères ELECTRE: description, conseils pratiques et cas d'application à la gestion environnementale (Vol. 8). *PPUR presses polytechniques.*

MEDD (Ministère de l'Ecologie et du Développement Durable)-FRANCE., 2004b. Analyse des Risques et Prévention des Accidents Majeurs (DRA-34). Rapport Partiel d'Opération Guide pour la prise en compte du risque inondation (Version 2004). 82 p.

MÉDD, Ministère de l'écologie et du développement durable (MÉDD), (2004) direction de la Prévention des pollutions et des risques, Les ruptures de barrages (risques technologiques majeurs), p24

MEDDE France. (2004). Les inondations - Dossier d'information. (MEDDE France, 2004

MEEDDAT., 2008. AIDA, la réglementation des activités à risque [en ligne]. In Circulaire du 02/10/2003 relative aux mesures d'application immédiate introduites par la loi n° 2003-699 en matière de prévention des risques technologiques dans les installations classées. [réf. du 10 octobre 2013]. Disponible sur : https://aida.ineris.fr/consultation_document/7647 , consulté le 30/9/2020.

Mennis, J. (2003). "Generating Surface Models of Population Using Dasymetric Mapping." *The Professional Geographer 55(1): 31-42.*

Mennis, J. and T. Hultgren (2006). "Intelligent Dasymetric Mapping and Its Application to Areal Interpolation." *Cartography and Geographic Information Science 33(3): 179-194.*

Merz, B., Thieken, A. H., & Gocht, M. (2007). Flood risk mapping at the local scale: concepts and challenges. In Flood risk management in Europe (pp. 231-251). *Springer, Dordrecht.*

Metzger, P., & d'Ercole, R. (2011). Les risques en milieu urbain : éléments de réflexion. *EchoGéo, (18).*

Michel-Kerjan, E., Scawthorn, C., Baeumler, A. E., Banerjee, A., Rondot, P., Medouar, M., ... & Dana, J. (2013). Renforcement de la résilience du Maroc : apports pour une stratégie de gestion intégrée des risques *(No. 83782, pp. 1-78). The World Bank.*

Mileti, D. (1999). Disasters by design: A reassessment of natural hazards in the United States, *Joseph Henry Press.*

Ministère de la Santé, (2009). Direction de la Planification et des Ressources Financières Division de la Planification et des Etudes, Service des Etudes et de l'Information Sanitaire et Organisation Mondiale de la Santé, la démographie médicale et paramédicale à l'horizon 2025, p64.

Ministère de la Santé, (2010). La Démographie Médicale et Paramédicale à l'Horizon 2025, p 64.

Ministère de la Santé, (2012). Stratégie Sectorielle « Santé » pour la période 2012-2016 p 104.

Ministère de la Santé, (2018). La carte sanitaire au Maroc : le grand "déserts" sanitaires, pharmapresse.net, lien : *(https://www.pharmapresse.ma/content/carte-sanitaire-au-maroc-le-grand-d%C3%A9serts-sanitaires*

Ministère de la santé. (2010) La démographie médicale et paramédicale à l'horizon 2025 p 64

Ministère de l'Environnement de l'Énergie et de la Mer (2015) Géorisques. *http://www.georisques.gouv.fr/* (Consulté le 25 septembre 2020)

Ministère délégué auprès du ministre de l'énergie, des mines, de l'eau et de l'environnement, charge de l'eau (2013). Etude d'actualisation du plan national de protection contre les inondations, Sous-Mission I-1 : « *Rapport d'Analyse des études et travaux de protection réalisés pour la lutte contre les inondations* ».112p

Miranda, F. N., & Ferreira, T. M. (2019). A simplified approach for flood vulnerability assessment of historic sites. *Natural Hazards, 1-18.*

Monica, H. (2004). USGS-NPS National Vegetation Mapping Program : Sunset Crater Volcano National Monument, Arizona, Vegetation Classification and Distribution. *US Geological Survey, Southwest Biological Science Center*, 4653-4669.

Morrow, B. H. (1999). "Identifying and Mapping Community Vulnerability." *Disasters 23(1): 1-18.*

Musy, A., & Higy, C. (1998). Hydrologie appliquée (No. BOOK). *Edition H* G* A.*

Myers, C. A., Slack, T., & Singelmann, J. (2008). Social vulnerability and migration in the wake of disaster: the case of Hurricanes Katrina and Rita. *Population and Environment*, *29*(6), *271-291.*

Myint, S. W., Gober, P., Brazel, A., Grossman-Clarke, S., & Weng, Q. (2011). Per-pixel vs. object-based classification of urban land cover extraction using high spatial resolution imagery. *Remote sensing of environment, 115*(5*), 1145-1161.*

Nations Unies (2015), Cadre d'action de Sendai pour la réduction des risques de catastrophe 2015-2030, p40.

Nelson, A. and U. Deichmann (2004). "African Population Database Version 4." United Nations Environment Programme, Sioux Falls, SD, USA.

Neutens, T. (2015). Accessibility, equity and health care: review and research directions for transport geographers. *Journal of Transport Geography, 43, 14-27.*

Ngamini Ngui, A., & Apparicio, P. (2011). L'accessibilité potentielle aux services de santé mentale à Montréal : approche par les systèmes d'information géographique. *Revue d'Épidémiologie et de Santé Publique, 59(6), 369–378. doi: 10.1016/j.respe.2011.05.004 url to share this paper.*

Ngo, A. T. (2014). Evaluation environnementale du risque d'inondation dans le delta du fleuve Ha Thanh (centre Viêt-Nam) (Doctoral dissertation).

Ngo, E. B. (2001). "When Disasters and Age Collide: Reviewing Vulnerability of the Elderly." *Natural Hazards Review 2(2): 80-89.*

Nicolas Ray, Steeve Ebener et Frederic Moser (2019). AccessMod 5_ Modéliser l'accessibilité physique aux centres de santé en vue d'une couverture sanitaire universelle_ Guide de l'Utilisateur et Tutoriel Version 5.6.0 p115_ lien de téléchargement https ://www.accessmod.org/

Nicolas Ray. Steeve Ebener et. Frederic Moser (non daté). Supporting Universal Health Coverage by Modelling Physical Accessibility to Health Care User Guide & Tutorial p107 lien de téléchargement : https://owncloud.unepgrid.ch/index.php/s/Id5t4rRzZMmrZRj/download.

Noble, I., Huq, S., Anokhin, Y., Carmin, J., Goudou, D., Lansigan, F. & Berkhout, F. (2014). Chapter 14: Adaptation needs and options. Working Group II of the Intergovernmental Panel on Climate Change Fifth Assessment Report.

Nussbaum, R. (2013). La résilience des sociétés vue au travers du prisme des assurances : une comparaison internationale. *In Annales des Mines-Responsabilité et environnement (No. 4,pp. 42-47). ESKA.*

O'BRIEN, K. A. R. E. N., Eriksen, S., Nygaard, L. P., & Schjolden, A. N. E. (2007). Why different interpretations of vulnerability matter in climate change discourses. *Climate policy, 7(1), 73-88.*

OCDE (2016), L'organisation de coopération et de développement économiques. Étude de l'OCDE sur la gestion des risques au Maroc, Éditions OCDE, Paris, DOI : *http://dx.doi.org/10.1787/9789264267145-4-fr*

O'Keefe, P., Westgate, K., & Wisner, B. (1976). Taking the naturalness out of natural disasters. *Nature, 260, 566-567.*

Organisation des Nations Unies pour l'alimentation et l'agriculture Rome, (2011). Les forêts et le changement climatique dans la région du Proche-Orient, p 85.

Organisation Mondiale de la Santé, (2009). Personnel de santé, infrastructures sanitaires et médicaments essentiels : *Statistiques sanitaires mondiales, p11.*

OTBTeam (2018). OTB CookBook Documentation Release 6.4.0. Orfeo-toolbox.org.

Oubennaceur, K. (2017). Analyse de l'incertitude dans la modélisation du risque d'inondation : étude de cas rivière Richelieu (Doctoral dissertation, Université du Québec, Institut national de la recherche scientifique).

Ouma PO, Maina JK, Thuranira PN, Macharia PM, Alegana VA, English M, Okiro EA, Snow RW (2018). Access to emergency hospital care provided by the public sector in sub-Saharan Africa in 2015: a geocoded inventory and spatial analysis. *Lancet Global Health. 6. e342–e350.*

Pappenberger, F., Cloke, H. L., Parker, D. J., Wetterhall, F., Richardson, D. S., & Thielen, J. (2015). The monetary benefit of early flood warnings in Europe. *Environmental Science & Policy, 51, 278-291.*

Parker DJ (2000) Managing flood hazards and disasters - International lessons, directions and future challenges. Floods, Parker DJ (Édit.) Routledge, London and New York. p 287-306.

Parker, D. J., & Penning-Rowsell, E. C. (1983). Flood hazard research in Britain. *Progress in Geography, 7(2), 182-202.*

Peña, J. M., Gutiérrez, P. A., Hervás-Martínez, C., Six, J., Plant, R. E., & López-Granados, F. (2014). Object-based image classification of summer crops with machine learning methods. *Remote Sensing*, *6*(6), 5019-5041.

Peña-Barragán, J. M., Ngugi, M. K., Plant, R. E., & Six, J. (2011). Object-based crop identification using multiple vegetation indices, textural features and crop phenology. *Remote Sensing of Environment*, *115*(6), 1301-1316.

Penning-Rowsell E, Floyd P, Ramsbottom D & Surendran S (2005) Estimating Injury and Loss of Life in Floods: A Deterministic Framework. *Nat Hazards 36(1):43-64.*

Penning-Rowsell, E. C., Chatterton, J. B., Day, H. J., Ford, D. T., Greenaway, M. A., Smith, D. I., ... & Witts, R. C. (1987). Comparative aspects of computerized floodplain data management. Journal of Water Resources Planning and Management, 113(6), 725-744.

Penning-Rowsell, E., Johnson, C., Tunstall, S., Tapsell, S., Morris, J., Chatterton, J., & Green, C. (2005). The benefits of flood and coastal risk management: a handbook of assessment techniques. *ISBN 1904750516.*

Pesaresi, M. and A. Gerhardinger (2011). "Improved textural built-up presence index for automatic recognition of human settlements in arid regions with scattered vegetation." IEEE *Journal of Selected Topics in Applied Earth Observations and Remote Sensing 4(1): 16-26.*

Pesaresi, M., Halkia, M., & Ouzounis, G. K. (2011, April). Quantitative estimation of settlement density and limits based on textural measurements. In *2011 Joint Urban Remote Sensing Event* (pp. 89-92). IEEE.

Phillips, B. D. and P. L. Hewett (2005). "Home alone: Disasters, mass emergencies, and children in self-care." *Journal of Emergency Management 3(2): 31-35.*

Piton, G., Carladous, S., Recking, A., Tacnet, J. M., Liebault, F., Kuss, D., ... & Marco, O. (2019). Fonctions des barrages de correction torrentielle. Cybergeo: *European Journal of Geography.*

Posey, J. (2009). The determinants of vulnerability and adaptive capacity at the municipal level: Evidence from floodplain management programs in the United States. *Global Environmental Change, 19(4), 482-493.*

Quenault, B. (2014). La résurgence/convergence du triptyque « catastrophe-résilience-adaptation » pour (re) penser la « fabrique urbaine » face aux risques climatiques. Développement durable et territoires. Économie, géographie, politique, droit, sociologie, 5(3), URL :*https://journals.openedition.org/developpementdurable/10683?lang=fr, consulté le 04/11/2019*.

Quenault, B. (2015). De Hyōgo à Sendai, la résilience comme impératif d'adaptation aux risques de catastrophe : nouvelle valeur universelle ou gouvernement par la catastrophe ? Développement durable et territoires. *Économie, géographie, politique, droit, sociologie, 6(3).*

Quenault, B. (2015). La vulnérabilité, un concept central de l'analyse des risques urbains en lien avec le changement climatique. *In Les Annales de la recherche urbaine (No. 110).*

Radhakrishnan, M., Nguyen, H. Q., Gersonius, B., Pathirana, A., Vinh, K. Q., Ashley, R. M., & Zevenbergen, C. (2018). Coping capacities for improving adaptation pathways for flood protection in Can Tho, Vietnam. *Climatic Change, 149(1), 29-41.*

Radke, J., & Mu, L. (2000). Spatial decompositions, modeling and mapping service regions to predict access to social programs. *Geographic Information Sciences, 6(2), 105-112.*

Rakib, M. A., Islam, S., Nikolaos, I., Bodrud-Doza, M., & Bhuiyan, M. A. (2017). Flood vulnerability, local perception and gender role judgment using multivariate analysis: A problem-based "participatory action to Future Skill Management" to cope with flood impacts. Weather and climate extremes, *18, 29-43.*

Rakotoarivelo, J. B. (2018). Aide à la décision multi-critère pour la gestion des risques dans le domaine financier (Doctoral dissertation).

Ray, N., & Ebener, S. (2008). AccessMod 3.0: computing geographic coverage and accessibility to health care services using anisotropic movement of patients. *International journal of health geographics, 7(1), 63.*

Reghezza, M. (2006). La vulnérabilité : un concept problématique. F. Léone et F. Vinet, La vulnérabilité des sociétés et des territoires face aux menaces naturelles. Analyses géographiques, Montpellier, PULM, coll. *Géorisque, (1), 35-40*

Reghezza, M. (2006). Réflexions autour de la vulnérabilité métropolitaine : la métropole parisienne face au risque de crue centennale (Doctoral dissertation), Université de Nanterre - Paris X, Francais.

Renard, F., & Chapon, P. M. (2010). Une méthode d'évaluation de la vulnérabilité urbaine appliquée à l'agglomération lyonnaise. *L'espace géographique, 39(1), 35-50.*

Renard, F., & Soto, D. (2015). Une représentation du risque à l'intersection de l'aléa et de la vulnérabilité : cartographies des inondations lyonnaises.

Rezaee, Z., Fisher, P. F., & Balzter, H. (2018). Geographical Concepts of Vulnerability Analysis for Risk Assessments-*A Review*.

RGPH 2014, Recensement Général de la Population et de l'Habitat au Maroc lien : https://www.hcp.ma *consulté en 2018.*

Robert D'Ercole. (2014). Vulnérabilité : vers un concept opérationnel ? Colloque international " Connais-sance et compréhension des risques côtiers : aléas, enjeux, représentations, gestion" ("Coastal Risks : Hazards, Issues, Representations, Management"), Brest, France. <Hal-01155503>.

ROCHE, M. (1963). Hydrologie de Surface. Office de la Recherche Scientifique et Technique Outre-mer, Gauthier – *Villars éditeur – PARIS, 431 pages.*

Rodrigue, J.P. (2006). The Geography of transport systems. Routledge, Abingdon.

Royaume du Maroc ministère de l'intérieur direction générale de la protection civile 2017: Atelier sur la gestion de crise au Maroc, planification des secours & gestion des risques p24.

Rufat, S., Tate, E., Burton, C. G., & Maroof, A. S. (2015). Social vulnerability to floods: Review of case studies and implications for measurement. *International Journal of Disaster Risk Reduction, 14, 470-486.*

Rygel, L., O'sullivan, D., & Yarnal, B. (2006). A method for constructing a social vulnerability index: an application to hurricane storm surges in a developed country. *Mitigation and adaptation strategies for global change*, *11*(3), 741-764.

Saaty, T. L. (1984). Decision making for leaders. IEEE Transactions on Systems, Man, and Cybernetics, (3), 450-452.

Saaty, T. L. (1994). Highlights and critical points in the theory and application of the analytic hierarchy process, Eur. J. Oper. Res., 74, 426–447.

Saaty, T. L. (2008). Decision making with the analytic hierarchy process. *Int. J. Services Sciences,, 83-98.*

Saaty, T. L.: (1980). The Analytic Hierarchy Process, Mc Graw-Hill, New- York, 287 pp.,.

Sahoo, B., & Bhaskaran, P. K. (2018). Multi-hazard risk assessment of coastal vulnerability from tropical cyclones–A GIS based approach for the Odisha coast. *Journal of environmental management, 206*, 1166-1178.

Saidi, M.E (1995) . Contribution à l'Hydrologie Profonde et Superficielle du Bassin du Souss (MAROC) : Climatologie, Hydrogéologie, Crues et Bilans hydrologiques en milieu sub-aride. Thèse pour obtenir le grade de Docteur de l'Université de Paris IV en « Environnement Global » option : « Hydrologie », *Université Paris IV-Sorbonne, 214 p.*

Sairam, N., Schröter, K., Lüdtke, S., Merz, B., & Kreibich, H. (2019). Quantifying flood vulnerability reduction via private precaution. *Earth's Future, 7,235–249. https://doi.org/10.1029/2018EF000994.*

Sauvy Alfred (2019). Logement et population. In Population, 1e année, n°3, 1946. pp. 441-452.DOI : 10.2307/1524014, *www.persee.fr/doc/pop_0032-4663_1946_num_1_3_1669.*

Scarwell, H. J., & Laganier, R. (2004). L'intégration matérielle du risque par le biais des mesures structurelles (Chapitre 2). Presses Univ. *Septentrion p117-162.*

Scheuer, S., Haase, D., & Meyer, V. (2011). Exploring multicriteria flood vulnerability by integrating economic, social and ecological dimensions of flood risk and coping capacity: from a starting point view towards an end point view of vulnerability. *Natural Hazards, 58(2), 731-751.*

Scholz, J., Andorfer, M., & Mittlboeck, M. (2013). Spatial Accuracy Evaluation of Population Density Grid Disaggregations with Corine Landcover. In *Geographic Information Science at the Heart of Europe* (pp. 267-283). *Springer, Cham.*

Serre, D. (2005). Evaluation de la performance des digues de protection contre les inondations Modélisation de critères de décision dans un Système d'Information Géographique (Doctoral dissertation, Université de Marne la Vallée).

Serre, D. (2005). Evaluation de la performance des digues de protection contre les inondations Modélisation de critères de décision dans un Système d'Information Géographique (Doctoral dissertation).

Siagian, T. H., Purhadi, P., Suhartono, S., & Ritonga, H. (2014). Social vulnerability to natural hazards in Indonesia: driving factors and policy implications. *Natural hazards*, *70*(2), 1603-1617.

Siebeneck, L., Arlikatti, S., & Andrew, S. A. (2015). Using provincial baseline indicators to model geographic variations of disaster resilience in Thailand. *Natural Hazards, 79(2),* 955-975.

Sim, J., & Wright, C. C. (2005). The kappa statistic in reliability studies: use, interpretation, and sample size requirements. *Physical therapy, 85(3),* 257-268.

Smit, B., & Wandel, J. (2006), « Adaptation, adaptive capacity and vulnerability », *Global environmental change, 16(3),* pp. 282-292.

Smith, K. (2004). "Environmental hazards: Assess ingrisk and reclucing disaster." Routl edge, London New York: 306

Smith, K., & Petley, D. N. (2009). Mass Movement Hazards. *Environmental Hazards-Assessing Risk and Reducing Disaster*, 205-226.

Smith, S. M., Tremethick, M. J., Johnson, P., & Gorski, J. (2009). Disaster planning and response: considering the needs of the frail elderly. *International journal of emergency management*, *6*(1), 1-13.

Solangaarachchi, D., Griffin, A. L., & Doherty, M. D. (2012). Social vulnerability in the context of bushfire risk at the urban-bush interface in Sydney: a case study of the Blue Mountains and Ku-ring-gai local council areas. *Natural hazards*, *64*(2), 1873-1898.

Souss-Massa Hydraulic Basin Agency, (2006). Review of the Master Plan for Integrated Water Resources Management (PDAIRE) of the Souss Massa Basins, Mission I: Data collection, diagnosis and evaluation of water resources and Status of Use, Volume 4: *Unconventional Water Resources, 37p*

Sridharan, H. and F. Qiu (2013). "A Spatially Disaggregated Areal Interpolation Model Using Light Detection and Ranging-Derived Building Volumes." *Geographical Analysis 45(3):* 238-258.

Stafford, S. and J. Abramowitz (2017). "An analysis of methods for identifying social vulnerability to climate change and sea level rise: a case study of Hampton Roads, Virginia." *Natural Hazards 85(2):* 1089-1117.

Steinführer, A. et Kuhlicke (2007). Social vulnerability and the 2002 flood. Country Report Germany (Mulde river). T11-07-08.

Stéphanie Defossez, (2009). Évaluation des mesures de gestion du risque inondation. Application au cas des basses plaines de l'Aude. Géographie. Université Paul Valéry - Montpellier III,. Français. <NNT: 2009MON30073>.

Susaki, J., Kajimoto, M., & Kishimoto, M. (2014). Urban density mapping of global megacities from polarimetric SAR images. *Remote sensing of environment*, *155*, 334-348.

Tanguay, L. P. (2017). Analyse géographique de la vulnérabilité de la population associée aux inondations dans trois municipalités québécoises : Châteauguay, Montmagny et Sainte-Brigitte-de-Laval. Capacité à faire face.

Tanguy, M. (2012). Cartographie du risque d'inondation en milieu urbain adaptée à la gestion de crise : Analyse préliminaire (No. R1395). *INRS-Eau, Terre et Environnement*.

Tanguy.M,. (2016). Développement d'une méthode de caractérisation et d'évaluation du risque humain lié aux inondations en milieu urbain, thèse de doctorat en sciences de l'eau, Université du Québec Institut National de la Recherche Scientifique Centre Eau Terre Environnement p429.

Tapsell, S. M., Penning-Rowsell, E. C., Tunstall, S. M., & Wilson, T. L. (2002). Vulnerability to flooding: health and social dimensions. *Philosophical transactions of the royal society of London. Series A: Mathematical, Physical and Engineering Sciences, 360*(1796), 1511-1525.

Tchindjang, M., Mbevo Fendoung, P., & Bopda, A. (2019). Une Afrique Atlantique avec des villes sous l'eau ! Construire des villes côtières sans inondations ? Construire la ville portuaire de demain en Afrique Atlantique.

Thanvisitthpon, N., Shrestha, S., Pal, I., Ninsawat, S., & Chaowiwat, W. (2020). Assessment of flood adaptive capacity of urban areas in Thailand. *Environmental Impact Assessment Review, 81,* 106363.

Thieken, A. H., Kreibich, H., Müller, M., & Merz, B. (2007). Coping with floods: preparedness, response and recovery of flood-affected residents in Germany in 2002. *Hydrological Sciences Journal, 52(5),* 1016-1037.

Thomas, I., Bleau, N., AbasoloP, S., Desjardins-Dutil, G., Fuamba, M., & Kadi, S. (2012). Analyser la vulnérabilité sociétale et territoriale aux inondations en milieu urbain dans le contexte des changements climatiques, en prenant comme cas d'étude la ville de Montréal. *Rapport final pour Ouranos,* 137.

Thouret, J. C., & D'ercole, R. (1996). Vulnérabilité aux risques naturels en milieu urbain : effets, facteurs et réponses sociales. *Cahiers des sciences humaines. ORSTOM, 32 (2),* pp.407-422. <*Http://www.documentation.ird.fr/hor/fdi:010006241*>. <hal-01180445>

Tierney, K. (2008). Structure and process in the study of disaster resilience. In 14th world conference on earthquake engineering, Beijing, China.

Tixier, J., Dandrieux, A., Dusserre, G., Bubbico, R., Mazzarotta, B., Silvetti, B., ... & Salvi, O. (2006). Environmental vulnerability assessment in the vicinity of an industrial site in the frame of ARAMIS European project. Journal of Hazardous Materials, 130(3), 251-264.

Tobin, G. A. (1999). "Sustainability and community resilience: the holy grail of hazards planning?" Global Environmental Change Part B: Environmental Hazards 1(1): 13-25.

Tu, W. (2015). "Quantitative Methods and Socio-Economic Applications in GIS." The AAG *Review of Books 3(3):* 135-137.

Turner, B. L., Kasperson, R. E., Matson, P. A., McCarthy, J. J., Corell, R. W., Christensen, L., & Schiller, A. (2003). À framework for vulnerability analysis in sustainability science. *Proceedings of the national academy of sciences, 100*(14), 8074-8079.

Ucas-Gabrielli, V., & Nestrigue, C. (2016). Analyse de sensibilité de l'Accessibilité potentielle localisée (APL). *Documents de travail. Paris: Irdes,* 70.

Uitto, J. I. (1998). "The geography of disaster vulnerability in megacities: A theoretical framework." *Applied Geography 18(1)*: 7-16.

UNISDR (2002), Living with Risk: A Global Review of Disaster Reduction Initiatives, Geneva, UN Publications.

UNISDR (2002), Living with Risk: A Global Review of Disaster Reduction Initiatives, Geneva, UN Publications.

UNISDR, (2009). Terminologie pour la Prévention des risques de catastrophe, Genève, Stratégieinternationale de prévention des catastrophes des Nations unies, mai, http://www.unisdr.org/files/7817_UNISDRTerminologyFrench.pdf

UNISDR, (2015a), Sendai Framework for Disaster Risk Reduction 2015-2030, 18 March, United Nations Office for Disaster Risk Reduction (UNISDR), A/CONF.224/CRP.1

UNISDR, (2015b), Making Development Sustainable: The Future of Disaster Risk Management, Global Assessment Report on Disaster Risk Reduction (GAR 2015), United Nations Office for Disaster Risk Reduction (UNISDR), Geneva, Switzerland, and United Nations Office for Disaster Risk Reduction (UNISDR).

UNISDR, M. (2009). UNISDR terminology for disaster risk reduction. United Nations International Strategy for Disaster Reduction (UNISDR) Geneva, Switzerland.

UNISDR, U. (2005). Hyogo framework for action 2005-2015: building the resilience of nations and communities to disasters. In Extract from the final report of the World Conference on Disaster Reduction (A/CONF. 206/6) (Vol. 380). Geneva: The United Nations International Strategy for Disaster Reduction.

UNISDR. (2007). Terminology. [En ligne]. URL : *https://www.unisdr.org/we/inform/terminology* (Page consultée le 13 Mars 2018

UNISDR. (2009). Terminology. (En ligne). URL : *https://www.unisdr.org/*we/inform/terminology (consulté le 02 /03/2020)

UNISDR. (2016). Disaster risk : Hazard. (En ligne). URL : *https://www.preventionweb.net/*risk/hazard (Page consultée le 05 Mars 2019)

UNISDR. (2017). *https://www.preventionweb.net/risk/capacity* (Page consultée le 03 Mars 2018)

UNISDR. (2017). Vulnerability. [En ligne]. URL : *https://www.preventionweb.net/*risk/vulnerability (Page consultée le 01 Mars 2018)

United Nations Development Programme. (2009). *https://www.undp.org/content/undp/en/home/librarypage/corporate/undp_in_action_2009.html* (page consultée le 03 Mars 2019).

Valois, P., Jacob, J., Mehiriz, K., Talbot, D., Renaud, J. S., & Caron, M. (2017). Niveau et Déterminants de L'Adaptation Aux Changements Climatiques Dans Les Municipalités du Québec. OQACC: *Québec, QC,* Canada.

Van Well, L., van der Keur, P., Harjanne, A., Pagneux, E., Perrels, A., & Henriksen, H. J. (2018). Resilience to natural hazards: an analysis of territorial governance in the Nordic countries. *International journal of disaster risk reduction, 31*, 1283-1294.

Veyret, Y., & Reghezza, M. (2005). Aléas et risques dans l'analyse géographique. *In Annales des mines (Vol. 40, pp*. 61-69).

Villordon, M. B. B, (2014). Vulnerability index for urban flooding: Understanding social vulnerabilities and risks, these, Université de nice-sophia antipolis Ecole doctorale stic, sciences et technologies de l'information et de la communication 551p.

Vincent, K. (2007). Uncertainty in adaptive capacity and the importance of scale. *Global Environmental Change, 17(1),* 12-24.

Vogel, C. (1998). Vulnerability and global environmental change, LUCC Newsletter 3. Land Use and Land Cover Change project. *www. uni-bonn. de/ihdp/lucc/publications/luccnews/news3/coleen. html.*

Vojinovic, Z., Hammond, M., Golub, D., Hirunsalee, S., Weesakul, S., Meesuk, V., ... & Abbott, M. (2016). Holistic approach to flood risk assessment in areas with cultural heritage: a practical application in Ayutthaya, Thailand. *Natural Hazards, 81(1),* 589-616.

Wang, F. (2006). Quantitative methods and applications in GIS. *CRC Press*.

Waters, J., & Adger, W. N. (2017). Spatial, network and temporal dimensions of the determinants of adaptive capacity in poor urban areas. *Global Environmental Change, 46, 42*-49.

Weichselgartner, J. (2001). "Disaster mitigation: the concept of vulnerability revisited." Disaster Prevention and Management: *An International Journal 10(2)*: 85-95.

Weichselgartner, J. (2002). "About the capacity to be wounded: the need to link disaster mitigation and sustainable development." Extreme Naturereignisse–Folgen, Vorsorge, Werkzeuge, DKKV, Bonn: 150-158.

Weingartner, R., Barben, M., & Spreafico, M. (2003). Floods in mountain areas—an overview based on examples from Switzerland. *Journal of Hydrology, 282(1-4),* 10-24.

Werren, G. (2013). Maps as risk mitigation tools. Adaptation of the Swiss hazard assessment and mapping methodology to a Moroccan site (Géovisions n°44). Lausanne : *Université, Institut de géographie et durabilité*

Wisner B. (2002), « Who ? What? Where? When? Inan Emergency: Notes on Possible Indicators of Vulnerability and Resilience: By Phase of the Disaster Management Cycle and Social Actor », in Plate E. (Éd.), *Environment and Human Security, Contributionsto a workshop in Bonn, 23-25 October, Germany, pp. 12/7*-12/14.

Wisner b., Blaikie p., Cannon t., and Davis i., at risk. (2004): Natural Hazards, People's Vulnerability and Disasters, 2nd ed. Routledge, London, UK,

WMO. 1981. Guide to Hydrological Practices., Geneva

Wood, N. and C. Soulard (2009). "Variations in population exposure and sensitivity to lahar hazards from Mount Rainier, Washington." *Journal of Volcanology and Geothermal Research 188(4):* 367-378.

Wood, N. J., Burton, C. G., & Cutter, S. L. (2010). "Community variations in social vulnerability to Cascadia-related tsunamis in the U.S. Pacific Northwest." *Natural Hazards 52(2)*: 369-389.

Wright, J. K. (1936). "A Method of Mapping Densities of Population: With Cape Cod as an Example." *Geographical Review 26(1):* 103-110.

Wu, C. and A. T. Murray (2005). "A cokriging method for estimating population density in urban areas." *Computers, Environment and Urban Systems 29(5)*: 558-579.

Wu, S. Y., Yarnal, B., & Fisher, A. (2002). Vulnerability of coastal communities to sea-level rise: a case study of Cape May County, New Jersey, USA. *Climate research*, *22*(3), 255-270.

Wu, S., Xiaomin Q, and Wanget Le. (2005). "Population Estimation Methods in GIS and Remote Sensing: A Review." *GIScience & Remote Sensing 42(1)*: 80-96.

Xie, J., Chen, H., Liao, Z., Gu, X., Zhu, D., & Zhang, J. (2017). An integrated assessment of urban flooding mitigation strategies for robust decision making. *Environmental Modelling & Software, 95*, 143-155.

Yan, G., Mas, J. F., Maathuis, B. H. P., Xiangmin, Z., & Van Dijk, P. M. (2006). Comparison of pixel-based and object-oriented image classification approaches—a case study in a coal fire area, Wuda, Inner Mongolia, China. *International Journal of Remote Sensing*, *27*(18), 4039-4055.

Yang, W., Xu, K., Lian, J., Ma, C., & Bin, L. (2018). Integrated flood vulnerability assessment approach based on TOPSIS and Shannon entropy met

Yao, Y., Liu, X., Li, X., Zhang, J., Liang, Z., Mai, K., & Zhang, Y. (2017). Mapping fine-scale population distributions at the building level by integrating multisource geospatial big data. *International Journal of Geographical Information Science*, *31*(6), 1220-1244.

Yoon, D. K. (2012). "Assessment of social vulnerability to natural disasters: a comparative study." *Natural Hazards 63(2)*: 823-843.

Yuan, Y., Smith, R. M., & Limp, W. F. (1997). Remodeling census population with spatial information from Landsat TM imagery. *Computers, Environment and Urban Systems*, *21*(3-4), 245-258.

Zhang, H., Xu, T., Li, H., Zhang, S., Wang, X., Huang, X., & Metaxas, D. N. (2017). Stackgan: Text to photo-realistic image synthesis with stacked generative adversarial networks. In Proceedings of the *IEEE International Conference on Computer Vision* (pp. 5907-5915).

Zhang, T., Huang, X., Wen, D., & Li, J. (2017). Urban building density estimation from high-resolution imagery using multiple features and support vector regression. *IEEE Journal of Selected Topics in Applied Earth Observations and Remote Sensing*, *10*(7), 3265-3280.

Webographie

http://www.indexdatabase.de/: A database for remote sensing indices (consulté le 02/1/2016);

https://scihub.copernicus.eu/dhus/#/home: Copernicus Open Access Hub (consulté le 10/12/2016);

http://eoedu.belspo.be/fr/guide: Guide d'aide pour télécharger une

imageLandsat et l'afficher dans QGis (consulté le 02/4/2017;

http://glovis.usgs.gov/; www.ymparisto.fi/oiva: U.S. Geological Survey (consulté le 31/12/2016);

http://www.orfeo-toolbox.org/SoftwareGuide/SoftwareGuidech12.html: Chapter 12,

Radiometry (consulté le 14/1/2018)

http://www.fao.org: Sentinel-2 Images and Finnish Corine Land Cover Classification site;

http://www.theia-land.fr/: Observer le Système Terre;

https://www.theia-land.fr/fr/actualites/premier-s%C3%A9minaire-theia-geosud:premier séminaire théa;

http://www.cnes-csg.fr/web/CNES-CSG-fr/10805: Le centre spatial guyanais.php;

http://www.arianespace.com/wp-content/uploads/2015/09/VV05-launchkit-GB.pdf: fifth Vega launch from the Guiana;

https://www.theia-land.fr/.../2.%20CIRAD_Bégué%20Observation%2 ...

https://www.google.com/search?q=http%3A%2F%2Flibrairie.afd.fr.+JANVIER+2016.+N°+12.: Observation spatiale pour l'agriculture en Afrique;

http://www.cesbio.ups-tlse.fr/multitemp/: sentinel 2 (consulté le 02/1/2017);

content/uploads/2016/02/SudOuestMosaic_France2014_V1_ColorIndexedT.html: Vers une occupation du sol (OCS) France entière à très haute résolution;

https://sentinel.esa.int/web/sentinel/missions/sentinel-2: /sentinel on line;

https://scihub.copernicus.eu/;

http://orbi.ulg.ac.be/handle/2268/143553: Travaux Pratiques de Télédétection Spatiale I ;

https://orbi.ulg.ac.be/handle/2268/135775: Initiation à ArcGIS - Travaux pratiques sur les Systèmes d'Information Géographique - SIG ;

http://fr.wikipedia.org/wiki/Analyse_en_composantes_principales: Analyse en composantes principales ;

http://cct.rncan.gc.ca/index_f.php;

https://dictionnaire.reverso.net/francais-definition/Incidences: Dictionnaire.reverso_fr;

http://continuum.io/download;

http://step.esa.int/main/third-party-plugins-2/sen2cor: Sen2Cor, SNAP;

http://step.esa.int/thirdparties/sen2cor/2.3.0/: Sen2cor-2.3.0.zip;

http://cyan.ups-tlse.fr:8080/geoserver/SudOuest/wms;

https://github.com/olivierhagolle/theia_download

http://step.esa.int/main/toolboxes/sentinel-2-toolbox/sentinel-2-toolbox-features/: Sentinel-2 Toolbox Features (Fonction) (consulté le 20/1/2016),

http://step.esa.int/downloads/5.0/installers/esa-snap_sentinel_windows-x64_5_0.exe: Téléchargement du Sentinel Toolboxes ;

http://step.esa.int/thirdparties/sen2cor/2.3.0/[L2A-SUM]%20S2-PDGS-MPC-L2A-SUM%20[2.3.0].pdf: Sen2Cor for Atmospheric Correction (extension dans Sentinel Toolboxes): Configuration and User Manual,

https://www.youtube.com/watch?v=ryGROtiHPYI: Vidéo d'installation;

http://protectioncivilemarocaine.over-blog.com/2014/12/: La-protection-civile-marocaine-mission-et-histoire.html (consulté le 29/01/2020)

http://www.wilaya-agadir.gov.ma/PageFr.aspx?id=29: (Consulté le 15/12/2019)

Annexes

Table des matières

Annexe n° 1 : Concepts et définitions utilisées dans le recensement général de la population et de l'habitat 2014.

- **Concepts et définitions utilisées**

(Source : Direction Régionale du Haut-Commissariat au Plan, www.hcp.ma/region-agadir, consulté le 18/01/2018)

Population municipale

Il s'agit de l'ensemble des individus constituants les ménages ordinaires. Il rentre dans cette catégorie l'ensemble des individus apparentés ou non, vivant d'une manière habituelle sous le même toit et ayant en commun des dépenses alimentaires, vestimentaires et autres. On y distingue les ménages sédentaires et les ménages nomades. Font partie également de la catégorie des ménages ordinaires, les personnes sans-abris ou sans domicile fixe rattachées à un district créé à cet effet.

Ménage

Un ménage est un groupe de personnes parentes ou non, vivant habituellement dans un même logement et dont les dépenses sont généralement communes (ces renseignements se rapportent à la date de référence du recensement). Une personne vivant seule est considérée comme constituant un ménage d'une personne.

Le taux d'urbanisation

C'est la part, en pourcentage, de la population urbaine dans la population totale.

Taux de scolarisation

Rapport entre les enfants âgés de 7 à 12 ans au moment du recensement (correspondant aux enfants âgés de 6 à 11 ans durant l'année scolaire 2013-2014) ayant poursuivi les études scolaires en 2013- 2014 et l'ensemble des enfants âgés de 7 à 12 ans.

Analphabétisation

Une personne est considérée analphabète si elle est incapable de lire et d'écrire à la fois, en le comprenant, un texte simple et bref des faits, en rapport avec sa vie quotidienne. Il y a lieu de signaler que l'analphabétisme ne concerne que la population âgée de 10 ans et plus.

Taux d'analphabétisme

C'est le rapport entre la population analphabète âgée de 10 ans et plus et la population totale de même âge.

Activité

Population active occupée : Est considérée comme active occupée, toute personne âgée de 7 ans et plus qui dispose d'un travail au moment du recensement.

Taux net d'activité

Le taux net d'activité est le rapport de la population active (actifs occupés et chômeurs) âgée de 15 ans et plus à la population totale du même âge.

Taux de chômage

Le taux de chômage est le rapport de la population en chômage âgée de 15 ans et plus à la population active du même âge.

Salarié

Une personne active occupée, touchant un salaire de la part d'un employeur public ou privé, en contrepartie du travail effectué. Ce salaire peut être en nature ou en espèce.

Handicap

Une personne handicapée est une personne désavantagée dans un exercice normal pour elle, suite à une déficience ou une incapacité physique ou morale. La déficience est définie comme étant toute perte ou anomalie d'une structure ou d'une fonction psychologique ou anatomique. Un handicapé n'est pas forcément une personne inactive.

Le taux d'handicap est le rapport entre la population handicapée et la population totale.

Statut d'occupation d'habitat

Propriétaire/ copropriétaire : tout ménage qui réside dans un logement qui lui appartient ou participe à sa propriété.

Locataire

tout ménage qui habite un logement dont il paie le loyer. Le mot « locataire » signifie que le logement n'appartient à aucun membre du ménage.

Logement sommaire

Il s'agit d'une construction sommaire (gourbis, nouala, maisonnette dans les zones périphériques urbaines, ou dans les bidonvilles, baraques etc....).

Réseau public de distribution d'eau :

Il s'agit de l'eau potable distribuée par une canalisation intérieure (robinet) par une société publique ou une collectivité locale.

Réseau public de distribution d'électricité :

Il s'agit d'électricité distribuée par un réseau d'électricité public ou une collectivité locale

Annexe n° 2 : Caractéristiques physiographiques du bassin de Souss, réseau hydrographique et typologie des inondations.

2.1Introduction

Avant d'entamer l'étude des paramètres physique du bassin de Souss, nous jugeons utile d'aborder quelques définitions fondamentales, facilitant la compréhension de certaines notions élémentaires propres au domaine hydrologique et géomorphologique.

Le bassin versant en une section d'un cours d'eau est défini comme la surface drainée par ce cours d'eau et ses affluents en amont de la section. Tout écoulement prenant naissance à l'intérieur de cette surface doit donc traverser la section considérée, appelée exutoire, pour poursuivre son trajet vers l'aval (Laborde, 2000). Il représente en principe, l'unité géographique sur laquelle se base l'analyse du cycle hydrologique et de ses effets. Selon la nature des terrains, nous serons amenés à considérer deux définitions :

-Bassin versant topographique : Si le sous-sol est imperméable, le cheminement de l'eau ne sera déterminé que par la topographie (Laborde, 2000). Le bassin versant sera alors limité par des lignes de crêtes et des lignes de plus grande pente comme le montre la Figure 64 ci-jointe.

-Bassin versant hydrogéologique : Dans le cas d'une région au sous-sol perméable, il se peut qu'une partie des eaux tombées à l'intérieur du bassin topographique s'infiltre puis sorte souterrainement du bassin (ou qu à l'inverse des eaux entrent souterrainement dans le bassin).

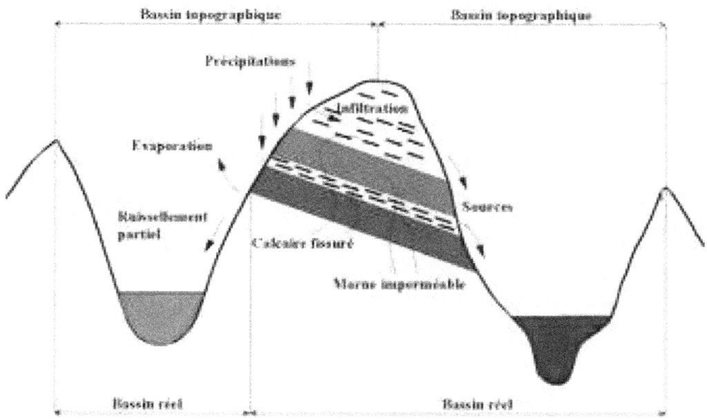

Annexe n° 2 : Caractéristiques physiographiques du bassin de Souss, réseau hydrographique et typologie des inondations.

Figure 64.Distinction entre bassin versant topographique et bassin versant hydrogéologique (Roche,196).

Toute approche du milieu naturel doit s'efforcer dans un premier temps à fournir des indications chiffrées permettant de caractériser la zone d'étude. C'est pourquoi, nous allons analyser dans cette section les principales caractéristiques morphométriques et hydrographiques du bassin de souss et ces sous bassins.
Ces informations, essentiellement descriptives, nous paraissent indispensables pour l'étude du fonctionnement de ceux-ci.

a- Le bassin de l'oued Souss à Aoulouz

La forme d'un bassin versant peut avoir des conséquences hydrologiques importantes, notamment sur la fonction de transfert des eaux, elle est en partie responsable de l'évolution des crues et la forme des hydrogrammes observés à l'exutoire. L'altitude du bassin versant varie entre 700 et 4167 m (Jbel Toubkal), Les hauts reliefs précambriens sont le siège d'un ruissellement élevé que n'atténue pas la pente relativement faible des formations adoudouniennes. (El hebil, 1972). La carte hypsométrique, montre un relief important avec une pente très raide dans la zone où l'altitude est supérieure à 2500 m. Cette carte (Chapitre 2, fig.12) montre aussi la différence physique entre les affluents atlasiques et anti-atlasique sur cette partie du Souss: le Tifnoute, le Kouch et Mekour, qui prennent naissance à des altitudes respectives de 3400, 2800 et 2300 m (Figure 17), accusent des pentes assez raides sur la quasi-totalité de leurs parcours. L'immerguène et zagmouzen qui prennent naissance dans l'Anti-Atlas, à des altitudes de 2100 et 2300 m, suivent des pentes douces et faibles à partir de 1800 m, sur les calcaires tabulaires de l'adoudounien (Saidi, 1995).

b- Le bassin du Souss moyen à Taroudant

Le bassin du Souss moyen à Taroudant est vaste de 9400 km². Les altitudes y varient de 209 à 4167 m. Ce bassin, qui inclut aussi celui du Souss à Aoulouz, à un périmètre de 430 km. L'indice de forme étant ici de 1,24, cette compacité serait la meilleure des trois bassins du Souss. La topographie générale est variée : très marquée et développée vers la rive droite, avec des abrupts et des pentes importantes, ce qui a conféré un trait violent aux crues des affluents rive atlasiques du Souss. Les affluents provenant du versant de l'Anti Atlas carbonaté peuvent encore tous atteindre dans cette partie du bassin le cours principal pendant les crues.

c- Le bassin du Souss à l'embouchure

La surface de réception du Souss à Aït Melloul (l'embouchure) est vaste de 17 859 km².

- La forme

Le bassin versant de l'oued Souss, a une forme allongée orienté Est-Ouest (Figure 2). Il est évident que cette forme va avoir une influence sur l'écoulement global et surtout sur l'allure de l'hydrogramme résultant d'une pluie donnée.
Si on désigne par A la surface du bassin versant en kilomètres carrés et par P son périmètre en kilomètres, on a d'après Laborde (2000) et Roche (1963), la forme du bassin est définie par l'équation n°1 ci-dessous :

$$K_G = \frac{P}{2.\sqrt{\pi \times A}} \approx 0,28.\frac{P}{\sqrt{A}} \qquad (1)$$

Dans notre étude : P= 866 km et A≈17 859,04 km², ce qui conduit à un indice de compacité qui est égal à 1,8. Cette valeur traduit la forme allongée du bassin, puisque l'indice de forme Gravelius $\mathbf{K_G}$ est supérieur à 1,5. D'où d'après la classification du Tableau n°23, la réponse du bassin est plus lente. Notamment après la construction des aménagements hydrauliques (barrages écrêteurs des crues et seuils de retentions) réalisés, surtout aux niveaux des affluents rives droites de collecteur principales. Cette forme favorise donc les faibles débits de pointe de crue avec un temps important d'acheminement de l'eau à l'exutoire (temps de concentration élevée).
Le débit à l'exutoire dépend certes de la compacité du bassin mais aussi de l'allure du réseau de drainage, chose non renseignée par K_G.

Tableau n°23 Correspondance valeur de Kg et type de réponse attendue.

Valeur de K_G	Type de réponse
$K_G < 1,25$	Bassin de forme circulaire, réponse rapide
$1,25 < K_G < 1,5$	Bassin de forme moyenne réponse moyenne
$K_G > 1,5$	Bassin plutôt allongé réponse plus lente

- Carte hypsométrique

Nous avons représenté les surfaces comprises entres les courbes de niveau de la carte dite hypsométrique dont les tranches d'altitudes sont équidistantes de 500 m (Figure 65). Cette carte présente une sorte de mosaïque dans laquelle se succèdent des zones très hautes altitudes (supérieures à 2000 m) et des basses altitudes (inferieures à 500 m). Les zones de hautes altitudes figurent dans le nord (Haut Atlas), l'Est (Haut Atlas et Siroua) et le Sud (Anti Atlas) du bassin et les zones de basses altitudes sont occupés dans la majorité par la plaine de Souss.

- La courbe hypsométrique

La courbe hypsométrique fournit une vue synthétique de la pente du bassin, donc du relief. Cette courbe représente la répartition de la surface du bassin versant en fonction de son altitude. Elle porte en abscisse la surface (ou le pourcentage de surface) du bassin qui se trouve au-dessus (ou au-dessous) de l'altitude représentée en ordonnée. Elle exprime ainsi la superficie du bassin ou le pourcentage de superficie, au-delà d'une certaine altitude.

Le relief du bassin de Souss est souvent caractérisé par la courbe de sa répartition hypsométrique (Figure 65). Le Tableau n°24 récapitule la répartition du bassin versant de Souss (en km² et en % de la superficie totale) par tranche d'altitude.

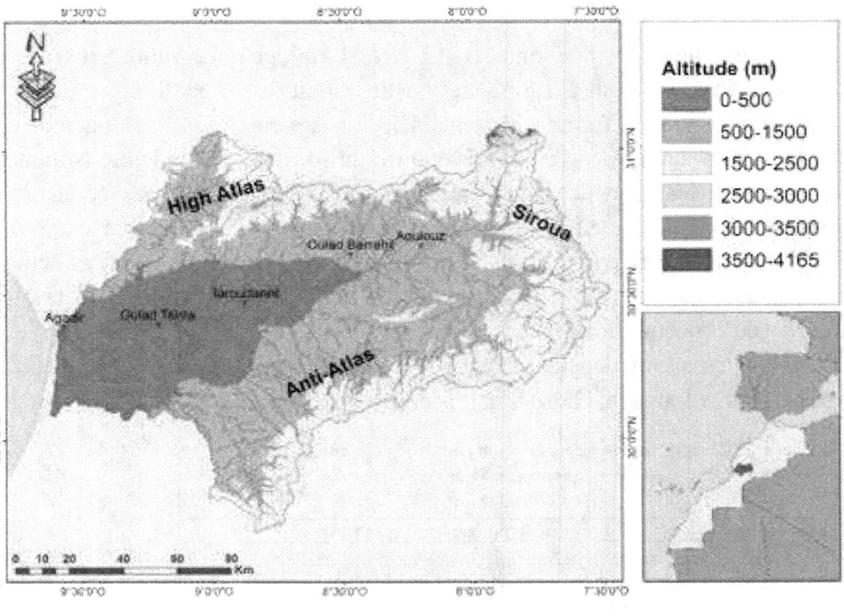

Figure 65: Carte hypsométrique du bassin versant de l'oued Souss (Bouaakkaz, 2016)

Tableau n°24: Répartition de la surface totale par tranche d'altitude

Classe d'altitude (m)	Surface (Km²)	Pourcentage de surface (%)
0 - 500	4534	25,39
500- 1000	3282	18,38
1000 - 1500	5000	28,00
1500- 2000	3658	20,48
2000 - 2500	1025	5,74
2500-3000	298	1,67

3000-3500	52	0,29
3500-4000	11	0,05
4000-4500	0,04	0,00
Total	**17 859,04**	**100,00**

A partir de ces données, on a calculé les superficies cumulées et leurs pourcentages à une altitude donnée pour représenter la courbe hypsométrique (Chapitre 2, Figure 12).

De l'ensemble du bassin du Souss à son embouchure (Tableau n°24), se confirment les hauteurs très élevées des pics montagneux (généralement du Haut-Atlas), bien que les reliefs dépassant 2500 m n'occupent que presque 2 % de la superficie totale du bassin versant ; par contre la moitié de la surface du bassin est comprise entre 1000 et 2000 m d'altitude.

Les reliefs dont l'altitude inférieure à 500 m (y compris les reliefs bas en dessous de 250 m) sont peu fréquents : 25 % seulement du bassin. La courbe hypsométrique alterne donc en général des fortes élévations avec des pentes importantes et des étendues planes avec des altitudes modérées.
Le réseau hydrographique du bassin de souss draine donc un ensemble de régions très élevées, à l'exception de la plaine et quelques plateaux de l'Anti-Atlas, il y gagne des eaux abondantes pour la latitude, des profils en long et en large irréguliers et tendus assurant l'évacuation rapide des eaux.

Enfin, les crêtes du cadre montagneux sont assez élevées pour recevoir des neiges. Ces dernières font bénéficier l'écoulement hivernal d'une part des précipitations d'hiver reçues par les massifs. Elles contribuent légèrement (notamment au barrage Mokhtar Soussi) à la régularisation des débits saisonniers, additionnant la fonction exercée principalement par les plateaux calcaires de l'Anti-Atlas (Dijon, 1969 et Saidi, 1995).

- Le rectangle équivalent

Le rectangle équivalent est une représentation géométrique du contour du bassin versant transformée en rectangle. Celui-ci est tracé à partir de la longueur et de la largeur du bassin. Les courbes de niveau y sont parallèles et sont tracées en respectant les répartitions hypsométriques (Roche, 1963). Ce rectangle est conçu pour pouvoir comparer les bassins versants du point de vue morphologique. Le tracé des droites de niveau du rectangle équivalent découle directement de la répartition hypsométrique cumulée. La distance de chaque droite de niveau au petit côté représentant le haut du bassin s'obtient en multipliant le **L** par les fractions de surfaces cumulées.

Soit **L** et **l** respectivement la longueur et la largeur du rectangle équivalent, on a d'après les définitions ci-dessous :

$$L = \frac{K_G.\sqrt{A}}{1.12}\left(1 + \sqrt{1 - \left(\frac{1.12}{K_G}\right)^2}\right) et l = \frac{K_G.\sqrt{A}}{1.12}\left(1 - \sqrt{1 - \left(\frac{1.12}{K_G}\right)^2}\right) \qquad \textbf{(2)}$$

Avec K_G : Le coefficient de compacité de Gravelius et A : L'aire du bassin versant en Km^2.

On obtient :

L= 227.37 km et **l= 72.53 km**

La longueur est trois fois plus grande que la largeur, ce qui est ordinaire pour les oueds qui ont un long parcours subrectiligne. La Figure 66 ci-dessous, illustre le rectangle équivalent du bassin versant de Souss. Le bassin de l'oued Souss est donc un bassin très allongé (non ramassé), et en forme d'une gouttière à forte courbure vers les montagnes, mais relativement plane sur la plaine, dans l'axe de laquelle l'oued Souss a tracé son lit, ramifié et large dans la partie amont, faiblement encaissé dans la partie aval.

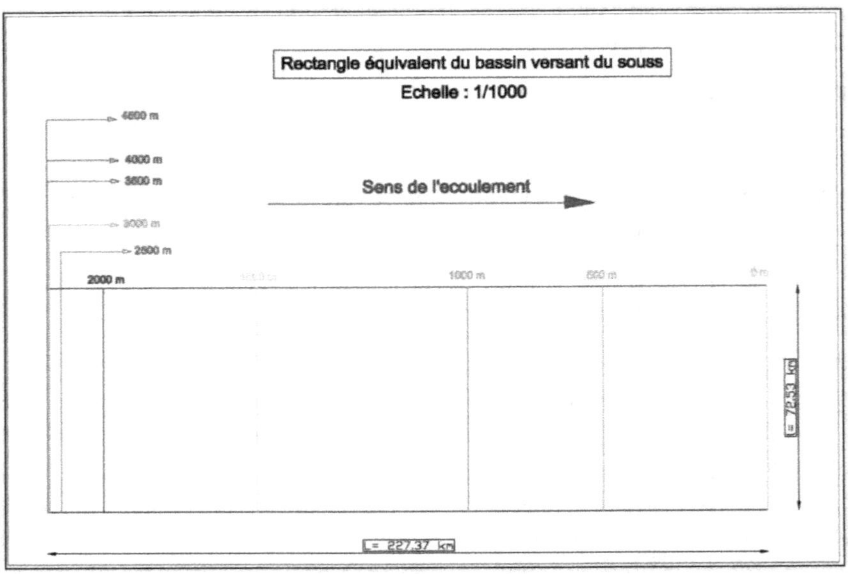

Figure 66. Rectangle équivalent du bassin versant de l'oued Souss (Bouaakkaz, 2016).

- Les altitudes caractéristiques

a- Les altitudes maximales et minimales

Elles sont obtenues directement à partir des cartes topographiques. L'altitude maximale représente le point le plus élevé du bassin tandis que l'altitude minimale indique le point le plus bas, se trouvant généralement à l'exutoire. Dans notre étude on a obtenu :

-la côte la plus basse est de 0 m ;
-la cote la plus haute est de 4167 m.

b- L'altitude moyenne

Elle est calculée suivant la formule suivante (Roche, 1963) :

$$H_{moy} = \sum \frac{A_i . h_i}{A} \qquad (3)$$

Avec : A_i : Aire comprise entre deux courbes de niveau (en km²) ;
h_i : Altitude moyenne entre deux courbes de niveau (en m) ;
A : Surface totale du bassin versant (en km²).
D'où : H_{moy}=1123.03 m

c- L 'altitude la plus fréquente

Cette altitude correspond à la tranche d'altitude qui représente le maximum de l'histogramme des fréquences altimétriques, elle varie entre 1000 à 1500 m (Figure 65 , Figure 17 et Tableau n°24). Donc le bassin versant de Souss a une altitude moyenne a élevée.

d- La pente

La pente joue un rôle incontournable dans le cycle hydrologique. Puisqu'elle influe directement sur l'infiltration et le ruissellement. Ainsi pour une même averse et à perméabilité équivalente, la dualité des partages entre écoulement superficiel et infiltration sur le bassin sera essentiellement en fonction de la pente (Musy et Higy, 1998).
L'analyse de la carte (Chap 2, Figure 13) nous permet de dégager les constatations suivantes :

- Les pentes sont fortes (>17 %) vers l'est à partir de Taroudant, elles concernent dans leurs parties élevées les cônes de déjection très étalés qui flanquent l'Anti-Atlas, massif tabulaire qui domine son piémont d'une manière assez abrupte, avec une hauteur de 200 à 300 m, ainsi que le Haut Atlas ;

- À partir du piémont du Haut-Atlas, en direction du S et du SW, les pentes sont ici faibles, notamment sur les cônes de déjection où elles varient de 0,9 % à 1.5 %. La vitesse et la violence des écoulements sont surtout régies par les pentes plus importantes des affluents et des versants ;
- Les pentes faibles comprises entre 0 et 5%, concerne les cônes de déjection, la plaine de Souss à l'embouchure dont l'altitude n'excède pas 500m ;
- Les pentes sont beaucoup moins fortes vers l'Anti-Atlas sur la rive gauche.

d1. Pente moyenne

La pente moyenne (ou pente théorique) donne une bonne indication sur le temps de parcours du ruissellement direct, donc sur le temps de concentration, et influence directement le débit de pointe lors d'une averse lente. Elle est déterminée par la formule suivante :

$$\mathbf{P_{moy}} = \frac{\Delta H}{L} = \frac{H_{max} - H_{min}}{L} \qquad \textbf{(4)}$$ Avec :

P_{moy} : La pente moyenne du bassin versant

ΔH : L'altitude moyenne (m) : 4167-0 = 4167m

L : La longueur du rectangle équivalent (km) pour ce bassin 227.37 km

$$\text{D'où: } P_{moy} = \frac{4167}{227.37} \text{ soit } 18.33 \text{ m/km}$$

Donc la pente moyenne du bassin versant de l'oued Souss est égale 0.18 %.

d2. Indice de pente globale

L'indice de pente globale (Ig) permet de déterminer l'importance du relief sur le bassin versant. Il est défini comme étant le rapport entre la dénivellation utile (Du) et la longueur du rectangle équivalent (Leq). Il est donné par la formule suivante (Musy et Higy, 1998):

$$I_g = \frac{Du}{L_{eq}} = \frac{H_{5\%} - H_{95\%}}{L_{eq}} \qquad \textbf{(5)}$$

Avec :

I_g : Indice de pente globale en m/km

Du : La dénivelée $H_{5\%} - H_{95\%}$

L_{eq} : Longueur du rectangle équivalent (227.37km)

$H_{5\%}$: Altitude correspondant à 5% de la surface totale du bassin versant (2620 m)

$H_{95\%}$: Altitude correspondant à 95% de la surface totale du bassin versant (600 m)

D'où : $\mathbf{I_g}$ = 0.009

Selon la classification du relief donnée par l'ORSTOM (Tableau n°25), la valeur de l'indice de pente globale du bassin versant de Souss dans sa globalité montre que le relief assez faible a modéré.

Donc la pente, plus élevée (>15%) de ce sous bassin, les formations géologiques plus ou moins imperméables (Rhyolite et formations carbonatés), ainsi que la faible densité du couvert végétal, confèrent aux cours d'eau le caractère torrentiel et la brutalité des crues.

Tableau n°25 .Classification du relief selon l'Ig donnée par l'ORSTOM

Valeur d'I_g		**Relief**
1	$I_g < 0.002$	Relief très faible
2	$0.002 \leq I_g < 0.005$	Relief faible
3	$0.005 \leq I_g < 0.01$	Relief assez faible
4	$0.01 \leq I_g < 0.02$	Relief modéré
5	$0.02 \leq I_g < 0.05$	Relief assez fort
6	$0.05 \leq I_g < 0.5$	Relief fort
7	$I_g > 0.5$	Relief très fort

2.2 Caractéristiques lithologiques et morphostructures

La structure de la vallée de Souss, est caractérisée par l'opposition de deux grands massifs à matériel primaire, lithologiquement différents, encadrant une large plaine alluviale (Hssaisoune et al., 2017). Ceci nous amènera à examiner séparément : le versant nord de l'Anti-Atlas, le revers sud du Haut-Atlas et la plaine de souss, dont l'âge des formations géologiques varie du Paléozoïque au Quaternaire (Choubert, 1953) et Dijon,1969). Le socle précambrien cristallin apparaît lui en boutonnières. Entre le Haut et l'Anti-Atlas, le massif volcanique du Siroua constitue une zone de liaison (Choubert, 1953) et Dijon,1969).

De point de vue tectonique, le bassin versant de l'oued Souss est affecté par plusieurs failles majeures participant à la dislocation du dispositif structural et à l'ouverture de certaines vallées comme celle de l'Assif Ait Makhlouf ou à l'encaissement des oueds et la genèse des Bad lands comme c'est le cas de l'oued el Ouaar à Taroudant. Ces failles jouent un grand rôle dans l'infiltration, le drainage des eaux et l'érosion (Choubert, 1957).

2.3 Lithologie et hydrogéologie

A- Au niveau du Haut Atlas

Le matériel paléozoïque de la zone axiale du Haut-Atlas (Figure 67 b) est généralement formé sur plus de 10000 m d'épaisseur de roches imperméables : schistes et grès quartzitiques (De Koning, 1957). Le seul niveau aquifère qui donne des sources est constitué par des calcaires cambriens alternant avec des schistes.

Le Permo-Trias est connu dans le bassin d'Issen, il est constitué de séries relativement tendres : conglomérats, grès, argile-grès et marnes rouges, sur 1000 m, à la base ; argiles salifères et basaltes sur 500 m au sommet. Seuls les grès peuvent se comporter, localement, en aquifères (Choubert et Saidi,1995).

Le Jurassique affleure essentiellement dans La partie extrême occidentale du Haut-Atlas. L'ensemble du Jurassique inférieur et moyen, est de faciès continental, marneux, grèso-argileux et relativement imperméable. Le Stéphano-Autunien est représenté à sa base, par des conglomérats rouges surmontés de schistes gréseux (El Morjani, 2002). Le haut Atlas montre une alternance de formations mésozoïques perméables et imperméables.

B- Au niveau de l'Anti-Atlas

Mr G.Choubert et Saidi (1995) ont décrit dans le puissant ensemble infra-cambrien de l'Anti-Atlas, les séries suivantes (Figure 67 a).

- Une série "de base", (environ 100 m) constituée par des calcaires et schistes ;
- Des calcaires "inférieurs", dolomies et calcaires dolomitiques à gros bancs (1000 m à l'est, 3000 m à l'ouest) ;
- Une série "lie de vin" (500 à 700 m), calcaires se chargeant abondamment en schistes ;
- Les calcaires "supérieurs" (300-500m), disposés en minces bancs ;
- Une série"schisto-calcaire"(300m), schistes et calcaires alternés.

L'ensemble Géorgien supérieur- Acadien- Ordovicien comprend une masse de sédiments imperméables essentiellement schisteux, sur une épaisseur supérieure à 2500 m (Saidi, 1995).

Ambroggi (1963) et Dijon (1969) ont étudié les formations composant la plaine de Souss. Les sédiments reconnus par sondage sont formés généralement de conglomérat, marno-calcaire, calcaire et calcaire lacustre, grès, limons et alluvions dans l'ensemble du Souss.

Vers l'aval, les formations fluvio-lacustres dominent. Essentiellement marno-calcaires, argileuses, gréseuses avec intercalations conglomératiques, ces formations se sont empilées les unes sur les autres au cours du Plio-Quaternaire.

Dijon (1969) a distingué deux niveaux principaux : un faciès "lacustre" calcaro-argileux et surtout marno-calcaire, de couleur rose saumon dans sa partie supérieure ; et un faciès fluvio-lacustre sablo-gréseux et argileux dans sa partie inférieure dont la puissance tend à se réduire vers l'est. Quant au Précambrien III, il est constitué d'une part par des grès et conglomérats et d'autre part par des formations éruptives telles que des rhyolites et des andésites. La majeure partie de l'Anti-Atlas est couverte par des formations infracambriennes Adoudouniennes (El Morjani, 2002).

C- Au niveau du massif volcanique du Siroua :

Les hauts plateaux de Siroua constituent une zone de liaison entre le Haut Atlas et l'Anti Atlas, il est formé de coulés phonolitiques d'âge Pontien et pliocène. Séparant le bassin de Souss du bassin d'Ouarzazate (Choubert, 1964).

D- Cadre Structural

Trois grandes phases tectoniques ont affecté le bassin du Souss manifesté dans le cycle précambrien, calédono-hercynien et alpin.
Le dernier cycle orogénique précambrien a donné naissance à la structure interne de l'Anti-Atlas. Ces formations soumises à l'érosion laissent apparaître le socle précambrien en boutonnières. Ensuite le cycle calédono-hercynien a formé les chaînes du domaine atlasique en agissant sur les formations primaires qui s'étaient déposées plus au nord dans un vaste synclinorium. Enfin le cycle alpin qui a commencé à partir de l'Eocène et les chaînes du Haut et de l'Anti-Atlas se sont soulevées (El Morjani 2002).

Annexe n° 2 : Caractéristiques physiographiques du bassin de Souss, réseau hydrographique et typologie des inondations.

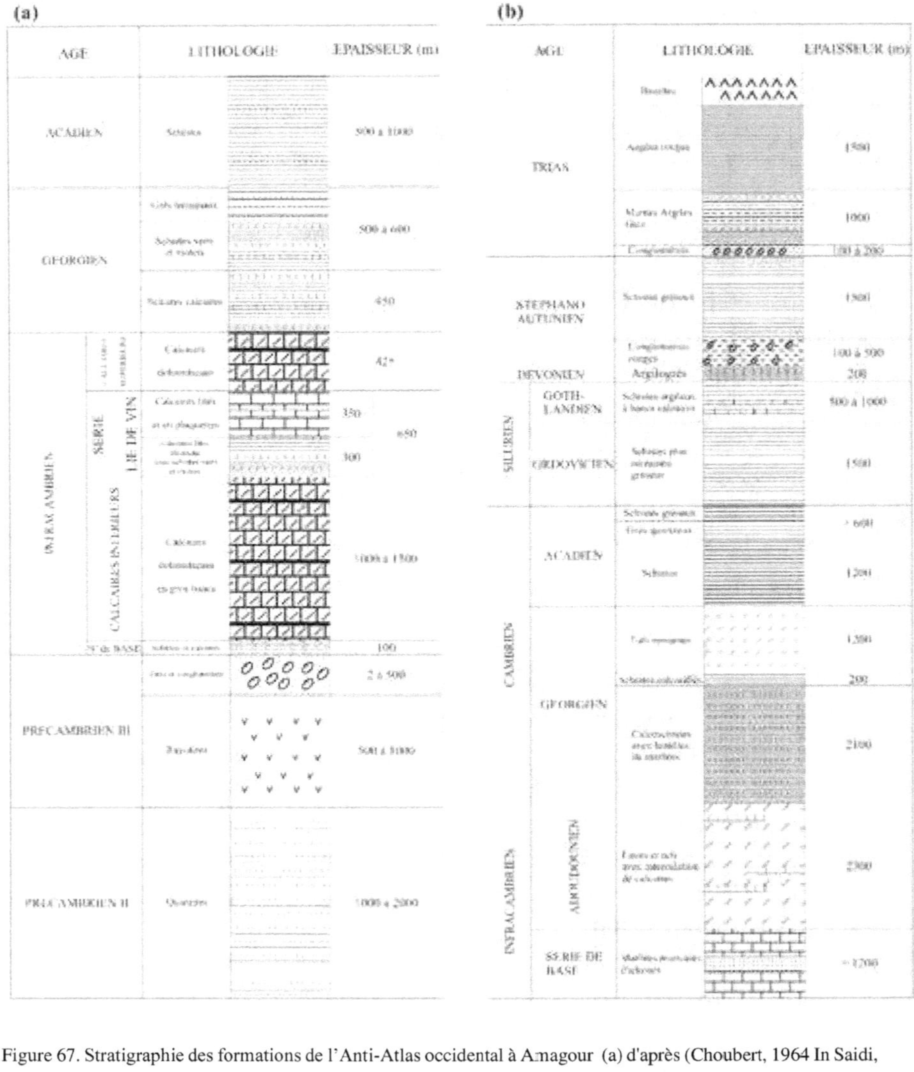

Figure 67. Stratigraphie des formations de l'Anti-Atlas occidental à Amagour (a) d'après (Choubert, 1964 In Saidi, 1995) et des Ida Ou Zal (b) dans le Haut-Atlas d'après (De Koning 1957 et El Morjani, 2002).

Ultérieurement, des auteurs ont actualisé la lithostratigraphie de l'Anti-Atlas en suggérant une évolution géodynamique indépendante des domaines est et ouest de l'Anti-Atlas avant la période Ediacaran (Ikenne et al. 2018 ; Baidada et al. 2019 : Ait Lahna et al. 2018, Errami et al. 2020 et Hodle et al. 2020) (Fig 67a).

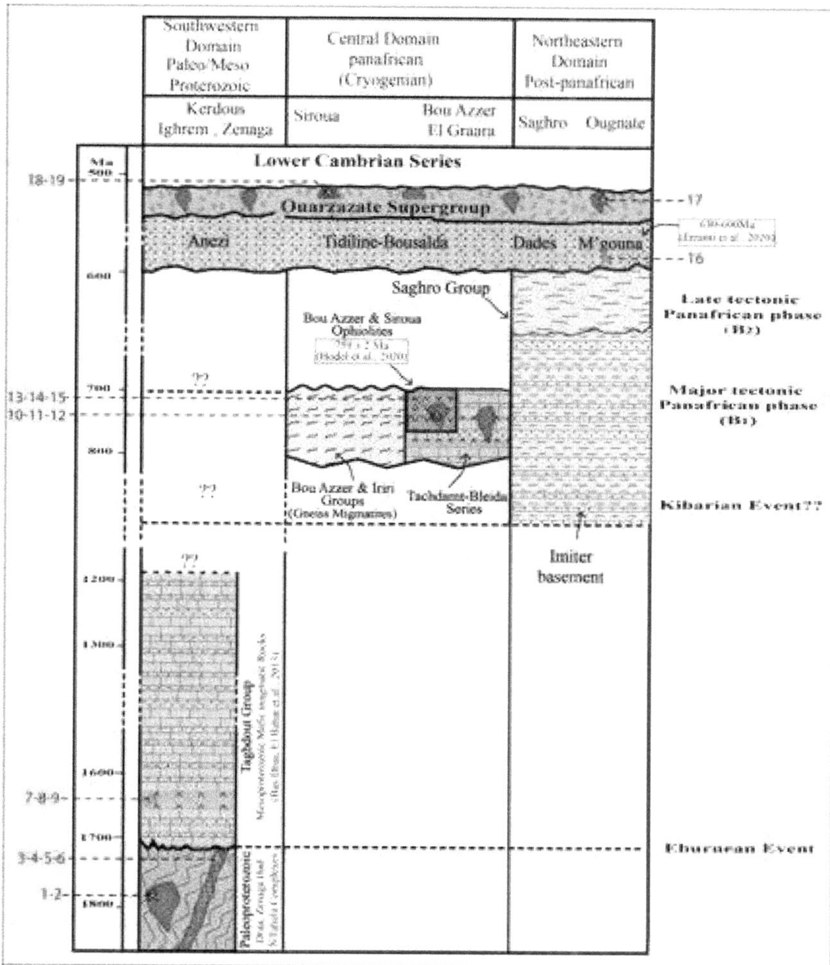

Figure 67a : Lithostratigraphie révisée pour les différents domaines de l'Anti-Atlas (d'après Ikenne et al. 2018 ; Baidada et al. 2019 : Ait Lahna et al. 2018, Errami et al. 2020 et Hodle et al. 2020). Les contraintes d'âge sont de : 1- Gasquet et al. 2004 ; 2- Thomas et al. 2002 ; 3- El Bahate et al. 2013, 4- Soderlund et al. 2013, 5- Youbi et al. 2013, 6- Kouyaté et al. 2013, 7- Ikenne et al. 2018, 8- Youbi et al. 2019, 9- Ait Lahna et al. 2020, 10- Blein et al, 2014, 11- ?????, 12- Bouougri et al. 2020, 13- El Hadi et al. 2010, 14- Hodel et al. 2020, 15- Samson et al. 2019, 16- Errami et al, 2020, 17- Baidada et al., 18- Thomas et al, 2004, 19- Toummite et al. 2012. (Ikkene et al., 2021).

Ainsi que, la tectono-lithostratigraphie a été révisée par Errami et al en 2021 (Fig 67b)

Annexe n° 2 : Caractéristiques physiographiques du bassin de Souss, réseau hydrographique et typologie des inondations.

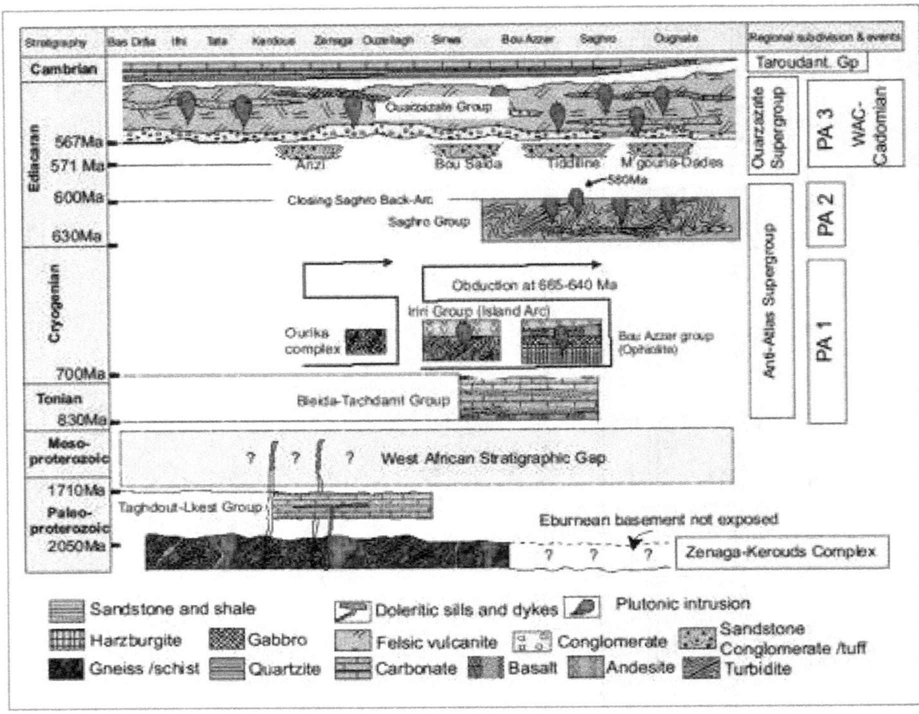

Figure 67 b : Tectono-lithostratigraphie révisée de l'Anti-Atlas (Errami et al., 2021).

2.4 Réseau hydrographique et ses caractéristiques

- La densité du chevelu hydrographique et sa ramification sont surtout importantes sur les versants montagneux encadrant la plaine, soit à partir de 500 m d'altitude. A l'amont de ces versants, à proximité de la ligne des crêtes, on note une fréquence assez élevée des tronçons d'ordre 1. Ceux-ci sont courts et nombreux (Figure 68).

Annexe n° 2 : Caractéristiques physiographiques du bassin de Souss, réseau hydrographique et typologie des inondations.

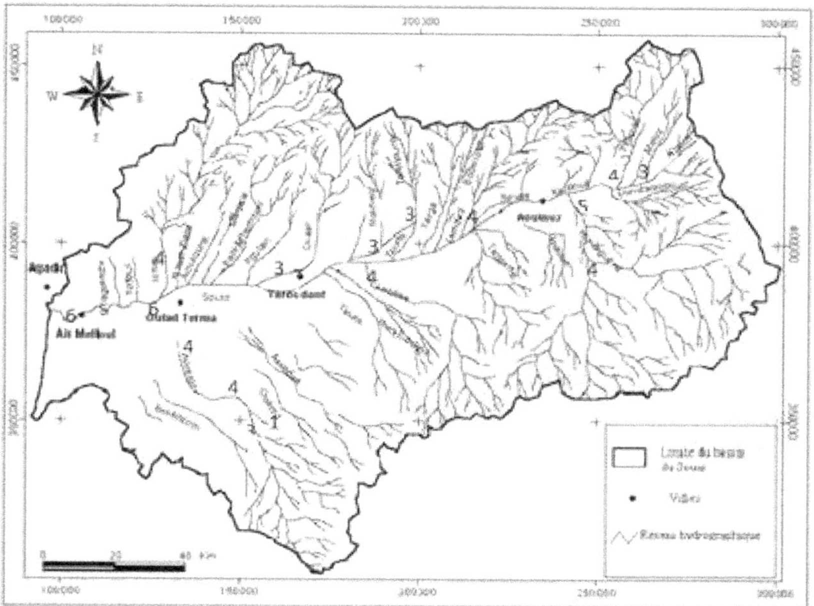

Figure 68. Réseau hydrographique du bassin versant de l'oued Souss, sur la base des images satellitaires de 20m de résolution (El Mojani, en 2002).

La plaine du Souss, qui s'étend aussi vers le sud-ouest du bassin, est très mal drainée. En effet, à leur débouché en plaine, les affluents cessent d'être alimentés des deux rives et se dirigent droit vers la confluence avec l'oued Souss.

- On note une forte ramification dans le bassin de l'Immerguène, ce qui a entraîné un ordre élevé (5) à la confluence avec oued Ouzioua, lui-même d'ordre 5 grâce également à une densité de drainage particulièrement importante des oueds Tifnoute et Oumzaourou) (Saidi, 1995).

- Les principaux affluents du Souss sont au moins d'ordre 4 à leur confluence avec celui-ci : Issen, Lemdad et Tifnoute issus du Haut Atlas ; Immerguène, Arrhène et Aouerga qui proviennent de l'Anti -Atlas. En conclusion, on peut dire que l'aspect du réseau hydrographique est dans l'ensemble de forme arborescente et dendritique sur les reliefs (Saidi, 1995). Ceci pourrait accentuer la brutalité des crues sur le cours principal, surtout en cas de pluies homogènes arrosant une grande partie du bassin versant.

- Le bassin amont

À l'amont d'Aoulouz, l'oued Souss prend le nom d'Assif n'ouzioua, collecteur commun de trois troncs principaux : Tifnoute, Immerguène et Oumzaourou.
C'est à Aoulouz que le bassin de Souss reçoit les plus importants et les plus utiles apports d'eau.

- Les sous-bassins haut-atlasiques (Rive droite)

De l'est à l'ouest, on peut inventorier les affluents suivants (Figure 17) : Le Lemdad, oued Bousriouil, oued Targa, oued Talekjounte, oued Aguerd el Had (ou Nokheil), oued Mentaga (= Aït el Haj + Elouaar), Assif n'Irguiten, oued Beni-M'hammed, Menizla, Aoukourta et oued Issen (Saidi, 1995).
La vallée d'Issen ne reçoit pas d'affluents notables sur sa rive droite, cependant les affluents rive gauche sont nombreux.

- Les sous-bassins rive gauches :

Les oueds débouchant du versant nord de l'Anti-Atlas n'atteignent pas tous l'oued Souss, car ils drainent des bassins médiocrement arrosés où prédominent les entablements calcaires. Ces oueds sont: Oued Imaoun et Oued Aït Hosseïn , Oued Tangarfa, Oued Arrhène , Oued Merkh-Sdass, l'Assif Tiout et Assif Assadas enfin, oued Aouerga.

Les affluents du Haut-Atlas arrivent tous à l'oued Souss au moment des crues, toutefois les affluents de l'Anti-Atlas ne l'atteignent que rarement. Par conséquent, le bassin anti-atlasique n'est pas sujette d'avantage aux risques d'inondation au contraire le bassin rive droite est vulnérable aux risques de débordement.

D- Le cours principal du Souss

A partir de la station d'Aoulouz, où il termine son cours montagneux, le Souss étale largement son lit qui se divise en plusieurs bras, dont trois principaux enserrant des sortes d'îles entre Aït M'barq et Tinikt, sur une largeur avoisinant quatre kilomètres (Saidi, 1995). Le plus important est celui situé au nord, il contourne le cône de déjection dont les pentes n'excédant pas 2 %. Par leur pression, les affluents rive-droite repoussent l'oued Souss vers le sud jusqu'à Igli où il tend à s'orienter vers l'ouest. Peu avant d'atteindre Freija, le Souss décrit autour de Taroudant un arc à forte courbure qui tend à se diriger vers le Sud ; la largeur du lit atteint un kilomètre. A l'ouest de Taroudant, le Souss s'insinue entre les collines d'Ouled Bou-R'bia et El Aricha; à partir de ce seuil, il s'encaisse de 10 à 20 m et se dirige plein ouest sur une dizaine de kilomètres. Il se trouve ensuite rejeté vers le sud au confluent de l'oued Issen, avant de terminer son parcours dans l'océan atlantique (oued exoréique)

2.5 Historique des crues de l'oued Souss

- Chronologie des crues de l'oued Souss

Les hauteurs des crues du Souss paraissent très importantes, les débordements sont inévitables par endroit, notamment en plaine, les dégâts sont souvent terribles aux cultures, aux voies de communications, aux villages, voire même aux villes et à la population. Le Tableau n°26 résume l'historique des crues de l'oued Souss et leurs débits de pointe depuis janvier 1956 jusqu'au mois de novembre 2014, soit une période de presque 60 ans :

Tableau n°26. Historique et classification génétique des crues de l'oued Souss (ABHSMD, 2014 et Saidi 1995)

Date	**Débits de pointe (m3/s)**			**Type de crue**
	Aoulouz	**Taroudant**	**Ait Melloul**	
17-18 jan 56	1216	587	432	Crue du Souss amont
29-30 Déc 62	100	404	969	Haut atlasique occidental
2- 3 jan 63	300	467	1156	Crue généralisée
07-févr-63	403	2000	1700	Crue généralisée
20-21 dec 63	180	956	1093	Haut atlasique occidental
3- 4 fév 65	615	331	1450	Crue généralisée
7 novem. 66	100	96	680	Haut atlasique occidental
13-14 nov 67	1068	1915	2200	Crue généralisée
10-janv-69	412	357	710	Crue généralisée
4 - 5 jan 70	1260	502	1400	Crue généralisée
12-13 avr 71	71	174	317	Crue généralisée
25-mars-74	27	20	1150	Haut atlasique occidental
09-févr-75	51	100	280	Crue généralisée
05-févr-76	12	334	435	Haut atlasique occidental
27-29 sep 76	735	434	262	Crue du Souss amont
28-janv-79	1365	1850	1650	Crue généralisée
16-oct-79	54	43	350	Haut atlasique occidental
17-18 mar 80	133	196	310	Crue généralisée
16-nov-83	730	2200	1370	Crue généralisée
07-janv-85	378	1620	978	Crue généralisée
01-mars-86	88	420	720	Haut atlasique occidental
25-26 oct 87	1650	1519	940	Crue généralisée
2- 3 nov 87	1100	1500	1885	Crue généralisée
10-nov-88	516	840	1561	Crue généralisée
18-19 Fèv-2010	2036	2300	**3400**	Crue généralisée
28-29- Nov 2014	**2789**	2600	2256.70	Crue généralisée

2.6Typologie des inondations

a. Stagnation des eaux pluviales

Certaines inondations sont dues à une capacité insuffisante d'infiltration, d'évacuation des sols ou du réseau d'eaux pluviales lors de pluies anormales. Les zones de stagnation des eaux de pluie (zones de dépression ou à pente très faible), en particulier en zone urbaine, est souvent le facteur déterminant des inondations des quartiers les plus bas (Figure 69). Lorsque ce type d'inondation intéresse des secteurs étendus, on parle d'inondation de plaine (MEDD, 2004).

Ce type d'inondation n'est en général pas dangereux pour la vie humaine, mais peut engendrer des dégâts matériels, environnementales et économiques parfois lourds.

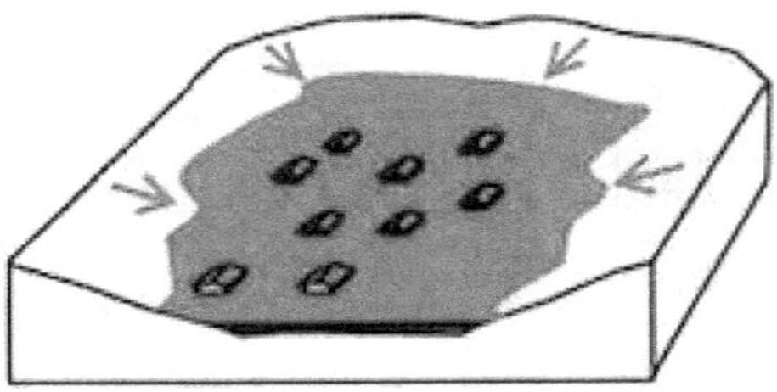

Figure 69.Inondation par stagnation des eaux pluviales dans une zone plane (https://fr.wikipedia.org/wiki/Inondation) (MEDD, 2004).

b. Rupture d'ouvrages ou d'embâcles

Dans le cas des rivières endiguées, l'inondation survient brutalement soit par surverse (débordement au-dessus de la digue), soit par rupture de digue. Une rupture d'endiguement peut provoquer l'entrée d'un mur d'eau de plusieurs mètres de haut, progressant à l'intérieur de la zone endiguée à une vitesse de l'ordre de 3 à 4 km/h, ce qui ne laisse généralement aucun délai d'intervention, sinon éventuellement pour évacuer in extremis la population (MEDD, 2004).

Un embâcle consiste en l'obstruction d'un cours d'eau par la constitution d'une digue naturelle entraînant une retenue d'eau importante. La digue peut être constituée par des éléments solides arrachés à l'amont (arbres déracinés, voiture, glace...) et charriés par le cours d'eau ou provoquée par un glissement de terrain (MEDD, 2004).

La lame déversante et l'affouillement (enlèvement localisé de la masse meuble à l'aval immédiat de l'obstacle sous l'effet du courant, des remous, du ressac) provoquent la rupture brutale de la digue, une augmentation brusque du courant, ainsi que la propagation d'une onde de crue destructrice, onde de crue d'autant plus importante que le volume de la retenue et la hauteur de la digue avant sa rupture étaient importants. Une rupture d'embâcle peut se produire plusieurs jours après une période de pluies exceptionnelles ou l'apparition d'un mouvement de terrain (MEDD, 2004).

c. Ruissellement en secteur urbain

En secteur urbain, des orages intenses (plusieurs centimètres de pluie par heure) peuvent occasionner un très fort ruissellement (peu d'infiltration à cause des terrains devenus imperméables), qui va saturer les capacités du réseau d'évacuation des eaux pluviales et conduire à des inondations aux points bas. C'est un phénomène extrêmement localisé, intense, rapide et momentanée mais les eaux accumulées dans les points bas peuvent stagner plus longtemps (MEDD, 2004).

d. Crues Torrentielles

Les crues torrentielles sont des phénomènes à cinétique rapide qui se rencontrent dans les zones montagneuses, mais aussi sur des rivières alimentées par des pluies de grande intensité. Dans certains cas, heureusement assez rares, il se forme une lave torrentielle. Celle-ci survient en général pendant des orages ou après de longues périodes de pluie, et lorsque le terrain comprend des matériaux meubles (MEDD, 2004).

Des écoulements de type lave torrentielle ont un pouvoir destructeur plus important qu'une crue torrentielle de débit équivalent, en raison, essentiellement, de la quantité des matériaux charriés ainsi que de la densité du fluide qui les transporte (MEDD, 2004). La lave torrentielle peut survenir le long d'une rivière lorsque :

• Son bassin versant présente une partie sommitale vaste, dans des zones à fortes pentes (cas de Souss amont et bassin Haut Atlasique) ;

• Elle traverse des zones présentant un aléa mouvement de terrain affectant des formations géologiques particulières, peu cohérentes et présentant une quantité importante de matériaux fins.

e. Submersion des zones littorales ou lacustres

Les submersions marines sont des inondations temporaires de la zone côtière par la mer dans des conditions météorologiques (forte dépression et vent de mer) et marégraphiques (marées de tempête, raz-de-marée) sévères provoquant des ondes de tempête. Elles envahissent en général des terrains situés en-dessous du niveau des plus hautes mers, mais aussi parfois au-dessus si des projections d'eaux marines franchissent des ouvrages de protection (MEDD, 2004).

Les submersions sont dues :

• à la rupture ou à la destruction d'un cordon dunaire à la suite d'une érosion intensive, les eaux marines pouvant ainsi véhiculer d'importantes quantités de sédiments et créer des « épandages de tempête »

• au débordement ou à la rupture de digues ou d'ouvrages de protection, ou encore à leur franchissement exceptionnel par des « paquets de mer », ceci pouvant entraîner des projections de sable et de galets aux effets dommageables sur les fronts de mer urbanisés ;

• à des vagues de forte amplitude provoquées par des glissements sous-marins (en particulier sur la façade méditerranéenne)

Annexe n°3 : Élaboration des plans d'information, pour l'évaluation de la vulnérabilité globale et prétraitement des images satellitaires prises par SENTINEL 2A.

3.1Imageries Satellites à disposition

L'imagerie satellitaire est une source d'information incontournable pour atteindre ces objectifs. Cependant, pour une disponibilité dans des délais raisonnables et avec une qualité suffisante, il est nécessaire de disposer de méthodes automatiques robustes et fiables, capables d'exploiter de façon efficace les données disponibles avec une nomenclature de 15 à 20 classes, une résolution spatiale entre 10m et 20m. Les sept scènes utilisées dans cette étude proviennent du système Sentinel-2. Elles ont été téléchargées depuis le site web https://scihub.copernicus.eu/dhus/#/home. Ces images ont été choisies afin de répondre aux critères suivants :

- Les scènes sont prises dans la période du régime hydrologique Automnale-Hivernale du bassin du Souss, puisque les inondations surviennent beaucoups durant cette période ;
- Les scènes couvrent l'ensemble de la zone d'étude ;
- Les scènes sont caractérisées par une couverture nuageuse très faible.

Les informations descriptives des sept scènes sont résumées dans le Tableau n°27.

Ces images sont de niveau 1C (Level-1C). Elles correspondent aux valeurs de réflectance brute, nommé Top of Atmosphere (TOA) et nécessitant une correction radiométrique. Chaque scène est constituée de 13 bandes (Figure 70), dont leurs résolutions spatiales varient entre 10, 20 et 60 m :

- Quatre bandes à 10 m : bande 2, bande 3, bande 4 et bande 8 ;
- Six bandes à 20 m : bande 5, bande 6, bande 7, bande 8a, bande 11 et bande 12 ;
- Trois bandes à 60 m : bande 1, bande 9 et bande 10.

Tableau n°27. Caractéristiques des sept scènes Sentinel-2A utilisées pour la génération de la carte de couverture du sol (Bouaakkaz, 2015)

Désignation	Description
Date	2015-12-19T 11:30:12.000Z
Satellite	Sentinel-2A
Instrument	MSI
Nom d'instrument	Multi-Spectral Instrument
Type de produit	S2MSI1C
Niveau de Traitement	Level-1C

Format dossier	SAFE
Format d'image	JPEG2000
Taille	4.22 Go
Couverture nuageuse	0.6 - 0.07 %
Résolution spatiale	10, 20, 60 m

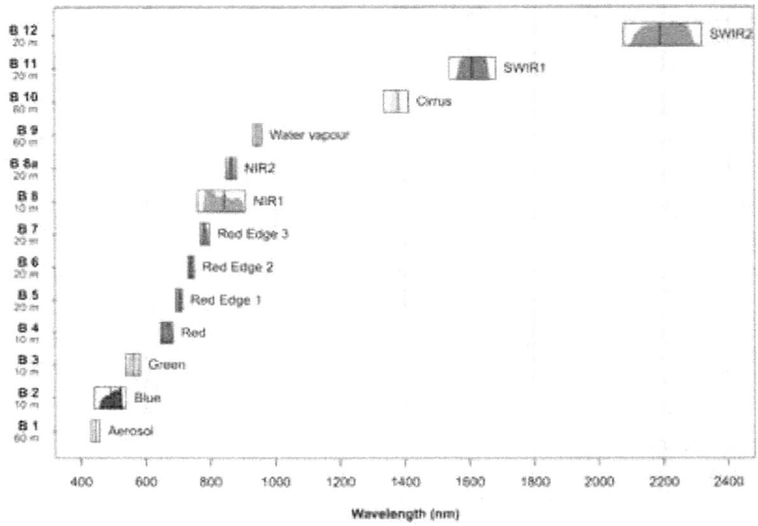

Figure 70.Caractéristiques de chaque scène Sentinel-2A. Les bandes spectrales avec leurs résolutions spatiales en fonction de leurs intervalles de longueur d'onde correspondants.

3.1.1 Prétraitement des Images Sentinel 2A

Les procédures de rectification et de restauration des images satellites sont souvent appelées opérations de prétraitement, car elles précèdent généralement la manipulation et l'analyse ultérieures des images pour extraire des informations spécifiques. Ces opérations visent à corriger les images satellites déformées ou dégradées pour créer une représentation plus fidèle de l'information originelle. Ce traitement initial est subdivisé en trois catégories : la correction géométrique, la correction radiométrique et la suppression du bruit (Thomas et al., 2004). Dans cette étude, les images Sentinel-2 Niveau 1C sont géométriquement fiables et ne nécessite qu'une correction radiométrique. Cette dernière a pour objectif de corriger les effets de l'atmosphère et d'angle de vue sur la réflectance dans les images Sentinel.

Sen2Cor est un prototype de prétraitement des images Sentinel-2. Cet outil permet d'effectuer une correction radiométrique des images de niveau 1C en nouvelles images de niveau 2A soit Bottom Of Atmosphere -BOA (images corrigées). Les résultats ont la résolution originelle des dix bandes spectrales, les quatre bandes de 10 m et les six bandes de 20 m, dont les trois bandes de 60m sont utilisées dans l'opération de correction. L'application Sen2Cor est utilisée dans le cadre de ce travail pour effectuer la correction radiométrique des sept images Sentinel-2 niveau 1C couvrant le bassin du Souss. Des informations exhaustives sur l'installation, l'utilisation et les spécificités techniques de cette application sont disponible sur le site web : http://step.esa.int/main/third-party-plugins-2/sen2cor/. Cependant, il est nécessaire d'aborder les aspects liés aux matériels (Hardware) a utilisé pour cette fin.

- **Hardware**

Le stockage, le traitement et la classification des images satellitaires nécessitent des espaces de stockages importants ainsi que des capacités matériels considérables pour exécuter des algorithmes itératifs et complexes par la suite. Pour cela, il est préférable d'utiliser un ordinateur/poste de travail (ou PC portable) assez puissant capable d'exécuter rapidement les différentes tâches. D'après notre expérience (tests effectués avec succès), nous recommandons certaines spécifications de système pour l'obtention des meilleurs résultats :

- Système d'exploitation : Windows **64 bits**, MAC /Linux…
- Mémoire système (RAM) : **8Go**
- Espace disque : **500 Go** et plus
- Processeur : Intel (R) Core (TM) **i5**, CPU : **3,30** Ghz ou supérieur

3.1.2 Classification non supervisée

Dix thèmes ont été choisis sur la base des critères de continuité spatiale (Tableau n°28). Ils contiennent des informations incontournables dans la cartographie de vulnérabilité. Afin d'affiner ces thèmes, la méthode de classification supervisée a été utilisée. En effet, les résultats de la classification non supervisée (Figure 71 et Figure 72) ont constitué une aide précieuse dans la construction des sites d'entraînement pour la classification supervisée.

Annexe n°3 : Élaboration des plans d'information, pour l'évaluation de la vulnérabilité globale et prétraitement des images satellitaires prises par SENTINEL 2A.

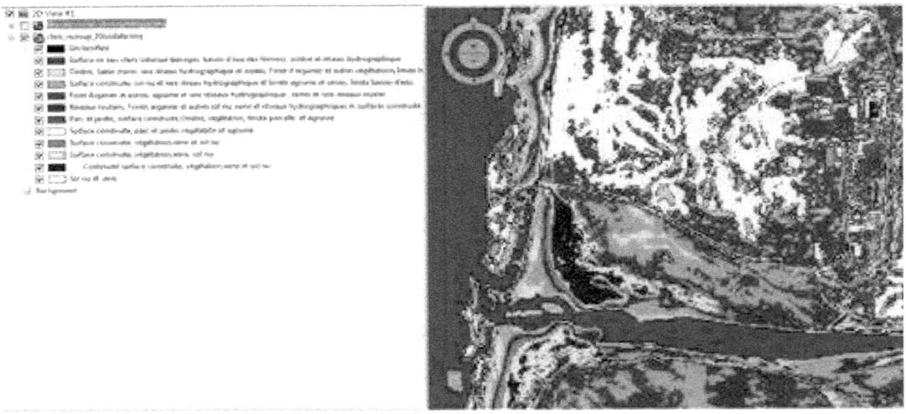

Figure 71.Résultat de la classification non supervisée : région d'Agadir (10 classes)

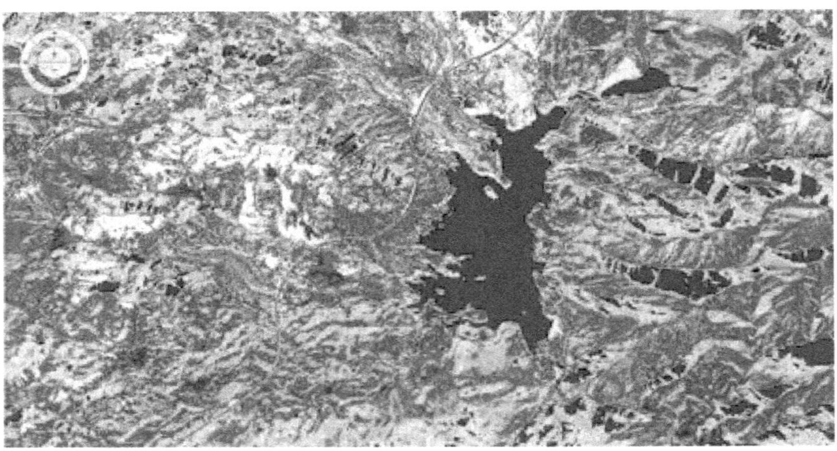

Figure 72.Résultat de la classification non supervisée Foret Haut Atlas et barrage Abdelmoumen (10 classes)

Tableau n°28. Thèmes d'occupation du sol issu des trois classifications non supervisées de l'image S2A avec des confusions entre eux (Bouaakkaz,2016)

Code	Thème
1	Ombre
16	Agrumes
20	Forêts
25	Arganier
37	Fourrage, maraichage, gazon et herbacée
51	Surface en eau
55	Oliveraie
74	Serres
78	Sol nu
81	Surface construite

3.1.3 Classification supervisée

La méthode de classification supervisée consiste à identifier des échantillons homogènes et représentatifs de différents types de couverture du sol dans l'image. Ces échantillons forment un ensemble de données-tests (échantillons d'apprentissage). Elles sont issues à la base des connaissances de l'analyste et sa familiarisation avec les types d'occupation du sol présents dans l'image. L'analyste supervise donc la classification d'un ensemble spécifique de catégories (Thomas ; Ralph et al., 2004). Les informations numériques dans chaque bande et pour chaque pixel des données-tests sont utilisées pour qu'un algorithme de classification puisse définir les classes de couverture du sol et ensuite reconnaître les pixels similaires à chaque classe dans toute l'image.

La classification supervisée nécessite une connaissance préalable du terrain par l'opérateur. Ce dernier définit les différents objets présents sur l'image (sites d'entraînement) afin de déduire leurs signatures spectrales. Les sites d'entrainement seront alors utilisés pour classifier l'image entière en attribuant chaque pixel de l'image à l'une des catégories d'occupation de sol précédemment définies.

La démarche utilisée pour la classification supervisée de l'image S2A est la suivante :

1. Choix des canaux constituants le composite ;
2. Échantillonnage et création des sites d'entraînement ;
3. Évaluation et affinage des signatures spectrales correspondant à chaque site ;
4. Enrichissement de l'information par l'ajout des néocanaux (variables) les plus significatifs ;

5. Application d'un algorithme de classification.

Landis et Koch (1977) ont proposé la table suivante pour interpréter le κ de Cohen. Il s'agit d'ordres de grandeurs qui ne font pas consensus dans la communauté scientifique (Gwet, 2001), notamment parce que le nombre de catégories influe sur l'estimation obtenue – moins il y a de catégories, plus le κ est élevé (Sim & Wright, 2005) (Tiré de P.Bonnardel:http://kappa.chez-alice.fr/kappa_intro.htmet https://fr.wikipedia.org/wiki/Kappa_de_Cohen)

L'indicateur Kappa a été calculé par la formule suivante :

$$\text{Kappa} = \frac{N \sum x_{ij} - \sum(x_{i+} x_{+j})}{N^2 - \sum(x_{i+} x_{+j})}$$

Avec :

x_{ij} Le nombre d'observation dans la cellule ij de la matrice de confusion ;

x_{ij} L'effectif total d'observation dans la matrice ;

$x_{i+} x_{+j}$ Les sommes pour la colonne i et pour la ligne j.

Une analyse de la matrice de confusion (Tableau n° 29) nous a permis de tirer les informations suivantes :

* 99% des pixels des agrumes sont classés correctement du point d'utilisateur. Par contre, dans l'image classée, cette catégorie est partagée par les fourrages, maraichages, gazons et herbacées avec une précision de producteur de 82%. Ceci peut être expliqué par l'existence des deux thèmes simultanément dans un même pixel.

* 89% des forêts à faible densité sont bien classées de point de vue utilisateur. Cette classe partage des pixels avec celles de la classe forêts de densité moyenne (10%). En revanche 98% des pixels de cette catégorie apparaissent dans la bonne classe de point de vue producteur.

100% des pixels de la forêt de densité moyenne du point de vue utilisateur. Par ailleurs 93% de pixels sont interprétés correctement de point de vue producteur.

* 99% des surfaces de la classe forêt à forte densité déterminées par classification, concordent avec leurs correspondants de la vérité du terrain. Cette catégorie s'étalant sur la catégorie d'oliverie (11%). Cette confusion est à mettre en relation avec la nature dense des oliveries et leurs similitudes spectrales aux forêts.

* La classe cours d'eaux donne des bons résultats, 92% des pixels étant interprétés correctement de point de vue utilisateur et 95% de point producteur. Les confusions avec les catégories sol nu (7.8%) et surface construite (0.64%) sont acceptables en raison des similitudes spectrales.

* Seulement 40% des fourrages, maraichages, gazons et herbacées sont bien classées de point de vue utilisateur. Cette classe partage ces pixels avec celles de la classe agrume (59%). Ceci peut être expliqué par l'existence des deux thèmes simultanément dans un même pixel et leurs ressemblances spectrales. En revanche 99% des pixels de cette catégorie apparaissent dans la bonne classe de point de vue producteur.

* 98% et 90% des pixels des surfaces en eaux sont interprétés correctement, respectivement de point de vue producteur et du point de vue l'utilisateur. Nous notons un conflit avec les cours d'eaux 9.3%. Ces confusions sont aussi attribuables à la similitude des signatures spectrales des cours d'eaux à proximité des retenus des barrages (surface en eaux) ;

* 87% des surfaces de la classe d'oliverie déterminées par classification concordent avec leurs correspondants de la vérité du terrain de point de vue utilisateur, cette catégorie s'étalant sur la classe de la forêt à forte densité (13%). Cette légère confusion est à mettre en relation avec la nature dense des oliveries et leurs similitudes spectrales aux forêts. En revanche, 100% des pixels de d'oliverie sont interprétés correctement de point producteur ;

* 100% et 88% des serres déterminées par la classification coïncident avec la vérité du terrain respectivement de point de vue producteur et utilisateur. Dans l'image classée, cette catégorie empiète sur les surfaces construites. Cette confusion est attribuable aux ressemblances géométriques entre les deux thèmes ;

* 51% et 100% des pixels du sol nu sont interprétés correctement de point de vue producteur et utilisateur. Cette catégorie chevauche avec celle du cours d'eau (42%). Ceci peut être expliqué aussi par les similitudes de signature spectrale entre les deux classes ;

* 98% des pixels des surfaces construites sont interprétés correctement de point de vue utilisateur. Ce bon résultat atteste la fiabilité des améliorations effectuées lors de la classification et la modélisation de densité des bâtiments.

Annexe n°3 : Élaboration des plans d'information, pour l'évaluation de la vulnérabilité globale et prétraitement des images satellitaires prises par SENTINEL 2A.

Tableau n° 29 . Matrice de confusion d'évaluation de la qualité thématique de la carte d'occupation du sol du bassin versant du Souss(Bouaakkaz,2018)

VERITE DE TERRAIN	Agrumes	Forêt à faible densité	Forêt de densité moyenne	Forêt à forte densité	Cours d'eau	Fourrage, maraichage, gazon et herbacée	Surface en eau	Oliveraie	Parc et Jardin	Neige	Serre	Sol nu	Sable	Surface construite (trois classes)	Totale	***Précision utilisateur (%)***
Agrumes	**4878**	0	0	34	0	5	0	1	0	0	0	0	0	0	4918	***99***
Forêt à faible densité	0	**376**	42	1	0	0	0	0	0	0	0	2	0	0	421	***89***
Forêt de densité moyenne	0	0	**867**	0	0	0	0	0	0	0	0	0	0	0	867	***100***
Fourrage, maraichage, gazon et herbacée Forêt à forte densité	4	0	0	**682**	0	0	0	0	0	0	0	0	0	0	686	***99***
Cours d'eau	0	2	10	0	**36846**	0	0	0	0	0	0	3136	0	256	40250	***92***
	1038	0	0	16	0	**705**	0	0	0	0	0	2	0	0	1761	***40***
Surface en eau	0	6	8	110	1951	0	**18871**	0	0	0	0	9	0	29	20984	***90***
Oliveraie	0	0	1	107	0	0	0	**716**	0	0	0	1	0	0	825	***87***
Parc et Jardin	0	0	0	5	0	0	0	0	**409**	0	0	0	0	0	414	***99***
Neige	0	0	0	0	0	0	0	0	0	**3760**	0	235	0	0	3995	***94***
Serres	0	0	0	0	0	0	7	0	0	0	**4092**	49	0	500	4648	***88***
Sol nu	0	0	0	0	1	0	0	0	0	0	0	**3810**	0	3	3814	***100***
Sable	0	0	0	0	0	0	339	0	0	0	0	0	**3795**	0	4134	***92***
Surface construite (trois classes)	0	0	4	0	0	0	0	0	0	0	0	155	0	**8495**	8654	***98***
Totale	5920	384	932	955	38798	710	19217	717	409	3760	4092	7399	3795	9283	96371	
Précision producteur (%)	***82***	***98***	***93***	***71***	***95***	***99***	***98***	***100***	***100***	***100***	***100***	***51***	***100***	***92***		
Précision globale de la carte (%)	91.6															
Indice de concordance (Kappa)	0.89															

La précision globale de la carte de couverture du sol est de l'ordre de 91.6% avec un coefficient de Kappa de 89%, ce qui atteste une qualité très satisfaisante de la classification de l'image S2A par la méthodologie adoptée.

3.1.4 Résultats

67% de la superficie de la zone cartographiée est occupée par la classe du sol nu (Tableau n°23). Ceci témoigne de l'aridité, du surpâturage et de la déforestation dont souffre la région du Souss. Ce phénomène est lié directement à l'activité anthropique et aux conditions climatologiques.

24% de la surface est répartie entre trois types de catégorie de forêts : "Forêts de densité moyenne" (10.21%), "Forêts densité élevée" (7%) et "Forêts densité faible" (7%). Ces trois classes se trouvent aussi bien dans la plaine du Souss que dans la montagne. L'arganier est réparti essentiellement dans la plaine au-dessous d'environ 500m d'altitude. Cette superficie non négligeable est à mettre en relation avec les efforts de reboisement entrepris par les services des Eaux et Forêts et par les textes législatifs généraux et spéciaux relatifs à la forêt et à l'arganier.

3.5% environ (59 765.26 ha) de la carte de couverture du sol est occupée par les agrumes, Fourrage, maraichage, gazon, herbacée et les serres. Ceci confirme la réputation de la région du Souss comme la première zone agricole du Maroc avec un développement très important de secteurs d'agrume dans cette région.

Les surfaces construites et le réseau routier n'occupent que 1% de la surface cartographiée. De plus seulement 0.07% de la zone d'étude est couvert par les surfaces en eaux. Ce dernier est justifié par le climat de la région de type aride dont les précipitations moyennes sont de l'ordre de 245mm/an (Bouaakkaz, 2015). Enfin 2.49% est occupé par les cours d'eaux montrant la densité élevée du réseau hydrographique dans le bassin.

Tableau n°30. Superficie des classes de couverture du sol dans le bassin versant du Souss (Bouaakkaz, 2017)

Catégories de la couverture du sol	**Superficie (ha)**	**Proportion (%)**
Sol nu	1 164 865.19	67.81
Forêt à faible densité	175 329.77	10.21
Forêt de densité moyenne	120 265.15	7.00
Forêt à forte densité	120 187.89	7.00
Cours d'eau	42 762.13	2.49
Agrumes	31 376.66	1.83
Serres	15 466.87	0.90
Fourrage, maraichage, gazon et herbacée	12 921.73	0.75
Surface construite (trois classes)	11 373.73	0.66
Réseaux routiers (six classes)	7 779.27	0.45

Surface en eau (deux classes)	1 257.62	0.07

Ainsi, la carte de couverture du sol en 27 catégories détaillée est présentée dans les figures 73,74,75,76 et 77 ci-après.

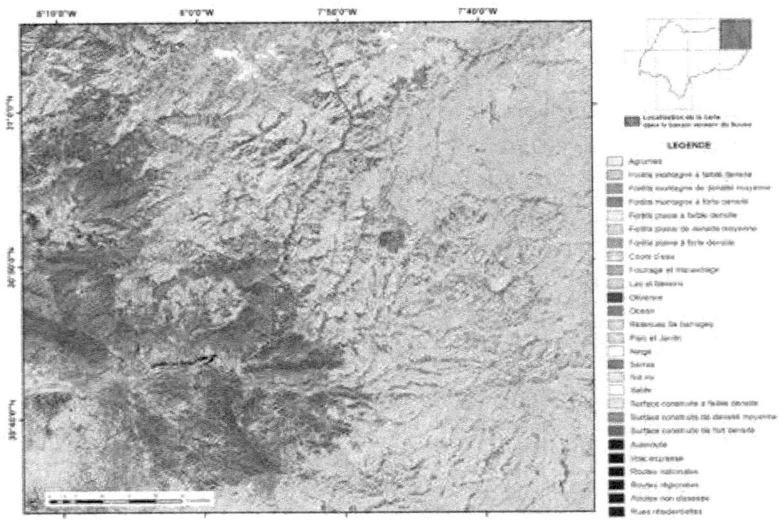

Figure 73. Zoom sur la carte d'occupation du sol de la région du Sous (Haut Atlas et Siroua)

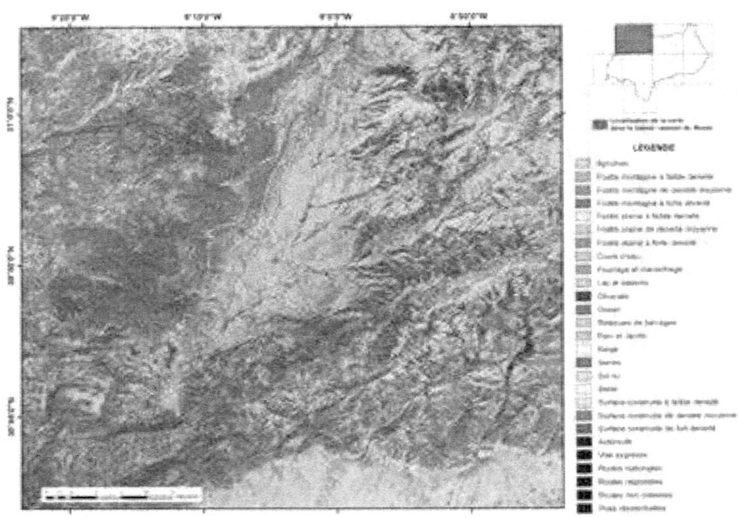

Figure 74. Zoom sur la carte d'occupation du sol de la région du Souss (Haut Atlas)

Annexe n°3 : Élaboration des plans d'information, pour l'évaluation de la vulnérabilité globale et prétraitement des images satellitaires prises par SENTINEL 2A.

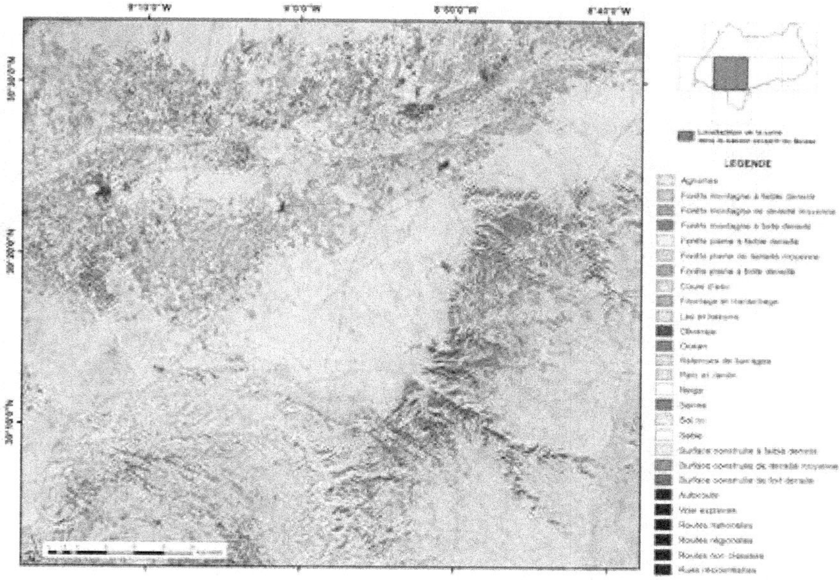

Figure 75. Zoom 3 sur la carte d'occupation du sol de la région du Sous (Anti Atlas et plaine)

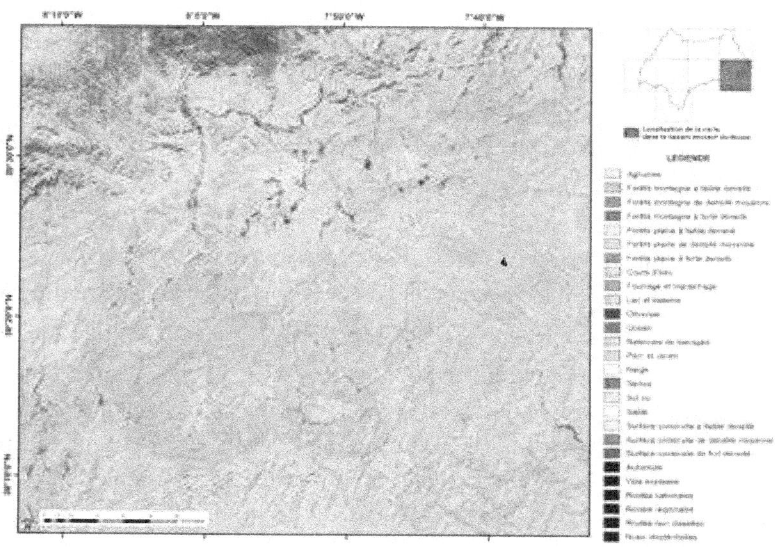

Figure 76. Zoom 4 sur la carte d'occupation du sol de la région du Sous (Anti Atlas et Siroua)

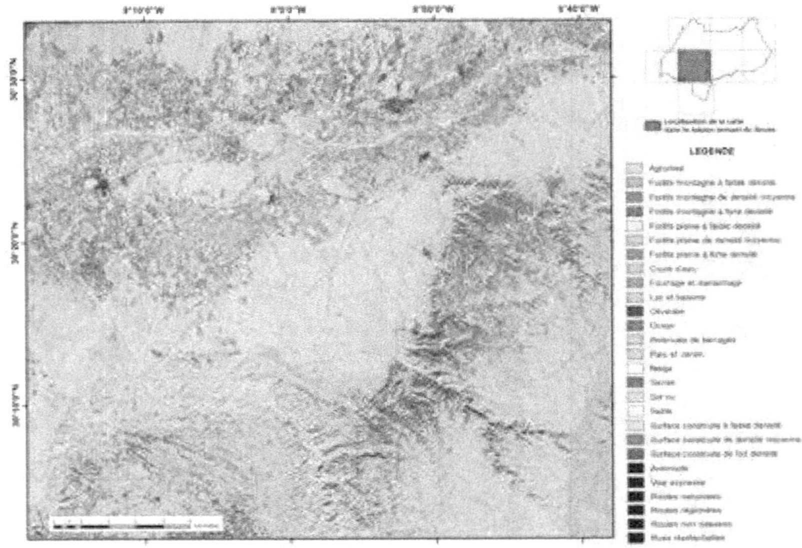

Figure 77. Zoom 5 sur la carte d'occupation du sol de la région du Sous (Anti Atlas et plaine)

3.2Le rôle de la population dans la genèse des inondations : un facteur amplificateur

D'après les visites effectuées dans la zone d'étude, la forte progression démographique a engendré des effets négatifs sur le cycle de l'eau dans la région, par plusieurs facteurs aggravant l'importance des crues et inondations à savoir :

✓ La modification de l'écoulement des eaux, notamment en milieu urbain, le réseau hydrographique est en partie voire entièrement artificialisé. Le réseau naturel est remplacé par un réseau d'assainissement souvent sous dimensionné et parfois comme dans la ville de Taroudant ce réseau n'est pas séparé avec celui de drainage et d'évacuation des eaux pluviales;

✓ Impacts écologiques et environnementaux, en effet l'action anthropique associée aux conditions climatiques a amené le complexe sol / végétation à des points de rupture d'équilibre par la disparition de plusieurs espèces végétales. En effet, le réseau hydrographique étant à considérer comme un « système, il suffit de déséquilibrer l'une de ces composantes pour que l'écosystème entier perde son équilibre ;

- ✓ Occupation et empiètement du domaine public hydraulique sous l'effet de l'urbanisation anarchique et par l'extension des zones agricoles, ce qui influence sur la débitance des oueds et chaabas et cause le débordement et l'inondation des riverains. (Photos n° 11 et 12);

Photos n° 11 et 12: **(a)**. Rétrécissement de la section du thalweg par le sousdimensionnement du dalot et rejet des déchets solides dans la ville d'Ouled Berhil. **(b)** : Empiètement de domaine public hydraulique par la construction des habitats insalubres (Oued Elghezoua, CT d'Agadir (Cliché Bouaakkaz, 2011)

- ✓ Déforestation du bassin, par le défrichement, le surpâturage, ainsi que le déboisement, sachant que le surpâturage au sein des forêts rend les terres dénudées et assujetties à l'érosion. Environ 40 % des superficies de la région Souss Massa, soit 1,2 million d'hectares sont exposées à un risque d'érosion hydrique fort et 50% de ces terres se sont transformées en badlands (445.000 ha) (CCV, 2009) ;
- ✓ Utilisation des chaâbas et cours d'eau comme piste d'accès et de sortie du douar, notamment dans le Souss moyen, en rive droite (région d'Ait Makhlouf) ;
- ✓ Utilisation des prises et seguia d'eau anarchique (non aménagées selon les règles de l'art et dépourvues des vannes), à des fins agricoles. Ces prises d'eau seront élargies et deviennent des bras des oueds qui inondent les douars lors de l'arrivée d'une crue importante.
- ✓ Exploitation clandestine (incontrôlée) des cours d'eau par l'extraction de matériaux de construction et dépôts des cravates de construction et débris des troncs d'arbre.;
- ✓ Modification des pratiques culturelles ;
- ✓ Non ou mauvais entretien des cours d'eau notamment au niveau des ouvrages hydrauliques (ponds, dalots, etc.) ;
- ✓ Drainage insuffisant des eaux pluviales aussi bien dans les zones rurales qu'urbaines. ;

✓ Clôture de jardins et des fermes défavorisant le passage des eaux pluviales et inondations des riverains, comme le témoignent les visites effectuées sur le terrain.

3.2.1 Méthodes de cartographie de la population

3.2.1.1 Modélisation de l'accessibilité

Les réseaux de transports et la vitesse de déplacement sont les facteurs les plus importants dans la modélisation d'accessibilité. La deuxième composante principale est l'information sur l'emplacement et la population des centres d'agglomération (destination). Ces entrées sont utilisées pour calculer l'indice d'accessibilité (Vi) pour chaque nœud (intersection) dans le réseau ou dans notre cas nœud et point résidentielle (origine). Vi est calculé par la somme de la population des destinations (Pk) les plus proche à l'origine i, pondéré par une fonction du temps de déplacement f (dik) à travers le réseau de transport entre origine i (nœud) et destination k (ville). La Figure 78 illustre la méthode de calcul de l'indice d'accessibilité pour un seul nœud (origine) en fonction de la somme pondérée de la population de quatre villes (destination) situées dans un seuil donné de temps de déplacement.

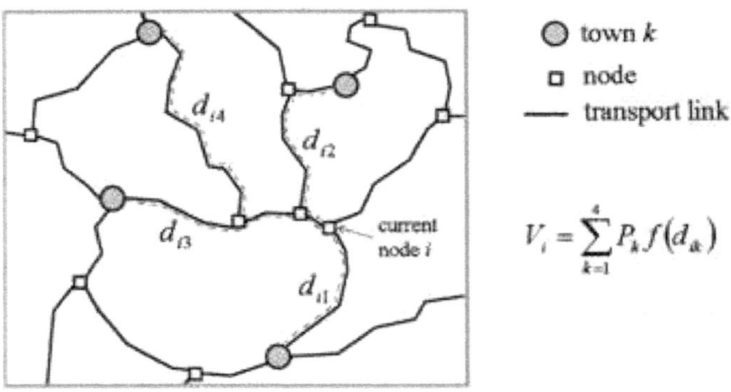

Figure 78. Calcul du potentiel d'accessibilité pour le nœud i par apport aux quatre plus proches villes k (Balk, Deichmann et al., 2006).

L'indice d'accessibilité relatif à chaque origine (nœuds et point résidentielle) a été calculé par apport à une destination (villes et villages) en utilisant la fonction exponentielle suivante :

$$V_i = \sum_{k=1}^{n} P_k . e^{(-d_{ik}^2/2a^2)}$$

$\boldsymbol{V_i}$ Indice d'accessibilité ou population potentielle estimée pour le nœud (origine i);

$\boldsymbol{P_k}$ Nombre de population de la destination (ville ou du village) k ;

$\boldsymbol{d_{ik}}$ Temps de parcours entre origine i et la destination k ;

$\boldsymbol{a}$ Paramètre d'ajustement de l'influence des grandes villes (destination) sur l'origine i.

La fonction d'indice d'accessibilité a été appliquée sous ArcGIS en deux étapes par le calcul du temps d_{ik} puis le calcul de l'indice d'accessibilité V_i pour chaque origine i.

A. Calcul du Temps d_{ik}

La première étape consiste à calculer le temps de parcours entre origine i est les quatre plus proches destinations (villes ou villages). Cette opération est effectuée selon le protocole suivant :

1. Création du jeu de données réseau : Sous Arc catalogue cliquez droit sur *road.shp*, choisissez *New Network Dataset* une fenêtre s'ouvre :
- Spécifiez le nom à *roads_ND*, cliquez **Next**
- Dans l'onglet *Modeling turns*, choisissez **No**, cliquez **Next**
- Dans la fenêtre *connectivitiy*, cliquez **Next**
- Dans la fenêtre *modeling elevation*, choisissez **None**, cliquez **Next**
- Dans la fenêtre de choit des attribues vous trouverez les champs Minutes, Meters et Oneway : choisissez *Oneway* et cliquez **Remove**, puis cliquez **Next**
- Dans la fenêtre de choix de *Driving direction*, choisissez **No**, cliquez **Next**
- Cliquez **Finish**
- Cliquez **Yes** pour construire *network dataset*.

Deux Network dataset sont générés, roads_ND.nd et roads_ND_Junctions.shp.

2. Sous ArcMap ajoutez les plans d'information origine.shp, destination.shp et roads_ND. nd, les plans associés à ce dernier (roads et roads_ND_Junctions) sont ajoutés automatiquement.
3. Pour ajouter la barre d'outils Network Analyst, cliquez le menu Network Analyst, choisissez New OD Cost Matrix, une nouvelle couche 'OD Cost Matrix' est créé dans la fenêtre Table of Content. Cette matrice contient six vides classes (Origins, Destinations, Lines, Point Barriers, Line Barriers, et Polygon Barriers). Sous la barre d'outils Network Analyst cliquez sur l'icône Network Analyst Window pour ajouter la fenêtre Network Analyst,

elle contient aussi six vides classes comme celles de la couche OD Cost Matrix.

4. L'étape suivante consiste à définir les classe Origins et Destinations, sous la fenêtre Network Analyst :

- Cliquez droit sur Origins (0) puis sur Load Locations. Une fenêtre s'ouvre, sous Load From, choisissez la couche origine.shp ; sous Sort Field, choisissez [orig_id] ; sous Location position, choisissez Use Geometry, définissez Search Tolerence à 1 m ; cliquez OK. 106672 origins sont chargés.
- Cliquez droit sur Destinations (0) puis Load Locations. Une fenêtre s'ouvre, sous Load From, choisissez destination.shp ; sous Sort Field, choisissez [des_id] ; sous Location position, choisissez Use Geometry, définissez Search Tolerence à 5000 m ; cliquez OK. 991 destinations sont chargées.

5. Sous la fenêtre *Table of Content* cliquez droit sur la couche *'OD Cost Matrix'*, puis *Properites,* sous l'onglet *Analysis Settings*, entrez la valeur 4 dans *Destination To Find* pour calculer le temps de parcours entre origine et les 4 destination les plus proches.
6. Dans la barre d'outils *Network Analyst*, cliquez le bouton *Solve*. Le résultat est enregistré dans la classe Line sous 'OD Cost Matrix' sous la fenêtre Table of Content. Cliquez droit sur Line puis *Open Attribute Table*. La table contient les champs [OriginID], [DestinationID], et [Total_Minutes], représentant respectivement le champ [orig_id] du plan *origine.shp*, le champ [des_id] du plan *destination.shp* et le champ de temps de parcours en minutes entre les deux paires (origine-destination).

Ces opérations ont permis de définir pour chaque origine i quatre valeurs du temps de parcours vers les quatre plus proches destinations (Tableau n°31). La colonne Name présente le pair origine-destination, OriginID présente le code de l'origine, DestinationID présente le code de destination, DestinationRank présente des valeurs de 1 (la plus proche destination) à 4 (la plus lointaine destination) et Total_Minutes présente la durée de parcours en minute entre origine-destination (Tableau n°31).

Tableau n°31. Résultats du temps de parcours entre origine et les quatre plus proches destinations

ObjectID	Name	OriginID	DestinationID	DestinationRank	Total_Minutes
1	Location 1 - Tiznit	210	3	1	12.40461872740
2	Location 1 - El Maader El Kabir	210	132	2	20.67498621070
3	Location 1 - Massa	210	26	3	24.85629620060
4	Location 1 - Arbaa Rasmouka	210	28	4	28.59976608030
155	Location 2 - Tiznit	211	3	1	10.26344069180
156	Location 2 - El Maader	211	132	2	18.53380817500
…	…	…	…	…	…
939709	Location 6272 - Assads	6510	56	1	21.86936684500
939710	Location 6272 - Hilala	6510	85	2	22.74603854950
939711	Location 6272 - Tidsi Nissendalene	6510	92	3	24.12184522290
939712	Location 6272 - Toufelaazt	6510	61	4	25.01599720330
…	…	…	…	…	…

B. Calcul de l'indice d'accessibilité (Population potentielle) V_i

La deuxième étape consiste à calculer l'indice d'accessibilité pour chaque origine i. Cette opération est effectuée selon le protocole suivant :

1. Pour importer la population de chaque valeur de destination [DestinationID], accédez à la table d'attribue de la classe Line, sous le menu *Table option* choisissez *Join*, puis joindre la couche *destination.shp* par le champ [des_id] à la base du champ [DestinationID] de la classe Line.
2. Sous la table d'attribue Line, sélectionnez les attribues correspondant aux nœuds en utilisant l'expression [OriginID] <= 100556 sous l'outil tabulaire *Select By Attributes*.
3. Sous un nouveau champ [Vi], calculez l'indice d'accessibilité pour chaque pair origine (nœuds)-destination par l'outil tabulaire *Field Calculator* en utilisant l'expression '' [pop_14] * Exp(-[Total_Minutes]/(2*[alpha]**2)) ''. L'indice d'accessibilité est calculé pour les attribues sélectionnés (nœuds du réseau routier).
4. Pour calculer l'indice d'accessibilité aux autres attribues (point résidentielles), cliquez sur *Switch Selection*. Répétez l'étape 3 en divisant le temps de parcours par 60 pour éviter les valeurs nulles d'accessibilité (zéro population potentielle) des origines (centroïdes résidentielles).
5. Chaque origine possède quatre valeurs d'accessibilités, sous le champ [OrigineID], cliquez droit et choisissez l'outil tabulaire *Summarize*, puis

cochez *Sum* sous le champ [Vi] pour sommer les valeurs d'accessibilité pour chaque origine, spécifiez le nom *vi_sum.dbf* pour le résultat.

6. Répétez l'étape 1 pour joindre la table *vi_sum.dbf* par le champ [OrigineID] aux plans des nœuds (points) et des surfaces résidentielle (polygones), respectivement à la base des champs [id_noud] et [id_resid], spécifiez l'option *Keep only matching record* pour garder que les valeurs communes.

Après ces opérations, l'indice d'accessibilité a été calculé pour deux plans d'informations, celui des nœuds du réseau routier et ceux des surfaces résidentielles (Tableau n°32). Cnt_Origin présente le nombre des destinations les plus proches et Vi_sum présente l'indice d'accessibilité calculé pour chaque origine i.

Tableau n°32.Résultats des indices d'accessibilités calculés pour toutes les origines (Bouaakkaz, 2018)

FID	Name	OriginID	Cnt_Origin	Vi_sum
0	Location 1	210	4	609.50174
1	Location 2	211	4	2777.767345
2	Location 3	212	4	765.766904
3	Location 4	213	4	5055.735016
4	Location 5	214	4	24129.532584
5	Location 6	215	4	4297.070637
…	…	…	…	…
6110	Location 6272	6510	4	19.466034
6111	Location 6273	6511	4	0.000191
6112	Location 6274	6512	4	5041.290054
6113	Location 6275	6513	4	0
…	…	…	…	…

C. Interpolation et ajustement d'accessibilité

L'indice d'accessibilité a été spatialisé en format raster de résolution 30m. Nous avons rastérisé les surfaces résidentielles et utilisés la méthode IDW pour les nœuds, puis combiner les deux résultats :

- L'indice d'accessibilité (Vi_sum) pour chaque nœud a été spatialisé par la méthode d'interpolation la fonction pondérée inverse de distance (Inverse Distance Weighted, IDW) vers le plan raster vi_nouds
- L'indice d'accessibilité (Vi_sum) pour chaque polygone résidentiel a été converti en mode raster par l'outil Polygon to Raster, le résultat est nommé vi_resid

- vi_nouds et vi_resid ont été regroupés dans un plan raster de population potentielle dans la zone d'étude, cette opération a été effectuée sous l'outil *Raster Calculator* par l'expression Con ("vi_nouds", "vi_resid", "vi_nouds")

La couche raster d'estimation d'indice d'accessibilité a été, ensuite, ajustée par six plans d'information auxiliaires : surface d'eau, surfaces agricoles, surfaces protégées, domaines forestiers, le modèle numérique d'altitude et la densité des bâtiments.

- Les cellules de surface d'eau (barrages, oueds, océan) issu de la carte d'occupation du sol ont reçu une valeur de zéro comme indice d'accessibilité, la résolution 30m est attribuée au résultat
- Les surfaces agricoles représentées par les agrumes, fourrages et maraichages et les serres ont été masquées à partir de la couverture du sol et reçu une valeur d'accessibilité égale à zéro
- Les surfaces protégées (Parc National du Souss-Massa) et domaines forestiers ont reçu respectivement les valeurs 0.2 et 0.7 pour diminuer le potentielle de population dans ces zones. Ces proportions sont subjectives
- Le module numérique d'altitude a été rééchantillonné à 30m par l'outil Resample d'ArcToolbox, supposant que la distribution de la population ne varie pas entre 0 et 500m, la valeur 1 est attribuée aux cellules inférieures à 500m. La région est confirmée inhabité au-dessus de 2700m en utilisant Google Earth prof, donc la valeur 0 est attribuée aux cellules supérieures à 2700m. Les cellules entre 500 et 2700 ont reçu des valeurs entre 0 et 1. Ces conditions ont été effectuées sous Raster Calculator de la façon : mnt1 = Con(MNT < 500, 1, MNT), mnt2 = Con(mnt1 > 2700, 0, mnt1), mnt3 = Con((mnt2 >= 500) & (mnt2 <= 2700), ((2700 - MNT)/(2700 - 500)), mnt2)
- La densité des bâtiments varie entre 0 est 0.8, représentant la densité des zones d'agglomérations. Ce plan a été généré par l'image satellitaire sentinel2A à une résolution de 10 m puis rééchantillonné à 30m. la densité des bâtis a été utilisée pour enrichir et détailler la distribution potentielle de population, ce qui permet le bon ajustement d'indice d'accessibilité.

Le plan d'accessibilité a été multiplié par les six facteurs d'ajustements sous l'outil *Raster Calculator* d'ArcToolbox pour produire l'indice d'accessibilité ajusté dans la zone du bassin du Souss.

Annexe 4 : Évaluation de la vulnérabilité sociale aux inondations dans la zone d'étude

4.1 Les étapes de la construction de l'indice SoVI

La génération de l'indice SoVI a été alternée en huit étapes suivantes :
1. Sélection des 26 variables nécessaires au calcul des indicateurs de vulnérabilité ;

2. Acquisition et mise en forme (tableau. xl) de fichier de forme et sa jointure avec le fichier de forme des communes territoriales concernées ;

3. Rastérisation pour obtenir 26 plans raster avec nombre de personnes pour chaque variable en multipliant par le plan de la population par pixel de 30x30m ;

4. vectorisation et union (dissolve) pour obtenir un fichier de forme de 26 variables ;

5. Analyse statistique multivariée (ACP) avec rotation varimax afin de discerner un nombre réduit de variables latentes (facteurs) en utilisant le logiciel SPSS (Statistical Package for the Social Sciences version 20);

6. Vérification de l'adéquation de l'analyse à l'aide de l'indice de Kaiser–Meyer–Olkin (KMO) et du test de Bartlett ;

7. Choix du nombre de facteurs sélectionnés en se basant sur le critère de Kaiser (valeur propre ≥ 1) ;

8. Agrégation des composantes CP1, CP2 et CP3 et construction de l'indice de vulnérabilité sociale SoVI et sa reclassification en 4 niveaux moyennant le logiciel ArcGIS 10.4;

L'ACP est une transformation mathématique des données originelles qui consiste à transformer des variables liées entre elles (dites « corrélées ») en nouvelles variables décorrélées les unes des autres. (Tu, 2015 et Vinagbe, 2017).

Remarque : Les valeurs des composantes sont calculées sous SPSS, puis exportées sous format **csv.** Ensuite elles ont été jointes au fichier de forme des variables. Enfin, ce fichier a été converti en trois plans rasters par l'outil PlygoneToRaster d'ArcToolBox à la base des champs CP1, CP2 et CP3 correspondants aux composantes.

4.2 Résultat et discussion

Quelques communes urbaines présentent en générale une moyenne d'indice de vulnérabilité faible à savoir : Communes d'Agadir, Taroudant Ouled Teima (Figure 79). Par contre les communes : Drargua Ait Melloul (Mun.) Dcheira El Jihadia (Mun.) Inezgane (Mun.) Lqliaa (Mun.) Temsia et Sidi Bibi connaissent un SoVI moyenne compris entre 2,33 et 2,73. Par ailleurs la plupart des communes rurales présentent un SoVI moyenne plus élevé oscille entre 3,56 et 4.

La courbe des nombres de communes en fonction du pourcentage des personnes vivants dans les pixels à SoVI élevé et le tableau montrant leur nombre et leur pourcentage (Figure 79 et Tableau n°33) ont permet de tirer les informations et constatations suivantes :

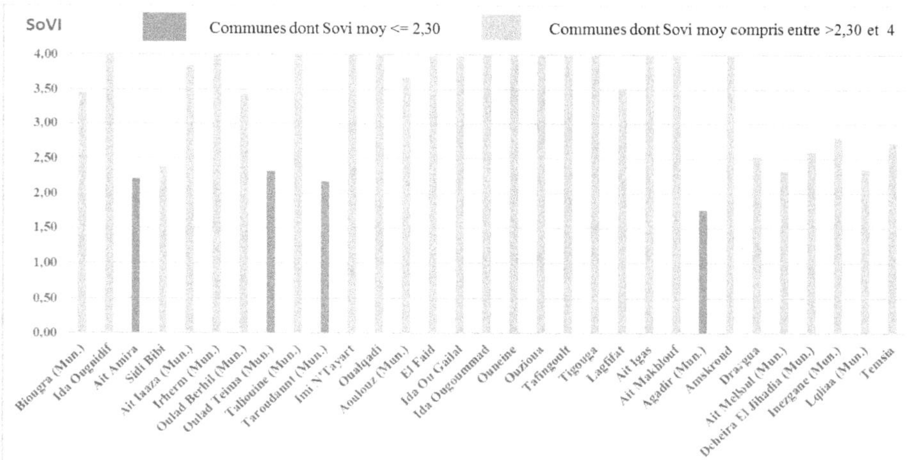

Figure 79. SoVI moyenne de quelques communes (Bouaakkaz, 2019)

• La majorité des communes urbaines et rurales du bassin de Souss (78 communes) présente moins de 40% de leurs populations dans des zones à vulnérabilité sociale élevé. En effet, les communes d'Idmine et Imilmaisse renferment respectivement la proportion la plus faible de cette population qui est de 1,1% (35 personnes) et un taux maximum de personnes atteignant 99,62%. La vulnérabilité sociale dans ces zones ne peut pas être expliquée par une seule composante, mais par une combinaison entre toutes les dimensions de statu économique (éducation, sexe, emploi, la pauvreté, etc.) et d'autres concepts qu'on a exploré dans cette étude.

La moyenne de taux des personnes résidantes dans des pixels à vulnérabilité sociale élevée de la zone d'étude est environ 32%.

Généralement les sept communes urbaines et trois rurales situées dans la plaine du Souss présentent des valeurs élevées des personnes abritant dans des zones à vulnérabilité sociale élevée. Ainsi que, deux communes situées respectivement dans le Haut Atlas (CT d'Imilmaisse) et le Siroua (CT de Khouzama). Le tableau ci-après illustre ces valeurs par communes :

Tableau n°33. Nombre et pourcentage de personnes résidantes dans des pixels à vulnérabilité sociale élevée de quelques communes du bassin de Souss (Bouaakkaz, 2019).

N°d'ordre	Communes	Nombre de personnes	%
1	Inezgane (Mun)	46 011	36
3	Dcheira El Jihadia (Mun)	38 840	39
4	Drargua (R)	30 136	43
5	Biougra (Mun.)	28 010	74
6	Lqliaa (Mun.)	22 534	28
7	Oulad Teima (Mun.)	18 061	20
8	Oulad Berhil (Mun.)	14 657	61
9	Ait Iaaza (Mun.)	11 260	79
10	Khouzama (R)	7019	94
11	Sidi Dahmane (R)	7014	59
12	Sidi Borja (R)	6813	68
13	Imilmaiss (R)	6559	99

La valeur maximale (46011) des personnes résidentes dans des zones à vulnérabilité sociale élevée est enregistrée dans la commune urbaine d'inezgane. Par contre, la commune rurale d'Idmine présente la valeur minimale qui est de 35 personnes.

D'une part, la vulnérabilité dans ces zones urbaines est expliquée par les deux composantes 1 et 3 captant les statuts socioéconomiques et d'occupation, ainsi que la proportion des personnes divorcées. Cela est lié à la grande population féminine, le taux de chômage, l'analphabétisme et le taux d'accroissement élevé dans ces zones, ainsi que la proportion des ménages dont l'habitat est sommaire. D'autre part l'indice SoVI dans les milieux ruraux est lié à une combinaison entre les trois composantes.

Les zones urbaines de Biougra, Ait Iaaza et Oulad Berhil sont caractérisées par plus de 60% de population résidentes dans des pixels à vulnérabilité sociale élevée. Ceci est expliqué par une population féminine élevée, nombre élevé de population féminine divorcé, un nombre élevé d'enfants et personnes âgé, le nombre élevé des personnes à niveau d'éducation néant et un taux élevé de personnes locataire. En outre ces communes constituent des champs attractifs, caractérisées par l'existence de l'opportunité d'emploi plus diversifiées, notamment l'activité agricole et industriels constituant le vecteur de développement de ces zones. C'est ainsi ces zones connaissent des taux d'accroissement entre 2004 et 2014 élevés variant entre 42 et 57%. Ces dimensions de vulnérabilité sont expliquées davantage par les composantes une et trois.

Les communes rurales d'Imilmaiss, khouzama, Irohaln, et Tizi N'Test présentent des valeurs extrêmes dans le milieu rural par plus de 90% de personnes vivant dans des pixels à vulnérabilité sociale élevée. Ces endroits connaissent des niveaux de pauvreté globale très élevées soit 55.1% à Imilmaiss, 51.5% à Tizi N'T, 49,70 à Irohalen et 41,30 à khouzama. Ces résultats sont en plein accord avec les valeurs de la vulnérabilité[32] évaluées par les services régionaux de l'HCP, illustrées dans le Tableau n°34 ci-après :

Tableau n°34. Évolution des indicateurs de la vulnérabilité entre 2004 et 2014 (Source : HCP, cartes de pauvreté communale 2004, 2014)

Province	Commune	Taux de vulnérabilité (en%)
Taroudannt	Tizi N'Test	37,6
Taroudannt	Imilmaiss	31
Chichaoua	Irohalen	35,2
Ouarzazate	Khouzama	28

Par conséquent, Ces individues pauvres et vulnérables ; sont incapables de mobiliser suffisamment des ressources pour se protéger des impacts des inondations. Cette population est aussi caractérisée par un pourcentage élevé d'analphabétisme (jusqu'à les 60%), par l'absence d'eau courant (jusqu'à les 90%), l'absence d'électricité (vers les 20%) et un taux de non scolarisation des enfants atteignant les 7%. Généralement la vulnérabilité dans ses endroits est due aux conditions socioéconomiques de la population de ces communes.

Par ailleurs, les communes rurales de Sidi Bourja, Tidili, Toughmart, Assaise, Irohaln, Tigouga et Sidi Abdellah Ou Said, présentent des pourcentages de population vivant dans des zones à vulnérabilité sociale élevée compris entre 60

32 : Le HCP a privilégié l'approche monétaire de la pauvreté et de la vulnérabilité adoptée par la banque mondiale. La pauvreté, dans ce cas, est mesurée en calculant le seuil des dépenses requises pour satisfaire aux besoins alimentaires d'un ménage et en le majorant d'une allocation non-alimentaire préconisée par cette institution internationale alors que la vulnérabilité est, de son côté, mesurée en relevant de 1,5 fois le seuil de pauvreté monétaire (HCP,2018).

et 85 %. Ces communes montrent des niveaux de pauvreté élevée variant entre 23 % et 50,7 % (Figure 80).

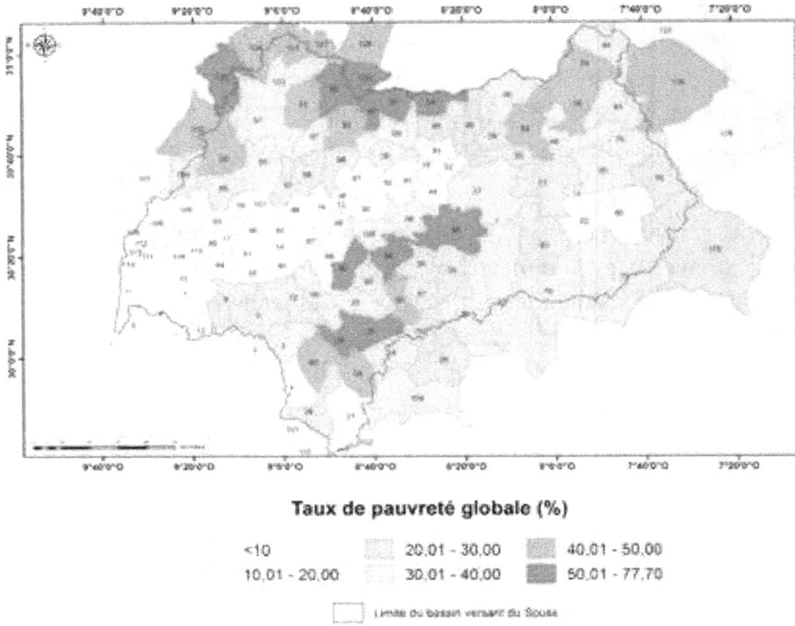

Figure 80 : Distribution spatiale de la pauvreté globale dans la zone d'étude (sous forme vecteur) (Bouaakkaz, 2019)

1-Biougra (Mun.) **2**-Ait Mzal **3**-Hilala **4**-Ida Ougnidif **5**-Tassegdelt **6**-Inchaden **7**-Sidi Ouassay **8**-Ait Amira **9**-Imi Mqourn **10**-Ouad Essafa **11**-Sidi Bibi **12**-Sidi Boushab **13**-Ait Iaaza (Mun.) **14**-El Guerdane (Mun.) **15**-Irherm (Mun.) **16**-Oulad Berhil (Mun.) **17**-Oulad Teima (Mun.) **18**-Taliouine (Mun.) **19**-Taroudannt (Mun.) **20**-Adar **21**-Ait Abdallah **22**-Amalou **23**-Azaghar N'Irs **24**-Imaouen **25**-Imi N'Tayart **26**-Nihit **27**-Oualqadi **28**-Sidi Boaal **29**-Sidi Mzal **30**-Tataoute **31**-Tindine **32**-Tisfane **33**-Toufelaazt **34**-Toumliline **35**-Aoulouz (Mun.) **36**-Arazane **37**-El Faid **38**-Ida Ou Gailal **39**-Ida Ougoummad **40**-Igli **41**-Igoudar Mnabha **42**-Oulad Aissa **43**-Tabia **44**-Lamhara **45**-Ouneine **46**-Ouzioua **47**-Sidi Abdellah Ou Said **48**-Sidi Ouaaziz **49**-Tafingoult **50**-Talgjount **51**-Tigouga **52**-Tinzart **53**-Tisrasse **54**-Tizi N'Test **55**-Toughmart **56**-Ahl Ramel **57**-Argana **58**-Assads **59**-Bigoudine **60**-Eddir **61**-El Koudia El Beida **62**-Imilmaiss **63**-Issen **64**-Lagfifat **65**-Lakhnafif **66**-Lamhadi **67**-Machraa El Ain **68**-Sidi Ahmed Ou Amar **69**-Sidi Boumoussa **70**-Sidi Moussa Lhamri **71**-Talmakante **72**-Tidsi Nissendalene **73**-Agadir Melloul **74**-Ahl Tifnoute **75**-Askaouen **76**-Assaisse **77**-Assaki **78**-Azrar **79**-Iguidi **80**-Sidi Hsaine **81**-Taouyalte **82**-Tassousfi **83**-Tizgzaouine **84**-Toubkal **85**-Zagmouzen **86**-Ahmar Laglalcha **87**-Ait Igas **88**-Ait Makhlouf **89**-Bounrar **90**-Freija **91**-Ida Ou Moumen **92**-Imoulass **93**-Lamnizla **94**-Sidi Ahmed Ou Abdallah **95**-Sidi Borja **96**-Sidi Dahmane **97**-Tafraouten **98**-Tamaloukte **99**-Tazemmourt **100**-Tiout **101**-Zaouia Sidi Tahar **102**-Afella Ighir **103**-Ammelne **104**-Issafen **105**-Agadir (Mun.) **106**-Amskroud **107**-Aqesri **108**-Drargua **109**-Idmine **110**-Tiqqi **111**-Ait Melloul (Mun.) **112**-Dcheira El Jihadia (Mun.) **113**-Inezgane (Mun.) **114**-Lqliaa (Mun.) **115**-Oulad Dahou **116**-Temsia **117**-Tassrirt **118**-Iznaguen **119**-Khouzama **120**-Tidli **121**-Afalla Issen **122**-Ait Haddou Youssef **123**-Timezgadiouine **124**-Timlilt **125**-Assais **126**-Siroua **127**-Irohalen **128**-Lalla Aaziza.

En générale, les zones rurales se caractérisent par un niveau élevé de taux de pauvreté globale (entre 50 et 77.7 %). Ces endroits sont localisés au niveau des douars situés dans le Haut Atlas et l'Anti-Atlas respectivement avec 6 et 5 communes territoriales. Cependant, la plupart des zones et agglomérations urbaines situées dans la plaine du Souss sont caractérisées par un niveau de pauvreté faible (< 10%) en raison de la présence des secteurs d'activités industrielles, agricole, de l'administration publique et le secteur des services. Ce taux de pauvreté concerne 25 communes territoriales. Les communes dont le taux de pauvreté globale compris entre 10 et 20% sont en nombre de 29 réparties inégalement dans le Haut Atlas, l'Anti Atlas et la plaine de Souss. Ces valeurs importantes de pauvreté influencent négativement sur la vulnérabilité de ces communes

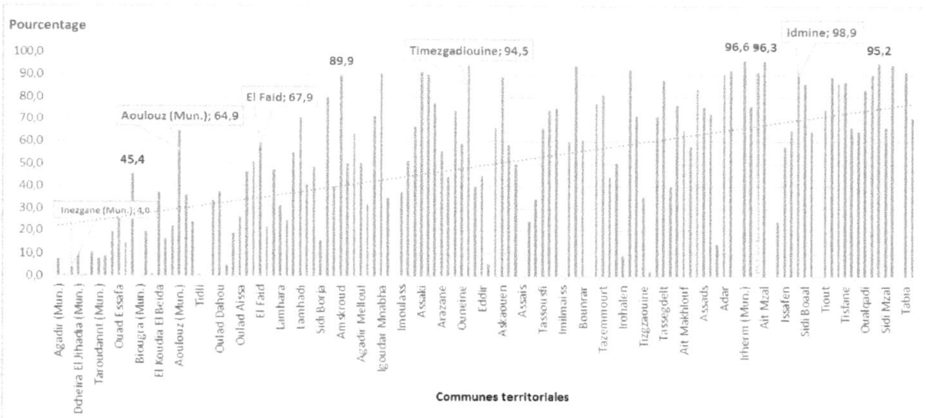

Figure 81. Pourcentage des personnes résidantes dans des pixels à vulnérabilité sociale faible (valeurs SoVI compris entre 0 et 0.5 fois l'écart-type) (Bouaakkaz, 2019)

L'examen de la courbe de la Figure 81, montre que size communes rurales à l'exception de celle d'Ighrem, présentent un pourcentage élevée supérieure à 90 % des personnes résidantes dans des pixels a vulnérabilité sociale faible. Le maximum a été enregistré au niveau de la commune d'Idmine qui est de 99% avec 3105 personnes.

En outre, cinquante-deux (52) des autres communes rurales et la commune urbaine d'Aoulouz, renferme des pourcentages des populations abritant dans les mêmes zones, comprises entre 50 et 90%. Par ailleurs, les communes urbaines d'Ait Melloul, Biougra, Inzegane, Taroudant, O Teima, Laqulia, Ait Amira, Temsia et celles d'Imilmaiss, Drargua et Tigouga (rurales), présentent des pourcentages de populations résidantes dans des zones à vulnérabilité sociale faible variant entre 0,4 % pour Imilmaiss et 19,6 pour la commune de Drargua. Ceci est concordant avec le niveau élevé de l'indice SoVI et peut être expliqué par les trois composantes principales et la densité de la population très élevée dépassant 5000 habitants par km².

Annexe n° 5 : Évaluation de la vulnérabilité environnementale et description de quelques enjeux des vulnérabilités physique et environnementale.

5.1Enjeux de la vulnérabilité environnementale

5.1.1 Description de la forêt de la région de Sous Massa et son rôle

Les forêts de la région de Souss Massa s'étendent sur une superficie de 1.164.360 hectares, (avec environ 416 000Ha dans le bassin de Souss (d'après la carte d'OCS générée, cf. chapitre n° 2) ce qui représente 13% du total national contre 19,1% en 1997. La superficie de la forêt dans le bassin de Souss est répartie comme suite (Tableau n°35) :

Tableau n°35. Superficie des classes de forêt dans le bassin versant du Souss (Bouaakkaz,2017)

Catégories de la couverture du sol	Superficie (ha)	Proportion (%)
Forêt à faible densité	175 329.77	10.21
Forêt de densité moyenne	120 265.15	7.00
Forêt à forte densité	120 187.89	7.00
Total	415 782.81	24.21

La couverture forestière couvre environ 22% du territoire régional dont 47% se trouve dans la province de Taroudannt et 37% dans la province de Tata. Outre leurs rôles socioéconomiques capitaux la forêt, constitue une véritable barrière naturelle contre la désertification, l'érosion hydrique et éolienne et les tempêtes de sable et protège plus ou moins efficacement le sol contre l'insolation et l'évaporation. Malgré l'existence d'une diversité forestière régionale, l'arganier domine plus de 63% de la superficie forestière régionale avec environ 730.127 ha (Figure 82). Cette superficie est répartie sur les six préfectures et provinces [33].

[33] http://www.wilaya-agadir.gov.ma/PageFr.aspx?id=29"

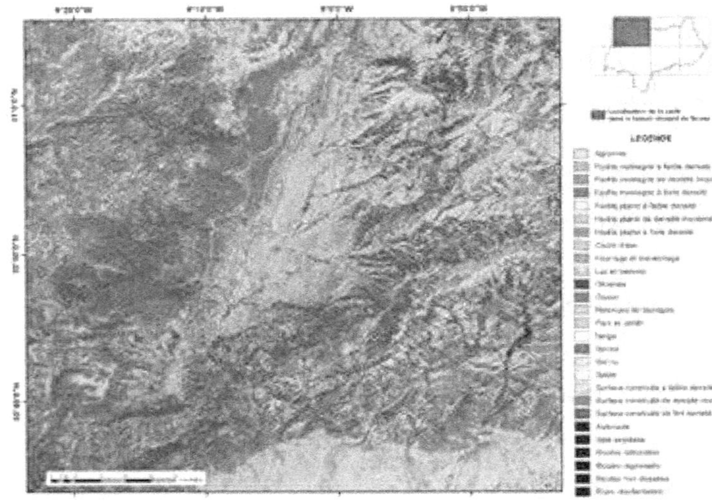

Figure 82. Zoom sur la forêt de la région de Haut Atlas aux alentours du barrage Abdelmoumen extraite de la carte d'occupation du sol du bassin de Souss (Bouaakkaz, 2017)

La forêt du bassin de Souss a subi des inondations, notamment celles survenues en 2010, 2012, 2014, 2016 et 2018 (enquête de terrain). Ces dernières ont causé la disparition de plusieurs arbres par érosion et dégradation du sol. Ce qui engendre par la suite un ensablement des lacs et des réseaux d'irrigation.

5.1.2 Espaces naturels protégés

Le Maroc est classé parmi les pays pionniers concernés par la protection et la mise en œuvre de mesures serveur liées à la préservation de l'environnement et a signé la convention sur la diversité biologique (CDB) le 13 juin 1992 et l'a ratifiée le 21 août 1995. Afin, d'exprimer son engagement international à conserver et à utiliser durablement la biodiversité et à adopter et mettre en œuvre des mesures pour promouvoir l'accès aux ressources génétiques et le partage juste et équitable des avantages découlant de leur utilisation (Ministère de l'Énergie et de l'Environnement, 2015).

a. Parc National de Souss-Massa (PNSM)

*** Présentation de la zone du PNSM**

Le PNSM est localisé sur la côte atlantique du Maroc, entre Agadir et Tiznit (Figure 83). Créé en 1991, et présente un intérêt biologique et écologique très important. Il s'étale sur une bande côtière de 65 km de long et 5 km de largeur

(Arrahmouni et al., 2018 ; Erraoui et al., 2018 et Dreflcd, 2006). Sa superficie est de 33 800 Ha, le parc est divisé en un domaine forestier (12 350 Ha) et des terrains privés et collectifs (21 450 Ha). Le PNSM relève administrativement de la préfecture d'Inezgane Ait Melloul, province de Chtouka-Ait Baha et de la province de Tiznit, s'étendant ainsi sur sept communes. Les ressources financières du PNSM proviennent exclusivement du budget de l'état et sont très limitées.

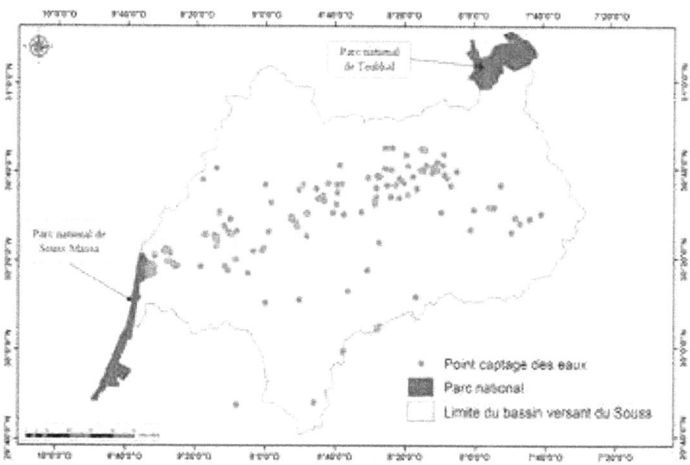

Figure 83. Situation géographique des points de captage des eaux et parc nationaux de Souss massa et Toubkal (Bouaakkaz,2020)

b. Parc national de Toubkal

* Présentation et description géographique du PNTb

Le Parc National du Toubkal (PNTb) (

Figure 84) a été créé en 1942 dans la région du Haut Atlas, une des régions les plus riches en biodiversité, à environ 70 km au sud de Marrakech. Le territoire du PNT se partage en deux provinces, Al Haouz et Taroudant. Le PNT est entouré de 9 communes, qui représentent 130 douars (Engel et al., 2010).

-Zonage du PNT

Le PNT, est subdivisée en deux zones l'une centrale et l'autre périphérique appelée « zone centrale » l'ensemble du parc et la « zone périphérique », la région aux alentours. (HCEFLCD,2010).

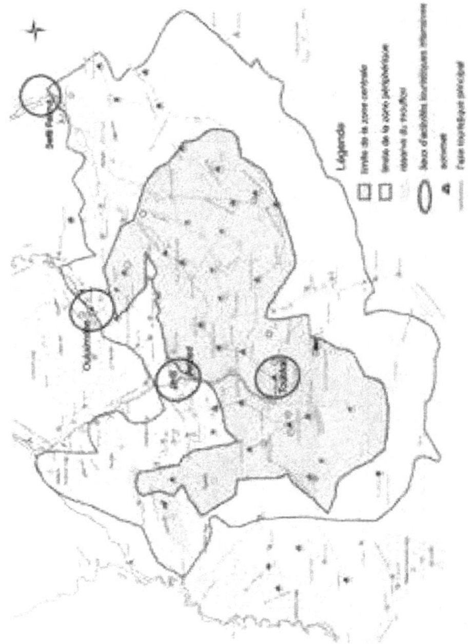

Figure 84. Zoom sur le PNT (Source : HCEFLCD,2010)

5.1.3 Ressources en eaux (Retenues des barrages, lac, bassins et sources)

a) Retenues des barrages

L'alternance des séquences de forte hydraulicité et de sécheresse d'intensité et de durée variables est un trait dominant des régimes hydrologiques du bassin de Souss. C'est à cette fin, en raison de son relief montagneux et du régime pluviométrique, ainsi que son importance économique, que sont réalisés de nombreux barrages dans la région de Souss, pour la plupart entre les années 1980 et 2013 (Tableau n° 36).

Tableau n° 36. Caractéristiques technique et fonction des barrages dans le bassin de Souss

Nom de l'ouvrage	Date de mise en service	Superficie, bassin Versant (Km²)	Volume de retenue dernière bathymétrie (Mm3)	Fonction
Abdelmoumen	1981	1300	198,40 (2013)	AEP+IRR+EC
Aoulouz	1991	4447	89 (2013)	RN+IRR+EC+AEP
Dkhila	1986	100	0.246 (2008)	Régularisation (Barrage de garde)

Imi El Kheng	1993	293	9.755 (2006)	RN+IRR
Mokhtar Soussi	2002	1300	39,755 (2013)	IRR+EC
TOTAL	-	-	**337,10**	

AEP : Alimentation en eau potable, **IRR** : Irrigation, **RN** : Recharge de la nappe, **EC** : Écrêtement des crues.

Ceci pour maîtriser et stocker l'eau de surface pendant les périodes humides afin de pouvoir l'utiliser tout au long de l'année et sécuriser l'approvisionnement en eau lors des années déficitaires et protéger contre les inondations.

Le bassin versant de Souss est vulnérable à la dégradation spécifique et à l'action érosive, principalement par ruissellement[34] d'où les pertes de sol accentuées par l'action anthropiques et naturelle (déforestation) et qui se répercutent sur l'envasement des barrages, conçu souvent comme source du risque d'inondation à cause de la diminution de sa capacité. Aussi, ces ouvrages en cas de rupture peuvent également être une cause d'inondation dévastatrice.

b) Sources

Le bassin de Souss était caractérisé par l'abondance de sources et les khettaras, qui constituaient les principales composantes du système traditionnel d'irrigation et d'approvisionnement en eau potable. Les sources les plus importantes se localisaient dans la plaine et dans le Haut-Atlas occidental. L'inventaire des sources fonctionnelles dans la zone d'étude est illustré dans le Tableau n°37 ci-dessous.

Tableau n°37. Sources fonctionnelles au niveau du bassin de Souss (PDAIRE et ABHSM, 2006)

N° IRE	SOURCES	Coordonnées Lambert		
		X	Y	Z
13/61	Doussoulil	123,900	422,100	1375
14/61	Iggi N'Billal	130,500	422,100	1300
16/61	wintendoun	122,000	415,300	1150
20/61	Tougrou	111,750	414,000	1280
21/61	Imouzzer	109,000	415,100	1160
22/61	Tamarout	109,550	414,750	1240
27/61	Tifrit	107,100	407,050	860
360/61	Ameskroud	123,050	399,200	310
371/61	Tanagamt	110,850	416,050	1250
378/61	Aghbalou	106,850	408,600	780
389/61	Iguifri	111,450	416,650	1200
392/61	Tichkji	106,600	416,350	780
393/61	Aousgdelt	105,600	417,150	550
406/61	Imoula	117,300	411,200	1080
439/69	Tildi	96,450	390,650	100

[34] La dégradation spécifique moyenne du bassin amont du barrgae Mokhtar Soussi est de 0.4tonne/km²/an

55/70	Bouyahia	116,900	394,650	270
211/60	Inrarane	101,850	402,200	125

c) Lac d'ifni

- Situation géographique

Le Lac Ifni se trouve dans la commune rurale de Toubkal, cercle de Taliwine dans la province de Taroudant. Il est situé sur le flanc sud Jebel Toubkal au cœur du Haut Atlas, à une distance de 105 Kms environ, au Nord-est de la ville de Taroudant. Ses coordonnées Lambert Nord Maroc sont : X = 262500 Y = 515000 et Z = 2295 m. C'est l'unique lac naturel de la région du Souss Massa. Il est situé sur le versant Sud du Jebel TOUBKAL la montagne la plus haute du Maroc qui culmine à 4167 m.

- Climatologie

La région du lac Ifni se trouve sur les cimes du Haut atlas dans sa zone la plus pluvieuse et la plus froide. Il pleut abondamment sur le lac Ifni et il y neige énormément aussi. La pluie moyenne annuelle au poste pluviométrique le plus proche d'Aghbar suivi par le service des Eaux et Forêts est de 532 mm. La température descend fréquemment en dessous de zéro et l'endroit connait des orages d'été produits par les précipitations convectives (ABHSM, non daté).

- Geologie et hydrologie

La géologie de la région de situation de la source est composée d'une série conglomératique produit du cône de déjection ; recouverte d'une couche alluvionnaire à quelques mètres de limons constituant des formations essentielles de remplissage d'eau. Le substratum crétacé de la zone est assez profond. Il se trouve à une profondeur supérieure à 500 m. Dans cette zone, l'aquifère supérieur est essentiellement constitué d'une puissante série de conglomérat. Les formations géologiques consistent essentiellement en des formations volcaniques et en particulier des andésites.

- Description du lac:

Le lac Ifni se situe sur le flanc sud du Jebel Toubkal au lieu-dit Aguerd N'Ifni à 8 Kms environ à l'ouest du douar Ait Igrane. Il est alimenté par les crues des ravins qui y débouchent mais surtout par la fonte des neiges fréquentes à ces altitudes (Photo n° 13 et Photo n° 14). Il a approximativement une longueur de 1,5 Kms et une largeur variable de 160 m en amont à 600 m à l'aval. Il est entouré des Jebel Bizri au Nord, Jebel Agouni Ntemzguida au Sud, Jebel Tigdal à l'Est et Jebel Tizi Nouannoums à l'Ouest.

Photo n° 13. Ecoutorisme au niveau du lac (ABHSM,2008)	Photo n° 14. Lac alimenté par la fonte des neiges

5.2 Calcul de Ratio de Cohérence (RC) Consistency checking pour l'évaluation de la vulnérabilité environnementale :

L'AHP intègre une technique efficace pour vérification de la cohérence des évaluations faites par les décideurs, lors de la construction de chacune des matrices impliquées dans le processus de comparaison par paires (Saaty, 2008), cette technique repose sur le calcul de Ratio de Cohérence (RC) qui est le rapport de l'indice de cohérence calculé sur la matrice correspondant aux jugements du décideur et de l'indice aléatoire IA d'une matrice de même dimension.

$$CR = \frac{IC}{AI}$$

Avec :

IC : L'indice de consistance (Consistency Index) ;

IA : L'indice de consistance aléatoire (Random consistency index) ;

Si RC $\leq$ 0,1 ou RC $\leq$ 10%, la matrice est considérée comme suffisamment cohérente, dans le
cas où cette valeur dépasse 10%, les évaluations peuvent exiger certaines révisions.

L'indice de cohérence (IC) est le rapport entre la différence de la valeur propre λ max moins le nombre de comparaison sur ce dernier moins un :

$$IC = \frac{(\lambda max - n)}{n - 1}$$

dont

λmax : La valeur propre (Eigenvalue) moyenne de la matrice ;

n : La dimension de la matrice de comparaison par paires ;

- **Matrice de jugement de comparaison de la vulnérabilité économique qualitative**

Tableau n°38. Matrice de jugement de comparaison des enjeux de la vulnérabilité économique qualitative

Surface construite à faible densité	1	1/7	1/9	1/5	0,2	1/8	1/8	1/7	1/6	0,2	0,2	1/7	1/9
Surface construite de densité moyenne	7	1	1/7	1	1	1/7	1/7	1/3	1	2	2	1/3	1/4
Surface construite de forte densité	9	7	1	7	7	3	3	5	7	9	9	3	3
Agrumes	5	1	1/7	1	7	1/7	1/7	0,2	1/3	2	2	1/5	1/5
Fourrage et maraichage	5	1	1/7	1/7	1	1/7	1/7	0,2	1/3	2	2	1/5	1/5
Autoroute	8	7	1/3	7	7	1	2	5	7	9	9	3	3
Voie expresse	8	7	1/3	7	7	1/2	1	3	5	7	7	2	2
Routes nationales	7	3	1/5	5	5	1/5	1/3	1	3	5	5	1/2	0,5
Routes régionales	6	1	1/7	3	3	1/7	1/5	1/3	1	3	3	2	1/3
Routes non classées	5	1/2	1/9	0,5	0,5	1/9	1/7	1/5	1/3	1	2	0,2	1/5
Rues résidentielles	5	1/2	1/9	0,5	0,5	1/9	1/7	0,2	1/3	0,5	1	1/7	1/7
Réseaux : Alimentation en eau potable	7	3	1/3	5	5	1/3	1/2	2	3	5	7	1	1/2
Réseaux : Assainissement	9	4	1/3	5	5	1/3	1/2	2	3	5	7	2	1

- **Calcul de vecteur de priorité**

Le calcul du vecteur priorité consiste à calculer l'importance relative de chacun des éléments de la hiérarchie à partir des appréciations obtenues de l'étape précédente. Pour cela, il faut d'abord normaliser la matrice (Tableau n°40). En effet, la détermination des priorités des éléments de chaque matrice se fait par la résolution du problème de vecteurs propres (Rakotoarivelo, 2018) :

Effectuer les sommes de colonne, et puis diviser les éléments de la matrice par la somme de la colonne (Tableau n°39 et Tableau n°40)

Tableau n°39. Somme des colonnes de la matrice (Bouaakkaz, 2020)

Annexe n° 5 : Évaluation de la vulnérabilité environnementale et description de quelques enjeux des vulnérabilités physique et environnementale.

	Surface construite à faible densité	Surface construite de densité moyenne	Surface construit e de forte densité	Agrumes	Fourrage et maraichage	Autoroute	Voie expresse	Routes nationales	Routes régionales	Routes non classées	Rues résidentielles	Réseaux : Alimentation en eau potable	Réseaux : Assainissement
Surface construite à faible densité	1	1/7	1/9	1/5	1/5	1/8	1/8	1/7	1/6	1/5	1/5	1/7	1/9
Surface construite de densité moyenne	7	1	1/7	1	1	1/7	1/7	1/3	1	2	2	1/3	1/4
Surface construite de forte densité	9	7	1	7	7	3	3	5	7	9	9	3	3
Agrumes	5	1	1/7	1	7	1/7	1/7	1/5	1/3	2	2	1/5	1/5
Fourrage et maraichage	5	1	1/7	1/7	1	1/7	1/7	1/5	1/3	2	2	1/5	1/5
Autoroute	8	7	1/3	7	7	1	2	5	7	9	9	3	3
Voie expresse	8	7	1/3	7	7	1/2	1	3	5	7	7	2	2
Routes nationales	7	3	1/5	5	5	1/5	1/3	1	3	5	5	1/2	1/2
Routes régionales	6	1	1/7	3	3	1/7	1/5	1/3	1	3	3	2	1/3
Routes non classées	5	1/2	1/9	1/2	1/2	1/9	1/7	1/5	1/3	1	2	1/5	1/5
Rues résidentielles	5	1/2	1/9	1/2	1/2	1/9	1/7	1/5	1/3	1/2	1	1/7	1/7
Réseaux : Alimentation en eau potable	7	3	1/3	5	5	1/3	1/2	2	3	5	7	1	1/2
Réseaux : Assainissement	9	4	1/3	5	5	1/3	1/2	2	3	5	7	2	1
	82	**36,143**	**3,438**	**42,343**	**49,200**	**6,285**	**8,373**	**19,610**	**31,500**	**50,700**	**56,200**	**14,719**	**11,437**

Le calcul du vecteur priorité se fait à partir de la matrice carrée normalisée. Il faut pour cela faire le calcul de la moyenne des lignes (Cf. Tableau n°40).

Tableau n°40. Division des éléments de la matrice par la somme de la colonne et

Matrice normalisée (Normalized matrix)													Priorité (Poids)
0,0122	0,0040	0,0323	0,0047	0,0041	0,0199	0,0149	0,0073	0,0053	0,0039	0,0036	0,0097	0,0097	0,0079
0,0854	0,0277	0,0416	0,0236	0,0203	0,0227	0,0171	0,0170	0,0317	0,0394	0,0356	0,0226	0,0219	0,0281
0,1098	0,1937	0,2909	0,1653	0,1423	0,4773	0,3583	0,2550	0,2222	0,1775	0,1601	0,2038	0,2623	**0,2153**
0,0610	0,0277	0,0416	0,0236	0,1423	0,0227	0,0171	0,0102	0,0106	0,0394	0,0356	0,0136	0,0175	0,0266
0,0610	0,0277	0,0416	0,0034	0,0203	0,0227	0,0171	0,0102	0,0106	0,0394	0,0356	0,0136	0,0175	0,0197
0,0976	0,1937	0,0970	0,1653	0,1423	0,1591	0,2389	0,2550	0,2222	0,1775	0,1601	0,2038	0,2623	0,1747
0,0976	0,1937	0,0970	0,1653	0,1423	0,0796	0,1194	0,1530	0,1587	0,1381	0,1246	0,1359	0,1749	0,1330
0,0854	0,0830	0,0582	0,1181	0,1016	0,0318	0,0398	0,0510	0,0952	0,0986	0,0890	0,0340	0,0437	0,0654
0,0732	0,0277	0,0416	0,0709	0,0610	0,0227	0,0239	0,0170	0,0317	0,0592	0,0534	0,1359	0,0291	0,0422
0,0610	0,0138	0,0323	0,0118	0,0102	0,0177	0,0171	0,0102	0,0106	0,0197	0,0356	0,0136	0,0175	0,0178
0,0610	0,0138	0,0323	0,0118	0,0102	0,0177	0,0171	0,0102	0,0106	0,0099	0,0178	0,0097	0,0125	0,0152
0,0854	0,0830	0,0970	0,1181	0,1016	0,0530	0,0597	0,1020	0,0952	0,0986	0,1246	0,0679	0,0437	0,0833
0,1098	0,1107	0,0970	0,1181	0,1016	0,0530	0,0597	0,1020	0,0952	0,0986	0,1246	0,1359	0,0874	0,0966

Calcul de la moyenne des éléments de chaque ligne de la matrice

- **Calcul de la valeur propre λmax**

Nous allons multiplier la matrice par les éléments de vecteur de priorité (poids), x est la valeur propre du vecteur (n) de priorité, on calcule la moyenne des valeurs trouvées. Le résultat est appelé valeur **λmax.**

En divisant les éléments du vecteur de la somme pondérée par la priorité correspondant à chaque critère comme suit :

			Ratio
Surface construite à faible densité	0,1291/	0,0079	**16,381**
Surface construite de densité moyenne	0,3860/	0,0281	**13,731**
Surface construite de forte densité	3,1879/	0,2153	**14,804**
Agrumes	0,4357/	0,0266	**16,398**
Fourrage et maraichage	0,2947/	0,0197	**14,964**
Autoroute	2,5541/	0,1747	**14,621**
Voie expresse	1,8730/	0,1330	**14,086**
Routes nationales	0,9397/	0,0654	**14,379**
Routes régionales	0,6581/	0,0422	**15,607**

Routes non classées	0,2502/	0,0178	**14,069**
Rues résidentielles	0,2158/	0,0152	**14,220**
Réseaux : Alimentation en eau potable	1,1512/	0,0833	**13,825**
Réseaux : Assainissement	1,3266/	0,0966	**13,739**

λmax = Moyenne des valeurs des ratios calculés, soit : **λmax= 14,679**

- **Calcul de l'Indice de Cohérence : IC**

$$IC = \frac{(\lambda max - n)}{n - 1}$$

Donc $IC = (14,679 - 13)/12$ Soit $IC = 0,140$

- **Déduction de la valeur d'Indice Aléatoire (IA)**

Saaty a élaboré une échelle où les indices aléatoires **IA** furent établis en effectuant des jugements aléatoires pour un nombre élevé de réplication (Rakotoarivelo, 2018). Ce nombre IA représente la moyenne des indices calculés à chaque réplication pour différente grandeur de matrice carrée (N). Pour notre cas, il s'agit d'une comparaison de 13 critères, ainsi la valeur de l'indice aléatoire de SAATY est de 1,56 d'où IA **= 1,56.**

- **Calcul de Ratio de Cohérence (RC)**

Pour chaque matrice, le résultat de IC (l'indice de consistance) divisé par IA (l'indice aléatoire) est appelé le rapport de consistance (the consistency ratio CR) (Saaty, 2008), CR présente un indice approprié pour juger la cohérence des processus de comparaison par paires.

$$RC = \frac{IC}{IA}$$

Avec

CR : Le rapport de consistance (Consistency ratio) ;

IC : L'indice de consistance (Consistency Index) ;

IA : L'indice de consistance aléatoire (Random consistency index).

Nous avons IC = 0,140 et IA= 1,56 donc RC= IC/IA = 0,140/1,156= **0,0897** soit 8,97 %

Alors RC = 8,97% <= 10, ainsi, le degré de cohérence de comparaison est limite acceptable.

A. Évaluation de la vulnérabilité environnementale

- **Matrice de jugement de comparaison de la vulnérabilité environnementale**

Annexe n° 5 : Évaluation de la vulnérabilité environnementale et description de quelques enjeux des vulnérabilités physique et environnementale.

Tableau n°41.Matrice de jugement de comparaison des enjeux de la vulnérabilité environnementale (Bouaakkaz, 2020)

Comparaison des enjeux	Espaces naturels protégés	Forêts	Zones de captage des eaux potables	Parc et Jardin urbains	Ressources en eaux
Espaces naturels protégés (Parcs nationaux :Souss massa et Toubkal, espace naturel sensible etc…)	**1**	3	0,2	0,2	0,2
Forêts (montagnes et plaine)	0,333	**1**	0,143	0,143	0,143
Zones de captage des eaux potables	5	7	**1**	1	0,333
Parc et Jardin urbains	5	7	1	**1**	0,333
Ressources en eaux (Retenues de barrages, lac, bassin et sources)	5	7	3	3	**1**

- **Calcul de vecteur de priorité**

Le calcul du vecteur priorité consiste à calculer l'importance relative de chacun des éléments de la hiérarchie à partir des appréciations obtenues de l'étape précédente. Pour cela, on doit d'abord normaliser la matrice (Tableau n°43). En effet, la détermination des priorités des éléments de chaque matrice se fait par la résolution du problème de vecteurs propres (Rakotoarivelo, 2018) :
Effectuer les sommes de colonne, et puis diviser les éléments de la matrice par la somme de la colonne (Tableau n°42)

Tableau n°42. Somme des colonnes de la matrice

1	3	0,2	0,2	0,2
0,3333333	1	0,1428571	0,14285714	0,142857143
5	7	1	1	0,333333333
5	7	1	1	0,333333333
5	7	3	3	1
16,33	**25,00**	**5,34**	**5,34**	**2,01**

Le calcul du vecteur priorité se fait à partir de la matrice carrée normalisée. Il faut pour cela faire le calcul de la moyenne des lignes (Tableau n°43)

Tableau n°43. Division des éléments de la matrice par la somme de la colonne et calcul de la moyenne des éléments de chaque ligne de la matrice.

Matrice normalisée					Priorité (Poids)
0,061	0,120	0,037	0,037	0,100	**0,071**
0,020	0,040	0,027	0,027	0,071	**0,037**
0,306	0,280	0,187	0,187	0,166	**0,225**
0,306	0,280	0,187	0,187	0.166	**0,225**
0,306	0,280	0,561	0,561	0.498	**0,441**

- **Calcul de la valeur propre λmax**

Nous allons multiplier la matrice par les éléments de vecteur de priorité (poids), x est la valeur propre du vecteur (n) de priorité, on calcule la moyenne des valeurs trouvées. Le résultat est appelé valeur **λmax.**

	1		3		0,2		0,2		0,2	**0,360**
	0,333333		1		0,142857		0,142857		0,142857	**0,188**
0,071	5	**0,037**	7	**0,225**	1	**0,225**	1	**0,441**	0,333333	**1,212**
	5		7		1		1		0,333333	**1,212**
	5		7		3		3		1	**2,408**

En divisant les éléments du vecteur de la somme pondérée par la priorité correspondant à

chaque critère comme suit :

			Ratio
Espace naturel protégé (Parcs nationaux :Souss massa et Toubkal, espace naturel sensible etc…)	0,360484	0,071	**5,0684**
Forêts (montagnes et plaine)	0,188114	0,037	**5,0849**
Zones de captage des eaux potables	1,212229	0,225	**5,3813**
Parc et Jardin urbains	1,212229	0,225	**5,3813**
Ressources en eaux (Retenues de barrages, lac, bassin et sources)	2,407527	0,441	**5,4549**

λmax = Moyenne des valeurs des ratios calculés, soit : **λmax= 5,274**

- **Calcul de l'Indice de Cohérence : IC**

$$IC = \frac{(\lambda max - n)}{n - 1}$$

Donc $IC = (5,274 - 5)/4$ soit $IC = 0,069$

- **Déduction de la valeur d'Indice Aléatoire (IA)**

Saaty a élaboré une échelle où les indices aléatoires **IA** (Tableau n°44) furent établis en effectuant des jugements aléatoires pour un nombre élevé de réplication (J-B Rakotoarivelo., 2018).

Tableau n°44. L'indice de consistance aléatoire, IA (Random consistency index) (Saaty 1980)

N	1	2	3	4	5	6	7	8	9	10
IA	0	0	0.58	0.9	1.12	1.24	1.32	1.41	1.45	1.49

Pour notre cas, il s'agit d'une comparaison de 5 critères, ainsi la valeur de l'indice aléatoire de SAATY est de 1,12 d'où IA = **1,12.**

- **Calcul de Ratio de Cohérence (RC)**

Pour chaque matrice, le résultat de IC (l'indice de consistance) divisé par IA (l'indice aléatoire) est appelé le rapport de consistance (the consistency ratio CR) (Saaty, 2008), CR présente un indice approprié pour juger la cohérence des processus de comparaison par paires.

$$RC = \frac{IC}{IA}$$

Avec

CR **:** Le rapport de consistance (Consistency ratio)

IC **:** L'indice de consistance (Consistency Index)

IA **:** L'indice de consistance aléatoire (Random consistency index)

Nous avons IC = 0,069 et IA= 1,12 donc RC= IC/IA = 0,069/1,12 = **0,062** soit 6,2 %

Alors RC = 6,2% <= 10, ainsi, le degré de cohérence de comparaison est limite acceptable.

B. Évaluation de la vulnérabilité globale aux inondations

De la même manière on a évalué la vulnérabilité globale aux inondations dans la zone d'étude en renseignant le Tableau n°15. ci-après par le jugement des experts.

Tableau n°45.Matrice de comparaison par paire des vulnérabilités dans le bassin de Souss

Évaluation de la vulnérabilité globale	Vulnérabilité sociale (humaine)	Vulnérabilité environnementale	Vulnérabilité économique (matérielle)
Vulnérabilité sociale (humaine)	1		
Vulnérabilité environnementale		1	
Vulnérabilité économique (matérielle)			1

Après, les vecteurs propres des matrices de jugement ont été calculés pour fournir les fonctions de vulnérabilité qui déterminent les priorités. Le résultat de cette évaluation est résumé dans le Tableau n°46, ci-après.

Annexe n° 5 : Évaluation de la vulnérabilité environnementale et description de quelques enjeux des vulnérabilités physique et environnementale.

Tableau n°46.Pondération des vulnérabilités par le groupe d'expert dans la zone d'étude

Vulnérabilité	Moyenne	Pourcentage
Vulnérabilité sociale (humaine)	0,48	48,18
Vulnérabilité environnementale	0,29	28,71
Vulnérabilité physique (économique)	0,23	23,11

- **Calcul de Ratio de Cohérence (RC) : Consistency checking**

Analogiquement que ceux calculés pour les matrices de la vulnérabilité physique et environnementale ci-dessus, on calcule le RC de la matrice de la vulnérabilité globale comme suit :

- **Matrice de jugement de comparaison de la vulnérabilité globale**

Tableau 47.Matrice de jugement de comparaison des vulnérabilités dans le bassin de Souss

Comparaison des vulnérabilités	Vulnérabilité sociale (humaine)	Vulnérabilité environnementale	Vulnérabilité physique (matérielle)
Vulnérabilité sociale (humaine)	**1**	7	5
Vulnérabilité environnementale	0,142857143	**1**	0,333333
Vulnérabilité physique (matérielle)	0,2	3	**1**

- **Calcul de vecteur de priorité**

Le calcul du vecteur priorité consiste à calculer l'importance relative de chacun des éléments de la hiérarchie à partir des appréciations obtenues de l'étape précédente. Pour cela, il faut d'abord normaliser la matrice (Tableau 47). En effet, la détermination des priorités des éléments de chaque matrice se fait par la résolution du problème de vecteurs propres (Rakotoarivelo, 2018) :

Effectuer les sommes de colonne, et puis diviser les éléments de la matrice par la somme de la colonne (Tableau n°48 et Tableau 47)

Tableau n°48. Somme des colonnes de la matrice

Vulnérabilité sociale (humaine)	1	7	5
Vulnérabilité environnementale	0,142857	1	0,333333
Vulnérabilité physique (matérielle)	0,2	3	1
Somme	**1,342857**	**11**	**6,333333**

Le calcul du vecteur priorité se fait à partir de la matrice carrée normalisée. Il faut pour cela faire le calcul de la moyenne des lignes (Tableau n°49)

Tableau n°49.Division des éléments de la matrice par la somme de la colonne et Calcul de la moyenne des éléments de chaque ligne de la matrice.

Matrice normalisée			**Priorité (poids)**
0,0612	0,2800	0,9358	0,2522
0,0087	0,0400	0,0624	0,0279
0,0122	0,1200	0,1872	0,0650

- **Calcul de la valeur propre λmax**

Nous allons multiplier la matrice par les éléments de vecteur de priorité (poids), x est la valeur propre du vecteur (n) de priorité, on calcule la moyenne des valeurs trouvées. Le résultat est appelé valeur **λ** max.

	1		7		5	**0,773**
0,2522	0,143	0,028	1	0,065	0,333	**0,086**
	0,2		3		1	**0,199**

En divisant les éléments du vecteur de la somme pondérée par la priorité correspondant à

chaque critère comme suit :

			Ratio
Vulnérabilité sociale (humaine)	0,773	0,2522	**3,029**
Vulnérabilité environnementale	0,086	0,0279	**3,082**
Vulnérabilité physique (matérielle)	0,199	0,0650	**3,061**

λmax = Moyenne des valeurs des ratios calculés, soit : **λmax= 3,05.**

Calcul de l'Indice de Cohérence : IC

$$IC = \frac{(\lambda max - n)}{n - 1}$$

Donc $IC = (3,057 - 3)/2$ soit $IC = 0,028$

- **Déduction de la valeur d'Indice Aléatoire (IA)**

Saaty a élaboré une échelle où les indices aléatoires **IA** (Tableau n°44) furent établis en effectuant des jugements aléatoires pour un nombre élevé de réplication

(J-B Rakotoarivelo., 2018). Pour notre cas, il s'agit d'une comparaison de 3 critères, ainsi la valeur de l'indice aléatoire de SAATY est de 0,58 d'où IA = **0,58.**

- **Calcul de Ratio de Cohérence (RC)**

Pour chaque matrice, le résultat de IC (l'indice de consistance) divisé par IA (l'indice aléatoire) est appelé le rapport de consistance (the consistency ratio CR) (Saaty, 2008), CR présente un indice approprié pour juger la cohérence des processus de comparaison par paires.

$$RC = \frac{IC}{IA}$$

Avec

***CR* :** Le rapport de consistance (Consistency ratio)
***IC* :** L'indice de consistance (Consistency Index)
***IA* :** L'indice de consistance aléatoire (Random consistency index)
Nous avons IC = 0,028 et IA= 0,58 donc RC= IC/IA = 0,028/0,58 = **0,05** soit 5 %
Alors RC = 5 % <= 10, ainsi, le degré de cohérence de comparaison est limite acceptable

Annexe n° 6 : Évaluation de la Capacité à faire face aux inondations et exemple type de système d'alerte précoce face aux crues (cas de la vallée de l'ourika)

6.1 Sélection des indicateurs d'évaluation de la capacité à faire face aux inondations dans la zone d'étude

L'inventaire des indicateurs d'évaluation de la capacité est présenté dans le Tableau n°50 ci-après.

Annexe n° 6 : Évaluation de la Capacité à faire face aux inondations et exemple type de système d'alerte précoce face aux crues (cas de la vallée de l'ourika)

Tableau n°50. Inventaire des indicateurs d'évaluation de la capacité au risque d'inondation

Dimension	**Indicateur**	**Source**	**Justification**	**Limites**
Capacité institutionnelle en matière de ressources financières, humaines et matérielles	Accord d'un budget communal spécifique à la gestion des sinistres	Posey, (2009) ; Valois et al.. (2017), Dutozia ; Baud, (2018). et al., 2019, Scheuer et al., 2011, (Chartrand,(2019)	La disponibilité d'un budget dédié aux changements climatiques, notamment au risque d'inondation permet la réalisation de plusieurs opérations pouvant améliorer la capacité à faire face d'une commune aux aléas. En effet, les ménages riches sont mieux à même d'atténuer » ou de remplacer les pertes par les inondations car ils ont des capacités financières.	Les moyens financiers disponibles dans la zone d'étude ne couvrent pas la totalité des besoins en matière de gestion de risque d'inondation, afin d'améliorer la capacité. D'après les entretiens réalisés avec les présidents des communes, la plupart de ces dernières n'ont pas la capacité financière pour faire face au risque d'inondation.
	Présence d'un coordonnateur provincial pour gérer les mesures de capacité à faire face et d'adaptation	Dannevig et al., (2012); Valois et al., (2017), Wood et. Al., 2015, Baud, (2018). Chartrand,(2019)	Le fait de désigner un responsable de la coordination pour la mise en œuvre de mesures permettant de faire face aux aléas montre qu'un effort est posé en ce qui concerne les enjeux associés aux changements climatiques. La présence d'un coordinateur provincial assure également que la problématique soit prise en charge et il facilite la collaboration entre les différents acteurs et assure la supervision. D'après Babcicky et al., (2017) le capital social structurel est une ressource importante pour le rétablissement des ménages, en particulier pour ceux qui ont subi de graves dommages matériels dus aux inondations. Une coordination entre les différents intervenants, comme la protection civile, la gendarmerie royale, le conseil de la région, la direction de l'équipement et des transports, etc., peut être essentielle pour assurer une gestion efficace des mesures d'adaptation et de capacité à faire face aux aléas climatiques étant donné que chacun d'eux doit effectuer des tâches précises.	La capacité de coordination et gouvernance est limitée par le manque des moyens financiers clairs et ciblés.
	Disponibilité suffisante des communes en ressources financières, matérielles, etc.	Chowdhooree (2018), Smit & Wandel, (2006)	Une commune qui possède une quantité suffisante de ressources peut plus facilement et rapidement poser les actions qu'elle considère comme nécessaires et importantes pour l'anticipation et l'atténuation du risque d'inondation. Un autre impact post-inondation, qui affecte la population, est le fardeau de la dette pour la restauration de l'économie, qui exerce une pression supplémentaire sur la population et réduit sa capacité	Absence de stratégie de financement qui prend en compte l'ensemble du cycle de gestion des risques (prévention, gestion et réhabilitation). D'après les interviews réalisés avec les présidents des communes, on n'a pas la mobilisation des ressources de financement stables pour mener à bien les actions, jugées prioritaires, de lutte contre le risque d'inondation et les sites noirs existants.

			financière à faire face à la nouvelle situation (Bringas, 2016).	
	Infrastructure de protection contre les inondations	Auteur	L'instauration des mesures structurelles (travaux d'ouvrages de génie civil dans les chenaux d'eau et sur les versants) par les aménagements de protection contre les inondations à savoir : les barrages (pour favoriser l'infiltration et le stockage des eaux pluviales, ainsi que l'écrêtement (laminage) des crues, digues (Grelot , 2004. Serre, 2005 et Guillier., 2017), seuils, murs de protections anti-crues. Canaux de déviations hors sites des cours d'eaux. Le recalibrage et l'entretien des cours d'eau. L'aménagement des bassins versants par les traitement mécaniques (seuils en gabion ou pierres sèches) et biologiques (reboisement par des plantes adaptables au climat aride), sachant qu'un hectare planté d'arbres peut rejeter par évapotranspiration jusqu'à 12 000 mètres cubes d'eau par an (Scarwell, & Laganier, 2004), etc. Le Maroc est doté dès 2009 d'un fonds de lutte contre les effets des catastrophes naturelles (FLCN)[35]. Le fonds prendra en charge notamment les opérations urgentes de secours, l'assistance aux populations sinistrées ainsi que le développement des moyens d'intervention et de prévention. Les catastrophes naturelles visées par le FLCN concernent les inondations, les crues torrentielles, les séismes, les chutes de pierres et de blocs, les glissements de terrains, les phénomènes d'érosions du littoral et les tsunamis.	Les ouvrages de protections exceptés les barrages, sont dimensionnés pour des crues de fréquence centennale, donc ne garantirent pas la protection durable des riverains, environnement, et les battis. Les moyens et les grands barrages, sont dimensionnés pour transiter les crues millénales et décamillénales, donc leur capacité de faire face aux inondations est limitée. Notons que en cas de rupture d'un barrage, le risque sera très dévastateur et très lourdes. Absence d'un programme pluriannuels d'entretien et de gestion des cours d'eau. En outre, les crédits loués par le FLCN ne sont pas suffisants pour exécuter tous les travaux de protection contre les inondations, afin d'améliorer la capacité des riverains et leurs résiliences.
Social (population)	Âge (les jeunes)	Scheuer et al., (2011)	Les jeunes sont moins vulnérables que les personnes âgés	

[35] https://www.gestionrisques.ma/

Annexe n° 6 : Évaluation de la Capacité à faire face aux inondations et exemple type de système d'alerte précoce face aux crues (cas de la vallée de l'ourika)

	Infrastructure Sanitaire (Soins de santé) et leurs accessibilités (leurs proximités aux sinistrés).	Barrette et al., (2018), cutter et al., 2010, De Brito et al., 2018, Siebeneck, (2015), Bevacqua et al., 2018, Tanguay (2017). Masuya, (2014). Scheuer et al., 2011, Smit & Wandel, (2006), Coles et al., (2017) et Auteur	La disponibilité des centres de santé dans le bassin de Souss (couverture sanitaire), et leurs proximités jouent un rôle primordial pour effectuer des interventions des soins de premier recours (article L6323 du code de la santé publique), en cas de sinistrés suite à la survenue d'une inondation. Un accès rapide aux soins d'urgence peut réduire considérablement la mortalité (Ouma et al., 2018) en cas de catastrophe. Les soins d'urgence se réfèrent à la capacité du système de santé requise pour assurer la fourniture efficace de services curatifs pour les événements mettant la vie en danger (Ouma et al., 2018). Dans une analyse de risque, cette information est d'une extrême importance car elle permet de détecter les lieux difficilement atteignables ou susceptibles de se retrouver isolés, ce qui peut poser problème pour l'acheminement des secours et l'évacuation des victimes en période de crise (Bringas, 2016). Les indicateurs de type services de santé sont nécessaires puisqu'être éloigné d'un service de santé rallonge le secours immédiat lors d'un désastre.	Présence des infrastructures dans la zone d'étude avec une répartition inégale (voir partie description de quelques indicateurs).
	Nombre de lits d'hôpital pour 10 000 Habitants.		Le recensement des lits d'hôpitaux est un indicateur de la disponibilité des services hospitaliers. Il n'existe pas de norme mondiale pour la densité de lits d'hôpitaux par rapport à la population totale. Le nombre de lits des hôpitaux, renseigne sur les capacités d'accueil à l'hôpital. Dans la région européenne, la population bénéficie de 63 lits d'hôpitaux pour 10 000 habitants, contre 10 pour 10 000 dans la région africaine (OMS, 2009).	Une des limites de cet indicateur est qu'il n'est pas disponible au niveau de la zone d'étude. Actuellement le Maroc dispose de 11 lits pour 10 000 habitants (Ministère de la Santé, 2018). Ce qui est faible en comparaison avec d'autres pays méditerranéens.
	Nombre de médecin pour 1000 personnes		Selon l'OMS, il faut un médecin pour 10 000 habitants (Aka, K. A., 2010). Un médecin est un gradué d'une institution ou d'une école de médecine qui œuvre dans le domaine de la médecine (pratique, enseignement, recherche), Selon OMS. L'indicateur évalue leur nombre par tranche de 1000 habitants[36]. Le seuil minimum est de 23 médecins, infirmières et sages-femmes pour 10 000 habitants qui a été établi par l'OMS comme étant	Une des limites de cet indicateur est qu'il n'est pas actualisé à nos jours. Sa valeur en 2017 est de 0,73 d'après les statistiques de la banque mondial (https://donnees.banquemondiale.org/indicateur/SH.MED.PHYS.ZS?locations=MA) Ce chiffre est inférieur au seuil critique (2,5 personnels soignants pour 1000 habitants) (Ministère de la Santé, 2009).

36 http://perspective.usherbrooke.ca/bilan/servlet/BMTendanceStatPays?codePays=MAR&codeStat=SH.MED.PHYS.ZS&codeStat2=x&langue=fr

			nécessaire pour assurer les soins maternels et infantiles les plus indispensables. (https://www.who.int/hrh/workforce_mdgs/fr/) Au Maroc, on ne compte que 6 médecins et une densité médicale de huit (8) professionnels de santé pour 10.000 habitants (Ministère de la Santé, 2018).	Le pays est loin de répondre au standard de l'OMS fixé à 1 médecin pour 650 habitants (Ministère de la Santé, 2018), ainsi le Maroc figure parmi les 57 pays du monde présentant une offre médicale insuffisante (Ministère de la Santé, 2018).
Capacité institutionnelle en matière de ressources informationnelles	Utilisation d'outils cartographiques (e.g., SIG) par les communes et les autres acteurs (ABHSM, Conseil de la région, etc.)	Valois et al., (2017) ; Cheng et al., (2017) ; Thanvisitthpon et al., (2020) ; Guillier, (2017).	Les outils cartographiques correspondent à des outils informatifs, de planification et d'aide à la décision face aux enjeux qu'amènent les changements climatiques. Ces outils favorisent « une gestion axée sur la réduction des vulnérabilités, par exemple, par la cartographie et la surveillance des risques, l'établissement de scénarios climatiques, le développement d'outils de protection des milieux humides » (Chartrand, 2019), etc. L'existence des cartes d'atlas d'inondations dans le bassin renseignant sur les sites noirs inondables dont les communes concernées, augmentent la capacité d'anticipation et d'adaptation au risque d'inondation. Et aident les habitants à connaitre l'environnement dans lequel leurs habitations sont situées.	Ces atlas d'inondations ne sont pas actualisés au fil du temps, suite aux changements climatiques et les survenues répétitives des inondations après leur élaboration en 2013.
Capital communautaire	Nombre d'organisations communautaires et associations, bénévoles	Babcicky & Seebauer, (2017); Thomas, (2012); Cutter et al., (2010); Posey, (2009); Masuya, (2014). Keogh et al., (2011), Kuhlicke & Steinführer (2010)	Ces organisations et associations peuvent instruire des projets de sensibilisation aux aléas climatiques et peuvent partager des mesures pour y faire face ainsi que pour venir en aide aux sinistrés. Étant donné que la sensibilisation du public est un facteur clé dans la réduction effective des risques de catastrophe. Par ailleurs, la participation du public est de plus en plus considérée comme souhaitable en cas de risque d'inondation et cela est explicitement requis dans la directive européenne des inondations (Landström et al., 2019).	Absence de ces organisations et associations qui travaille dans ce domaine au niveau de la zone d'étude.
	Présence/absence de soins médicaux bénévoles à domicile lors de sinistre	Alberini et al., (2011)	Cela permet d'apporter de l'aide aux personnes sensibles dans un court délai.	Ces soins sont très insuffisants, parfois absent chez des ménages.

Annexe n° 6 : Évaluation de la Capacité à faire face aux inondations et exemple type de système d'alerte précoce face aux crues (cas de la vallée de l'ourika)

	Pourcentage de la population n'ayant pas déménagé dans les cinq dernières années ou pourcentage de la population née dans la région et y résidant toujours (tiré de Thomas, 2012)	Posey, (2009); Thomas, (2012); Keogh et al., (2011)	La cohésion de réseau social d'un individu, ainsi que l'amélioration de sa connaissance du milieu et des risques environnementaux est influencée par sa durée de résidence au même endroit.	Les données de cet indicateur ne sont pas disponibles.
	Développement de la culture du risque : Connaissance des risques associés aux aléas par la population	Cutter et al., (2008); Chowdhooree, (2018), Masuya, (2014). Smit, & Wandel, (2006)	Des citoyens avertis, instruits et préparés aux risques associés aux aléas climatiques peuvent davantage développer des stratégies d'adaptation pour mieux leur faire face.	Absence de cette culture de risque chez la plupart des habitants.
Capital immobilier	Pourcentage de propriétaires occupants	Babcicky & Seebauer, (2017); Thomas, (2012); Cutter et al., (2010); Fekete, (2009); Lee, (2014); de Oliveira, (2009)	Habileté à procéder à des mesures de protection résidentielles. Les propriétaires ont l'autonomie de poser des actions concrètes sur leur propriété afin de faire face aux aléas.	Ces travaux de protection sont dimensionnés à une période de retour des crues centennales, donc ils restent toujours sujettes aux inondations. En outre ces aménagements sont réalisés par les riverains dans la plupart des cas, d'une façon anarchique (d'après l'enquête de terrain). Ainsi, ces moyens sont dérisoires devant la virilité des inondations (Baud, D., 2018)
Communication/ Information	Présence/absence de pages web ou de réseaux sociaux informatifs sur les aléas	Babcicky & Seebauer, (2017), Scheuer, S et al, 2011, Thanvisitthpon et al., (2020), Kuhlicke & Steinführer, (2010)	Aide l'échange d'information, de ressources et de support envers les sinistrés. Il s'agit aussi d'un indicateur du degré de cohésion de groupe à l'échelle de la communauté. Moyennant l'élaboration et la diffusion de l'information par les médias et les canaux de l'éducation, la création de centres d'information. Les Smartphones et les réseaux sociaux servent comme outils d'aide à l'alerte face aux inondations.	Cet indicateur est très limité aux habitants qui consulte le réseau internet. En outre, toute la population ne possède pas des smartphones.
	Pourcentage de la population ayant accès à internet	Siebeneck, (2017)	Possibilité d'accéder à de l'information s'intitulant la prévention, la préparation, l'intervention ou le rétablissement lors de catastrophes.	Pas de source de données de cet indicateur et d'après l'expérience lors des inondations de 2010 et 2014 survenues dans le bassin, le réseau GSM est interrompu (absent) dans quelques zones inondables notamment en Souss amont.
	Exécution des études par les communes et les autres	Valois, P. et al., (2017), Thanvisitthpon et al., (2020), Kuhlicke	Produire des études par les communes ou l'ABHSM et le conseil régional, permettent d'augmenter la connaissance des communes territoriales aux risques	Manque des études de protection contre les inondations de quelques communes, pour

	acteurs pour s'informer sur les aléas	& Steinführer (2010), Smit & Wandel, (2006)	d'inondation où elles sont soumises que ce soit, par exemple, une évaluation de l'impact des changements climatiques, une évaluation de la capacité des personnes à s'adapter efficacement aux risques, etc. Ces études permettent, l'amélioration de la connaissance du fonctionnement hydraulique des sous bassins versants. Et établissement des schémas d'aménagement pour protéger la population contre ce risque et augmenter leur résilience.	couvrir la totalité du bassin de Souss et faire un inventaire exhaustif des sites noirs.
Économique	Richesse (revenu)	Scheuer, S et al, (2011), Laurien, F., et al , (2020), Thanvisitthpon, N, Alou, A. A. (2018) et al, (2020)	Les ménages à revenu élevé ont la capacité d'adaptation élevée et pour récupérer et remplacer les pertes en cas de survenue d'une inondation. La capacité de résilience aux inondations la plus élevée se trouve dans les communautés où la répartition des revenus des ménages est équilibrée, ce qui est probablement un facteur contribuant à l'importance du capital financier (Laurien et al., 2020)	Absence des données de cet indicateur
Expériences passées (retour d'expérience)	Événements d'inondation dans les dernières années	Babcicky & Seebauer,(2017); Thomas, (2012); Krellengerg & Welz, (2017); Keogh et al., (2011), Thanvisitthpon, et al., (2020	Le fait d'avoir déjà vécu une inondation offre une connaissance des principaux risques qui y sont associés et permet ainsi de développer de meilleures stratégies de capacité à faire face. Un niveau élevé la prise de conscience et l'expérience des catastrophes passées donnent aux communautés des meilleures chances de préparation avant les dangers (C. Bolin, et al 2003). Le retour d'expérience améliore la capacité d'adaptation et d'anticipation aux dangers et de s'adapter aux changements défavorables (Vojinovic et al., 2016). Le principe du retour d'expérience permet de mettre en exergue des remarques de terrain, positives ou négatives, afin que des améliorations nécessaires soient mises en oeuvre, sur la base de la reconnaissance des erreurs commises.	Suites aux inondations dernières qu'a connu la zone d'étude quelques communes ont vécu cette expérience, mais pas la totalité inclut dans le bassin de Souss.
Fragmentation politique	Nombre de paliers de gouvernement, de niveaux d'administration et de décision	Thomas, (2012); Cutter et al., (2010), Thanvisitthpon et al., (2020)	La complexité des procédures administratives influence la vitesse d'exécution des décisions et des actions prises pour faire face à différents sinistres (Thomas, 2012).	
Sécurité civile (Mesures d'urgence)	Présence/absence d'un programme provincial de	Babcicky, P & Seebauer, S. (2015) ; de Oliveira, (2009);	Les services d'urgence comprennent des entités tels que les autorités de protection civile, la police, les services des incendies, les ambulances, les services de médecine	Présence d'un plan de mesures d'urgence, (Dahir 1-17-70 du 24/7/2018 art 6), sous la responsabilité de Messieurs les Gouverneurs

	préparation et réponse aux aléas et service d'urgence	Cutter et al., (2008); Thomas, (2012), Masuya, (2014). Kuhlicke & Steinführer, (2010)	d'urgence et paramédicaux, la Croix-Rouge, et les unités d'intervention d'urgence spécialisées en électricité, transport, communication, forces auxiliaires et autres services. Intérêt et motivation des provinces à prendre des initiatives pour se préparer, faire face et s'adapter aux aléas climatiques. Mettre en place des stratégies concrètes, pour assurer la protection et la confiance des citoyens lors de sinistres. L'existence d'un plan d'organisation des secours (ORESCA) en cas de catastrophe. La formation des équipes d'urgence et la préparation d'équipements d'urgence adéquats pourraient améliorer la résilience globale et la capacité des communautés confrontées au risque d'inondation qui affecte les communes de la zone d'étude.	en vue de fixer, à l'avance, la ligne de conduite à tenir dans l'organisation des secours et du sauvetage de la population et des biens en cas de catastrophe. En particulier le plan SINON (Annexe du plan ORSEC), crée en 1963 dont l'objectif est l'organisation des secours en cas d'inondation. Cependant, les moyens logistiques, matériels et humaines mise à disposition sont insuffisantes pour augmenter la capacité des citoyens face aux risques d'inondations dans la zone d'étude (voir partie description de quelques indicateurs).
	Proximité aux services de type policier	Barrette et al., (2018) ; Tanguay, (2017). Auteur	Cette proximité, influence sur le bénéficiement des services des polices en cas de survenue d'une inondation.	Cette proximité concerne seulement les citadins.
	Planification des évacuations et mise en œuvre des exercices d'évacuation aux zones refuge (Proximité aux services de type pompier)	De Brito et al., (2018); Noble et al., (2014)	La présence et la proximité aux services de la protection civil des populations sinistrées, améliorent leurs capacités de faire face aux désastres, notamment pour les missions d'hébergement, d'évacuation et de sauvetage.	L'évaluation de la capacité d'intervention et de réponse dépend du temps d'arrivée prévu de l'ambulance et des véhicules de secours et du ratio de services qui se réfère au nombre de véhicules disponibles (Elboshy, B et al, 2019). Le bassin de Souss souffre d'une carence en unités (casernes) de protection civile, on dénombre seulement 11 casernes réparties sur la plaine. Le temps d'intervention sera plus important >2heure dans la majorité des communes. Absence des zones refuges fixes dans la zone d'étude. (voir partie description de quelques indicateurs).
	Présence/absence d'un système d'alerte automatiques aux aléas hydrométéorologique	Noble et al., (2014); Valois et al., (2017) ; Yang et al., (2018) ; Cheng et al.,(2017) ;Yang et al., (2018) ; Elboshy et al (2019) ;Thanvisitthpon, N et al., (2020), Bringas, (2016).	Un système d'alerte aux inondations produit des avantages directs et indirects, tangibles et intangibles. Pour y parvenir, le système comprend du matériel, des logiciels, des plans et des procédures, ainsi que du personnel qui travaille de manière intégrée pour augmenter le temps d'atténuation disponible avant le début de l'inondation (Carsell et al., 2004). Et ce pour informer d'urgence les citoyens, et pour prendre des décisions sur la réponse appropriée afin d'atténuer et	Absence de système d'alerte automatique dans la zone d'étude, a l'instar de système d'alarme installé dans la vallée d'Ourika, au niveau de bassin de Tensift. Cependant on note la présence des stations hydro- pluviométriques, hydrométrique d'annonce des crues en nombre de 14 y compris celles installées au niveau des barrages. Néanmoins, on a pas l'automatisation de l'observation

		UNISDR. (2016). Li, Shang., & Qin (2018). et Auteur	éviter les dommages, prévenir les pertes de vie ainsi qu'améliorer la capacité et la résilience au risque d'inondation. Le processus d'implication des activités humaines est intrinsèquement compliqué et nécessite des informations sur les inondations en temps réel et un large éventail d'activités d'atténuation des inondations, y compris des mesures structurelles et non structurelles telles que l'alerte aux inondations (Yang, L. E, et al 2018). L'amélioration du système d'alerte avec une diffusion plus fréquente des informations devrait être une priorité dans la planification et la gestion du contrôle des inondations. Les résultats concordent avec plusieurs études qui ont clairement constituées des preuves de l'avantage substantiel des systèmes d'alerte aux inondations (Carsell et al., 2004 et Pappenberger et al., 2015). Sachant que la réception d'avertissements avec un court intervalle de temps peut compenser en partie les lacunes du long délai d'avertissement en réduisant considérablement le taux de perte. Les dégâts augmentent lorsque l'intervalle d'avertissement est plus long (Gallopín, G. C. (2006).	hydrologique (pluie et niveau d'eau) dans ces stations d'annonce des crues, ainsi que le bassin n'est pas couverts totalement, des stations notamment dans les sous bassins qui connus des inondations brutales (Tiout, Aghren, Ouarga, et Nokheil,etc.). Pour améliorer encore la prévision sur le bassin, il est souhaitable de prévoir des nouvelles stations hydrométéorologiques au niveaux des oueds sollicités non jaugés. Car on note une baisse de densité du réseau des stations, comme indice de capacité d'alerte précoce, qui peut influencer sur la connaissance hydrologique du bassin d'une part et la dégradation de la prévision des crues, d'autre part. Etant donné que la densité spatiale du réseau hydrométrique a un impact sur les performances des calculs hydrologiques en situation non jaugée (Lebecherel, L, 2014). (voir partie description de quelques indicateurs).
Transport	Proportion de la population possédant une voiture	Thomas (2012) ; (Siebeneck et al., 2015)	Accès à un moyen de transport personnel et flexible permettant d'agir lors des inondations.	Conditionnée par la non submersion de réseau routier avec une hauteur >= a 30cm. Dépassant cette hauteur, la circulation via l'automobile requière un risque. Les données de cet indicateur ne sont pas disponibles.
	Arrêts du Transport public	Scheuer et al., 2011	Accessibilité aux arrêts des transports publics	Cette accessibilité s'interrompe en cas d'inondation lorsque la hauteur de submersion, atteint 30cm et plus.
Education	Taux d'alphabétisation	Masuya, 2014	L'alphabétisation aide les gens à acquérir la capacité de comprendre les avertissements et les informations sur le rétablissement et à prendre les bonnes décisions concernant l'évacuation et l'adaptation au risque d'inondation.	L'indicateur d'analphabétisme est déjà exploré pour évaluer la vulnérabilité sociale

Annexe n° 6 : Évaluation de la Capacité à faire face aux inondations et exemple type de système d'alerte précoce face aux crues (cas de la vallée de l'ourika)

	Niveau d'étude	Thanvisitthpon et al., (2020)	Le niveau d'étude supérieur aide à comprendre les impacts et le déroulement des inondations, donc améliore la capacité à faire face aux inondations.	L'indicateur niveau d'étude est déjà exploré pour évaluer la vulnérabilité sociale

6.2 Réseau de soins de santé dans la zone d'étude

Le réseau de soin de santé dans le bassin de Souss est constitué par 182 hôpitaux, centres de santé et dispensaire rurale (Tableau n°51) réparties au sein des provinces sanitaires d'Agadir Ida Ou Tanane, Inezgane_Ait Melloul, Taroudante et Tiznit respectivement 37, 21, 123 et 1. Les centres de santé sont des structures sanitaires de proximité dispensant des soins de premier recours[37]. Ils élaborent un projet de santé, en mettant en places des actions d'éducation thérapeutique du patient, des actions de prévention et de santé publique. En outre, les centres de santé sont des lieux de stage pour les professionnels de santé. Ils contribuent à la réduction des inégalités d'accès aux soins et à la santé[1].

Tableau n°51. Établissements des hôpitaux et du réseau de soins de santé de base (ESSB)

N°	Province	Commune Territoriale	Nom de l'Établissement	Catégorie	Coordonnées géographiques	
1	Agadir Ida Ou Tanane	Agadir (Mun.)	AL Qods	CSU-1	30,411586	-9,557019
2			Bouargane	CSU-1	30,424618	-9,56387
3			Ihchach	CSU-1	30,421695	-9,585382
4			Talborjt	CSU-1	30,42138	-9,593669
5			Q.Industriel	CSU-1	30,412482	-9,585948
6			Amsernat	CSU-1	30,416132	-9,571795
7			Taddart	CSU-1	30,456653	-9,650063
8			O.Akalay	CSU-1	30,38967	-9,571381
9			Hay Mohhamadi	CSU-1	30,426361	-9,555183
10			Anza	CSU-2	30,391815	-9,571899
11			Bensergao	CSU-2	30,389573	-9,57158
12			Tikiouine	CSU-2	30,377294	-9,502645
13			Aghroud	CSU-1	30,606737	-9,776086
14			Anza AL Oula	CSU-1	30,445553	-9,655065
15		Amskroud	Amskroud	CSR-2	30,529301	-9,331455
16			Sidi boushab	DR	30,462657	-9,302707
17			Tamait oufella	DR	30,478894	-9,393827
18		Idmine	Assaka	DR	30,603278	-9,345909
19			Ikhardidene	DR	30,529874	-9,331154
20		Drarga	Drarga	CSR-2	30,384431	-9,480808
21			Tamait izdar	DR	30,399898	-9,386585
22			Azrarague	DR	30,467689	-9,465048
23		Imouzzer	Imouzzer	CSR-2	30,672108	-9,481552
24			Imesker	DR	30,620332	-9,497251
25		Tadrart	Tadrart	CSR-1	30,771168	-9,461275

[37]https://www.centres-sante-auvergnerhonealpes.org : article L6323 du Code de la Santé Publique

26		Aziar	Aziar	DR	30,771405	-9,563578
27		Tiqqi	Tiqqi	CSR-1	30,74524	-9,327644
28		Tamri	Tamri	CSR-2	30,693943	-9,824364
29			Ighallene	DR	30,708616	-9,694853
30		Imsouane	Imsouane	CSR-1	30,842238	-9,78194
31			Assaka imsouane	DR	30,819656	-9,76594
32			Sidi belkacem	DR	30,841469	-9,820012
33		Aourir	Tamraght	CSR-2	30,498397	-9,671772
34		Taghazout	Taghazout	CSR-1	30,544723	-9,707945
35		Aqesri	Inraren	DR	30,556024	-9,56557
36			Aqesri	DR	30,616355	-9,498079
37		Agadir (Mun.)	Hopital Hasan 2	CHR-SMD	30,43621	-9,590348
38		LAMNIZLA	Lamnizla	CSR-1	30,6112	-9,07702
39		Zt. S.TAHER	Zt. S.TAHER	CSR-1	30,4713	-9,06602
40			Sidi Moussa	DR	30,4873	-9,11281
41		Ait Iguass	Ait Iguass	CSR-1	30,5426	-8,7188
42		Freija	Freija	CSR-1	30,5052	-8,72234
43		Sidi Dahmane	Sidi Dahmane	CSR-1	30,4969	-8,82224
44		Tiout	Tiout	CSR-2	30,3987	-8,68722
45		Imoulass	Imoulass	CSR-1	30,7422	-8,76513
46		Tafraouten	Tafraouten	CSR-1	30,7048	-8,88276
47		Tamaloukte	Tamaloukte	CSR-2	30,6152	-8,82842
48		Bounrar	Migrane	CSR-1	30,2709	-8,76106
49		Sidi Borja	Sidi Borja	CSR-1	30,4339	-8,84747
50		Tazemmourt	Tazemmourt	CSR-1	30,4104	-8,83063
51		Assaisse	Tinidar	DR	30,611814	-7,6684
52		Tassousfi	Aoudouste	DR	30,42248	-7,948
53	Taroudante	Ahmer Laglalcha	Bouida	CSR-2	30,453	-8,98405
54			Oueld Salem	DR	30,52141	-8,92813
55		Ida Ou Moumen	Ahmer	CSR-2	30,5924	-9,00853
56			Laaouissate	DR	30,52709	-9,02249
57		Ait Yazza	Ait Iaaza	CSU-2	30,5053	-8,80008
58		Ighrem	Ighrem	CSU-2	30,0876	-8,45733
59		OULED BERHIL	Ouled Berhil	CSU-2	30,6357	-8,48199
60		OULED TEIMA	Oulad Teima	CSU-1	30,3943	-9,21053
61			Essafa	CSU-1	30,4022	-9,23116
62			Chrarda	CSU-1	30,4003	-9,19304
63		TALIOUINE	Taliouine	CSU-2	30,5301	-7,92687
64		TAROUDANNT	Talmaklate	CSU-1	30,4684	-8,87961
65			Old Bounouna	CSU-1	30,4744	-8,88209
66			M'haita	CSU-1	30,4745	-8,86475
67		AOULOUZ	Aoulouz	CSU-2	30,6644	-8,1907
68		Adar	Tignatine	CSR-2	30,1236	-8,3808

Annexe n° 6 : Évaluation de la Capacité à faire face aux inondations et exemple type de système d'alerte précoce face aux crues (cas de la vallée de l'ourika)

69			Doussaoune	DR	30,03281	-8,31553
70		Azaghar N'irs	Azaghar N'irs	CSR-1	30,3046	-8,24834
71			Ouastouane	DR	30,2377	-8,18867
72			Tlat N'tlaghmine	DR	30,4218	-8,1861
73		Imi N'Tayarte	Berguen	CSR-1	30,3308	-8,3887
74		Nihit	Nihit	CSR-1	30,3086	-8,49763
75		Oualqadi	Oualqadi	CSR-1	30,2455	-8,48248
76		Tisfane	Jemaa Tafraout	CSR-1	30,1582	-8,55235
77		Tabia	Tabia	CSR-1	30,0158	-8,8808
78		Toufelaazt	Toufelaazt	CSR-1	30,0675	-8,82808
79		Toumliline	Imlil	CSR-1	29,9444	-8,72421
80		Amalou	Tayert	CSR-1	30,1936	-8,74484
81		Imaoune	Aguerd Noualous	CSR-1	30,0147	-8,59668
82			Had Imaoune	DR	29,9954	-8,65433
83		Sidi Boual	Anzergue	CSR-1	29,9355	-8,5224
84		Tataoute	Indouzal	CSR-1	30,2466	-8,70807
85		Tindine	Tindine	CSR-1	30,11	-8,65271
86			Talidla	DR	30,09	-8,60886
87		Arazane	Arazane	CSR-2	30,5022	-8,60773
88		El Faid	El Faid	CSR-1	30,6152	-8,20802
89			Aguelz	DR	30,48732	-8,22521
90			Tanamroute	DR	30,48749	-8,22642
91		Ida Ougoummad	Ida Ougoummad	CSR-1	30,7019	-8,22967
92		Toughmarte	Magnoune	CSR-1	30,3937	-8,39156
93		Ida Ou Gailal	Ida Ou Gailal	CSR-1	30,629	-8,63714
94		Igli	Igli	CSR-1	30,5526	-8,55391
95		Oulad Aissa	Oulad Aissa	CSR-2	30,5571	-8,61664
96		Igoudar Lamnabha	Igoudar	CSR-1	30,6156	-8,44736
97		Lamhara	Tassoukte	CSR-1	30,5712	-8,48916
98		Tinzert	Ait Hamd	CSR-1	30,6138	-8,39262
99		Ouneine	Ouneine	CSR-1	30,8666	-8,18472
100		Sidi Ouaziz	Ait Oussaih	CSR-1	30,7106	-8,34393
101		Tafingoult	Tafingoult	CSR-2	30,7695	-8,39805
102		Talgjount	Talgjount	CSR-1	30,7307	-8,54597
103		Tigouga	Tigouga	CSR-1	30,8475	-8,61677
104		Tizi N'test	Chafarni	CSR-1	30,8341	-8,39805
105			Taouiyalte	DR	30,8117	-8,43655
106		Ahl Rmal	El Aasla	DR	30,2912	-9,08754
107		Lagfifat	Lagfifat	CSR-2	30,3316	-9,25877
108			Sebt Lagfifat	DR	30,3046	-9,26236
109		Sidi Ahmed Ou Aamar	Bouassida	DR	30,41929	-9,0752

110		Argana	Argana	CSR-2	30,7792	-9,12348
111		Bigoudine	Bigoudine	CSR-1	30,7144	-9,20662
112			Barrage Abdelmoumen	DR	30,6684	-9,2066
113		Imilmaiss	Tanoute	CSR-1	30,9031	-8,83302
114		Talmakante	Talmakante	CSR-1	30,8484	-8,938
115		Assads	Assads	CSR-1	30,2054	-8,86452
116		Machraa El Ain	Machraa El Ain	CSR-1	30,4285	-8,89783
117			Ouled Mhalla	DR Od	30,423	-8,96161
118		Tidsi Nissandal	Imighzer	CSR-1	30,2104	-8,97131
119			Tidsi	DR	30,2272	-9,07368
120			Ait Ben Hawa	DR	30,1588	-8,92982
121		El Koddia lbeida	El Koddia	CSR-2	30,3641	-9,14703
122			Boukhachba	DR	30,3137	-9,09
123		Lakhnafif	Lakhnafif	CSR-1	30,4268	-8,99783
124		Lamhadi	Ouled Rahou	CSR-1	30,3309	-9,02583
125		Eddir	Dkheila	CSR-2	30,5513	-9,27184
126		Issen	Tnine Old Teima	CSR-1	30,4306	-9,25809
127		Sidi Moussa El himri	Brahim Roudani (Ait Hmida)	CSR-2	30,4713	-9,16673
128		Ahl Tifnout	Assarague	CSR-1	30,963	-7,82682
129			Ikiss	DR	30,9599	-7,88344
130		Askaouen	Askaouen	CSR-2	30,7398	-7,77757
131			Taouiyalte	CSR-1	30,808	-7,78748
132			Aaraben	DR	30,8284	-7,76128
133		Assaki	Assaki	CSR-1	30,5605	-8,03117
134			Tidnass	DR	30,5492	-8,00609
135			Targa N'mimoun	DR	30,5452	-7,96949
136		Azrar	Amzlou	CSR-1	30,2095	-8,01709
137		Tizagzaouine	Tirit	CSR-1	30,4065	-8,0836
138		Zagmouzen	Agadir N'ait Taleb	CSR-1	30,5686	-7,85599
139		Iguidi	Iguidi	CSR-1	30,8605	-7,90054
140		Toubkal	Toubkal	CSR-1	30,9951	-7,81847
141		Ouzioua	Ouzioua	CSR-2	30,7301	-8,03352
142		Tisrass	Tisrass	CSR-1	30,7278	-8,08762
143		Ait Makhlouf	Boulaajlat	CSR-1	30,6031	-8,91113
144		Agadir Melloul	Agadir Melloul	CSR-1	30,2332	-7,79464
145		Assaise	Assaise	CSR-1	30,5757	-7,61096
146		Sidi Hsain	Ighri	CSR-2	30,4689	-7,72282
147		Tassousfi	Imgoune	CSR-1	30,4732	-7,87645
148		Ahl Rmal	Ksiba	CSR-2	30,2798	-9,1554
149		Sidi.Boumoussa	S.Boumoussa	CSR-1	30,3835	-9,25607
150		El Guerdanne	El Guerdane	CSU-2	30,3797	-9,01832
151		IGHREM	IGHREM	CSU-2	30.0876	-8.45733
152		Adar	Ouzoune	DR	30,19904	-8,28762

153		Ait. Abdellah	Ait. Abdellah	CSR-2	29,8148	-8,76881
154		Arazane	Jorf	DR	30,5319	-8,53178
155		Sidi Abdellah Ou Said	S.Abdellah Ou Said	CSR-1	30,7563	-8,68359
156		Sidi Ahmed Ou Aamar	S.A. Ou Aamar	CSR-2	30,4205	-9,16485
157		Sidi Ahmed Ou Abdallah	Aglagal	DR	30,317193	-8,625769
158			S.A.Ou Abdellah (Tamquerte)	CSR-1	30,3383	-8,57285
159		Taroudant	Hopital Mokhtar Esoussi		30,472964	-8,875097
160		Ouled Teima	Hopital local old Teima		30,38683	-9,22583
161	Inezgane_Ait Melloul	CU. INEZGANE	Hopital Inezgane	CRHD	30,352886	-9,536937
162			Inezgane	CSU	30.352441,	-9,553407
163			Tarrast	CSU	30.351462,	-9,553449
164			Jorf	CSU	30.347885,	-9,539529
165		CU. DCHEIRA ALJIHADIA	Tabarine	CSU	30,371958	-9,53251
166			Irahelen	CSUA	30,367071	-9,541358
167			EL Jihadia	CSU	30,367453	-9,525856
168		CU. AIT MELLOUL	Ait Melloul	CSUA	30,34435	-9,501229
169			Chouhada	CSU	30,348676	-9,491462
170			Azrou	CSU	30,357582	-9,470638
171			Lamzar	CSU	30,31817	-9,519834
172			Kasbat Taher	CSU	30,328425	-9,518082
173		CU. KOULEAA	El Hkomaiss koleaa	CSUA	30,296336	-9,467873
174			Sidi Daoud	CSU	30,286609	-9,452042
175			Laazib	CSU	30,309364	-9,475221
176		CR. TEMSIA	Temsia	CSCA	30,363533	-9,4146086
177			Ikhourbane	DR	30,337943	-9,408498
178			Ait Moussa	DR	30,368816	-9,383496
179			Dar Bencheikh	DR	30,36156	-9,432624
180		CR. OULED DAHOU	Ouled Dahou	CSC	30,365192	-9,325007
181			Ali Ben Haddi	DR	30,201612	-9,18616
182	Tiznit	Tafraout	Tafraoute	CSUA	29,718372	-8,97076

Abréviations

CSU	Centre de santé urbain	CRHD	Hôpital Inezgane	CSCA	Centre de santé de santé communal avec module d'accouchement
CSUA	Centre de santé urbain avec module d'accouchement.	HP	Hôpital provincial	DR	Dispensaire rural
CSC	Centre de santé santé communal	HL	Hôpital local (de proximité)	CHR-SMD	Hôpital Hasan 2 d'Agadir

6.2.1 Méthodologie de spatialisation de l'accessibilité aux centres de santé

La densité médicale (ou desserte médicale) réfère seulement à la disponibilité d'une offre de santé dans un territoire donné et fait implicitement l'hypothèse que le service ou le professionnel situé juste de l'autre côté de la limite de la zone ne sera pas accessible (Salze et al., 2011). En effet, elle ignore les déplacements de la population à travers les frontières. Elle fait également l'hypothèse implicite que tous les professionnels à l'intérieur de la zone présentent une accessibilité équivalente, hypothèse questionnable étant données les barrières spatiales et perceptions des distances que peuvent avoir les habitants des différents quartiers de la zone (Salze et al., 2011). Plus globalement, une des limites de cet indicateur est qu'il n'est pas disponible au niveau infra-communal, alors que des divergences d'accès aux soins peuvent exister au sein d'une même commune. En outre il ne tient pas compte de l'anisotropie de l'espace à traverser par le patient (pente, barrière, surface en eau, etc.)

Configuration minimale : mémoire vive (RAM) : 2 GB, espace disque : 3 GB et Processeur : CPU à 1 cœur. Cependant la configuration recommandée est : mémoire vive (RAM) : 8 GB espace disque : 10 GB et Processeur : CPU à 2 cœurs. Plus spécifiquement, AccessMod utilise les possibilités d'intégration des données géographiques, ainsi que les capacités visuelles et analytiques des systèmes d'information géographique (SIG) pour évaluer dans quelle mesure les services de santé existants, sont physiquement accessibles à la population cible. En appliquant un ensemble spécifique d'algorithmes sur une série de couches de données SIG contenant les informations influençant le temps mis par un patient pour parvenir à la formation sanitaire la plus proche selon le mode de transport (par exemple : à pieds, en voiture, etc.). Les outils et analyses inclus dans la version 5.x sont les suivants (Ray et al., 2019)

Analyses :

- Analyse d'accessibilité : calcul de la distribution spatiale du temps de trajet en direction ou en provenance du ou des établissements de santé les plus proches pris en compte dans l'analyse, et ce, pour une durée de trajet maximale spécifiée ;
- Analyse de la couverture géographique : prise en compte de la disponibilité des services (capacité de l'établissement de santé à soigner les patients), en plus des contraintes d'accessibilité physique, pour définir l'étendue de la zone

de captage associée à chaque structure de santé et la détermination de la population couverte par chacune de ces formations sanitaires ;

- Analyse de la référence : calcule des temps de trajet et / ou des distances le long des trajets de moindre coût entre deux groupes de structures de santé ;
- Statistiques zonales : Obtenir la couverture d'accessibilité de la population au niveau des zones administratives définies dans le projet ;
- Analyse de la mise à l'échelle : Tester différents scénarios visant à développer un réseau de prestations de service existantes ou à en établir un nouveau. Cette analyse permet de tester différents scénarios visant à étaler un réseau de fourniture de services existant ou de générer un réseau complet de fourniture de services s'il n'en existe pas déjà un.

Le module d'analyse de la couverture géographique d'AccessMod permet d'intégrer la distribution spatiale des services de santé (offre) et de la population (demande) dans une même analyse, afin d'évaluer si les structures physiquement accessibles dans un temps donné ont également assez de capacité pour couvrir une telle demande. Dans cette analyse, la capacité maximale de couverture de la population de chaque structure de santé est considérée comme le nombre maximal de personnes que le service peut couvrir sur une période donnée en fonction de la capacité d'accueil exprimée en nombre de patients (Ray et al., 2019). Les formules développées par Doherty et al. (1996) sont utiles pour déterminer le nombre de patients servis dans une structure de santé et desservis par un hôpital, le nombre de lits d'hôpitaux est plus approprié que la charge de travail par agent de santé.

Pour plus de détail, en ce qui concerne le processus d'installation d'AccessMod 5, fonctionnalités, utilisation du module "Projets": création et gestion de projets dans cette application, utilisation du module données, Analyse 1 – Accessibilité, etc., le lecteur peut consulter les liens et site suivants :
(https://doc.accessmod.org/display/ EN) ou
(https://doc.accessmod.org/display/FR) ou le site web de l'OMS
https://accessmod.org.

de l'organisation internationale de la défense civile[38]. L'objectif escompté par la victime est de retrouver le plus vite possible, grâce aux secours qui lui arrivent, son précédent état d'équilibre et sa zone de confort initial.

6.3 Protection civile Au Maroc

A. Missions de la protection civile

[38] O.I.P.C. http://www.icdo.org/fr/index.htm#.

Structurée en une direction générale au sein du ministère de l'Intérieur, cette institution porte secours à la population lors d'événements majeurs naturels ou technologiques ou encore d'accidents de la vie courante, à l'aide de moyens humains et matériels spécialisés. À cet effet, les missions suivantes lui sont dévolues :

- Lutter contre les différents accidents quotidiens et porter secours aux populations ;
- Préparer et coordonner les actions de protection et de secours lors de grande catastrophe ;
- Assurer la protection et la sauvegarde de la population et du patrimoine national lors de circonstances ressortissant de la défense civile ;
- Combattre tous sinistres en particulier les incendies ;
- Effectuer des études et des recherches sur les catastrophes et identifier les mécanismes de gestion des risques permettant d'y faire face ;
- Contribuer à la prévention des risques et au développement de l'arsenal juridique et technique pour l'atténuation de leurs effets. Puisque, la prévention consiste à prendre en amont, toutes les mesures structurelles ou non structurelles, avant l'irruption de la crise, permettant dans le meilleur des cas son évitement (Bruno, M. 2011) ;
- Contribuer à la protection des établissements publics et privés contre les accidents en essayant de réduire leur probabilité d'occurrence ;
- Promouvoir les actions de sensibilisation et d'information des populations sur les risques auxquels elles sont exposées ;
- Veiller à la mise en place et à l'application des plans d'urgence et de secours ;
- Coopérer avec les organismes compétents pour le développement du système de prévision et d'alerte de la population ;
- Encourager les recherches et les études dans le domaine de la protection civile et la gestion des risques.

B. Principaux acteurs impliqués de la défense et de la sécurité civile

Plusieurs entités publiques s'occupent directement ou indirectement de la gestion des risques de catastrophes naturelles dans notre pays. L'étude du cadre institutionnel sera limitée aux principaux intervenants (DGPC, 2017 et OCDE, 2016).

La direction générale de la protection civile (Compétence générale, Article 36 bis du Décret N°292.09 du 9 février 2009) est secondée dans sa tâche par d'autres partenaires à savoir :

1) Le Ministre de l'intérieur ;
2) Départements ministériels concernés par certains risques spécifiques ;
3) Les élus : La charte communale, telle qu'elle a été complétée et modifiée, a conféré aux collectivités locales des compétences très larges en matière de gestion des risques ;
4) Le secteur privé ;
5) Le tissu associatif constitue une ressource importante qui peut renforcer les capacités d'action en cas de crise notamment en matière d'actions de proximité.

Les services ORSEC mobilisés lors des opérations de secours en cas d'inondation par exemple sont :

1. Service de liaisons et de transmissions (Police, gendarmerie royale et forces auxiliaires).
2. Service de police et maintien de l'ordre ;
3. Service des transports et travaux ;
4. Service de l'accueil et de l'hébergement ;
5. Exceptionnellement forces armées royales avec leurs personnels spécialisés ;
6. Service de sauvetage, de déblaiement et de lutte contre le feu composé de : Protection civile, jeunesses et sports, promotion nationale, croissant rouge Marocain et organisations bénévoles.
7. Service de santé et de soins médicaux dont la composition est

6.4Description technique de système d'alerte aux crues existant : Réseau hydroclimatique d'annonce des crues dans la zone d'étude.

L'ABHSM assure actuellement sur les cours d'eau les plus importants du bassin la transmission de l'information sur les crues ainsi que leur prévision à 24h (Tableau n°52).

Tableau n°52.Caractéristiques physiques des sous bassins versants au niveau des stations hydrologiques dépendant du bassin de Souss (d'après la carte 1/100.000)

Station et barrage	N° IRE	Oued	Coordonnées		Surface (km²)	Altitude Moyenne (m)	Altitude Maximale (m)	Altitude Minimale (m)	Périmètre (km)
			x	y					
Aguenza	597/61	Issen	140550	422600	1130	1517	3551	720	160
Amsoul	594/61	Issen	148980	432400	480	1541	3206	860	95

3	Barrage Sidi Abdellah (Ait khoraif)	936/61	Elwaar	171700	408600	233	1560	3551	460	66
4	Barrage Aoulouz		Souss	238000	413300	4450	1750	4167	700	325
5	Aoulouz pont	203/62	Souss	236100	414050					
6	Iguidi	1008/62	Tifnoute	260680	429700	520	2420	4167	1200	103
7	Immerguen	642/62	Immerguen	249000	402660	2770	1545	3305	889	260
8	Barrage Mokhtar Soussi		Ouziwa	252820	417690	1300				
9	Lamded	114/62	Lamded	221700	421700	345	1543	2816	670	82
10	Taliouine	625/71	Zagmouzen	259380	394600	1290	1977	3305	1000	155
11	Taroudant pont	359/70	Souss	164150	386400	9350	-	4167	209	430
12	Barrage Taguenza	5785/70	Taguenza	116600	393750	24,5	602	1120	223	21
13	Barrage Dkhila		Issen	126760	404370	1480	-	3551	210	226
14	Barrage Abdelmoumen		Issen	135850	414400	1300	1510	3551	560	180
15	Barrage Imi El kheng		Talagjount	199800	411530	293				
16	Ait Melloul	4340/70	Souss	106800	380380	16100	1110	4167	15	600

Néanmoins, l'observation hydrologique (pluie et niveau d'eau) au niveau de ces stations d'annonce des crues n'est pas automatisée et la densité de ces stations est faible. Sachant que dans ce type de bassin, l'organisation météorologique mondiale (OMM) recommande une densité de réseau de pluviomètres d'une station d'observation pour 100 à 250 km² (WMO, 1981). Pour l'OMM, un réseau minimal est celui qui permettra d'éviter de graves lacunes dans le développement et la gestion des ressources en eau en accord avec le niveau global de développement économique du pays et ses besoins environnementaux.

6.5 Description technique de système automatique d'alerte aux crues a instaurer

La solution PARATRONIC est un système d'alerte local inondation, de surveillance hydrologique, de prévision des crues ou de surveillance de forages, on peut accédez à la cartographie et à aux données 24h/24 et 7j/7. Les capteurs radar PARATRONIC sont simples d'installation (auto-stables ils évitent les conditions de poses acrobatiques), discrets (ultra plat : 8,5 cm d'épaisseur) et ultra faible consommation, permettent l'équipement de sites dépourvus d'énergie (Figure 85) . Pour plus de détail le lecteur pourra consulter le site web suivant : http://www.paratronic.info/risques-naturels/surveillance-eaux/realisations/realisation.php?IDA=23#2,2;2

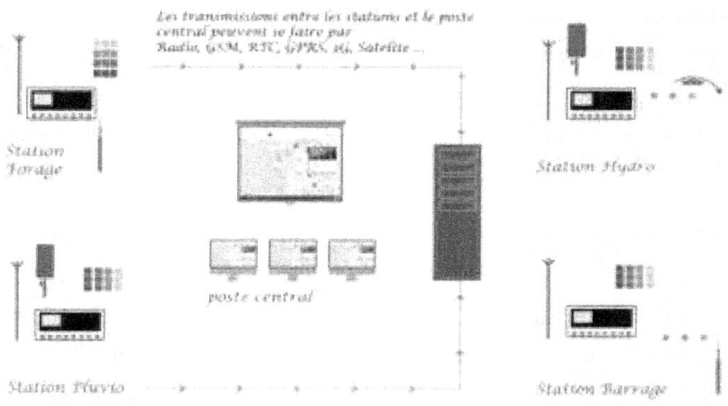

Figure 85. Fonctionnement général de système : schéma de transmission de l'information

6.6 Intervention de l'Etat relative à la capacité collective à faire face aux inondations au niveau national

L'institution de l'Etat va conduire à centraliser la définition et la mise en œuvre d'actions résiliente afin d'édifier la capacité collective à faire face et gérer le risque d'inondation. En se basant notre approche sur les textes législatifs suivantes :

- La nouvelle loi sur l'eau de 36-15 ;
- Loi n° 11-03 (2003) relative à la protection et à la mise en valeur de l'environnement (prévention) ;
- Loi cadre n° 99-12 (2014) portant charte nationale de l'environnement et du développement durable (prévention) ;
- La loi 12-90 relative à l'urbanisme ;
- La loi organique n° 14-113 relative aux communes territoriales (prévention et gestion d'urgence) ;
- Loi instituant le régime de couverture des conséquences d'événements catastrophiques, et modifiant et complétant la loi n° 17-99 (2016) portant code des assurances (Reconstruction/Relèvement) ;

- Dahir du 30 avril 1955 relatif à la protection civile (gestion de l'urgence) ;
- La loi 30-15 s'intitulant la sécurité des barrages pour la protection des riverains ;
- La loi 110-14 instituant le régime de couverture des conséquences d'événements catastrophiques ;
- Aménagement des bassins versants pour la conservation des sols et la lutte contre l'érosion hydrique : L'Etat a pris, depuis plus d'un demi-siècle, des dispositions juridiques, administratives et techniques pour la promotion des interventions de conservation des sols dans le cadre d'une approche visant l'intégration et la complémentarité entre les interventions de protection des sols à l'amont et la préservation des infrastructures hydro-agricoles à l'aval. Et ce, afin d'augmenter leurs capacités de stockage et réduire la vulnérabilité aux inondations de la population aval.
- Le fonds des calamités naturelles (FCN) : IL a été créé après l'approbation par le conseil du gouvernement, du 29 septembre 1993, d'une recommandation dans ce sens du conseil d'administration de la caisse nationale du crédit agricole (CNCA). Les calamités naturelles concernées par le fonds sont la sécheresse, les inondations et les dégâts des crues et les attaques acridiennes.

Actuellement, le fonds est utilisé pour financer la contribution de l'Etat dans les assurances souscrites par les agriculteurs contre les risques climatiques. Ainsi, ce fonds ne couvre pas le financement des dégâts causés par les inondations.
En se basant notre approche sur les textes législatifs énumérés ci-dessus, on peut se prononcer donc que l'État est le représentant central de cette capacité collective à faire face au risque d'inondation. Par le biais de la priorisation d'une capacité collective basée sur les aménagements des cours d'eaux y compris les ouvrages de génie civil.

Au cours des dernières années, la prévention des risques de catastrophe a été au cœur des efforts déployé par le Maroc pour renforcer sa résilience. Le mécanisme d'appel à projet du fonds de lutte contre les catastrophes naturelles (FLCN), permet d'obtenir des progrès majeurs sur les mesures structurelles et non structurelles (OCDE, 2016), afin d'améliorer la capacité à faire face et d'adaptation aux inondations dans la zone d'étude. En effet, l'analyse de la situation observée actuellement montre que tous les acteurs (Direction générale de l'hydraulique, ABHSM, Région, Conseil Provincial), ont déployé des efforts pour améliorer la capacité à faire face et mitiger le risque d'inondation dans le bassin en question. Néanmoins, reste insuffisants pour la gestion d'une façon durable et intégré de ce risque. Puisqu'on constate des défis et lacunes qui restent à surmonter et l'objectif escompté (amélioration de la capacité aux inondation) n'est pas atteint. En effet, la mise en œuvre de la stratégie nationale de développement durable qui s'étale entre 2015 et 2020, déjà élaborée (tient compte la protection contre les inondations) n'est pas encore entrée en vigueur et le projet de mise en place de la stratégie de gestion intégrée des risques (GIR) n'a pas encore abouti à ce jour (CCRM, 2016). En outre, on note un retard accusé dans la mise en œuvre du programme national d'assainissement en milieu rural (PNAR). Ainsi que, les réseaux d'assainissement dans les centres assainis ont des plus faibles capacités d'évacuation. De plus, la plupart des communes du bassin de Souss, présentent un système unitaire non séparatif d'assainissement qui reçoit dans les mêmes canalisations des eaux usées et des eaux pluviales (cf chapitre n° 5). Par conséquent il arrive que les réseaux débordent avant que les eaux ne parviennent aux exutoires (cas de la ville d'Agadir en février 2010 et Ouled Teima en novembre 2014).

L'étude des différents textes législatifs et réglementaires du cadre de gestion du risque d'inondation indique que plusieurs enchevêtrements de compétences existent, du fait de la multiplicité des acteurs publics et de l'absence d'une stratégie dédiée à la protection contre ce phénomène extrême. Et la non coordination et concertation entre tous les acteurs et la clarification des responsabilités de ces derniers (CCRM, 2016). Ces textes avaient été élaborés pour répondre à des besoins spécifiques et n'avaient pas été faits dans le cadre d'une vision globale qui fonde une stratégie cohérente de prévention et de lutte contre les catastrophes naturelles. Ce qui nécessite des révisions pour assurer une capacité d'adaptation plus élevée du cadre juridique (Rannow et al., 2014).

Par ailleurs, la loi sur l'Eau 36-15 a donné des attributions très diversifiées aux agences des bassins hydrauliques. Cette multiplicité des tâches ne s'est pas traduite par des ressources humaines et financières suffisantes, ce qui retarde l'avancement des travaux de protection contre le risque d'inondation pour protéger la population vulnérable. En effet, d'après l'étude de schéma directeur de la protection contre les inondations dans la province de Taroudant (~94% de la superficie du bassin), le coût financier des projets de protection contre ce risque est de l'ordre de 519 Millions de dirhams avec 500 sites vulnérables au total dont 87 sont prioritaires (ABHSM, 2014). Ce cout financier d'après le schéma directeur de protection contre les inondations est partagé comme suit : 59 MDH réparties par type de protection identifiées à savoir : Curage, endiguement, canalisation et déviation ainsi que le recalibrage des cours d'eau. Par contre le coût de réalisation des barrages proposés dans le cadre de cette étude est estimé à 460 MDH. Etand donné que, le curage et recalibrage des cours d'eau jouent un rôle non négligeable dans l'amélioration de la capacité de débitance, ainsi que dans, la capacité à faire face aux inondations. La Figure 86 ci-dessous illustre les effets de recalibrage :

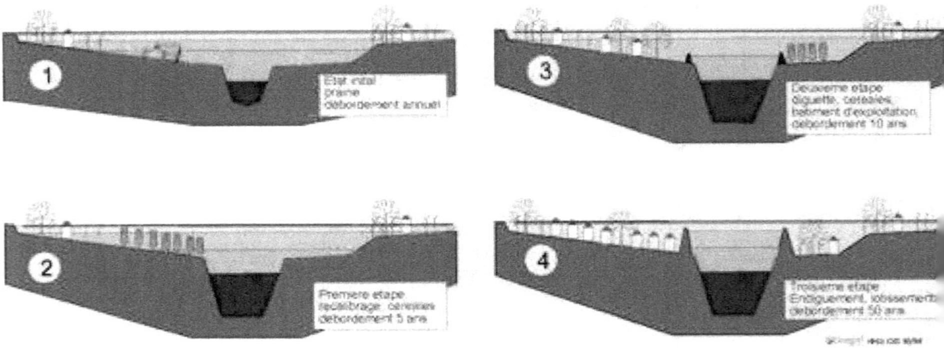

Figure 86. La spirale de l'aménagement hydraulique (IRSTEA, Non daté)

Ceci nécessite l'intervention urgente de tous les acteurs afin de traiter les sites noirs et réaliser les travaux de protection structurels (barrages, digues, déviation des écoulements, protection des berges, etc.) et non structurel en temps opportun pour éviter l'aggravation de la situation, suite aux changements climatiques et améliorer la capacité aux inondations de la population vulnérables. Sachant que plusieurs études dans ce sens ont été réalisées par l'ABHSM, mais ces dernières n'ont pas été suivies par la réalisation des travaux appropriés pour protéger les zones vulnérables à cause du manque financier. À cet effet, il est souhaitable de faire jouer la synergie entre les différentes parties concernées, afin de mettre en place un partenariat équilibré basé sur le cofinancement des projets de protection. Sachant que la loi organique n° 14-113 relative aux collectivités, donne aux conseils communaux et à leurs présidents des prérogatives importantes en matière de gestion des risques naturels. Et en matière d'urbanisme notamment en ce qui concerne la préparation des plans et leur exécution. Cependant, l'insuffisance des moyens financiers et des ressources humaines, freine l'application des attributions des communes en matière de l'amélioration de la capacité à faire face aux inondations.

En plus, le département de l'Eau a actualisé en 2013, l'étude du plan national de protection contre les inondations (MDMEMEE, 2013) afin de dresser l'état d'avancement des traitements des sites vulnérables et de mettre à jour les données et les informations concernant les sites noirs. Toutefois, les moyens financiers mobilisés restent également limités par rapport aux moyens prévus pour couvrir les composantes du PNI. Ce dernier s'est focalisé sur le traitement des points noirs résultant des crues et des inondations, sans tenir compte des causes et des degrés d'exposition aux inondations.

D'autre part, l'envasement des retenues des barrages en exploitation dans le bassin de Souss a des conséquences, notamment au niveau des volumes régularisés, des performances et de la sécurité de ces barrages et au niveau de la réduction de la capacité d'écrêtement et laminage des crues. Ceci engendre des risques pour les zones inondables et vulnérables à l'aval, notamment en cas de déversement lorsque le débit dépasse ce de la crue centennale.

6.7 Rôle joué par la Direction de la météorologie nationale pour le système d'alerte

La Figure 87 ci-dessous illustre un exemple de carte de vigilance générale.
La carte vigilance souligne et décrit par zones (provinces et bandes côtières) en quatre couleurs le (s) niveau(x) de risque lié(s)aux conditions météorologiques durant les prochaines 24 et 48heures en 4 niveaux de vigilance météorologique.

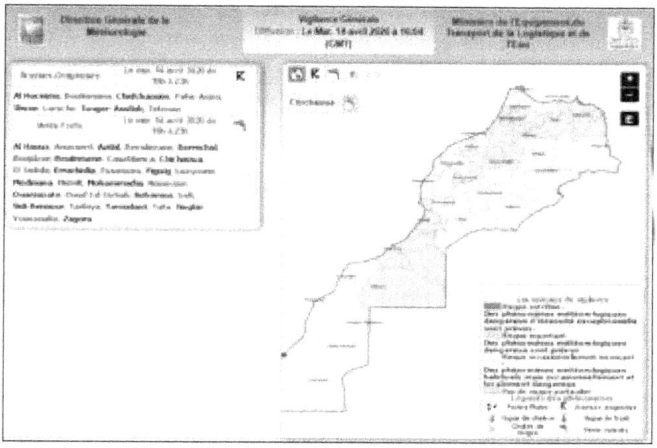

Figure 87. Carte vigilance météorologique diffusée par la DMN, Du Mardi 14-avril 2020 à 16 :04 (Extraite de site de la DMN : https://vigilance.marocmeteo.ma/?q=fr/meteo/vigimet/generale)

Quand une zone est concernée par 2 ou 3 phénomènes dangereux d'intensités variables,

la couleur retenue est celle du phénomène correspondant au niveau le plus élevé de vigilance.
Dans le cas de vigilance orange ou rouge, des bulletins de vigilance sont systématiquement élaborés afin d'apporter plus de précision concernant la trajectoire, l'intensité, le début et la fin du phénomène. Ces bulletins sont composés des 5 rubriques suivantes :

- Identification du phénomène ;
- Niveaux de vigilance ;
- Période de validité du phénomène ;
- Provinces concernées ;
- Analyse et évolution de la situation météorologique.

La fréquence des bulletins de suivi est fonction de l'évolution de la situation météorologique.
Le premier message est diffusé simultanément à l'émission de la carte vigilance mentionnant le niveau orange et/ou rouge avec des conseils de comportements.

6.8 Système d'alerte précoce face aux crues de la vallée de l'ourika

(Source : Entretiens conduits par l'OCDE dans le cadre de la Revue sur la Gouvernance des risques au Maroc (Mai 2015). Agence de Bassin Hydraulique du Tensift (2015), « Gestion des risques liés aux inondations – Système de prévision et d'alerte aux crues des bassins de Tensift – Cas du territoire d'Al Haouz », présentation lors d'entretiens réalisés par le Secrétariat de l'OCDE au cours de la Revue par les Pairs, Tahannaout, 2015.)

Haut-lieu touristique, la vallée de l'Ourika a été frappée le 17 août 1995 par de violentes crues, qui ont causé 242 morts, affecté 35 000 personnes et engendré plus de 9 millions de dollars de dégâts. Ces crues ont de plus considérablement freiné les dynamiques de développement engagées dans la zone au cours des années 1999. Pour limiter les pertes humaines et économiques potentielles lors de prochains épisodes de crues potentiels, les autorités locales ont fait le choix de doter la Vallée de l'Ourika d'un système d'alerte aux crues.
En effet, avec le concours de l'Agence Japonaise de Coopération Internationale (JICA), la Vallée de l'Ourika est dotée 2001 d'un Système de Prévention et d'Alerte aux Crues (SPAC) composé de 5 stations d'observation, 2 relais de transmission de données, 4 postes de monitoring ainsi qu'un poste d'alarme basé à Ighref. Depuis 2007, l'Agence de Bassin Hydraulique du Tensift (ABHT) participe également à ce projet en finançant l'extension du réseau de télémesure sur 16 sites dont 3 pluviométriques et 13 pluviométriques et limnométriques. Le

SPAC de la Vallée de l'Ourika fait actuellement l'objet d'un projet d'extension, en collaboration avec la JICA, pour équiper dix stations hydrologiques par des appareils de mesure automatique fournis par le JICS (Japan International Cooperation System). Le SPAC de la Vallée de l'Ourika a joué son rôle de détection et d'alerte avec succès lors de dix épisodes de crues entre 2003 et 2012. Lors des inondations de 2014, qui ont impacté la Province d'Al Haouz, aucune perte humaine n'a été déplorée malgré les dégâts causés sur certains biens. En plus d'instaurer un système d'alerte précoce efficace, ce projet a permis d'associer les populations locales aux procédures d'urgence. Ainsi, en cas de crue, plusieurs volontaires locaux sont chargés d'intervenir pour alerter les touristes, les informer et les guider lors de l'évacuation. Le système et le serveur FFW reçoit des données d'observation et d'information sur l'état des sites de télémétrie.
Le serveur FFW reçoit également des informations d'alerte émis par une borne de commande d'alerte situé au Centre d'alerte aux crues (FWC) à la province d'Al Haouz et diffusées aux messages d'avertissement dans la zone du bassin en fonction de l'état ainsi que pour le serveur Web. Vous pouvez recueillir et suivre les informations de toutes les stations d'observation et également contrôler l'observation individuelle et les stations de répéteur. Il existe 4 niveaux dans l'alerte : “Normal", "avertissement", "pré-alarme" et "Alarme" (ABHT, non daté).

Réalisations projet pilote : Enregistrement de niveau d'eau automatique (ABHT)

Publisher: Eliva Press Global Ltd

Email: info@elivapress.com

www.ingramcontent.com/pod-product-compliance
Lightning Source LLC
LaVergne TN
LVHW052216200926
848481LV00001B/123
* 9 7 8 9 9 9 9 3 4 6 2 9 0 *